“十二五”普通高等教育本科国家级规划教材

全国高等学校自动化专业系列教材
教育部高等学校自动化专业教学指导分委员会牵头规划

国家级精品教材

Principles and Applications of Microcontroller:
Foundation of Embedded Technologies
(Second Edition)

单片机原理及应用

——嵌入式技术基础（第2版）

重庆大学　黄　勤　主　编
Huang Qin

重庆大学　李　楠　副主编
Li Nan

胡　青　盛朝强　凌　睿　余　嘉　编著
Hu Qing　Sheng Chaoqiang　Ling Rui　Yu Jia

U0285962

清华大学出版社
北　京

内 容 简 介

本书以嵌入式系统分类为引线，给出了以单片机为核心部件的嵌入式系统的主要特点，全面介绍 MCS-51 系列单片机的原理、接口及应用技术。全书共分 9 章，主要内容包括：概论，MCS-51 系列单片机的资源配置，MCS-51 系列单片机的指令系统及汇编语言程序设计，单片机的 C 语言编程，MCS-51 系列单片机的在片接口及中断，MCS-51 系列单片机的扩展技术，单片机应用系统的接口技术，单片机应用系统设计，单片机应用系统设计实例。各章均配有习题，以帮助读者深入学习。

本书可作为高等院校自动化、计算机、电气工程、机电一体化及相关专业的本科、专科教材，也可作为从事单片机应用开发的工程技术人员的参考书。

本书封面贴有清华大学出版社防伪标签，无标签者不得销售。
版权所有，侵权必究。举报：010-62782989，beiqinquan@tup.tsinghua.edu.cn。

图书在版编目(CIP)数据

单片机原理及应用：嵌入式技术基础/黄勤主编. —2 版. —北京：清华大学出版社，2018(2024.7重印)
(全国高等学校自动化专业系列教材)
ISBN 978-7-302-50868-7

Ⅰ. ①单… Ⅱ. ①黄… Ⅲ. ①单片微型计算机－高等学校－教材 Ⅳ. ①TP368.1

中国版本图书馆 CIP 数据核字(2018)第 178601 号

责任编辑：王一玲　赵　凯
封面设计：傅瑞学
责任校对：时翠兰
责任印制：刘海龙

出版发行：清华大学出版社
　网　　址：https://www.tup.com.cn，https://www.wqxuetang.com
　地　　址：北京清华大学学研大厦 A 座　　**邮　　编**：100084
　社 总 机：010-83470000　　**邮　　购**：010-62786544
　投稿与读者服务：010-62776969，c-service@tup.tsinghua.edu.cn
　质量反馈：010-62772015，zhiliang@tup.tsinghua.edu.cn
　课件下载：https://www.tup.com.cn，010-83470236
印 装 者：三河市人民印务有限公司
经　　销：全国新华书店
开　　本：175mm×245mm　**印　张**：22.75　**字　　数**：484 千字
版　　次：2010 年 9 月第 1 版　2018 年 10 月第 2 版　**印　　次**：2024 年 7 月第8次印刷
定　　价：59.00 元

产品编号：077102-01

“全国高等学校自动化专业系列教材”编审委员会

顾　　问(按姓氏笔画)：

王行愚(华东理工大学)　冯纯伯(东南大学)
孙优贤(浙江大学)　吴启迪(同济大学)
张嗣瀛(东北大学)　陈伯时(上海大学)
陈翰馥(中国科学院)　郑大钟(清华大学)
郑南宁(西安交通大学)　韩崇昭(西安交通大学)

主任委员：吴　澄(清华大学)

副主任委员：赵光宙(浙江大学)　萧德云(清华大学)

委　　员(按姓氏笔画)：

王　雄(清华大学)　方华京(华中科技大学)
史　震(哈尔滨工程大学)　田作华(上海交通大学)
卢京潮(西北工业大学)　孙鹤旭(河北工业大学)
刘建昌(东北大学)　吴　刚(中国科技大学)
吴成东(沈阳建筑工程学院)　吴爱国(天津大学)
陈庆伟(南京理工大学)　陈兴林(哈尔滨工业大学)
郑志强(国防科技大学)　赵　曜(四川大学)
段其昌(重庆大学)　程　鹏(北京航空航天大学)
谢克明(太原理工大学)　韩九强(西安交通大学)
褚　健(浙江大学)　蔡鸿程(清华大学出版社)
廖晓钟(北京理工大学)　戴先中(东南大学)

工作小组(组长)：萧德云(清华大学)

(成员)：陈伯时(上海大学)　郑大钟(清华大学)
田作华(上海交通大学)　赵光宙(浙江大学)
韩九强(西安交通大学)　陈兴林(哈尔滨工业大学)
陈庆伟(南京理工大学)

(助理)：郭晓华(清华大学)

责任编辑：王一玲(清华大学出版社)

出版说明

“全国高等学校自动化专业系列教材”

为适应我国对高等学校自动化专业人才培养的需要，配合各高校教学改革的进程，创建一套符合自动化专业培养目标和教学改革要求的新型自动化专业系列教材，“教育部高等学校自动化专业教学指导分委员会”（简称“教指委”）联合了“中国自动化学会教育工作委员会”“中国电工技术学会高校工业自动化教育专业委员会”“中国系统仿真学会教育工作委员会”和“中国机械工业教育协会电气工程及自动化学科委员会”四个委员会，以教学创新为指导思想，以教材带动教学改革为方针，设立专项资助基金，采用全国公开招标方式，组织编写出版了一套自动化专业系列教材——“全国高等学校自动化专业系列教材”。

本系列教材主要面向本科生，同时兼顾研究生；覆盖面包括专业基础课、专业核心课、专业选修课、实践环节课和专业综合训练课；重点突出自动化专业基础理论和前沿技术；以文字教材为主，适当包括多媒体教材；以主教材为主，适当包括习题集、实验指导书、教师参考书、多媒体课件、网络课程脚本等辅助教材；力求做到符合自动化专业培养目标，反映自动化专业教育改革方向，满足自动化专业教学需要；努力创造使之成为具有先进性、创新性、适用性和系统性的特色品牌教材。

本系列教材在“教指委”的领导下，从2004年起，通过招标机制，计划用3～4年时间出版50本左右教材，2006年开始陆续出版问世。为满足多层面、多类型的教学需求，同类教材可能出版多种版本。

本系列教材的主要读者群是自动化专业及相关专业的大学生和研究生，以及相关领域和部门的科学工作者和工程技术人员。我们希望本系列教材既能为在校大学生和研究生的学习提供内容先进、论述系统和适于教学的教材或参考书，也能为广大科学工作者和工程技术人员的知识更新与继续学习提供适合的参考资料。感谢使用本系列教材的广大教师、学生和科技工作者的热情支持，并欢迎提出批评和意见。

“全国高等学校自动化专业系列教材”编审委员会

2005年10月于北京

序

FOREWORD

自动化学科有着光荣的历史和重要的地位。20 世纪 50 年代我国政府就十分重视自动化学科的发展和自动化专业人才的培养。五十多年来，自动化科学技术在航空、航天等众多领域发挥了重大作用，例如“两弹一星”的伟大工程就包含了许多自动化科学技术的成果。自动化科学技术也改变了我国工业整体的面貌，不论是石油化工、电力、钢铁，还是轻工、建材、医药等领域都要用到自动化手段，在国防工业中自动化的作用更是巨大的。现在，世界上有很多非常活跃的领域都离不开自动化技术，比如机器人、月球车等。另外，自动化学科对一些交叉学科的发展同样起到了积极的促进作用，例如网络控制、量子控制、流媒体控制、生物信息学、系统生物学等学科就是在系统论、控制论、信息论的影响下得到了不断的发展。在整个世界已经进入信息时代的背景下，中国要完成工业化的任务还很重，或者说我们正处在后工业化的阶段。因此，国家提出走新型工业化的道路和“信息化带动工业化，工业化促进信息化”的科学发展观，这对自动化科学技术的发展是一个前所未有的战略机遇。

机遇难得，人才更难得。要发展自动化学科，人才是基础、是关键。高等学校是人才培养的基地，或者说人才培养是高等学校的根本。作为高等学校的领导和教师始终要把人才培养放在第一位，具体对自动化系或自动化学院的领导和教师来说，要时刻想着为国家关键行业和战线培养和输送优秀的自动化技术人才。

影响人才培养的因素很多，涉及教学改革的方方面面，包括如何拓宽专业口径、优化教学计划、增强教学柔性、强化通识教育、提高知识起点、降低专业重心、加强基础知识、强调专业实践等，其中构建融会贯通、紧密配合、有机联系的课程体系，编写有利于促进学生个性发展、培养学生创新能力的教材尤为重要。清华大学吴澄院士领导的“全国高等学校自动化专业系列教材”编审委员会，根据自动化学科对自动化技术人才素质与能力的需求，充分汲取国外自动化教材的优势与特点，在全国范围内，以招标方式，组织编写了这套自动化专业系列教材，这对推动高等学校自动化专业发展与人才培养具有重要的意义。这套系列教材的建设有新思路、新机制，适应了高等学校教学改革与发展的新形势，立足创建精品教材，重视实践性环节在人才培养中的作用，采用了竞争机制，以激励和推动教材建设。在此，我谨向参与本系列教材规划、组织、编写的老师，致以诚挚的感谢，并希望该系列教材在全国高等学校自动化专业人才培养中发挥应有的作用。

吴启迪教授

2005年10月于教育部

序

FOREWORD

“全国高等学校自动化专业系列教材”编审委员会在对国内外部分大学有关自动化专业的教材做深入调研的基础上，广泛听取了各方面的意见，以招标方式，组织编写了一套面向全国本科生(兼顾研究生)、体现自动化专业教材整体规划和课程体系、强调专业基础和理论联系实际的系列教材，自 2006 年起将陆续面世。全套系列教材共 50 多本，涵盖了自动化学科的主要知识领域，大部分教材都配置了包括电子教案、多媒体课件、习题辅导、课程实验指导书等立体化教材配件。此外，为强调落实“加强实践教育，培养创新人才”的教学改革思想，还特别规划了一组专业实验教程，包括“自动控制原理实验教程”“运动控制实验教程”“过程控制实验教程”“检测技术实验教程”和“计算机控制系统实验教程”等。

自动化科学技术是一门应用性很强的学科，面对的是各种各样错综复杂的系统，控制对象可能是确定性的，也可能是随机性的；控制方法可能是常规控制，也可能需要优化控制。这样的学科专业人才应该具有什么样的知识结构，又应该如何通过专业教材来体现，这正是“系列教材编审委员会”规划系列教材时所面临的问题。为此，设立了“自动化专业课程体系结构研究”专项研究课题，成立了由清华大学萧德云教授负责，包括清华大学、上海交通大学、西安交通大学和东北大学等多所院校参与的联合研究小组，对自动化专业课程体系结构进行深入的研究，提出了按“控制理论与工程、控制系统与技术、系统理论与工程、信息处理与分析、计算机与网络、软件基础与工程、专业课程实验”等知识板块构建的课程体系结构。以此为基础，组织规划了一套涵盖几十门自动化专业基础课程和专业课程的系列教材。从基础理论到控制技术，从系统理论到工程实践，从计算机技术到信号处理，从设计分析到课程实验，涉及的知识单元多达数百个、知识点几千个，介入的学校 50 多所，参与的教授 120 多人，是一项庞大的系统工程。从编制招标要求、公布招标公告，到组织投标和评审，最后商定教材大纲，凝聚着全国百余名教授的心血，为的是编写出版一套具有一定规模、富有特色的、既考虑研究型大学又考虑应用型大学的自动化专业创新型系列教材。

然而，如何进一步构建完善的自动化专业教材体系结构？如何建设基础知识与最新知识有机融合的教材？如何充分利用现代技术，适应现代大学生的接受习惯，改变教材单一形态，建设数字化、电子化、网络化等多元形态、开放性的“广义教材”等问题都还有待我们进行更深入的研究。

本套系列教材的出版,对更新自动化专业的知识体系、改善教学条件、创造个性化的教学环境,一定会起到积极的作用。但是由于受各方面条件所限,本套教材从整体结构到每本书的知识组成都可能存在许多不当甚至谬误之处,还望使用本套教材的广大教师、学生及各界人士不吝批评指正。

吴澄 院士

2005年10月于清华大学

第2版前言

PREFACE

随着计算机技术的发展，嵌入式技术越来越广泛地应用于社会各领域之中，单片微型计算机（简称单片机）作为其嵌入式系统的核心部件，得到了广泛应用。单片机具有集成度高、功能强、可靠性高、系统结构简单、易于掌握、价格低廉等优点，在工业测控系统、智能仪器仪表、家用电器等诸多领域得到了广泛的应用。单片机技术的应用水平高低已成为衡量一个国家工业化发展水平高低的标志之一。

本书是在作者多年来讲授该门课程和从事单片机应用系统研究工作的基础上，参考国内外大量文献和其他相关教材，精心编写而成的。本书可作为自动化专业、机电一体化专业和电气工程专业本科教材，也可作为相关专业专科教材，还可作为高等教育自学教材和有关工程技术人员的参考书。

本书以嵌入式微控制器为例，选用 MCS-51 系列单片机为背景机，系统地介绍单片机的相关技术。全书共 9 章。第 1 章介绍以嵌入式系统分类为引线的单片机的结构特点、工作原理及发展趋势；第 2 章介绍 MCS-51 系列单片机的内部硬件资源、存储器组织结构及外部特性；第 3 章介绍单片机的指令系统及汇编语言程序设计，包括寻址方式、常用指令介绍、汇编语言程序设计步骤及方法，并给出一些常用的实用子程序；第 4 章简介单片机的 C 语言编程方法；第 5 章介绍 51 单片机片内接口及中断，包括 51 单片机的并行输入输出接口及应用、串行输入输出接口及应用、定时器/计数器及应用、中断系统及其应用；第 6 章介绍 51 单片机系统的扩展技术，包括外部程序存储器的扩展技术、外部数据存储器的扩展技术、并行输入输出接口扩展技术以及串行输入输出接口扩展技术，并通过实例介绍各种扩展技术的简单应用方法；第 7 章介绍单片机应用系统接口技术，包括 LED 显示器、LCD 显示器、键盘、A/D 转换器、D/A 转换器以及通信的相关技术及应用；第 8 章介绍单片机应用设计的基本原则、过程和方法、可靠性设计及开发工具；第 9 章介绍单片机应用系统设计实例，通过 4 个具体的应用实例，使读者掌握如何设计满足一定要求的单片机应用系统。

本书在介绍单片机原理的基础上，注重原理与应用的有机结合，以帮助读者建立单片机系统及系统设计的整体概念；为了便于读者对单片机的理解和自学，书中给出了相应的设计实例和习题，使读者通过对本书的学习，了解单片机的特点及相关应用常识，并具备设计一个单片机应用系统的基本能力。

本书由黄勤任主编，并编写第1、2、5、6章；李楠任副主编，并编写第3章及7.1.1小节、7.1.3小节、7.2节、7.3节；胡青编写第4章及7.1.2小节、7.4节；余嘉编写第5～7章的所有C程序设计部分；凌睿编写第8章；盛朝强编写第9章。

由于编者水平有限，书中难免有疏漏之处，敬请读者批评指正。

编　者

2018年2月

目录

CONTENTS

第1章 概论

为适应嵌入式应用的需要，单片微型计算机应运而生，它有自己的技术特征、规范和应用领域。从1976年至今的四十多年中，单片机技术已发展成为计算机领域一个非常有前途的分支。单片机具有体积小、控制功能强、应用灵活、价格低廉等优点，非常适合于嵌入式产品，在工业控制、智能仪表、家用电器、智能玩具、通信设备等诸多领域均显现出了较为广阔的应用前景。

1.1 嵌入式技术及发展趋势

1.1.1 计算机的分类

随着计算机及相关技术的迅速发展，计算机的类型也随之而发生了不断的分化，形成了各种不同种类的计算机，就其性能指标和应用领域的不同，很难找到一个精确的标准对其进行分类。若从计算机综合性能指标来分，可分为巨型计算机、大型计算机、中型计算机、小型计算机和微型计算机。若以应用目的进行分类，则又可分为通用计算机和嵌入式计算机。

1. 通用计算机

通用计算机的典型产品为PC(个人计算机，即微型计算机)，其核心部件是中央处理器(Central Processing Unit，CPU)，经总线与存储器、各种接口(连接外部设备)等相连构成计算机的标准形态，通过配置不同的应用软件构建的系统广泛应用在社会的方方面面，是发展最快、应用最为普及的计算机。

2. 嵌入式计算机

嵌入式计算机是指以嵌入式系统的形式隐藏在各种装置、产品和系统中，并实现对其进行智能化控制的专用计算机系统。该系统是以应用为中心，以计算机技术为基础，软件和硬件可增减，针对具体应用系统，对功能、可靠性、成本、体积、功耗进行严格要求的专用计算机系统。

与通用计算机相比,嵌入式计算机在应用数量上遥遥领先,如一台通用计算机里外部设备中的键盘、鼠标、硬盘、显卡、显示器、声卡、打印机、扫描仪等均是由嵌入式微处理器控制的;其应用领域也涵盖了工业制造、航天航空、军事装备、船舶、智能交通、网络及电子商务、家电产品等方方面面。

1.1.2 嵌入式系统

嵌入式系统可被定义为硬件和软件的组合,同时它还可包含一些其他的附加配件,由此设计出的系统可用来实现某种特定的功能,如某些智能家电产品(微波炉、全自动洗衣机等)。这些智能家电产品在人们的日常生活中经常使用,但并非所有人都知道他们在利用微波炉做饭或洗衣机洗衣的过程中还会用到计算机的处理器以及软件。

如将嵌入式系统的设计与普通的微型计算机(通用计算机)的设计进行对比,则嵌入式系统是专门针对一个特定的功能而设计的,它包括计算机硬件、软件和其他附加配件组合的系统(或装置),如全自动洗衣机等。而微型计算机则可以做许多事情,满足使用者在诸多方面的要求,如写小说、音乐创作、完成相应的设备控制任务,甚至玩游戏等。

通常,一个嵌入式系统是一个大型系统内的一个组件,例如一台通用计算机系统中的鼠标和键盘,它们都是嵌入式系统,都由一个处理器和软件来实现其具体的功能;又如汽车里用以控制刹车防抱死系统(ABS)、监测和控制尾气排放、控制仪表盘上的信息显示等,都是通过多个嵌入式系统来实现的,各嵌入式系统间则是由一个通信网络连接的。

1. 嵌入式系统的种类

嵌入式系统的核心部件有以下4类:

(1) 嵌入式微处理器

嵌入式微处理器(Embedded Microprocessor Unit,EMPU)是以通用计算机中的标准CPU为微处理器,并将其装配在专门设计的电路板上,且仅保留与嵌入式应用有关的母板功能,构成嵌入式系统。与通用计算机相比,其系统体积和功耗大幅度减小,而工作温度的范围、抗电磁干扰能力、系统的可靠性等方面却均有提高。

(2) 嵌入式微控制器

嵌入式微控制器(Microcontroller Unit,MCU)又称单片机。它以某一种微处理器为核心,芯片内部集成有一定容量的存储器(ROM/EPOM、RAM)、I/O接口(串行接口、并行接口)、定时器/计数器、看门狗、脉宽调制输出、A/D转换器、D/A转换器、总线、总线逻辑等。与嵌入式微处理器相比,微控制器的最大特点是单片化、体积小、功耗低、可靠性较高。微控制器是目前嵌入式系统工业的主流,以MCU为核心的嵌入式系统约占市场的大部分份额。

(3) 嵌入式数字信号处理器

嵌入式数字信号处理器(Embedded Digital Signal Processor,EDSP)对系统结构和指令进行了特殊设计,使其适合执行 DSP 算法,编译效率高,指令执行速度也较快,在数字滤波、FFT、谱分析等方面,DSP 算法已广泛应用于嵌入式领域,DSP 应用正从在单片机中以普通指令实现 DSP 功能,过渡到采用 EDSP。

(4) 嵌入式片上系统

嵌入式片上系统(System on Chip,SoC)是集系统性能于一块芯片上的系统组芯片。它通常含有一个或多个微处理器 IP 核(CPU),根据需求也可增加一个或多个 DSP IP 核,相应的外围特殊功能模块,以及一定容量的存储器(RAM、ROM)等,并针对应用所需的性能将其设计集成在芯片上,成为系统操作芯片。其主要特点是嵌入式系统能够运行于各种不同类型的微处理器上,兼容性好,操作系统的内核小,效果好。

2. 嵌入式系统的特点

嵌入式系统根据其特定的功能,主要具有以下特点:

(1) 专用性强、不易被取代

嵌入式系统面向特定应用,能够把通用 CPU 中许多由板卡完成的任务集成在芯片内部,从而有利于嵌入式系统的小型化;由于嵌入式系统面向各不相同的应用领域,故几乎不可能由一个固定的嵌入式系统取代其所有。

(2) 产品发展的稳定性

嵌入式微处理器的发展具有一定的稳定性。由于嵌入式应用产品自身的特点,因此一旦进入市场,便具有较长的生命周期。除了针对具体应用而设计的硬件系统外,其软件则均固化在只读存储器中,不能随意更换,其更看重的是软件的可继承性和技术衔接性,发展比较稳定。嵌入式系统新产品虽层出不穷,但其旧产品依然存在,如单片 8 位机、16 位机、32 位机并存于市场上,各自有各自的应用领域。例如,8051 单片机虽已问世近四十年,但至今依然方兴未艾。

3. 嵌入式系统软件的特征

(1) 软件要求固态化存储

嵌入式系统软件所使用的语言可以是汇编语言,也可以是高级语言。为了提高执行速度和系统可靠性,嵌入式系统中的软件一般都固化在存储器芯片或单片机本身中,而不是存储在磁盘等载体中。

(2) 软件代码质量高、可靠性好

尽管半导体技术的发展使处理器速度不断提高、片上存储器容量不断增加,但在许多应用中,由于需满足系统实时性等方面的要求,使得存储空间仍然很有限,为此要求程序的编写和编译工具的质量要高,以减少程序二进制代码长度,提高执行速度。

(3) 操作系统软件实时性强

在多任务嵌入式系统中,对各项任务进行统筹兼顾、合理调度是保证系统功能的关键,单纯提高处理器的速度完全无法完成系统要求,只能由优化编写的系统软件来完成,因此提高操作系统软件的实时性是基本要求。

4. 嵌入式系统的开发工具和环境

通用计算机具有完善的人机接口界面,若需提高功能,只需在通用计算机中增加一些开发应用程序和环境即可进行对自身的开发。而嵌入式系统本身不具备开发能力,系统设计完成以后,必须通过专门的开发工具和环境才能对系统进行调试、修改,这些工具和环境一般是基于通用计算机上的软硬件设备以及各种仿真器、编程器、逻辑分析仪、示波器等。

本教材以嵌入式微控制器(MCS-51单片机)为核心,介绍嵌入式系统设计的基本技术。

1.1.3 嵌入式系统的发展趋势

嵌入式系统技术具有非常广阔的应用领域及应用前景,主要包括以下方面。

1. 工业控制

基于嵌入式芯片的工业自动化设备将获得长足的发展,目前已经有大量的8、16、32、64位嵌入式微控制器在应用中,网络化是提高生产效率和产品质量、减少人力资源的主要途径,如工业过程控制、数字机床、电力系统、电网安全、电网设备监测、石油化工系统等。

2. 交通管理

在车辆导航、流量控制、信息监测与汽车服务方面,嵌入式系统技术已经获得了广泛的应用,内嵌GPS模块,GSM模块的移动定位终端已经在各种运输行业获得了成功的使用。

3. 信息家电

信息家电是嵌入式系统最大的应用领域,冰箱、空调等的网络化、智能化将引领人们的生活步入一个崭新的空间。即使你不在家里,也可以通过电话线、网络进行远程控制。

4. 家庭智能管理系统

水、电、气表的远程自动抄表,安全防火、防盗系统,其中嵌有的专用控制芯片将代替传统的人工检查,并实现更高、更准确和更安全的性能。

5. POS网络及电子商务

公共交通无接触智能卡发行系统,公共电话卡发行系统,自动售货机,各种智能

AIM 终端已全面走入人们的生活。

6. 环境工程与自然

水文资料实时监测，防洪体系及水土质量监测、堤坝安全，地震监测网，实时气象信息网，水源和空气污染监测。在很多环境恶劣、地况复杂的地区，嵌入式系统将实现无人监测。

7. 机器人

嵌入式芯片的发展将使机器人在微型化、高智能方面的优势更加明显，同时会大幅度降低机器人的价格，使其在工业领域和服务领域获得更广泛的应用。

嵌入式控制器的应用几乎无处不在，在工业控制、交通管理、电子商务等方面无不有它的踪影。嵌入控制器因其体积小、可靠性高、功能强、灵活方便等许多优点，其应用已深入到工业、农业、教育、国防、科研以及日常生活等各个领域，对各行各业的技术改造、产品更新换代、加速自动化进程、提高生产率等方面起到了极其重要的推动作用。总之，嵌入式系统技术正在国计民生中发挥着重要作用，且有着非常广阔的发展前景。

1.2　单片机技术的发展过程及趋势

1.2.1　单片机技术的发展过程

自第一片单片微型计算机诞生至今，单片机技术发展迅速，产品种类繁多。纵观整个单片机技术的发展过程，可以分为以下几个主要阶段。

1. 单芯片微机形成阶段

1976 年，Intel 公司推出了 MCS-48 系列单片机。该系列单片机的早期产品在芯片内集成的资源有 8 位 CPU、1KB 程序存储器（ROM）、64B 数据存储器（RAM）、27 条 I/O 线和 1 个 8 位定时器/计数器。

该阶段的主要特点是在单个芯片内实现了 CPU、存储器、I/O 接口、定时器/计数器、中断系统、时钟等部件的集成，但存储器容量及寻址范围均较小，且无串行接口，其指令系统功能也不强。

2. 性能完善提高阶段

1980 年，Intel 公司推出 MCS-51 系列单片机。该系列单片机在芯片内集成的资源有 8 位 CPU、4KB 程序存储器（ROM）、128B 数据存储器（RAM）、4 个 8 位并行接口、1 个全双工串行接口和 2 个 16 位定时器/计数器。其寻址范围为 64KB，并集成了控制功能较强的布尔处理器，可以完成位处理功能。

该阶段的主要特点是体系结构完善，性能大大提高，面向控制的特点突出。目前，具有51内核的单片机已成为公认的经典单片机。

3. 微控制器化阶段

1982年，Intel公司推出MCS-96系列单片机。该系列单片机在芯片内集成的资源有16位CPU、8KB程序存储器(ROM)、232B数据存储器(RAM)、5个8位并行接口、1个全双工串行接口和2个16位定时器/计数器、1个8路的10位A/D转换器、1个1路的PWM(D/A转换器)输出及高速I/O部件等。其寻址范围最大为64KB。

该阶段的主要特点是片内面向测控系统的外围电路增强，使单片机可以方便灵活地应用于复杂的自动测控系统及设备。因此，"微控制器"的称谓更能反映单片机的本质。

4. 片上系统阶段

近年来，许多半导体厂商以MCS-51系列单片机的8051为内核，将许多应用系统中的标准外围电路(如A/D转换器、D/A转换器、实时时钟等)或接口(SPI、I^2C、CAN、Ethernet等)集成到单片机中，即在单个芯片上集成一个完整的系统，从而生产出多种功能强大、使用灵活的新一代80C51系列单片机。例如原Philips公司的P87C591、Silicon Labs的C8051F040集成了CAN总线接口，Nordic NRF9E5集成了RF收发模块，原Dallas公司的DS80C400单片机集成了Ethernet和CAN接口等。

目前，片上系统主要的特点是面向系统级的应用系统设计，片上集成了各种各样的功能模块，以满足不同应用领域的需求。它不但提高了系统可靠性，而且减小了印制电路板(PCB)的尺寸，降低了系统设计的成本。

1.2.2 单片机技术的发展趋势

随着微电子技术的迅速发展，目前各个公司研制出了能够适用于各种应用领域的单片机，高性能单片机芯片市场也异常活跃，采用新技术使单片机的种类、性能不断提高，应用领域迅速扩大。就其发展趋势来看，单片机主要是向高性能、大容量、微型化、系统化等方面发展。

1. CPU的改进

① 采用双CPU结构，以提高处理速度和处理能力。

② 增加数据总线宽度，以提高数据处理能力和速度。

③ 采用流水线结构，类似于高性能微处理器，具有很快的运算速度，尤其适用于实时数字信号处理。

④ 串行总线结构，将外部数据总线改为串行传送方式，以提高系统的可靠性、减

少单片机的外部引脚、降低单片机的成本，特别适用于电子仪器设备的微型化。

2. 存储器的发展

① 增大片内存储容量，有利于提高可靠性。新型单片机片内ROM一般可为4～64KB，最高可达兆字节级别。片内RAM容量可为256B～2MB。片内存储器存储容量增大的最大优势是可简化外围扩展电路，以达到提高产品的稳定性及降低产品成本的目的。

② 片内采用E^2PROM和Flash Memory，可在线读/写，并能长期保存某些需要保留的数据和参数，以提高单片机的可靠性和实用性。

③ 采用编程加密技术，可更好地保护知识产权。利用编程加密位或ROM加锁的方式，使开发者的软件不易被复制、破译，以达到程序保密的目的。

3. 片内I/O的改进

一般单片机都有较多的并行口，以满足外围设备（简称外设）、芯片扩展的需要，并配以串行口，可以满足多机通信功能的需要。为了提高其性能，部分单片机还做了以下改进：

① 提高并行口的驱动能力，以减少外围驱动芯片的使用，直接输出大电流和高电压，以便能直接驱动LED和VFD(荧光显示器)等。

② 增加I/O接口的逻辑控制功能（如PWM、捕捉功能等），以加强I/O接口线控制的灵活性。

③ 增加通信口（如SPI、I^2C、CAN、Ethernet等），以提高单片机系统的灵活性。这为单片机构成网络系统提供丰富的接口资源。

4. 外围电路集成化

随着集成电路集成度的不断提高，需要把众多的外围功能电路集成到单片机芯片内。除了一般具备的ROM、RAM、定时器、计数器、中断系统外，为满足更高的检测、控制功能要求，片内集成的部件还可有A/D转换器、D/A转换器、DMA控制器、频率合成器、字符发生器、声音发生器等。由于集成工艺在不断地改进和提高，可以大规模地把所需要的外围电路全部集成到单片机内，因此系统的单片化是目前单片机发展的趋势。

5. 低功耗CMOS化

在许多场合，单片机不仅要求体积小，而且要求低电压、低功耗。因此，制造单片机时普遍采用CMOS工艺，但由于其物理特征决定其工作速度不够高，因此有的生产厂家采用了CHMOS(互补高密度金属氧化物半导体工艺)。CHMOS具备了高速和低功耗的特点，这些特征更适合于在要求低功耗（如电池供电）的应用场合。所以这种工艺将是今后一段时期内单片机发展的主流。

随着微电子技术的发展,单片机的形式越来越多,世界上各大芯片制造公司都推出了自己的单片机,从 8 位、16 位到 32 位,种类繁多,有与主流 C51 系列兼容的,也有不兼容的,它们各具特色,互为补充,为单片机的应用开辟了广阔的天地。

1.3 单片机的典型结构及工作原理

本节介绍单片机的组成、结构及特点,为读者了解它的工作原理打下基础。

1.3.1 单片机组成及结构

所谓单片机(Single Chip Microcomputer)就是将微处理器、一定容量的存储器、个数有限的 I/O 接口以及定时器/计数器等功能部件集成在一块芯片上的微型计算机,且具有一套完善的指令系统。其基本结构如图 1.1 所示。

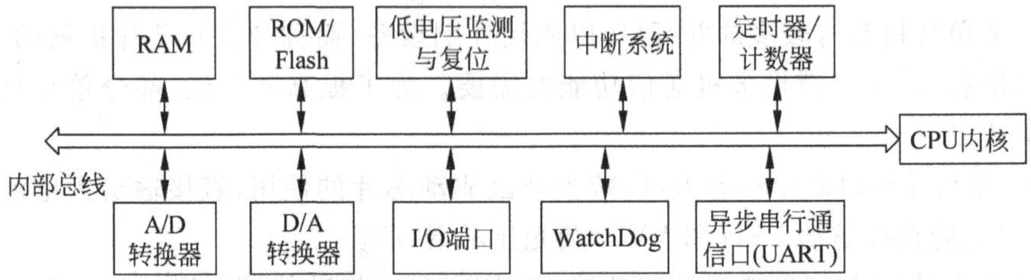

图 1.1 单片机基本结构框图

① 中央处理器(CPU)。中央处理器是单片机的核心部件,由运算器和控制器组成,主要完成运算和控制功能,这一点与通用微处理器基本相同。

② 数据存储器(内部 RAM)。数据存储器用于存放实时数据,或作为通用寄存器、堆栈和数据缓冲器使用。

③ 程序存储器(内部 ROM)。程序存储器用于存放程序和固定的常数等。通常采用非易失性存储器。

④ 并行 I/O 口。并行 I/O 口主要用于实现与存储器或外围设备间数据的并行输入输出操作。

⑤ 串行 I/O 口。串行 I/O 口主要用于串行数据传输,它可以把单片机内部的并行数据变成串行数据向外传送,也可以串行方式接收外部送来的数据,并把它们变成并行数据送给 CPU 处理。

⑥ 特殊功能模块。通常,特殊功能模块包括定时器/计数器、A/D 转换器、D/A 转换器、DMA 通道、系统时钟、中断系统和串行通信接口等模块。定时器/计数器用于产生定时脉冲,以实现单片机的定时控制;A/D 转换器和 D/A 转换器用于模拟量和数字量之间的相互转换,以完成实时数据的采集和控制;DMA 通道可以实现单片机和外设之间数据的快速传送;串行通信接口可以很方便地实现单片机系统与其他系统的数据通信。总之,某一单片机内部包括的特殊功能模块的种类及数量确定了

其应用领域。

1.3.2 单片机的工作原理

对大多数计算机用户来说，并不需要掌握单片机内部结构中的具体线路，仅从应用角度出发理解单片机的工作原理即可。单片机是怎样工作的呢？单片机是通过执行程序来工作的，执行不同的程序便能完成不同的任务。因此，单片机执行程序的过程实际上也体现了单片机的工作原理。

1. 指令与程序

指令是规定计算机执行某种操作的二进制代码形式的命令，CPU 就是根据指令来指挥和控制单片机各部分协调地动作，完成规定的操作。单片机全部指令的集合称为指令系统，指令系统的性能与单片机硬件密切相关，不同的单片机，其指令系统不完全相同。根据任务要求有序地编排出的指令集合称为程序，程序的编制称为程序设计。为了运行和管理单片机所编制的各种程序的总和称为系统软件。目前，出现了各种各样的嵌入式操作系统，如 μC/OS、μLinux 等。用户可以根据单片机内部的资源，方便地将其移植到单片机上，并在此基础上开发自己的应用程序。

2. CPU

在执行程序中起关键作用的是 CPU，故应了解 CPU 的工作原理。CPU 主要由运算器、控制器、寄存器组及内总线构成。

控制器是用来统一指挥和控制单片机工作的部件，它的功能是接受来自存储器中的逐条指令，进行指令译码，并通过定时和控制电路，在规定的时刻发出各种操作所需的全部内部控制信息及 CPU 外部所需的控制信号，使运算器、存储器、输入输出端口之间能自动协调地工作，完成指令所规定的各种操作。它主要由程序计数器 PC、指令寄存器、指令译码器、时序部件和操作控制部件等部分组成。

运算器是用于对数据进行算术、逻辑运算以及位操作处理等的执行部件。它主要由算术/逻辑部件(ALU)、累加器(Accumulator，ACC)、暂存寄存器、程序状态字(Program Status Word，PSW)寄存器等组成。CPU 正是通过对这几部分的控制与管理，使单片机完成指定的任务。

寄存器组主要用于存放参加运算的操作数及操作结果，在不同的寻址方式下有的寄存器还可以存放操作数的地址。

3. 单片机执行程序的过程

单片机的工作过程实质就是执行程序的过程，即逐条执行指令的过程。单片机执行每一条指令都可分为 3 个阶段进行，即取指令、分析指令和执行指令。

取指令阶段：根据程序计数器(PC)中的值，从程序存储器中读出现行指令，送到指令寄存器。

分析指令阶段：将指令寄存器中的指令操作码取出后进行译码，分析指令性质。

执行指令阶段：取出操作数，然后按照操作码的性质对操作数进行操作。

单片机执行程序的过程实际上就是重复执行上述3个阶段的操作过程。

指令的执行过程可通过图1.2中各部分的功能予以说明。

- 数据总线缓冲器：其作用是在CPU对外传送数据时予以缓冲；
- 地址寄存器：专门用于存放存储器或输入输出接口的地址信息；
- 暂存器：暂存等待输入到ALU中进行操作的数据；
- 微操作控制电路：与时序电路相配合，把指令译码器输出的信号转换为执行该指令所需的各种控制信号；
- 累加器：用于存放参加运算的操作数及操作结果；
- 状态寄存器：用于存放运算过程及运算结果中的某些特征和特点；
- 程序计数器(PC)：主要作用是指引程序的执行方向，且具有自动加1功能。

单片机进行工作时，首先要把程序和数据从外围设备(如光盘、磁盘等)输入到计算机内部的存储器，然后逐条取出执行。而单片机中的程序通常都已事先固化在片内或片外程序存储器中，因而开机即可执行指令。

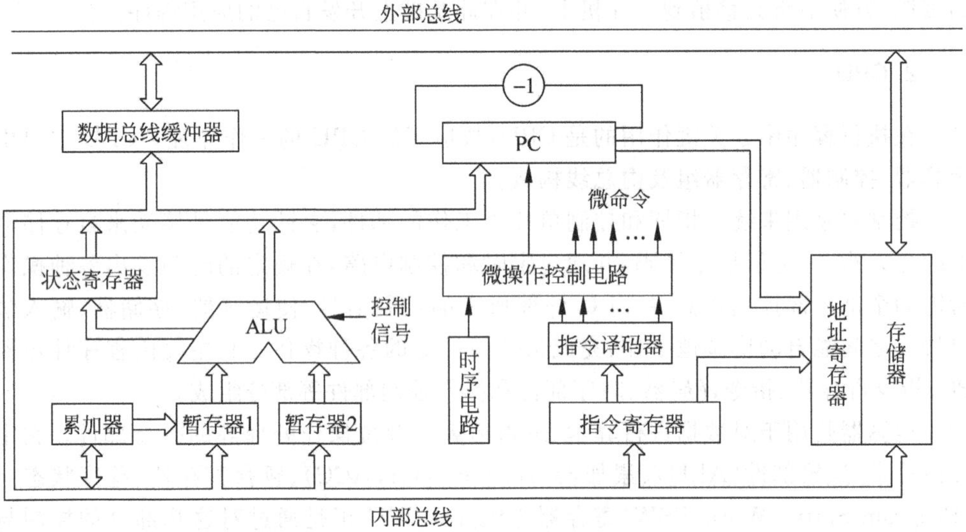

图1.2 单片机指令执行过程示意图

下面通过一条指令的执行情况，简要说明单片机的工作过程。

假设执行的指令是“ADD A,#17H”，该指令的作用是：将累加器A中的内容与17H相加，其结果存入累加器A中，指令对应的机器语言(即机器码)是“24H，17H”。将指令存放在程序存储器的0104H、0105H单元，存放形式如表1.1所示。表1.1中只写了两条指令。第1条指令“LJMP 0104H”表示使CPU无条件地转到0104H这个地址单元开始执行。因为MCS-51系列单片机开机或复位后，程序计数器(PC)的值为 0000H,故任何程序的第 1 条指令都要从这个地址开始。

表 1.1　程序存储器中指令的存放形式

程序存储器地址	地址中内容(机器码)	指　令
0000H	02H	LJMP　0104H
0001H	01H	
0002H	04H	
⋮	⋮	⋮
0104H	24H	ADD　A,#17H
0105H	17H	
0106H	⋮	⋮
⋮	⋮	⋮

复位后单片机在时序电路作用下自动进入执行程序过程。执行过程实际上就是单片机取指令、分析指令和执行指令的循环过程。

为便于说明、假设程序计数器(PC)已变为 0104H。在 0104H 单元中已存放 24H,0105H 单元中已存放 17H。当单片机执行到 0104H 时,首先进入取指令阶段。其执行过程如下:

① 程序计数器(PC)的内容(这时是 0104H)送到地址寄存器。

② 程序计数器(PC)的内容自动加 1(变为 0105H)。

③ 地址寄存器中的内容(0104H)通过内部地址总线送到存储器,经存储器中地址译码电路译码,使地址为 0104H 的单元被选中。

④ CPU 使读控制线有效。

⑤ 在读命令控制下被选中存储器单元的内容送到内部数据总线上,通过数据总线将其送到指令寄存器寄存。至此,取指令阶段完成,进入译码分析和执行指令阶段。

由于本次进入指令寄存器中的内容是 24H(操作码),经译码器译码后单片机知道该指令是要把累加器 A 中的内容与某数相加,而该数是在这个代码的下一个存储单元。执行该指令还必须把数据(17H)从存储器中取出送到 CPU,即到存储器中取第 2 字节,所以其过程与取指令阶段很相似,只是此时 PC 已为 0105H,指令译码器结合时序部件,产生 24H 操作码的微操作系列,使数据 17H 从 0105H 单元取出。因为指令要求把取得的数与累加器 A 中内容相加,所以取出的数据经内部数据总线进入暂存器 1,累加器 A 的内容进入暂存器 2,在控制信号作用下暂存器 1 和 2 的数据进入 ALU 相加后,再通过内部总线送回累加器 A。至此,一条指令执行完毕。PC 在 CPU 每次向存储器取指令或取数时都自动加 1,此时 PC 的值为 0106H,单片机又进入下一个取指令阶段。这一过程一直重复下去,直到遇到暂停指令或循环等待指令才暂停。CPU 就是这样一条一条地执行指令,完成程序所规定的功能,这就是单片机的基本工作原理。

1.4 典型单片机的结构及特点

1.4.1 MCS-51系列单片机的结构及特点

图1.3是按功能划分的MCS-51系列单片机内部功能模块框图,各模块及其基本功能如下。

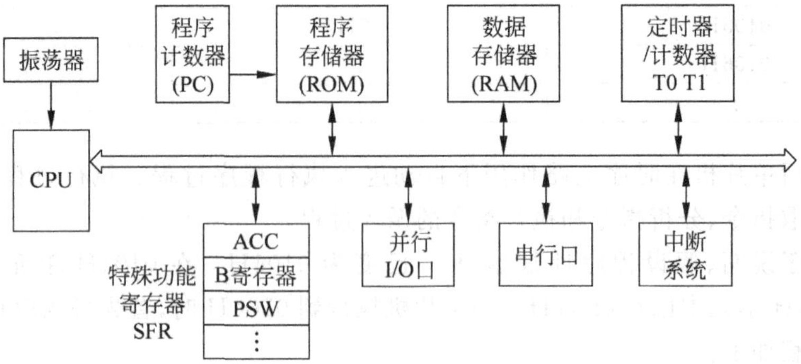

图1.3 MCS-51系列单片机的内部功能模块框图

① 1个8位中央处理器(CPU)。它由运算器和控制部件构成,在时钟电路作用下,完成单片机的运算和控制功能,作为单片机的核心部件,决定单片机的主要处理能力。

② 4KB(MCS-52及其以上系列大于4KB)的片内程序存储器,用于存放目标程序及一些原始数据和表格。MCS-51系列单片机的地址总线为16位,确定其程序存储器可寻址范围为64KB。

③ 128B(MCS-52及其以上系列为256B)的片内数据存储器RAM。习惯上把片内数据存储器称为片内RAM,它是单片机中使用最频繁的数据存储器。由于其容量有限,合理地分配和使用片内RAM有利于提高编程效率。

④ 18个特殊功能寄存器SFR。用于控制和管理片内ALU、并行I/O接口、串行通信口、定时器/计数器、中断系统、电源等功能模块的工作方式和运行状态。

⑤ 4个8位并行I/O接口:P0口、P1口、P2口、P3口(共32条线),用于输入输出数据和形成系统总线。

⑥ 1个串行通信接口。可实现单片机系统与计算机或与其他通信系统间的数据通信。串行口可设置为4种工作方式,可用于多机系统通信、I/O端口扩展或全双工异步通信(UART)。

⑦ 2个16位定时器/计数器。它可以设置为计数方式对外部事件进行计数,也可以设置为定时方式。计数或定时范围通过编程来设定,具有中断功能,一旦计数或定时时间到,可向CPU发出中断请求,以便及时处理突发事件,提高系统的实时

处理能力。

⑧ 具有 5 个(52 子系列为 6 个或 7 个)中断源。可以处理外部中断、定时器/计数器中断和串口中断。常用于实时控制、故障自动处理、单片机系统与计算机或与外设间的数据通信及人机对话等。

1.4.2 其他单片机的结构及特点

目前全世界生产和研制单片机的厂家很多,其生产的单片机与 MCS-51 系列相比,无论是在外特性还是片内结构上都有不同程度的改进,且具有各自的特点。即使是生产 MCS-51 系列单片机的厂家除了有原 51 系列的产品外,一般也都开发了其他系列产品。现在多数厂家的产品有 OTP 型、Flash 型、EPROM 型和 ROM 型 4 种类型器件,并且各系列单片机都可提供多种不同的芯片封装形式。下面以几个具有一定代表性的单片机系列为例,简介其他单片机的主要特点。

1. ATMEL 公司的 AVR 系列

1997 年,ATMEL 公司推出全新配置的精简指令集(RISC)单片机,简称 AVR 单片机。AVR 仍属于 8 位单片机。近年来,AVR 单片机已形成系列产品,如 Attiny、AT90 与 Atmega 等系列产品。

AVR 系列单片机的主要优点如下:

① 程序存储器采用 Flash 技术。16 位指令,一个时钟周期可以执行更复杂的指令。

② 功耗低,具有 Sleep(休眠)功能。

③ 具有大电流(灌电流)10~20mA 或 40mA 输出,可设置内部上拉电阻;有看门狗定时器(WTD),提高了产品的抗干扰能力。

④ 具有 32 个通用工作寄存器,相当于有 32 个累加器,避免了传统的一个累加器和存储器之间的数据传送造成的瓶颈现象。

⑤ 具有在线下载功能。

⑥ 单片机内有模拟比较器,I/O 口可作 A/D 转换用,可组成廉价的转换器。

⑦ 部分 AVR 器件具有内部 RC 振荡器,可提供 1MHz 的工作频率。

⑧ 计数器/定时器增加了 PWM 输出,也可作为 D/A 转换器用于控制输出。

2. NXP 单片机(原 Philips 公司单片机)

Philips 公司是较早生产 MCS-51 系列单片机的厂商,其先后推出了基于 8051 内核的普通型 8 位单片机、增强型单片机、LPC700 系列、LPC900 系列等多种类型。

Philips 80C51 系列单片机均有 3 个定时器/计数器。

① 除了基本的中断功能之外特别增加了 1 个“四级中断优先级”。

② 可以通过关闭不用的 ALE,大大改善单片机的 EMI 电磁兼容性能,不仅可以

在上电初始化时“静态关闭 ALE”,还可以在运行中“动态关闭 ALE”。

③ 很多品种有 6/12Clock 时钟频率切换功能,不仅可以在上电初始化时“静态切换 6/12Clock”,还可以在运行中“动态切换 6/12Clock”。特别是 LPC900 系列 Flash 单片机,指令执行时间只需 2～4 个时钟周期,即在同一时钟频率下,其速度为标准 80C51 器件的 6 倍。因此 Philips 的单片机可以在较低的时钟频率下达到同样的性能。

④ UART 串行口增加了“从地址自动识别”和“帧错误检测”功能,特别适合于单片机的多机通信。

⑤ 可提供 1.8～3.3V 供电电源,适合用于便携式产品。

3. PIC 系列单片机

PIC 系列单片机是美国微芯科技股份有限公司(Microchip Technology Incorporated)推出的高性能 8 位系列单片机,体现了现代单片微控制器发展的一种新趋势。

PIC 系列中单片机分为基本级、中级和高级 3 个系列产品。用户可根据需要选择不同档次和不同功能的芯片,通常无须外扩程序存储器、数据存储器和 A/D 转换器等外部芯片。

中级产品在保持低价的前提下,增加了温度传感器(仅 PIC 14000 有)、A/D 转换器、内部 E^2PROM 存储器、Flash 程序存储器、比较输出、捕捉输入、PWM 输出、I^2C 和 SPI 接口、异步串行通信(USART)、模拟电压比较器和 LCD 驱动等许多功能。

高级产品中的 PIC 17CXX 和 PIC 18C(F)XXX 系列在一个指令周期内可(最短 160ns)完成 8 位×8 位二进制乘法的能力。

PIC 系列单片机由于具有以下特点,所以问世不久即得以快速普及。

① 品种多,容易开发,PIC 采用精简指令集,指令少(仅 30 多条指令),且全部为单字长指令,易学易用。PIC 系列单片机中的数据总线是 8 位的,而其指令总线则有 12 位(基本级产品)、14 位(中级产品)和 16 位(高级产品)。低、中、高产品的指令兼容。

② 执行速度快。PIC 的哈佛(Harvard)总线和 RISC 结构建立了一种新的工业标准,指令的执行速度比一般的单片机要快 4～5 倍。

③ 功耗低。PIC 的 CMOS 设计结合了诸多的节电特性,使其功耗较低。PIC 100%的静态设计可进入睡眠(sleep)省电状态,而不影响任何内部变量。

④ 实用性强。PIC 配备有多种形式的芯片,特别是其 OTP 型芯片的价格很低。PIC 中的 PIC 12C5XX 是世界上第一个 8 脚封装的低价 8 位单片机。

⑤ 增加了掉电复位锁定、上电复位(POR)以及看门狗(WatchDog,WTD)等电路,大大减少外围器件的数量。

4. TI公司的MSP430系列

MSP430系列单片机是TI公司(美国德州仪器公司)生产的,它的最主要特点是超低功耗,可长时间用电池工作。MSP430具有16位CPU,属于16位单片机。由于超低功耗的显著特点,MSP430系列单片机得到了广泛的应用。

MSP430系列的主要特点如下。

① 低电压、超低功耗。MSP430系列单片机一般在1.8～3.6V、1MHz的时钟条件下运行,耗电电流(0.1～400μA)因不同的工作模式而不同;具有16个中断源,可以任意嵌套,用中断请求将CPU唤醒只要6μs。

② 处理能力强。CPU中的16个寄存器和常数发生器使MSP430单片机能达到最高的代码效率,具有多种寻址方式(7种源操作数寻址、4种目的操作数寻址),寄存器以及片内数据存储器均能参与多种运算。

③ 片内外设较多。MSP430系列单片机集成了较丰富的片内外设。分别是以下外围模块的不同组合:看门狗、定时器A、定时器B、串口0～1、液晶驱动器、10/12/14位ADC、端口0～6(P0～P6)、基本定时器等。以上外围模块的不同组合再加上多种存储方式构成了不同型号的器件。此外,其并行I/O口线具有中断能力;A/D转换器的转换速率最高可达200Kb/s,能满足大多数数据采集应用。

5. Motorola公司的单片机

Motorola公司是世界上最大的单片机厂商,在8位单片机方面其主要有68HC08、68HC05等30多个系列的200多个品种,其特点是品种全,选择范围大,在同样的指令速度下所用的时钟频率较低,抗干扰能力强,适于恶劣的工作环境。

1.5 单片机应用系统的开发过程

设计单片机应用系统时,在完成硬件系统设计之后,必须配备相应的应用软件。正确无误的硬件设计和良好的软件功能设计是一个实用的单片机应用系统的设计目标。完成设计目标的过程称为单片机应用系统的开发。

单片机作为一片集成了微型计算机基本功能部件的集成电路芯片,与通用微型计算机相比,它自身没有开发功能,必须借助开发装置来完成相应任务。单片机的开发一般包含以下过程:

① 根据应用系统设计目标(功能和性能指标),确定待开发的应用系统所要完成的任务;从应用系统总体设计方案出发,确定应用系统的结构、电路板划分原则等。

② 以上述工作为基础,写出设计任务书、画出总体原理框图,作为系统设计的依据。系统设计时,应注意合理分配系统硬件和软件的功能。一般在实时性要求不高时,常要求软件实现更多的功能,使硬件尽可能简单。如以软件实现显示控制、键盘

管理，以及用软件完成 PWM 输出等。近年来，随着集成电路技术的发展，又出现了所谓“软件硬件化”的趋势，有各种专用的集成电路器件投放市场。对这一新动向，在系统设计时应予以重视。

③ 进行软、硬件的研制。以单片机为核心进行应用系统的设计工作，包括：

- 根据应用系统所完成的任务确定需扩展的电路，如 I/O 接口、存储器、A/D 转换器及 D/A 转换器等；
- 按照选定的单片机和扩展的电路芯片的引脚功能和时序，确定单片机同各种待扩展电路芯片间的连接关系，并画出连线图。

本书中，第 6 章将给出常用的各种电路的扩展方法供读者参考。应用软件的设计相对来说要困难些，一般是在数据处理或控制所依据的算法已确定的前提下进行的，采用汇编语言或 C 语言编写程序。设计的主要工作在于，根据软件所承担的任务确定程序的结构方式和划分任务模块。为了便于设计和调试，还须进一步将任务模块划分为程序模块(子程序和各种功能程序段)。在上述基础上，便可分别设计应用系统的硬件和编写程序。

④ 系统调试。调试工作必须在开发装置的支持下进行。在排除了电路上的短路和断路故障后，可编制一些测试程序来检查硬件的正确性。待硬件调试正确后，便可借助开发装置调试应用软件。调试时可选用配接有在线仿真器的开发装置作为调试工具。利用仿真器的程序跟踪调试和内部资源的监控功能缩短系统开发周期。完成软件调试后，可通过单片机专用烧写器或在线下载工具将编译后的机器代码下载到单片机。

1.6 本书的结构及教学安排

本书在结构上采用了“概论＋原理＋应用”的方式，在介绍和分析单片机原理结构和基本概念的基础上，均给出相关实例，突出其应用性。大部分章后均配有相应的习题，其目的是使学生弄清概念，掌握方法，以利于他们自主学习和研究性学习。

在内容的讲解方面，选用相对简单、易懂、典型且应用广泛的 MCS-51 系列单片机为主要对象介绍单片机应用系统，并专门用两章的内容介绍单片机应用系统的设计方法及典型的应用实例，使学生能把学习重点转移到应用系统的设计开发上。

本书共 9 章，参考学时数为 40～45 学时，不同的学校及专业可根据其自身的特点进行取舍，具体安排为：

第 1 章	概论	2 学时
第 2 章	MCS-51 系列单片机的资源配置	4 学时
第 3 章	MCS-51 系列单片机的指令系统及汇编语言程序设计	6 学时
第 4 章	单片机的 C 语言编程	4 学时
第 5 章	MCS-51 系列单片机的片内接口及中断	8 学时
第 6 章	MCS-51 系列单片机的扩展技术	4 学时

第 7 章	单片机应用系统接口技术	8 学时
第 8 章	单片机应用系统设计	2 学时
第 9 章	单片机应用系统设计实例	7 学时

习题

1.1　什么是嵌入式系统？什么是单片机？它与微型计算机的主要区别是什么？

1.2　简述 MCS-51 系列单片机的结构特点。

1.3　简述 MCS-51 系列单片机执行程序的过程。

1.4　单片机应用的开发一般包含几个过程？分别称为什么过程？

1.5　通过查阅资料，简述单片机的发展方向。

第2章 MCS-51系列单片机的资源配置

单片机是在一块芯片中集成了CPU、RAM、ROM、定时器/计数器和多功能I/O口等计算机所需要的基本功能部件的大规模集成电路，又称MCU。MCS-51系列单片机是美国Intel公司在1980年推出的8位单片微型计算机，它有多种型号的产品，可分为基本型(51子系列)和增强型(52子系列)两类。

基本型(51子系列)的典型产品主要有8031、8051和8751等，它们除片内程序存储器的容量不同外，其内部结构与引脚完全相同；增强型(52子系列)的主要机型为8032与8052两种，功能与51子系列相似，但其片内RAM容量、片内ROM容量、片内定时器/计数器的个数以及中断源个数均有增加，读者可在使用时查阅相应资料。

2.1 MCS-51系列单片机的在片资源及外部特性

2.1.1 MCS-51系列单片机的在片资源

MCS-51系列单片机的内部结构如图2.1所示。由图可看出，MCS-51系列单片机由微处理器(CPU)、存储器、定时器/计数器、I/O接口、中断系统和振荡器等构成。

CPU为单片机的核心部分，决定单片机的性能。它由运算器、控制器及寄存器组等部件组成。其中运算器的功能是进行算术、逻辑运算。PC为程序计数器，指向要执行的下一条指令的地址，控制指令执行的顺序。SP为堆栈指针寄存器，决定堆栈操作的位置。PSW为程序状态寄存器，又称程序状态字。DPTR为数据指针寄存器，用于访问片外ROM、片外RAM、扩展的I/O接口时给出要访问单元的地址。

存储器又可分为片内数据存储器(包含片内RAM与特殊功能寄存器SFR)与片内程序存储器(8031、8032无)，P0、P1、P2、P3为4个8位并行输入输出口，其中P3.0，P3.1还可做串口的输入、输出使用。本章主要介绍微处理器及存储器的结构，其他部分在后续章节中介绍。

51子系列的配置如下：

① 1个8位CPU；

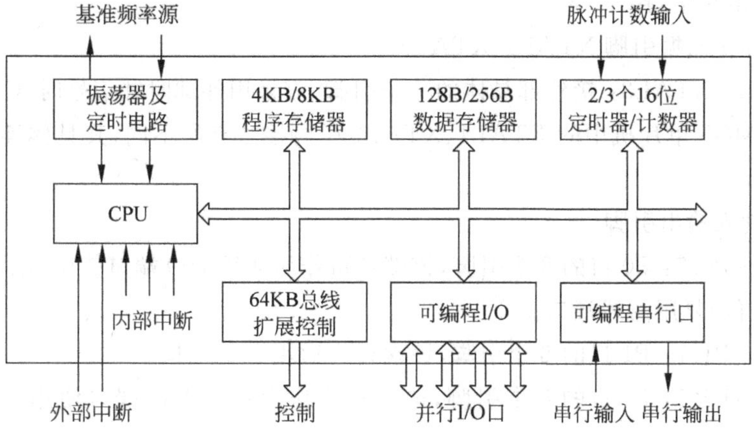

图 2.1　51 系列单片机内部结构图

② 1 个片内振荡频率为 1.2～12MHz 的振荡器及时钟电路；

③ 128B 的片内 RAM；

④ 4KB 的片内程序 ROM；

⑤ 4 个 8 位并行 I/O 口 P0、P1、P2、P3；

⑥ 1 个全双工串行 I/O 口；

⑦ 2 个 16 位定时器/计数器；

⑧ 5 个中断源，分为 2 个优先级。

2.1.2　MCS-51 系列单片机的外部特性

MCS-51 系列单片机的生产工艺有两种：一种是 HMOS 工艺(即高密度短沟道 MOS 工艺)；另一种是 CHMOS 工艺(即互补金属氧化物的 HMOS 工艺)。CHMOS 型的单片机在型号中间加 C 作为标识(如 87C51 等)。HMOS 芯片的电平与 TTL 电平兼容，而 CHMOS 芯片的电平既与 TTL 电平兼容，又与 CMOS 电平兼容。HMOS 的 MCS-51 单片机采用双列直插式封装，有 40 个引脚，而 CHMOS 型单片机则有采用44 个引脚方型封装的。最常用的 40 个引脚封装形式及其配置如图 2.2 所示，主要分为地址总线、数据总线、控制总线。

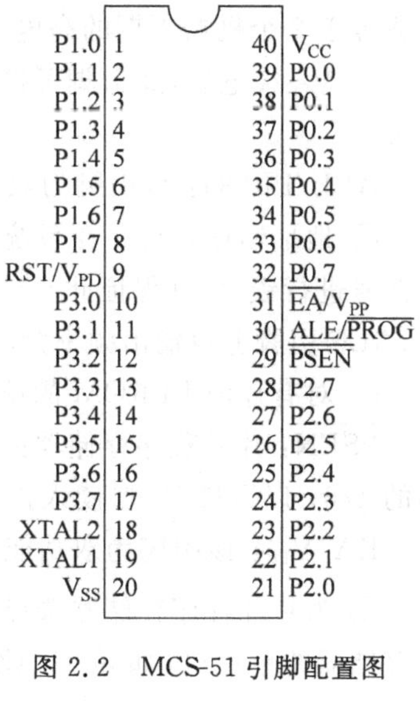

图 2.2　MCS-51 引脚配置图

MCS-51 系列单片机的引脚中有单功能引脚，也有双功能引脚，其各引脚的主要功能如下：

(1) 电源引脚 V_{SS}、V_{CC}

V_{SS}：接地端。

V_{CC}：电源端，接+5V。

(2) 外接晶振引脚 XTAL1、XTAL2

XTAL1、XTAL2：接外部晶体的一个引脚，需采用外部时钟信号时，CHMOS 单片机与 HMOS 单片机中的 XTAL1、XTAL2 引脚接法有所不同，其具体连接电路见2.3.1小节。

(3) 输入输出引脚

P0.0～P0.7：P0 口的 8 个引脚，该端口可作为通用 I/O 端口使用，也可为数据/地址(低 8 位)复用总线端口。

P1.0～P1.7：P1 口的 8 个引脚，该端口为通用 I/O 端口。

P2.0～P2.7：P2 口的 8 个引脚，该端口可作为通用 I/O 端口使用。也可为高 8 位地址总线端口。

P3.0～P3.7：P3 口的 8 个引脚，该端口既可作为通用 I/O 端口使用，也具有第二功能。其第二功能见表 2.1。

表 2.1　P3 口第二功能表

引脚	第 二 功 能	引脚	第 二 功 能
P3.0	RXD(串行口输入)	P3.4	T0(定时器 0 的外部输入)
P3.1	TXD(串行口输出)	P3.5	T1(定时器 1 的外部输入)
P3.2	$\overline{\text{INT0}}$(外部中断 0 输入)	P3.6	$\overline{\text{WR}}$(片外数据存储器写控制信号)
P3.3	$\overline{\text{INT1}}$(外部中断 1 输入)	P3.7	$\overline{\text{RD}}$(片外数据存储器读控制信号)

(4) 控制线(4 条)

RST/V_{PD}：该引脚为双功能引脚。

① 复位信号输入端，高电平有效，单片机工作期间，若在此引脚加上持续时间大于或等于 2 个机器周期的高电平信号，即实现复位操作。

② V_{CC}掉电后，此引脚可接备用电源，低功耗条件下保持内部 RAM 中的数据不丢失。

ALE/$\overline{\text{PROG}}$：该引脚为双功能引脚。

① 地址锁存允许。在系统扩展时，该信号的下跳沿将由 P0 口发出的低 8 位地址信号进行锁存，并保证此时锁存的信息是稳定的地址信息。在不访问片外存储器时，ALE 引脚上也输出频率为时钟振荡频率的 1/6 的周期性信号。

② 对有片内 EPROM 的单片机进行编程时，编程脉冲由该引脚引入。

$\overline{\text{PSEN}}$：片外程序存储器读选通信号。取指令操作期间，$\overline{\text{PSEN}}$的频率为振荡频率的 1/6；以通过 P0 口读入指令，在访问外部数据存储器时，该信号无效。

$\overline{\text{EA}}$/V_{PP}：该引脚为双功能引脚。

① 为片外程序存储器选择信号，当$\overline{\text{EA}}$=0，选择片外程序存储器。对无片内程序存储器的单片机(如 8031)此引脚必须接地。$\overline{\text{EA}}$=1，单片机访问片内程序存储

器，但当程序计数器(PC)的值超过片内程序存储器的最大地址范围时，将自动转向访问外部程序存储器中的程序。

② 在对 8751 单片机片内 EPROM 编程期间，此引脚引入＋21V 编程电源 V_{PP}。

51 系列单片机的 1051/2051/4051 型号只有 20 个引脚(见图 2.3)，由于没有 P0 口和 P2 口外部引脚，故不具备外部扩展功能，也不需要$\overline{PSEN}$引脚，它们内部有一个模拟比较器，相比较的模拟信号由 P1.0(AIN0)和 P1.1(AIN1)输入，而模拟比较器的输出由 P3.6 输入，在内部已连接，因此外部无 P3.6 引脚。由于占用 PCB 板(印制电路板)面积小，因此被大量地应用于产品的设计中。

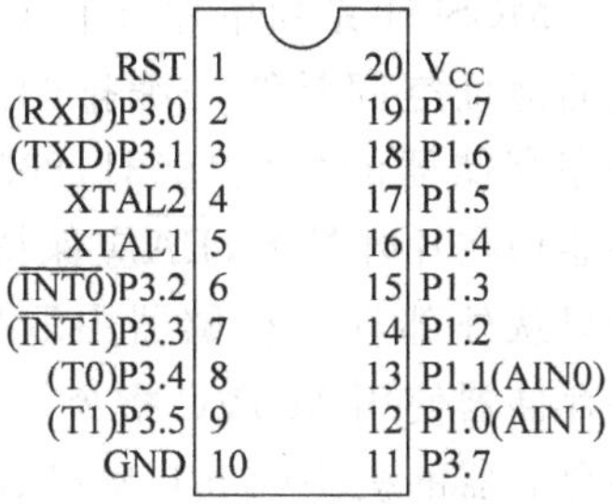

图 2.3　1051/2051/4051 引脚

2.2　MCS-51 系列单片机的存储器系统

存储器用于存放程序和数据。MCS-51 系列单片机内部一般既有只读存储器 ROM(8031 除外)，又有随机存储器 RAM。ROM 在单片机中称为程序存储器，主要用于存放程序及各种表格、常数等。RAM 在单片机中称为数据存储器，主要用来存放程序运行中所需要的数据(常数或变量)或运算结果。当片内存储器容量不够时，可在片外扩展程序存储器与数据存储器。MCS-51 系列单片机的存储器采用哈佛结构，即程序存储器空间和数据存储器空间是彼此独立的，并有各自存储空间的访问指令。从物理地址空间看，MCS-51 系列单片机有 4 个存储器地址空间，即片内程序存储器(片内 ROM)、片外程序存储器(片外 ROM)、片内数据存储器(片内 RAM)、片外数据存储器(片外 RAM)。

2.2.1　程序存储器

MCS-51 系列单片机可寻址 64KB 的地址空间，允许用户程序调用或转向 64KB 的任何存储单元。

在 8051/8751/89C51/89S51 片内，分别有置最低地址空间的 4KB ROM/EPROM/E^2PROM 程序存储器，而在 8031/8032 片内，无内部 ROM，必须外部扩展程序存储器 EPROM。

MCS-51 系列单片机的存储器结构如图 2.4 所示。其中，引脚$\overline{EA}$的接法决定了程序存储器的 0000H～0FFFH 4KB 地址范围在单片机片内还是片外。当引脚$\overline{EA}$接＋5V(见图 2.4 中$\overline{EA}$＝1)，程序存储器的地址分为两部分，片内 4KB 的程序存储器占 0000H～0FFFH 的地址范围，片外程序存储器占 1000H～FFFFH 的地址范围；

当引脚$\overline{EA}$接地(见图 2.4 中$\overline{EA}$=0),片外程序存储器占 0000H～FFFFH 全部的 64KB 的地址空间,与片内是否有程序存储器无关。

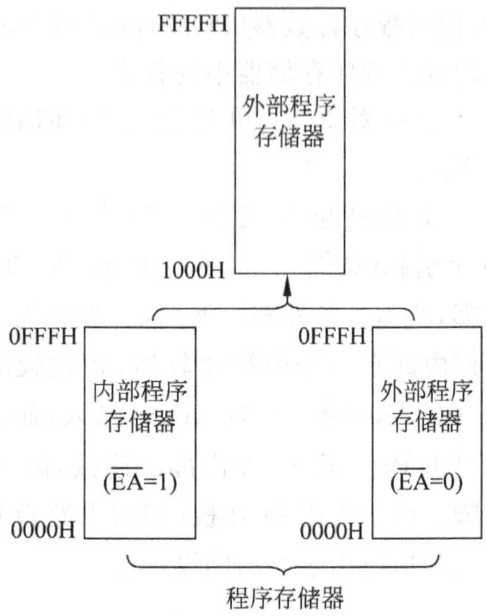

图 2.4　程序存储器映像

MCS-51 系列单片机中,64KB 程序存储器的地址空间是统一编排的。对于片内无程序存储器的机型(8031、8032),其程序存储器均在片外扩展,$\overline{EA}$应保持低电平,使系统只从外部程序存储器中取指令。访问程序存储器使用 MOVC 指令。对于片内有程序存储器的机型(8051、8052、8751),也可在需要时扩展片外程序存储器。在正常运行时,应把引脚$\overline{EA}$接高电平,使程序从内部 ROM 开始执行。当 PC 值超出内部 ROM 的容量时,自动转向外部程序存储器 1000H 后的地址空间执行。对这类单片机,若把$\overline{EA}$接地,可用于调试程序,即把要调试的程序放在与内部 ROM 空间重叠的外部程序存储器内,以便进行调试和修改。

程序存储器低端的一些地址被固定用作特定的入口地址,其入口地址及其对应功能见表 2.2。

表 2.2　复位及中断入口地址表

入口地址	功　能
0000H	复位操作后的程序入口地址
0003H	外部中断 0 的中断服务程序入口地址
000BH	定时器/计数器 0 溢出中断服务程序入口地址
0013H	外部中断 1 的中断服务程序入口地址
001BH	定时器/计数器 1 溢出中断服务程序入口地址
0023H	串行 I/O 的中断服务程序入口地址
002BH	定时器/计数器 2 溢出中断服务程序入口地址

由于两个入口地址之间的存储空间有限,因此要执行的程序并不在此,这些入口地址开始的单元中,通常是一条转移指令,使其转移到程序真正的起始地址去执行程序。

2.2.2　数据存储器

如前所述,数据存储器分为片内和片外两种,二者的地址空间彼此是独立的。片内数据存储器的地址范围是 00H～FFH,片外数据存储器的地址范围是 0000H～FFFFH。

1. 片外数据存储器

51 系列单片机具有扩展 64KB 外部 RAM 和 I/O 端口的能力，外部数据存储器和外部 I/O 口实行统一编址，对它们的操作可利用 R0、R1 或 DPTR 间接寻址方式使用相同的指令 MOVX 完成。片外数据存储器用 R0、R1 间接寻址时，寻址范围为 256B，用 DPTR 数据指针寄存器间接寻址时寻址范围最大为 64KB。

2. 片内数据存储器

在普通型 51 子系列单片机中，片内 RAM 只有 128B，地址为 00H～7FH，它和特殊功能寄存器 SFR 的地址空间是连续的（SFR 占地址 80H～FFH）；而在增强型 52 子系列单片机中，共有 256B 内部 RAM，地址为 00H～FFH，高 128B 的 RAM 和 SFR 的地址是重合的，究竟访问哪一块是通过不同的寻址方式加以区分的，访问高 128B 的 RAM 采用寄存器间接寻址，访问 SFR 则只能采用直接寻址。

片内数据存储器如图 2.5 所示。

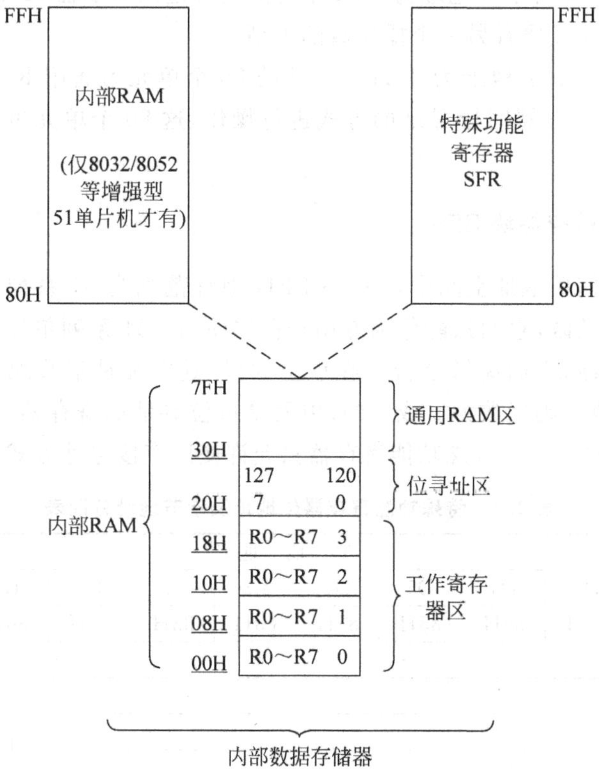

图 2.5 片内数据存储器映像

① 工作寄存器区：00H～1FH 地址空间内的 32 个存储单元被定义为 4 组寄存器，每组 8 个寄存器称为工作寄存器或通用寄存器，命名为 R0～R7。可用于存放参

加运算的操作数和操作结果,其中R0、R1还可作为间址寄存器使用,寻址片内及片外RAM。4组工作寄存器中每次只能有1组投入工作,由程序状态字PSW中的第4位(RS1)和第3位(RS0)决定(见表2.3)。除选中的寄存器组以外的存储器可以作为通用RAM区。初始化或复位时,自动选中0组。

表2.3 工作寄存器选择表

RS1	RS0	寄存器组
0	0	0组
0	1	1组
1	0	2组
1	1	3组

② 位寻址区:地址范围为20H~2FH中的16个存储单元,共128位(bit),每一位都有1个位地址,其位地址范围为00H~7FH,该区既可按位寻址,又可按字节寻址,如MOV C,25H,这里C是进位标志位CY,该指令是将25H位地址内容送CY;而MOV A,25H,即将字节地址为25H单元的内容送入累加器A中。可见,25H是位地址还是字节地址要看另一个操作数的类型。

③ 通用RAM区:地址为30H~7FH的80个单元为通用RAM区,该区域可利用直接寻址及寄存器间接寻址的方式进行操作,这80个单元也可作为数据缓冲器使用。

3. 特殊功能寄存器块SFR

片内数据存储器地址空间中,80H~FFH地址范围为51系列单片机片内特殊功能寄存器的映像区,它们只能作为专用寄存器使用。51系列单片机一共定义了21个特殊功能寄存器,它们离散地分布在该空间里,其中凡是字节地址能被8整除的(即十六进制的地址码尾数为0或8的)单元是可位寻址的寄存器,其有效位地址共有83个,见表2.4。访问特殊功能寄存器只允许使用直接寻址方式。

表2.4 特殊功能寄存器位地址及字节地址分配表

特殊功能寄存器符号	位地址								字节地址
	D7	D6	D5	D4	D3	D2	D1	D0	
P0	87H	86H	85H	84H	83H	82H	81H	80H	80H
SP									81H
DPL									82H
DPH									83H
PCON									87H
TCON	8FH TF1	8EH TR1	8DH TF0	8CH TR0	8BH IE1	8AH IT1	89H IE0	88H IT0	88H
TMOD									89H
TL0									8AH

续表

特殊功能寄存器符号	位地址								字节地址
	D7	D6	D5	D4	D3	D2	D1	D0	
TL1									8BH
TH0									8CH
TH1									8DH
P1	97H	96H	95H	94H	93H	92H	91H	90H	90H
SCON	9FH	9EH	9DH	9CH	9BH	9AH	99H	98H	98H
SBUF									99H
P2	A7H	A6H	A5H	A4H	A3H	A2H	A1H	A0H	A0H
IE	AFH EA	—	—	ACH ES	ABH ET1	AAH EX1	A9H ET0	A8H EX0	A8H
P3	B7H	B6H	B5H	B4H	B3H	B2H	B1H	B0H	B0H
IP	—	—	—	BCH PS	BBH PT1	BAH PX1	B9H PT0	B8H PX0	B8H
PSW	D7H CY	D6H AC	D5H F0	D4H RS1	D3H RS0	D2H OV	D1H	D0H P	D0H
ACC	E7H	E6H	E5H	E4H	E3H	E2H	E1H	E0H	E0H
B	F7H	F6H	F5H	F4H	F3H	F2H	F1H	F0H	F0H

各特殊功能寄存器的名称及主要功能简要介绍如下：

① ACC：累加器，用于存放参加运算的操作数及运算结果。

② B：寄存器，为执行乘、除法操作而设置。在不执行乘、除法操作的情况下，也可作为 RAM 的一个单元使用。

③ PSW：程序状态字寄存器。主要起着标志寄存器的作用，其各位含义如下：

- CY：进、借位标志。反映加、减运算时的进、借位状况。有进、借位时，CY＝1；否则 CY＝0。
- AC：辅助进、借位标志。反映加、减运算中高半字节与低半字节间的进、借位情况。有进、借位时，AC＝1；否则 AC＝0。
- F0：用户标志位。可由用户设定其含义。
- RS1、RS0：当前工作寄存器组选择位。其主要作用见表 2.3。
- OV：溢出标志位。有溢出，OV＝1，否则 OV＝0。OV 的状态由补码运算中的最高位进位（D7 位的进位 CY）和次高位进位（D6 位的进位 CY_{-1}）的异或结果决定，即 $OV=CY\oplus CY_{-1}$。
- P：奇偶标志位。反映对累加器 ACC 操作后，ACC 中“1”个数的奇偶性。存于 ACC 中的运算结果有奇数个“1”时，P＝1；否则 P＝0。

④ SP：堆栈指针。它总是指向堆栈区中栈顶元素所在位置的地址。对堆栈的操作遵循先进后出的原则。51 系列单片机中，其堆栈区是向着地址增大的方向生成的，堆栈的操作在栈顶进行，并且按字节进行操作，故一次压栈操作后，SP 会加 1，一次弹栈操作后，SP 会减 1。

在实际应用中,堆栈区常设置在RAM区内。通常在子程序调用、中断时用来保护及恢复断点及一些寄存器的内容。系统复位时SP的初值为07H,可通过给SP重新赋值来更改栈区位置。为了避开工作寄存器区及位寻址区,SP的初值一般大于2FH,即将堆栈区设在30H~7FH的范围内。

⑤ DPTR:16位的数据指针寄存器,用于存放16位的地址。可分成DPL(低8位)和DPH(高8位)两个8位寄存器。利用该寄存器可对片外64KB范围内的RAM或ROM数据进行间接寻址或变址寻址操作。

⑥ P0~P3:4个8位的并行I/O端口寄存器,通过对该寄存器的读/写,可实现将数据从相应I/O端口的输入输出。

⑦ SCON:串行I/O口控制寄存器。

⑧ SBUF:串行I/O口数据缓冲器。

⑨ IP:中断优先级控制寄存器。

⑩ IE:中断允许控制寄存器。

⑪ TMOD:定时器/计数器方式控制寄存器。

⑫ TCON:定时器/计数器控制寄存器。

⑬ TH0:定时器/计数器T0(高字节)。

⑭ TL0:定时器/计数器T0(低字节)。

⑮ TH1:定时器/计数器T1(高字节)。

⑯ TL1:定时器/计数器T1(低字节)。

⑰ PCON:电源控制寄存器。

2.3 MCS-51系列单片机的时钟电路与复位电路

单片机的时钟信号用来提供单片机内各种微操作的时间基准;复位是使单片机或系统中的其他部件处于某种确定的初始状态。单片机的工作就是从复位开始的。

2.3.1 时钟电路

51系列单片机的时钟信号通常有两种产生方式:内部时钟振荡方式和外部时钟振荡方式。

内部时钟振荡方式如图2.6(a)所示。在引脚XTAL1和XTAL2外接晶体振荡器(简称晶振),就构成了自激振荡器,并产生振荡时钟脉冲。晶振通常选用6MHz、12MHz或24MHz。图2.6(a)中,电容器C_1、C_2起稳定振荡频率、快速起振的作用。电容值一般为5~30pF。内部振荡方式所得的时钟信号比较稳定,实用电路中使用较多。

外部时钟振荡方式是把已有的时钟信号引入单片机内,如图2.6(b)所示。该方式适宜多片单片机同时工作,以使各单片机的时钟同步。

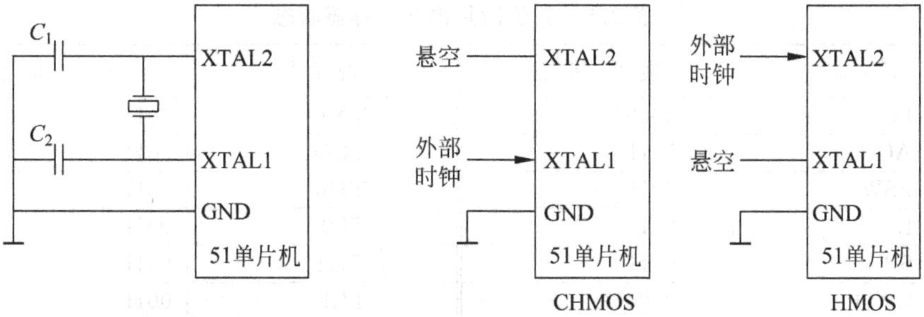

(a) 内部时钟振荡方式　　(b) 外部时钟振荡方式

图 2.6　时钟电路

对 HMOS 的单片机(8031、8031AH 等),外部时钟信号由 XTAL2 引入;对于 CHMOS 的单片机,外部时钟由 XTAL1 引入。

2.3.2 复位电路

MCS-51 系列单片机的 RST 引脚为复位引脚,只要在 RST 引脚上引入一个至少保持两个机器周期的高电平,单片机就完成一次复位。

复位通常有两种形式:上电复位和操作复位。上电复位是指,开机瞬间 RST 引脚上应获得一个高电平,使单片机自动实现复位操作。操作复位是指在单片机运行期间,可以利用按键来完成复位操作,大多数情况下常常将上电复位与操作复位联合使用,以达到最佳效果,电路如图 2.7 所示。

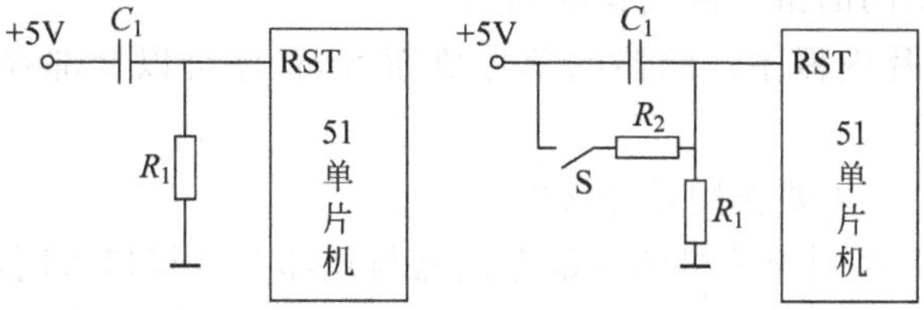

(a) 上电复位电路　　(b) 操作复位电路

图 2.7　单片机复位电路

单片机的复位操作使单片机进入初始化过程,该过程决定了单片机的初始状态:

① PC=0000H,复位后从 0000H 单元开始执行程序。

② PSW=00H,所以 RS1RS0=00,复位后单片机当前工作寄存器组为第 0 组。

③ SP=07,复位后堆栈区从片内 RAM08H 单元开始。

④ 各定时器/计数器初值为 0。

⑤ 中断禁止工作。

⑥ 所有中断设置在低优先级中断状态。

⑦ P0～P3=FFH。

除此之外,复位操作还对一些寄存器的值有影响,这些寄存器复位时的状态见表 2.5。

表 2.5 复位时片内各寄存器状态

寄存器	复位状态	寄存器	复位状态
PC	0000H	TMOD	00H
ACC	00H	TCON	00H
PSW	00H	TH0	00H
B	00H	TL0	00H
SP	07H	TH1	00H
DPTR	0000H	TL1	00H
P0～P3	FFH	SCON	00H
IP	×××00000B	SBUF	××××××××B
IE	0××00000B	PCON	0×××0000B

值得指出的是,记住一些特殊功能寄存器复位后的主要状态,对于熟悉单片机操作、缩短应用程序中的初始化部分是十分必要的。

习题

2.1 MCS-51 系列单片机内部包含哪些主要功能部件?

2.2 什么是 PC 指针? 它的主要作用是什么?

2.3 什么是堆栈? MCS-51 系列单片机堆栈指针 SP 的作用是什么? 它与 80x86 系列微型计算机中的 SP 相比有何异同点?

2.4 MCS-51 系列单片机的存储器结构有何特点? 其存储空间是怎样划分的? 访问不同的存储空间的指令格式有区别吗?

2.5 对于有片内程序存储器的单片机而言,程序可以全部存放在外部程序存储器中吗? 为什么?

2.6 引脚 $\overline{EA}$ 的主要作用是什么?

2.7 MCS-51 系列单片机的外部存储器与外部 I/O 接口采用什么编址方式?

2.8 MCS-51 系列单片机内部数据存储器分为几个区域? 分别称为什么区? 地址范围是多少?

2.9 什么是位地址? 什么是字节地址? 位地址 45H 对应于片内数据存储器的哪个单元哪一位?

2.10 MCS-51 系列单片机内部数据存储区中有几组工作寄存器区? 每组包含多少个寄存器? 上电复位时单片机自动选择哪个工作寄存器区? 如何实现工作寄存器区间的转换?

2.11 特殊功能寄存器中,可进行位寻址的有哪些?

2.12 MCS-51 系列单片机的 4 个并行 I/O 口的作用是什么? 系统需进行扩展时,如何形成系统扩展所需的三条总线?

2.13 MCS-51 系列单片机的复位电路有几种形式? 分别称为什么? 复位时片内各寄存器的状态是什么?

第3章 MCS-51系列单片机的指令系统及汇编语言程序设计

指令系统是计算机能识别并执行的全部指令的集合，其指令的功能和数量决定了计算机处理能力的强弱，它是应用计算机进行程序设计的基础。MCS-51 系列单片机指令系统的特点是不同的存储器空间寻址方式不同，适用的指令不同。本章首先介绍 MCS-51 指令系统的 7 种寻址方式，以及数据传送、运算和移位、控制转移、位操作等各类指令的功能和使用方法；其次，将讨论汇编语言程序设计常用的伪指令及程序设计方法，并给出一些实用汇编语言程序。

3.1 寻址方式

MCS-51 汇编语言指令格式如下：

[标号：]　　操作码　[操作数]　　[；注释]

操作码部分指出了指令的功能，操作数部分是操作数本身或操作数所在的地址。在执行指令时，CPU 要先根据操作数部分的信息寻找参加运算的操作数，才能对操作数进行操作，有时操作结果还需要存入相应的存储单元或寄存器中。可见，CPU 执行程序实际上是不断寻找操作数并进行操作的过程，寻址方式就是告诉 CPU 如何找到操作数的方式。通常，指令的寻址方式越丰富，指令功能就越强，编程越方便。指令采用不同的寻址方式将直接影响指令的长度和执行的速度。因此，要掌握好指令系统，首先应了解寻址方式。

寻址方式与计算机存储器空间结构密切相关。在 MCS-51 系列单片机中，存储器空间分为程序存储器、片外 RAM、片内 RAM，各部分是分开编址的。为了区别指令中操作数所处的地址空间，对不同存储空间中的数据操作，采用不同的寻址方式。MCS-51 的指令系统共使用了 7 种寻址方式，即立即寻址、直接寻址、寄存器寻址、寄存器间接寻址、变址寻址、相对寻址及位寻址。

3.1.1 立即寻址

操作数直接出现在指令中的寻址方式称为立即寻址,这样的操作数称为立即数。在指令中,立即数前面加"#"作为标志。在指令的汇编形式中,常用#data或#data16表示。指令的机器码中立即数在操作码之后,可见,立即数存放在程序存储器中。

例 3.1 `MOV R0,#58H ; 58H→R0`

这条指令的机器码是7858H,假设存放该指令的程序存储器单元的起始地址是2600H,则该指令的执行过程如图3.1所示。

如果立即数为16位,其存放顺序是高8位在前(低地址单元),低8位在后(高地址单元)。

例 3.2 `MOV DPTR,#1234H`

这条指令的机器码是901234H,假设存放该指令的程序存储器单元的起始地址是1920H,则该指令的执行过程如图3.2所示。

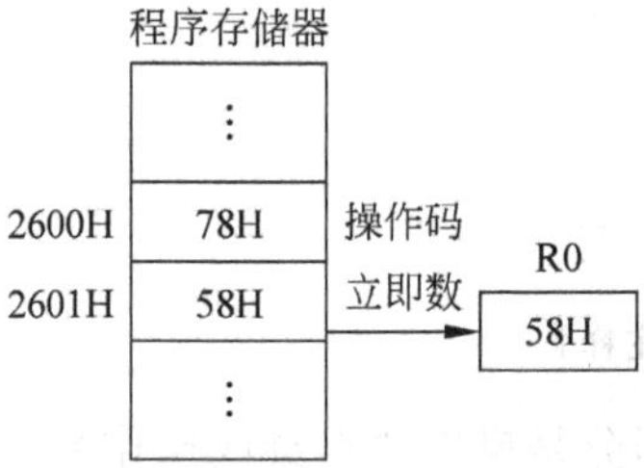

图3.1 例3.1的执行过程示意图

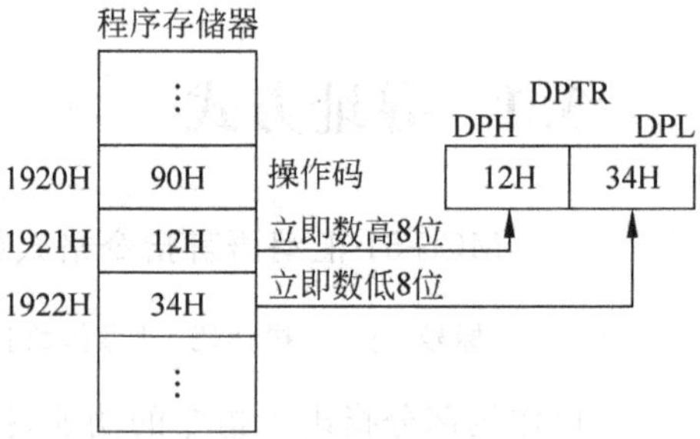

图3.2 例3.2的执行过程示意图

3.1.2 直接寻址

在指令中直接给出操作数所在单元地址的寻址方式称为直接寻址。

直接寻址方式可访问的存储器空间有:

① 片内RAM的低128字节;

② 特殊功能寄存器SFR;

③ 位地址空间;

④ 程序存储器空间。

在指令的汇编形式中,用direct表示操作数所在存储单元的地址;用addr16或addr11表示在转移及子程序调用指令中要访问的程序存储器空间的16位或低11位地址;用bit表示可进行位寻址单元中的位地址。对于SFR既可以使用它的物理地址,也可以使用它的名称,使用名称可以增强程序的可读性。

例 3.3 MOV 81H,#40H

这条指令的机器码是 758140H,假设存放该指令的程序存储器单元的起始地址是 1546H,则该指令的执行过程如图 3.3 所示。

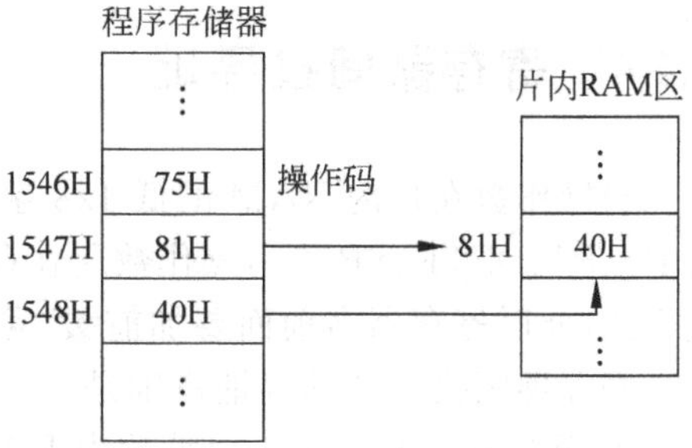

图 3.3 例 3.3 的执行过程示意图

这条指令还可以写成：MOV SP,#40H,汇编后的机器码是一样的。其中,操作数 1 为 81H(即 SP 的物理地址),采用直接寻址方式。

例 3.4 MOV C,18H ; 机器码是 A218H

这条指令的功能是将片内 RAM 区 23H 单元中的 D0 位内容送给进位位 C。

3.1.3 寄存器寻址

操作数存放在寄存器中的寻址方式称为寄存器寻址方式。这里的寄存器包括累加器 A、通用寄存器 B、数据指针 DPTR、位处理累加器 C 或工作寄存器 R0～R7。当操作数存放在除 A、B、DPTR、R0～R7 外的特殊功能寄存器中时,都属于直接寻址。

对于 A、B 既可以寄存器寻址,又可以直接寻址。当 A 写作 ACC 时,是直接寻址；B 在乘除法指令中为寄存器寻址,在其他指令中为直接寻址。寄存器寻址和直接寻址的区别在于：前者是寄存器隐含在操作码中或以编码形式出现在机器码中,因寄存器编码位数少,通常合并于操作码中,共占 1 字节；后者是寄存器的物理地址以 1 字节出现在机器码中。所以用寄存器寻址的指令机器码短,执行速度快。

例 3.5 ADD A,ACC ; 机器码是 25E0H,完成的功能是 A + A → A

这条指令中,A 和 ACC 都指累加器,由于指令的一般形式是 ADD A,direct,第一操作数用 A 表示寄存器寻址,第二操作数用 ACC 表示直接寻址,不能写成：ADD A,A。

例 3.6 DEC A ; 机器码是 14H,完成的功能是 A - 1 → A
DEC 0E0H ; 机器码是 15E0H,完成的功能是(0E0H) - 1→(0E0H)

由于累加器 A 的物理地址是 0E0H,上面两条指令从执行的结果看是等效的,但它们的寻址方式不同,机器码也不同,显然寄存器寻址的指令机器码短、执行快。

例 3.7 ANL A,Rn ; 机器码是 58H～5FH,完成的功能是 A∧Rn→A,n = 0～7

这条指令的机器码为 01011rrr,rrr 这 3 位二进制数为操作数 2 所在的寄存器号,取值范围为 000B～111B,分别对应着当前工作寄存器组 R0～R7,由程序状态字寄存器 PSW 中 RS1、RS0 的状态决定 4 个工作寄存器组哪一组是当前工作寄存器组。

3.1.4 寄存器间接寻址

当操作数在片内 RAM 的低 128 字节单元或片外 RAM 中时，在指令中用寄存器 R0、R1、DPTR、SP 给出操作数所在存储单元的地址，这种方式称为寄存器间接寻址方式，此时寄存器名前面要加前缀“@”。

寄存器间接寻址的寻址范围是：

① @Ri(i=0、1)用于寻址片内 RAM 的低 128 字节单元(00H～7FH)。

② @Ri 与 P2 口配合用于寻址片外 RAM 64KB 的存储空间，其中 P2 口提供外部 RAM 单元的高 8 位地址，Ri 提供低 8 位地址。

③ @DPTR 用于寻址片外 RAM 64KB 的存储空间。

④ SP 用于寻址堆栈空间，PUSH 指令的目的操作数和 POP 指令的源操作数均是以 SP 间接寻址的。

由于片内 RAM 与片外 RAM 地址有重叠，故规定用 MOV 指令访问片内 RAM，用 MOVX 指令访问片外 RAM。

应注意的是，寄存器间接寻址方式不能用于访问特殊功能寄存器 SFR。

例 3.8 `MOV @R0,#46H ；机器码是 7646H`

假设存放该指令的程序存储器单元的起始地址是 1500H，(R0)＝9AH，则该指令的执行过程如图 3.4 所示。

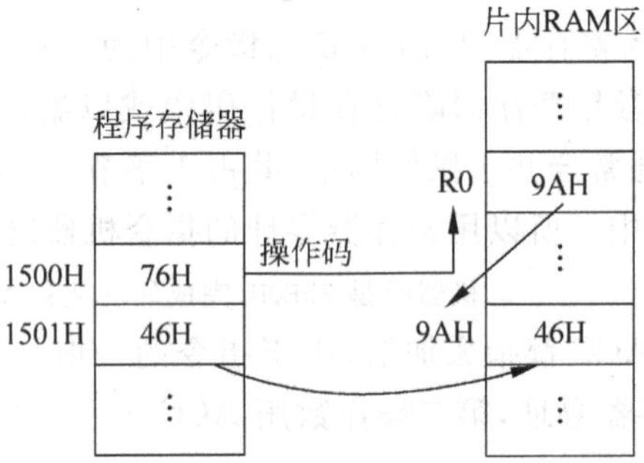

图 3.4 例 3.8 的执行过程示意图

例 3.9 `MOVX @R0,A ；机器码是 F2H`

假设存放该指令的程序存储器单元的起始地址是 1500H，(R0)＝9AH，(A)＝50H，(P2)＝36H，则该指令的执行过程如图 3.5 所示。

例 3.10 下面的指令不能访问 SP：

```
MOV  R1,#81H
MOV  A,@R1
```

因为 SP 是特殊功能寄存器，不能用寄存器间接寻址方式访问，只能用直接寻址方式，即：

```
MOV  A,SP  或  MOV  A,81H
```

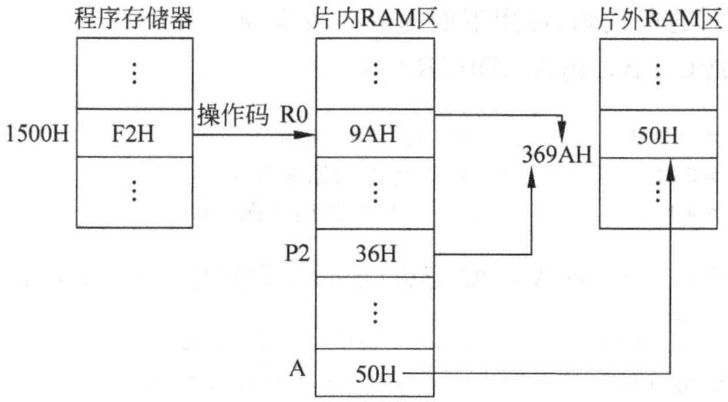

图 3.5 例 3.9 的执行过程示意图

3.1.5 变址寻址

变址寻址方式只能用于访问程序存储器，由寄存器 DPTR 或 PC 中的内容与累加器 A 内容之和形成操作数在程序存储器中的地址。由于程序存储器是只读存储器，所以变址寻址操作只有读操作，没有写操作。指令助记符采用 MOVC，有两条完成从程序存储器中读数据的指令，即

```
MOVC  A,@A + DPTR            ; (A + DPTR)→A
MOVC  A,@A + PC              ; (A + PC)→ A
```

这种方式常用于查表操作，查阅存放在程序存储器中的数据表格。因此这两条指令又称为查表指令。

另一条指令形式上与变址寻址相同，它是无条件转移指令，即 JMP @A+DPTR，但其功能是将 A+DPTR 的值赋给 PC，并从此处开始执行指令，这与上述两条查表指令的实质有区别。应注意的是：

① A 中是一个 00H～FFH 范围的无符号数。

② 使用 MOVC A,@A+DPTR 指令查表时，DPTR 中应预先存放表首地址，A 中应存放待查找操作数所在单元地址相对于表首地址的偏移量。由于 DPTR 是 16 位的寄存器，这条指令的寻址范围是整个程序存储器的 64KB 空间，称为远程查表。

③ 使用 MOVC A,@A+PC 指令查表时，A 中应存放的值是：表首地址－查表指令的下一条指令地址＋待查找操作数所在单元地址相对于表首地址的偏移量。这条指令只能寻址当前 MOVC 指令下一条指令起始的 256 个地址单元之内的代码或常数，称为近程查表。

例 3.11 八段 LED 显示器段代码表查表程序。

设在程序存储器中，有 1 张八段 LED 显示器的段代码表 SEGTAB，如图 3.6 所示。

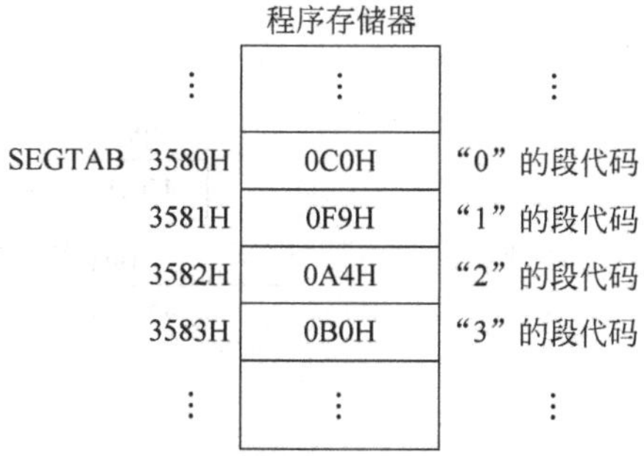

图 3.6 八段 LED 显示器段代码表

现需查找“3”的段代码,可用下面的程序段实现。

(1) 用 MOVC A, @A+DPTR 完成

```
MOV   DPTR, #3580H        ; DPTR 取得表首地址
MOV   A,    #03H          ; A 取得待查数据偏移量
MOVC  A,    @A + DPTR     ; A 中获得“3”的段代码 0B0H
```

(2) 用 MOVC A, @A+PC 完成(假设下列程序段从 3560H 处开始存放)

```
3560H:  MOV   A, #20H      ; (3580H - 3563H) + 03H = 20H→A
3562H:  MOVC  A, @A + PC   ; (A + PC) = (20H + 3563H) = (3583H)→A
3563H:
```

3.1.6 相对寻址

相对寻址访问的对象是程序存储器。在程序出现分支转移时,相对寻址用于转移指令中修改 PC 的值,在执行转移指令时,将 PC 的当前值作为基地址加上指令中给出的相对偏移量作为转移的目的地址,即下一条要执行指令的地址,送给 PC。

① 相对偏移量是 1 字节的带符号数,用补码表示,因此,程序的转移范围为:以 PC 的当前值为起始地址,相对偏移量在 $-128\sim+127$ 字节单元。

② PC 的当前值是指从程序存储器中取出了转移指令后的 PC 值。如果称转移指令操作码所在的地址为源地址,转移后的地址为目的地址,则有:

目的地址=源地址+2(或 3,转移指令的字节数)+相对偏移量

③ 在源程序中,相对偏移量常用符号地址表示,以便为程序设计提供方便。

例 3.12 在程序存储器 4700H 处有一条短转移指令:

```
4700H:  SJMP  DEST        ; 机器码是 80xxH
```

该指令码占 2 字节,PC 的当前值是 4702H,设转移的目的地 DEST 与 PC 当前值之差为 19H,则指令的机器码为 8019H。执行时,将 4702H+19H=471BH 送给 PC,程序就转向 DEST 处继续执行。具体的执行过程如图 3.7 所示。

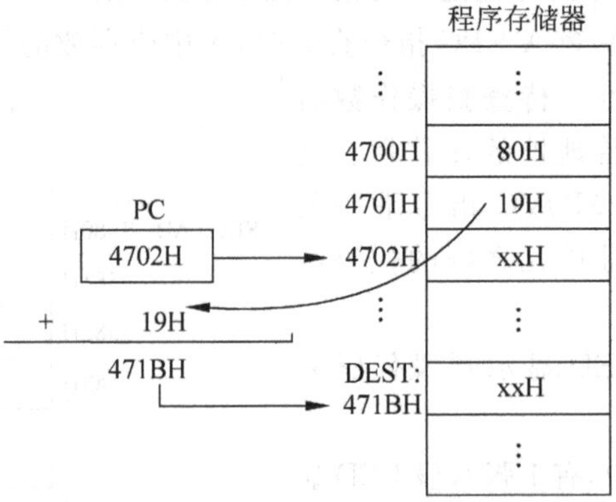

图 3.7 例 3.12 的执行过程示意图

3.1.7 位寻址

将 8 位二进制数中的某一位作为操作数单独进行存取和操作时，这个操作数的地址称为位地址，对位地址寻址简称位寻址。可以进行位寻址的区域在片内 RAM 中，分别是：

① 片内 RAM 的位寻址区：字节地址范围是 20H～2FH，共 16 个 RAM 单元，其中每位都可单独作为操作数，相应的位地址为 00H～7FH，共 128 位。

② 可以位寻址的特殊功能寄存器 SFR：其特征是它们的物理地址能被 8 整除，共 16 个，分布在 80H～FFH 的字节地址区，实有可寻址位 83 位。

位地址的表示方法有 4 种：

① 直接使用可寻址位的物理地址，例如：

```
MOV   5AH,C                    ; C→(5AH)
```

② 采用“字节单元地址.位序号”的表示方法，上述指令可写为：

```
MOV   2BH.2,C                  ; C →(2BH.2)
```

③ 对可以位寻址的 SFR 可采用“寄存器名.位序号”的表示方法，例如：

```
MOV   C,B.6                    ; (B.6)→C
```

④ 对可以位寻址的 SFR 中一些位是有名称的，可直接使用位名称表示。例如，PSW 的第 6 位为 AC 标志位，则可使用 AC 表示该位。

单片机中对存储器空间进行了严格的分配，不同的存储空间，其寻址方式不同，指令中应根据操作数所在的存储空间选用恰当的寻址方式。各种寻址方式和存储空间之间的对应关系见表 3.1。

表 3.1 寻址方式与存储空间的对应关系

<table>
<tr><th colspan="2"></th><th>立即寻址</th><th>直接寻址</th><th>寄存器寻址</th><th>寄存器间接寻址</th><th>变址寻址</th><th>相对寻址</th><th>位寻址</th></tr>
<tr><td rowspan="2">片内 RAM 低 128B 单元</td><td></td><td></td><td>√</td><td></td><td>√</td><td></td><td></td><td></td></tr>
<tr><td>工作寄存器组 R0～R7</td><td></td><td>√</td><td>√</td><td>√</td><td></td><td></td><td></td></tr>
<tr><td rowspan="2">特殊功能寄存器 SFR</td><td>A、B、DPTR、C</td><td></td><td>√</td><td>√</td><td></td><td></td><td></td><td></td></tr>
<tr><td></td><td></td><td>√</td><td></td><td></td><td></td><td></td><td></td></tr>
<tr><td colspan="2">程序存储器</td><td>√</td><td>√</td><td></td><td></td><td>√</td><td>√</td><td></td></tr>
<tr><td colspan="2">片外 RAM</td><td></td><td></td><td></td><td>√</td><td></td><td></td><td></td></tr>
<tr><td colspan="2">位地址空间</td><td></td><td>√</td><td></td><td></td><td></td><td></td><td>√</td></tr>
</table>

3.2 指令系统

MCS-51 系列单片机的指令系统共有 111 条指令,按指令字节数分类,有 49 条单字节指令、45 条双字节指令和 17 条三字节指令,这可以大大提高程序存储器的使用效率;按指令执行时间分类,有 64 条单周期指令、45 条双周期指令和 2 条四个机器周期指令,可见,运算速度比较快;按指令完成的功能分类,有 29 条数据传送类指令、24 条算术运算类指令、20 条逻辑运算类指令、4 条移位指令、17 条控制转移类指令和 17 条位操作类指令。

3.2.1 数据传送类指令

数据传送类指令是指令系统中最基本、使用最多的一类指令,可完成将源地址单元中的内容传送到目的地址单元中的功能,或实现数据的交换。指令系统中数据传送功能是否灵活、快速,对程序的编写和执行速度将产生很大的影响。根据数据传送区的不同,数据传送类指令又可分为内部数据传送指令、外部数据传送指令、程序存储器数据传送指令、数据交换指令和堆栈操作指令。

1. 内部数据传送指令

内部数据传送用 MOV 指令,其源操作数和目的操作数都在单片机内部的 RAM 中。MOV 指令执行时,片内数据存储区被选通。指令的格式为:

```
MOV  目的操作数单元,源操作数单元
```

该指令的功能是把源操作数送到目的操作数单元,源操作数单元的内容不变。

结合寻址方式,片内数据存储区允许的传送关系如图 3.8 所示。

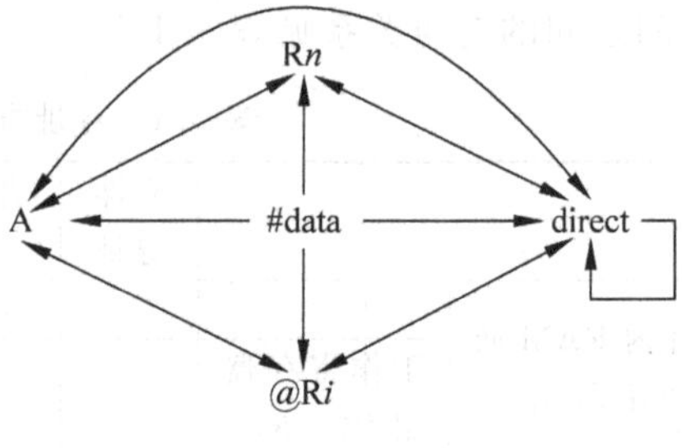

图 3.8 片内数据传送关系示意图

除了以累加器 A 为目的操作数的传送指令会影响 PSW 中的奇偶标志位以外,其余传送指令对所有的标志位均无影响。

此外,还有一条唯一的 16 位立即数传送指令,其格式为:

```
MOV  DPTR, #data16
```

这条指令的功能是把 16 位立即数送给 DPTR。具体执行过程见例 3.2。

2. 外部数据传送指令

MCS-51 对片内 RAM 和片外 RAM 独立编址,对这两片区域应采用不同的指令访问。MOVX 指令专门用于访问片外 64KB 的 RAM(包括片外 I/O 接口芯片),MOVX 指令执行时会使 $\overline{RD}$ 或 $\overline{WR}$ 信号有效,进而选通片外的数据存储区。这类指令有 4 条,即:

```
MOVX  A, @Ri
MOVX  A, @DPTR
MOVX  @Ri,    A
MOVX  @DPTR,    A
```

可见,外部数据传送是在片外数据存储单元与累加器 A 之间进行。由于片外扩展的 I/O 端口与片外 RAM 是统一编址的,对片外 I/O 端口的访问也使用这 4 条指令,所以 MCS-51 系统中没有专门设置访问外设的 I/O 指令。

3. 程序存储器数据传送指令

读取片内或片外 64KB 程序存储器中的特殊数据,应使用下面的两条 MOVC 指令:

```
MOVC  A, @A + DPTR
MOVC  A, @A + PC
```

MOVC 指令执行时,或选通片内 ROM 区,或使 $\overline{PSEN}$ 信号有效选通片外 ROM 区。

这两条指令通常用于对存放在程序存储器中的数据表格进行查寻。指令执行后,不改变 PC 或 DPTR 的内容。具体应用见例 3.11。

4. 数据交换指令

数据交换指令有 5 条,可完成累加器 A 和内部 RAM 单元之间的字节交换及半字节交换或累加器 A 自身的半字节交换。

```
XCH     A, Rn           ; A↔Rn
XCH     A, @Ri          ; A↔(Ri)
XCH     A, direct       ; A↔(direct)
XCHD    A, @Ri          ; A3~0↔(Ri)3~0
SWAP    A               ; A7~4↔A3~0
```

其中,前 3 条指令的功能是将累加器 A 中的数据与片内 RAM 单元中的数据进行交换;第 4 条指令将 A 中数据的低 4 位与 R*i* 所指向的片内 RAM 单元中的低 4 位数据进行交换,各自的高 4 位保持不变;第 5 条指令将 A 中数据的高 4 位与低 4 位进行互换。

5. 堆栈操作指令

堆栈操作指令是一类特殊的数据传送指令,有两条,分别是压栈(进栈)指令 PUSH 和弹栈(出栈)指令 POP,指令形式上隐含了进行数据传送时其中一个操作数所在位置,根据堆栈指针SP的内容找到当前栈顶位置进行相应的操作。

```
PUSH    direct          ; SP + 1→SP,(direct)→(SP)
POP     direct          ; (SP)→(direct),SP - 1→SP
```

第1条是压栈指令,执行时SP的内容先自动加1,指向堆栈新的栈顶单元,再把direct所指的操作数压入SP指向的栈顶单元。

第2条是弹栈指令,执行时将当前SP所指向的栈顶单元中的操作数弹出,送到direct所指的单元中,然后SP的内容自动减1,指向新的栈顶单元。POP指令执行后不会改变堆栈存储单元中的内容。

系统上电或复位时,SP的初始值为07H,而07H~1FH是CPU的工作寄存器区。因此,当程序中需要使用堆栈时,应重新设定SP的值。一般SP的值可设在1FH或更大一些。

3.2.2 运算和移位指令

运算和移位指令是MCS-51的核心指令,共有48条,其中算术运算指令24条,逻辑运算指令20条,移位指令4条。算术运算指令包括加、减、乘、除、十进制调整等各种运算,其中大部分指令要影响PSW中的标志位;逻辑运算指令包括与、或、非、异或等逻辑运算,其中只有以累加器A为目的寄存器的指令会影响PSW中的个别标志位。PSW寄存器中的4个标志位,即奇偶标志P、溢出标志OV、进位标志CY和辅助进位标志AC,它们的状态是控制转移指令判别的条件,所以在学习这类指令时,应特别注意各条指令对标志位的影响。

1. 算术运算指令

(1) 加法指令

加法指令共有13条,其中不带进位的加法指令4条,带进位的加法指令4条,加1指令5条。它们的格式如下:

```
ADD(ADDC)    A, Rn          ; A + Rn( + CY) → A
ADD(ADDC)    A, direct      ; A + (direct)( + CY) → A
ADD(ADDC)    A, @Ri         ; A + (Ri)( + CY) → A
ADD(ADDC)    A, #data       ; A + data( + CY) → A
INC     A                   ; A + 1 → A
INC     Rn                  ; Rn + 1 → Rn
INC     direct              ; (direct) + 1 → (direct)
INC     @Ri                 ; (Ri) + 1 → (Ri)
INC     DPTR                ; DPTR + 1 → DPTR
```

ADD指令是不带进位的加法指令,将累加器A与指令中的另一个操作数相加,其和保存到A中。ADDC指令是带进位的加法指令,将两个操作数相加的同时,还要加上进位标志CY的值。应注意的是,这里CY的值是ADDC指令开始执行前的进位标志值，而不是相加过程中产生的进位标志值。ADDC 指令主要用于多字节的加法运算中。

INC 指令又称增量指令，将操作数内容加 1。这 13 条指令中，除了 INC DPTR 是 MCS-51 唯一的 1 条 16 位算术运算指令外，其余 12 条指令中参加运算的都是 8 位二进制数。

加法指令对标志位的影响可以归纳如下：

① 加 1 指令不影响 CY、OV、AC 标志位。

② 只有对累加器 A 操作的指令会影响奇偶标志 P，即 A 中有奇数个"1"，P=1；A 中有偶数个"1"，P=0。

③ ADD、ADDC 指令影响 CY、OV、AC 和 P 这 4 个标志位。

④ 加 1 指令中除了 INC A 影响 P 标志外，其余 4 条均不影响标志。

例 3.13 试分析下列指令执行后，累加器 A 的值和 PSW 中各标志位的变化情况。

```
MOV     A, #38H
ADD     A, #50H
```

解：计算机执行加法指令时按带符号数法则运算，即

```
        38H     0011,1000B
    +   50H     0101,0000B
    ----------------------
        88H     1000,1000B
                C7 C6  C3
```

这两条指令执行后，PSW 中各标志位的状态应是：

① 结果中的 D7 产生的进位 C7=0，CY=0

② 结果中的 D3 产生的进位 C3=0，AC=0

③ 结果中的 D6 产生的进位 C6=1，$OV=C6\oplus C7=1\oplus 0=1$

④ A 中结果操作数有偶数个 1，P=0

编程人员可以根据需要把参加运算的两个操作数看作无符号数，也可以把它们看作带符号数。当看作带符号数时，运算结果是否正确，可通过 OV 标志判断，本例中，OV=1，结果溢出，不正确；当看作无符号数时，结果正确。

(2) 减法指令

减法指令共有 8 条，其中带借位减法指令 4 条，减 1 指令 4 条。其格式如下：

```
SUBB    A, Rn           ; A - Rn - CY→ A
SUBB    A, direct       ; A - (direct) - CY → A
SUBB    A, @Ri          ; A - (Ri) - CY → A
SUBB    A, #data        ; A - data - CY → A
DEC     A               ; A - 1 → A
DEC     Rn              ; Rn - 1 → Rn
DEC     direct          ; (direct) - 1 → (direct)
DEC     @Ri             ; (Ri) - 1 → (Ri)
```

SUBB 是带借位的减法指令，它用累加器 A 减去另一个操作数以及指令执行前

的CY值,结果保存在A中。没有专门的不带借位的减法指令,需要时可在SUBB指令之前先用CLR指令使CY=0,然后再相减。SUBB指令影响CY、AC、OV和P标志。同样,编程人员可以把减法运算中的操作数看作无符号数,也可以看作带符号数,带符号数相减时只有OV=0时,结果才是正确的。

DEC是减1指令,除了DEC A影响P标志以外,其他的减1指令不影响PSW中各标志位的状态。

(3) 乘法指令

```
MUL    AB                          ; A×B → B A
```

MUL指令完成两个8位无符号整数的乘法运算。它将累加器A的内容与寄存器B的内容相乘,结果为16位无符号数,高8位存放于B中,低8位存放于A中。这条指令执行后将影响PSW中的CY、OV和P标志：CY=0；OV=0表示积为8位,B=0；OV=1表示积大于255；P仍表示A中1的个数的奇偶性。

(4) 除法指令

```
DIV    AB                          ; A/B 的商 → A,A/B 的余数 → B
```

DIV指令完成两个8位无符号整数的除法运算。它将累加器A除以寄存器B,商存放于A中,余数存放于B中。DIV指令执行后将影响PSW中的CY、OV和P标志：CY=0；当除数为0时,OV=1,除法溢出；P仍表示A中1的个数的奇偶性。

(5) 十进制加法调整指令

```
DA     A                           ; 将保存于 A 中的二进制形式的和调整成 BCD 码形式
```

计算机中的运算都是按二进制进行的,如果十进制数相加(BCD码表示)后希望得到十进制的结果,就需要用十进制调整指令。DA A指令应紧跟在加法指令之后,或者在加法指令和DA A指令之间不能有影响标志的指令,因为DA A指令调整时是根据存放于累加器A中的和的特征以及标志位状态进行判断。其调整的原则如下：

- 加法过程中AC=1或A中低4位大于9,则A的内容加06H；
- 加法过程中CY=1或A中高4位大于9,则A的内容加60H；
- 加法过程中AC=1且CY=1,或AC=1且高4位大于9,或CY=1且低4位大于9,或高4位大于9且低4位大于9,则A的内容加66H。

这些调整的操作由CPU执行DA A后通过硬件自动完成。

MCS-51中没有十进制减法调整指令,如果要完成两个BCD数的十进制减法运算,就需要将减法运算变为加法运算,再进行十进制调整。具体实现步骤为：

① 求减数的补码,因为两位BCD数的模是100,即9AH,故减数的补码为“9AH－减数”。

② 变减法为加法运算,求被减数与减数的补码之和。

③ 用十进制加法调整指令对补码之和进行调整。

2. 逻辑运算指令

(1) 与指令

与指令共有 6 条,它们的格式为:

```
ANL    A, Rn              ; A∧Rn → A
ANL    A, direct          ; A ∧(direct) → A
ANL    A, @Ri             ; A∧(Ri) → A
ANL    A, #data           ; A∧data → A
ANL    direct, A          ; (direct)∧A → (direct)
ANL    direct, #data      ; (direct)∧data → (direct)
```

例 3.14 设 A=39H,R2=0FH,则执行

```
ANL    A, R2
```

之后,A=09H。

与指令可以将 8 位二进制数中的某几位变为 0,其余位保持不变。需要变为 0 的那些位与"0"相与,不变的位与"1"相与。

(2) 或指令

或指令共有 6 条,它们的格式为:

```
ORL    A, Rn              ; A∨Rn → A
ORL    A, direct          ; A ∨(direct) →A
ORL    A, @Ri             ; A∨(Ri) → A
ORL    A, #data           ; A∨data → A
ORL    direct, A          ; (direct) ∨A → (direct)
ORL    direct, #data      ; (direct) ∨data → (direct)
```

或指令可以将 8 位二进制数中的某几位变为 1,其余位保持不变。需要变为 1 的那些位与"1"相或,不变的位与"0"相或。

(3) 异或指令

异或指令共有 6 条,它们的格式为:

```
XRL    A, Rn              ; A⊕Rn → A
XRL    A, direct          ; A ⊕(direct) → A
XRL    A, @Ri             ; A⊕(Ri) → A
XRL    A, #data           ; A⊕data → A
XRL    direct, A          ; (direct)⊕A → (direct)
XRL    direct, #data      ; (direct)⊕data → (direct)
```

异或指令可以将 8 位二进制数中的某几位求反,其余位保持不变。需要求反的那些位与"1"相异或,不变的位与"0"相异或。

(4) 累加器清零指令:

```
CLR    A                  ; 0 → A
```

(5) 累加器取反指令:

```
CPL     A                        ; Ā→ A
```

这两条指令都是单字节单周期指令,比用数据传送指令对 A 清 0、用异或指令对 A 取反更为快捷和直观。

3. 移位指令

MCS-51 中有 4 条对累加器 A 中的数据进行移位操作的指令,它们的格式及示意如下:

```
RL    A                          ; 循环左移
```

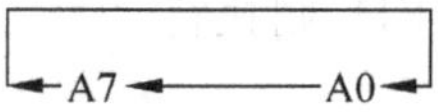


```
RR    A                          ; 循环右移
```

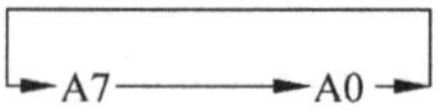


```
RLC   A                          ; 带进位循环左移
```

```
RRC   A                          ; 带进位循环右移
```

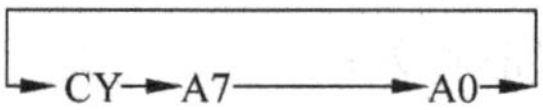

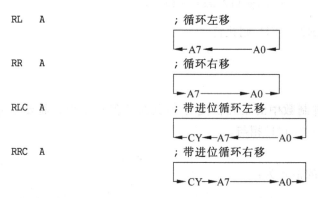

这 4 条指令执行 1 次,A 中的内容移动 1 位。

3.2.3 控制转移指令

控制转移类指令的功能:根据要求修改程序计数器(PC)的内容,以改变程序的运行流程,实现转移。MCS-51 中有 17 条控制转移类指令(不包括 5 条位控制转移指令),其中无条件转移指令 4 条,条件转移指令 8 条,子程序调用和返回指令4 条,空操作指令 1 条。这类指令大多数不影响 PSW 中的标志位。

1. 无条件转移指令

4 条无条件转移指令的格式如下:

```
LJMP    addr16                   ; addr16 → PC
AJMP    addr11                   ; addr11 → PC
SJMP    rel                      ; PC + 2 + rel → PC
JMP     @A + DPTR                ; A + DPTR → PC
```

这 4 条指令均不影响 PSW 中的标志位。

LJMP 称为长转移指令,转移范围为 64KB。

AJMP 称为绝对转移(或短转移)指令,转移范围为下一条指令地址开始的 2KB 范围内。这条指令将 addr11 送入 PC 的低 11 位,PC 的高 5 位保持不变。如果把单片机 64KB 的程序存储器划分成 32 页(每页 2KB),则 AJMP 指令转移的目标地址与 AJMP 下一条指令地址位于同一个 2KB 页面范围之内。

SJMP 称为相对转移指令,rel 是一个带符号数,其范围为－128～＋127,该转移指令的转移范围为下一条指令地址向前转移 128B,向后转移 127B。

JMP 又称散转指令,它可代替多条判别跳转指令,具有散转功能。通常 DPTR 中是一个确定的值,常常是一张转移指令表的起始地址,A 的值是表内偏移量,通过 JMP 指令便可实现程序的多分支转移。

在编程时,应把这些指令后的转移地址和偏移量用符号地址表示,计算机汇编时将自动计算出偏移字节数,不易出错,并且便于修改程序。

2. 条件转移指令

条件转移指令的功能是根据指令中规定的条件判断是否转移,若条件满足则转移到目标地址,条件不满足则顺序执行下一条指令。这类指令共 8 条,其中累加器判别转移指令 2 条,比较条件转移指令 4 条,减 1 条件转移指令 2 条,它们都采用相对寻址方式来指示转移的目的地址,因此转移范围在以下一条指令地址为中心的－128～＋127 共 256B内。

(1) 累加器判别转移指令

```
JZ     rel        ; A = 0,PC + 2 + rel → PC; A≠0,PC + 2 → PC
JNZ    rel        ; A≠0,PC + 2 + rel → PC; A = 0,PC + 2 → PC
```

这里 PC 的原值指本条转移指令所在的地址。

(2) 比较条件转移指令

```
                               ⎧A = data,0 →CY,PC + 3 → PC
CJNE  A, #data, rel           ;⎨A > data,0 →CY,PC + 3 + rel →PC
                               ⎩A < data,1 →CY,PC + 3 + rel → PC
                               ⎧A =(direct),0 →CY,PC + 3 →PC
CJNE  A, direct, rel          ;⎨A >(direct),0 →CY,PC + 3 + rel → PC
                               ⎩A <(direct),1 →CY,PC + 3 + rel → PC
                               ⎧Rn = data,0 → CY,PC + 3 → PC
CJNE  Rn, #data, rel          ;⎨Rn > data,0 → CY,PC + 3 + rel →PC
                               ⎩Rn < data,1 → CY,PC + 3 + rel →PC
                               ⎧(Ri)= data,0 → CY,PC + 3 → PC
CJNE  @Ri, #data, rel         ;⎨(Ri)> data,0 → CY,PC + 3 + rel → PC
                               ⎩(Ri)< data,1 → CY,PC + 3 + rel → PC
```

这 4 条指令的功能均是比较两个操作数的大小,若二者不相等,则转移到目标地址,相等则按顺序执行程序。这是一组三字节指令,也是 MCS-51 指令系统中仅有的具有 3 个操作数(CY 隐含在操作码中)的指令组。它们执行后要影响 CY 的状态,进行比较的两个操作数在指令执行后保持不变。

(3) 减1条件转移指令

```
DJNZ  Rn, rel         ; { Rn - 1 → Rn
                        { Rn≠0, PC + 2 + rel → PC
                        { Rn = 0, PC + 2 → PC
DJNZ  direct, rel     ; { (direct) - 1 → (direct)
                        { (direct)≠0, PC + 3 + rel → PC
                        { (direct) = 0, PC + 3 → PC
```

这两条指令可用于构成循环程序。在R*n*或某内部RAM单元中设置循环次数,利用DJNZ指令对其内容减1,不为0则继续执行循环体,为0则结束循环。

3. 子程序调用和返回指令

在程序设计中常将具有一定功能的需多次使用的程序段独立出来,形成子程序,供主程序在需要时调用。主程序通过子程序调用指令转入子程序执行,子程序执行完后通过返回指令回到主程序中调用指令的下一条指令处继续执行。因此,调用指令在主程序中使用,返回指令放在子程序末尾,它们应是成对出现。

(1) 调用指令

调用指令的功能是把PC中的断点地址(调用指令的下一条指令地址)保护到堆栈中,并把子程序的入口地址送给PC,其执行不影响任何标志。

```
LCALL  addr16         ; { PC + 3 → PC
                        { SP + 1 → SP, PC7～PC0 → (SP)
                        { SP + 1 → SP, PC15～PC8 → (SP)
                        { addr16 → PC
ACALL  addr11         ; { PC + 2 → PC
                        { SP + 1 → SP, PC7～PC0 → (SP)
                        { SP + 1 → SP, PC15～PC8 → (SP)
                        { addr11 → PC10～PC0
```

LCALL称为长调用指令,addr16是一个16位的子程序入口地址,故LCALL是一种64KB范围内的调用指令,主程序和子程序可以放在64KB范围内的任意位置。

ACALL称为短调用指令(或绝对调用指令),子程序入口地址的高5位与ACALL指令的下一条指令地址的高5位相同,addr11是子程序入口地址的低11位,故子程序的入口地址应与ACALL指令的下一条指令地址处于同一个2KB页面范围内。

(2) 返回指令

返回指令的功能是把子程序调用时压入堆栈中的断点地址恢复到PC中。

```
RET                   ; { (SP) → PC15～PC8, SP - 1 → SP
                        { (SP) → PC7～PC0, SP - 1 → SP
RETI                  ; { (SP) → PC15～PC8, SP - 1 → SP
                        { (SP) → PC7～PC0, SP - 1 → SP
                        { 清除对应的中断优先级状态位,恢复中断逻辑
```

RET 称为子程序返回指令，用于子程序末尾。RETI 称为中断返回指令，用于中断服务程序末尾。RETI 比 RET 多一项功能，即要清除对应的中断优先级状态位，以便允许系统响应同级别或低优先级的中断请求，恢复中断逻辑。

4. 空操作指令

```
NOP                    ; PC + 1 → PC
```

这条指令的功能是使 PC 加 1，CPU 不进行任何操作，但要产生一个机器周期的延时。

3.2.4 位操作指令

MCS-51 单片机具有丰富的位处理功能，在硬件方面，进位标志 CY 可作位累加器，内部 RAM 位地址区和特殊功能寄存器中的可寻址位均可作位存储器。在指令系统中，有 17 条专门的位操作指令，包括位变量的传送、逻辑运算、控制转移等指令，这非常有利于开关量控制系统的设计。

在 MCS-51 的内部数据存储器中，20H～2FH 这 16 字节单元为位操作区域，其中每位都有自己的位地址，位地址空间为 00H～7FH，共 128 位；另外，字节地址能被 8 整除的 SFR 的每 1 位也具有自己的位地址。在位操作指令中，进位标志 CY 作位累加器使用，记为 C。

1. 位传送指令

```
MOV  C, bit            ; bit → C
MOV  bit, C            ; C→ bit
```

2. 位清零指令

```
CLR  C                 ; 0 → C
CLR  bit               ; 0→ bit
```

3. 位置 1 指令

```
SETB  C                ; 1 → C
SETB  bit              ; 1 → bit
```

4. 位取反指令

CPL C ; $\overline{C}$ → C

CPL bit ; $\overline{bit}$ → bit

5. 位逻辑指令

(1) 与指令

```
ANL   C,bit              ; C∧bit → C
ANL   C,/bit             ; C∧/bit → C
```

(2) 或指令

```
ORL   C,bit              ; C∨bit → C
ORL   C,/bit             ; C∨/bit → C
```

6. 位控制转移指令

JC rel	; $\begin{cases} C=1, PC+2+rel \rightarrow PC \\ C=0, PC+2 \rightarrow PC \end{cases}$
JNC rel	; $\begin{cases} C=0, PC+2+rel \rightarrow PC \\ C=1, PC+2 \rightarrow PC \end{cases}$
JB bit, rel	; $\begin{cases} bit=1, PC+3+rel \rightarrow PC \\ bit=0, PC+3 \rightarrow PC \end{cases}$
JNB bit, rel	; $\begin{cases} bit=0, PC+3+rel \rightarrow PC \\ bit=1, PC+3 \rightarrow PC \end{cases}$
JBC bit, rel	; $\begin{cases} bit=1, PC+3+rel \rightarrow PC, 且 0 \rightarrow bit \\ bit=0, PC+3 \rightarrow PC \end{cases}$

JC、JNC 这两条指令常与比较条件转移指令 CJNE 连用，根据 CJNE 指令执行过程中形成的 CY 的值决定程序的进一步走向，最终可形成三分支模式。

MCS-51 指令系统中各条指令的助记符、格式、功能、对标志位的影响、指令代码、字节数及执行时所需的机器周期数见附录。

3.3　汇编语言程序设计

计算机程序设计语言通常分为机器语言、汇编语言和高级语言 3 类。汇编语言是用来替代机器语言进行程序设计的，容易识别、记忆和读写，又称为符号语言。这种面向机器的语言的特点是程序结构紧凑、产生的目标程序占用存储空间小，执行快，实时性强，可直接管理和控制存储器及硬件接口，能在空间和时间上充分发挥计算机的硬件功能。因此，汇编语言特别适合于编写程序容量不大，要求实时测控、软硬件关系密切的应用程序。但汇编语言缺乏通用性，不同的计算机有不同的汇编语言，程序的可移植性差。

用汇编语言编写的程序称为汇编语言源程序，它不能由计算机直接执行。将汇编语言源程序转换成机器语言程序(即目标代码)的翻译过程称为程序的汇编，完成这一翻译工作的程序称为汇编程序。

汇编语言程序设计是单片机应用系统设计中的一个关键环节，它关系整个系统的特性和工作效率，要设计出功能完善的高质量程序，需要掌握汇编语言程序的设计步骤以及设计方法。

3.3.1　汇编语言程序设计步骤

1. 汇编语言程序的设计步骤

单片机应用程序的设计通常可以分成以下 5 步：

(1) 程序设计准备阶段

首先，根据设计要求，明确单片机应用系统的设计任务、功能要求和技术指标，确定系统的硬件资源和工作环境，通过深入分析系统要完成的任务，把一个实际问题转化为可由计算机进行处理的问题，即确定适合于单片机应用系统的算法，并进行程序结构设计，将要完成的任务按功能划分模块，并确定各模块之间的相互关系及参数传递。

这是非常关键的一步，解决同一问题可有不同的算法思路，它们的效率可能有很大差别。所以应对各种算法分析比较，并进行合理的优化。

(2) 程序流程图绘制阶段

对应用程序进行总体构思，按功能可以分为若干部分，应用标准的符号将总体设计思路及程序流向绘制在平面图上，将能完成一定功能的各部分有机地联系起来，并由此抓住程序的基本线索，对全局可以有一个完整的了解。清晰正确的流程图是编制正确无误的应用程序的基础和条件，对于复杂的问题，这一步不可少；对于比较简单直观的问题，这一步可省略。

流程图可以分为总流程图和局部流程图，总流程图侧重反映程序的逻辑结构和各程序模块之间的相互关系，局部流程图反映各程序模块的具体实施细节。

常用的流程图符号有端点符号、处理符号、判断符号、连接符号、程序流向符号等，见表 3.2。

表 3.2　程序流程图常用符号一览表

名　　称	图 形 表 示	作　　用
程序流向符号	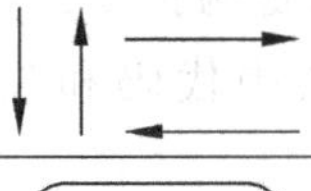	表示程序执行的顺序和流向
端点符号	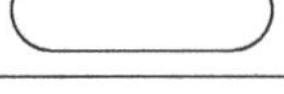	表示程序的开始和结束
处理符号	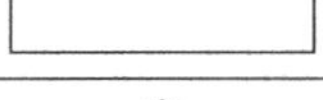	表示各种处理功能
判断符号	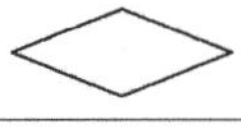	表示判断功能
连接符号		用于实现流程图之间的连接

(3) 源程序的编辑阶段

根据程序流程图用汇编语言写出源程序,应注意合理分配寄存器和存储器单元,并进行必要的注释,提高程序的可读性,以方便调试和修改。

分配存储器单元和寄存器是汇编语言程序设计的重要特点之一。因为汇编语言能够直接用指令或伪指令为数据或代码分配内存工作单元和寄存器,并直接对它们进行访问。

(4) 程序的汇编阶段

利用汇编程序在计算机上完成汇编语言源程序到机器码的转换。如果汇编不能通过,说明源程序中有语法错误,编程者应根据汇编程序指出的错误类型修改源程序。

(5) 程序的调试阶段

对第(4)步汇编生成的目标程序进行调试,若运行结果与实际情况不符,原因有多种,可能是程序中存在逻辑错误,需回到第(3)步修改源程序;也可能是最初确定的算法或流程图有问题,需重新进行设计。此外,当程序规模较大时,多个模块应分别进行调试,正确通过之后,再将它们逐步挂接在一起,以实现程序的联调。

2. 汇编语言的构成

汇编语言语句是构成汇编语言源程序的基本元素,可分为指令性语句和指示性语句两类。

(1) 指令性语句

3.2 节中的 111 条指令的助记符语句均是指令性语句。指令性语句是汇编语言语句的主体,是进行汇编语言程序设计的基本语句。每条指令性语句都有对应的机器码,由汇编程序完成它们之间的转换。

(2) 指示性语句

指示性语句又称伪指令语句,即伪指令。当机器对源程序进行汇编时,源程序须向汇编程序提供一些信息,如程序的起始和结束位置,数据的类型,指令和数据所在位置等。这些用于控制汇编过程的指令就是伪指令。伪指令没有机器码,不能控制单片机进行操作,也不会直接影响存储器中代码和数据的内容,它不是可执行指令。

3. 常用伪指令

(1) ORG

ORG 是设置起始地址伪指令,其格式是:

```
ORG     16 位地址或标号
```

其功能是将 ORG 伪指令后的指令机器码或数据存放在以 ORG 后面的 16 位地址为

首地址的存储单元中。因此，ORG 伪指令可以为其后的指令或数据在 64KB 的程序存储器中定位。

在一个源程序中，可以多次使用 ORG 指令，以规定不同程序段的起始位置，但不同的程序段之间不能有重叠。一个源程序若不用 ORG 指令，则从 0000H 处开始存放机器码。

(2) END

END 是结束汇编伪指令，其格式是：

```
END
```

它是汇编语言源程序的结束标志，当汇编程序检测到该语句时，就确认汇编语言源程序已经结束，对 END 后面的指令汇编程序都不予处理。一个源程序只能有一个 END 指令，而且必须放在整个程序的末尾。在同时包含有主程序和子程序的情况下，也只能有一个 END 指令，并放在所有指令的最后，否则就有部分指令不能被汇编。

(3) DB

DB 是定义字节伪指令，其格式是：

```
[标号：]    DB     字节型数表
```

其中，标号为可选项，字节型数表是一串用逗号分开的字节型数据，这些数据可以采用二进制、十进制、十六进制和 ASCII 码等多种形式表示。DB 的作用是把字节型数表中的数据依次存放到以标号为起始地址的存储单元中，若无标号，则数据依次存放在 DB 上一条语句之后的存储单元中。

(4) DW

DW 是定义字伪指令，其格式是：

```
[标号：]    DW     字型数表
```

其中，标号为可选项，DW 的功能与 DB 类似，其区别在于 DB 定义的是字节型数据，DW 定义的是字型数表。DW 主要用来定义 16 位地址，高 8 位在前，低 8 位在后。

(5) DS

DS 是定义存储空间伪指令，其格式是：

```
[标号：]    DS     表达式
```

其中，标号为可选项，DS 的作用是让汇编程序从标号地址开始预留若干字节的存储单元以备源程序执行过程中使用，预留存储单元的个数由表达式的值决定。

(6) EQU

EQU 是赋值伪指令，其格式是：

```
字符名称    EQU     数据或汇编符号
```

其功能是将一个数据或特定的汇编符号赋给左边的字符名称。给字符名称赋的值可以是一个8位的二进制数或地址,也可以是一个16位二进制数或地址。一旦字符名称被赋值,它就可以在程序中作为一个数据或地址来使用。EQU中的字符名称必须先赋值后使用,通常该语句放在源程序的前面。

(7) DATA

DATA是数据地址赋值伪指令,其格式是:

```
字符名称    DATA    表达式
```

其功能是将表达式的值赋给字符名称。DATA与EQU类似,其差别是:

① DATA中的表达式可以是一个数据或地址,也可以是一个包含所定义字符名称在内的表达式,但不能是汇编符号。

② EQU定义的字符名称必须先定义后使用,而DATA定义的字符名称可以先使用后定义,故DATA通常可放在源程序的开始或末尾。

(8) BIT

BIT是位地址赋值伪指令,其格式是:

```
字符名称    BIT    位地址
```

其功能是将位地址赋给字符名称,则该字符名称是一个符号位地址。

MCS-51中的伪指令见表3.3。

表3.3 MCS-51中的伪指令

伪指令	格 式	说 明
BIT	符号名称 BIT 地址	定义一个在位数据空间的地址
BSEG	BSEG [AT 绝对地址]	定义一个在位地址空间内的绝对段
CODE	符号名称 CODE 表达式	把一个符号名称赋予代码空间内的一个专有地址
CSEG	CSEG [AT 绝对地址]	定义一个在代码地址空间内的绝对段
DATA	符号名称 DATA 表达式	把一个符号名称赋予一个专门的数据地址
DB	[标号:] DB 表达式清单	生成一个字节型的清单
DBIT	[标号:] DBIT 表达式	以位为单位在BIT类型的段内保留一个空间
DS	[标号:] DS 表达式	以字节为单位保留空间
DSEG	DSEG [AT 绝对地址]	定义一个在间接的内部数据空间内的绝对段
DW	[标号:] DW 表达式清单	生成一个字型的清单
END	END	表明程序结束
EQU	符号名称 EQU 表达式 或符号名称 EQU 特殊汇编符号	设置符号的值
EXTRN	EXTRN 段类型(符号名称清单)	定义在当前模块中被访问的各符号,当前模块是在其他模块中被定义的
IDATA	符号名称 IDATA 表达式	把一个符号名称赋予一个专门的间接的内部地址

续表

伪指令	格　式	说　明
ISEG	ISEG [AT　绝对地址]	定义一个在内部数据空间中的绝对段
NAME	NAME　模块名称	规定当前模块的名称
ORG	ORG　表达式	设置当前段的位置计数器
PUBLIC	PUBLIC　名称的清单	说明能够用于当前模块之外的各符号
RSEG	RSEG　段名称	选择一个可以重新定位的段
SEGMENT	符号名称 SEGMENT 可重新定位的段类型	定义一个可重新定位的段
SET	符号名称 SET 表达式 或符号名称 SET　特殊汇编符号	设置符号的值
USING	USING　表达式	设置预先定义了的符号寄存器的地址并使汇编程序为该规定的寄存器组保留空间
XDATA	符号名称　XDATA 表达式	把一个符号名指派给一个规定的片外数据地址
XSEG	XSEG [AT　绝对地址]	在外部数据地址空间内定义一个绝对段

3.3.2　汇编语言程序设计方法

在单片机应用系统的软件设计中，运行速度快、占用内存少是主要考虑的因素。随着程序的日益复杂、庞大，为了节省软件的开发成本，程序的结构化显得越来越重要。写好程序文件，使之简明清晰，易于阅读、测试、交流、移植以及与其他程序连接和共享，是每个程序设计人员都必须重视的。为此，编程时一定要注意以下几点：

① 采用模块化程序设计方法，即把一个多功能的复杂程序划分为若干个功能单一的简单程序模块，进行独立设计和分别调试，最后将这些模块程序装配成整体程序进行联调。这种方法有利于程序的设计、调试、优化和分工，提高了程序的可靠性，使程序的结构层次一目了然。

② 对源程序加注释(注释行和注释字段)，提高程序的可读性。

③ 尽量采用循环结构和子程序，使程序的长度缩短，占用内存空间减少，提高程序的效率。在多重循环时，要注意各层循环的初值设置和循环结束条件。

④ 尽量少用无条件转移指令，使程序条理更加清楚，以减少错误。

⑤ 对于通用的子程序，考虑到其通用性，除了用于存放子程序入口参数的寄存器外，子程序中用到的其他寄存器的内容应压入堆栈，即保护现场；返回前再弹出，即恢复现场。

⑥ 由于中断请求是随机产生的，所以在中断服务程序中，除了要保护该程序中用到的寄存器外，还要保护标志寄存器。因为在中断处理过程中，难免对标志位产生影响，而中断处理结束后返回主程序时，可能会遇到以中断前的状态标志为依据

的条件转移指令,如果标志位被破坏,则整个程序就被打乱了。

⑦ 累加器是信息传递的枢纽,用累加器传递入口参数或返回参数比较方便,即在调用子程序时,通过累加器传递程序的入口参数,或通过累加器向主程序传递返回参数。所以在子程序中,一般不必把累加器内容压入堆栈。

程序的基本结构有3种:顺序结构、分支结构、循环结构。本节主要介绍分支结构、循环结构及子程序等程序设计方法。

1. 分支程序设计

通常情况下,程序的执行是按照指令在程序存储器中存放的顺序进行的。但在实际的程序设计中,始终是顺序执行的情况很少,大部分程序在执行过程中,需要计算机作出一些判断,并根据判断作出不同的处理,由此引出了分支程序的概念。

分支程序是具有判断和转移功能的程序。首先经过一定的运算,运算结果的特性反映在状态标志上,包括进位标志CY、奇偶标志P、溢出标志OV、半进位标志AC,然后根据有关状态标志进行判断,最后用转移指令实现转移。

编写分支程序的关键是如何判断分支的条件。在MCS-51中可以直接用于判断分支条件的指令不多,只有累加器为零(或不为零),比较条件转移指令CJNE,以及位条件转移指令等,把这些指令结合在一起使用,可以完成各种各样的条件判断,如正负判断、溢出判断、大小判断等。

根据程序的复杂程度,分支程序可分为简单分支程序和多分支程序两种,现分别介绍如下。

(1) 简单分支程序

简单分支程序是分支程序中最简单、最基本的一种,其结构如图3.9所示。下面举例介绍简单分支程序设计方法。

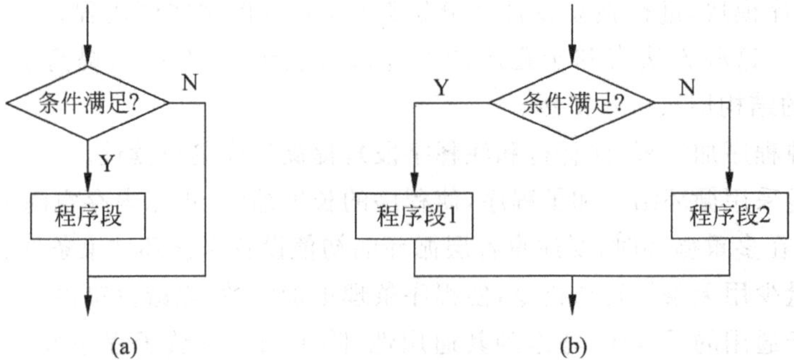

图3.9 简单分支程序结构示意图

例3.15 设在内部RAM的SORC开始连续两个单元中有一个双字节数,编写程序将其取补后存入RESULT开始的两个连续单元。程序流程如图3.10所示。

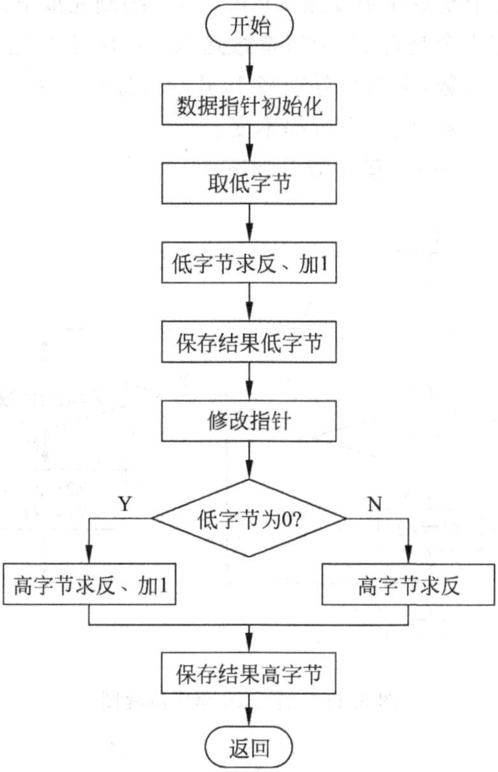

图 3.10　例 3.15 程序流程图

程序清单如下：

```
B16NEG:  MOV   R0, #SORC+1        ;将 R0 指向原数据的低字节单元
         MOV   R1, #RESULT+1      ;将 R1 指向结果的低字节单元
         MOV   A, @R0
         CPL   A
         INC   A
         MOV   @R1, A             ;低字节取补
         DEC   R0                 ;将 R0 指向原数据的高字节单元
         DEC   R1                 ;将 R1 指向结果的高字节单元
         JZ    BACK1              ;若 A=0,则高字节取补
         MOV   A, @R0
         CPL   A
         MOV   @R1, A             ;高字节取反
         SJMP  BACK2
BACK1:   MOV   A, @R0
         CPL   A
         INC   A
         MOV   @R1, A             ;高字节取补
BACK2:   RET
```

例 3.16 已知两个整数字节变量 Z1 和 Z2,试编制完成下列功能的程序:

① 若两个数中有 1 个是奇数,则将奇数送入 Z1 中,偶数送入 Z2 中。

② 若两个数均为奇数,则两数分别减 1,并存入原变量中。

③ 若两个数均为偶数,则两变量都不变。

程序流程如图 3.11 所示,程序清单如下:

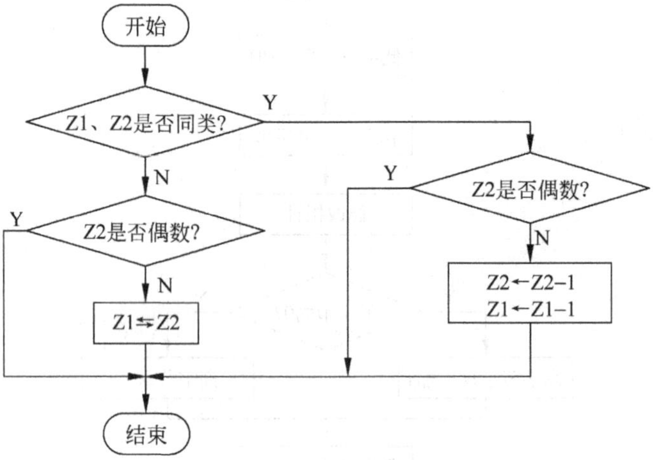

图 3.11 例 3.16 程序流程图

```
POJUG: MOV   A, Z1
       MOV   B, Z2
       XRL   A,  B
       AND   A, 01H                    ; 测试 Z1 和 Z2 是否同类
       JZ    BACK1                     ; 是,转 BACK1
       MOV   A, B
       AND   A,  01H                   ; 否,测试 Z2 是否偶数
       JZ    BACK2                     ; 是,转 BACK2
       MOV   A, Z1
       XCH   A, Z2
       MOV   Z1, A                     ; 不是,交换两数
       SJMP  BACK2
BACK1: MOV   A, B
       AND   A, 01H                    ; 是同类,测试 Z2 是否为偶数
       JZ    BACK2                     ; 是,转 BACK2
       DEC   Z1                        ; 不是,两数同时减 1
       DEC   Z2
BACK2: RET
```

(2) 多分支程序

多分支程序的结构如图 3.12 所示。用多条条件转移指令的组合可以实现多分支的程序设计。但这种方法会使程序的结构变得不清晰,而且进入各分支的等待时间不等,进入最后分支的等待时间最长。对于那些要求进入各个分支的等待时间相

同，执行时间尽可能短的问题是无能为力的。为了方便高效地实现多分支结构，可采用散转法。

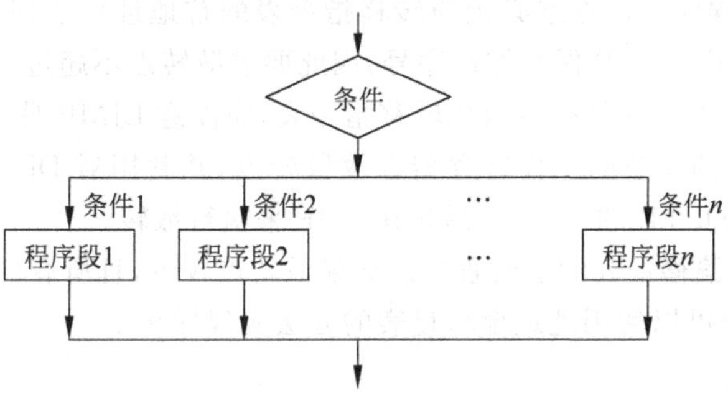

图 3.12 多分支程序结构示意图

散转程序是一种并行分支程序，它能根据某种输入或运算结果分别转向各个操作程序。在 MCS-51 中，提供了指令“JMP @A＋DPTR”来实现散转。散转法实现多分支程序设计的基本思想是：将各分支处理程序的首地址或转移指令顺序存放到程序存储器中的一片连续的存储单元中，形成一张跳转表，通过指令“JMP @A＋DPTR”可找到某分支处理程序的首地址或相应的转移指令，然后进入对应的分支处理程序。

下面我们通过一个例子来说明如何利用散转法实现多分支的转移。

例 3.17 某系统中有 5 个按键 0、1、2、3、4，其对应的键功能处理程序入口的标号地址分别为 KEY0、KEY1、KEY2、KEY3、KEY4，请编制程序实现按下不同的键转向不同处理程序的功能。设通过键盘扫描得到的按键序号保存在寄存器 B 中。

① 采用转移指令表的散转程序。先用无条件转移指令 AJMP 或 LJMP 按序组成 1 张转移指令表，将转移标志的内容装入累加器 A 作为变址值，然后执行指令“JMP @A＋DPTR”实现转移。

```
KEY0   EQU   0400H
KEY1   EQU   0480H
KEY2   EQU   0500H
KEY3   EQU   0580H
KEY4   EQU   0600H
ORG    0100H
KEYP1: MOV   A, B
       RL   A
       MOV   DPTR, #JUMPTAB
       JMP   @A + DPTR
       RET
JUMPTAB:  AJMP   KEY0
          AJMP   KEY1
          AJMP   KEY2
          AJMP   KEY3
          AJMP   KEY4
```

由于转移指令表中的转移指令AJMP为双字节指令,所以各转移指令的存放地址依次相差2,累加器A中的变址值通过按键序号乘2得到;AJMP为短转移指令,要求转移的分支程序入口地址必须与转移指令表的首地址位于同一个2KB的空间范围内;另外,程序中用B保存按键序号,因此要求散转点不超过256个。为扩大转移的空间范围,可用LJMP指令组成转移指令表,应注意LJMP是三字节指令;为增加散转点数,可用两字节的工作寄存器存放散转点,并利用对DPTR进行加法运算的方法直接修改DPTR的内容,然后再用JMP来执行散转。

② 采用地址偏移量表的散转程序。如果散转点较少,且所有的分支程序处在同一页(256B)内,则可以使用地址偏移量表的方法实现散转。

```
KEY0   EQU  0430H
KEY1   EQU  0460H
KEY2   EQU  0490H
KEY3   EQU  04C0H
KEY4   EQU  04F0H
DISTANCE0 EQU  30H
DISTANCE1 EQU  60H
DISTANCE2 EQU  90H
DISTANCE3 EQU  0C0H
DISTANCE4 EQU  0F0H
ORG     0100H
KEYP:   MOV     A, B
        MOV     DPTR, #DISTAB
        MOVC    A, @A+DPTR
        JMP     @A+DPTR
        RET
ORG     0400H
DISTAB: DB DISTANCE0
        DB DISTANCE1
        DB DISTANCE2
        DB DISTANCE3
        DB DISTANCE4
KEY0: 分支程序 0
KEY1: 分支程序 1
KEY2: 分支程序 2
KEY3: 分支程序 3
KEY4: 分支程序 4
```

使用这种方法,地址偏移量表与各分支程序的长度之和必须在一页内,但最后一个分支程序的长度不受限制,只要其入口地址相对于地址偏移量表首地址的偏移量在一页内即可。显然,地址偏移量表和各分支程序可位于64KB程序存储器中的任何位置。

③ 采用转向地址表的散转程序。方法②的转向范围局限于一页之内,在使用时受到较大的限制。若需要转向较大的范围,可以建立1张转向地址表,即将要转

向的两字节地址组成一张表，先用查表的方法获得表中的转向地址，并将该地址装入数据指针 DPTR 中，然后清除累加器 A，执行散转指令，便能转到相应的分支程序。

```
KEY0  EQU  0400H
KEY1  EQU  0480H
KEY2  EQU  0500H
KEY3  EQU  0580H
KEY4  EQU  0600H
ADDRTAB:  DW  KEY0, KEY1, KEY2, KEY3, KEY4
ORG     0100H
KEYP3: MOV    A, B
       RL  A
       MOV    DPTR, #ADDRTAB
       PUSH   ACC
       MOVC   A, @A+DPTR
       MOV    B, A
       INC    DPL
       POP    ACC
       MOVC   A, @A+DPTR
       MOV    DPL, A
       MOV    DPH, B
       CLR    A
       JMP    @A+DPTR
       RET
```

2. 循环程序设计

若程序段中有部分指令需要多次重复执行，可采用循环结构。这种结构使程序紧凑、节省程序存储单元，但不能减少程序的执行时间。

(1) 循环结构的组成

循环结构通常由以下 4 部分组成：

① 初始化部分：为循环做准备工作，包括建立指针、置循环计数值、设置其他变量初值等。这一部分并不参加循环重复操作。

② 循环体部分：完成循环的基本操作，这是循环工作的核心部分。

③ 循环控制部分：修改循环计数器，查看循环控制条件，控制循环的运行和结束。

④ 结果处理部分：将循环得到的最终结果按要求保存起来，或进行其他相应的处理。

这 4 部分之间的关系如图 3.13 所示。

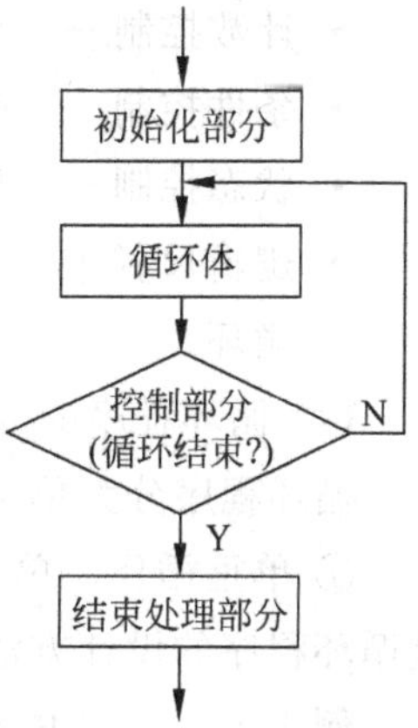

图 3.13　循环程序结构示意图

(2) 循环程序的基本结构形式

① DO-WHILE 结构(即先判断后执行结构)。

这种结构的特点是：循环次数可以为0。首先判断循环进行的条件是否满足，若满足，则继续执行循环体；否则，结束循环，如图3.14(a)所示。

这种结构多用于循环次数未知，但循环结束条件已知的情况，可通过循环条件是否成立决定是否进行循环。

② DO-UNTIL 结构(即先执行后判断结构)。

这种结构至少执行1次循环体，即进入循环后，先执行1次循环体，再判断循环是否结束。图3.14(b)给出了这种循环结构的示意图。

这种结构适用于循环次数已知的场合，可用循环次数即计数控制的方法来控制循环的结束，一般使用DJNZ指令作循环控制。

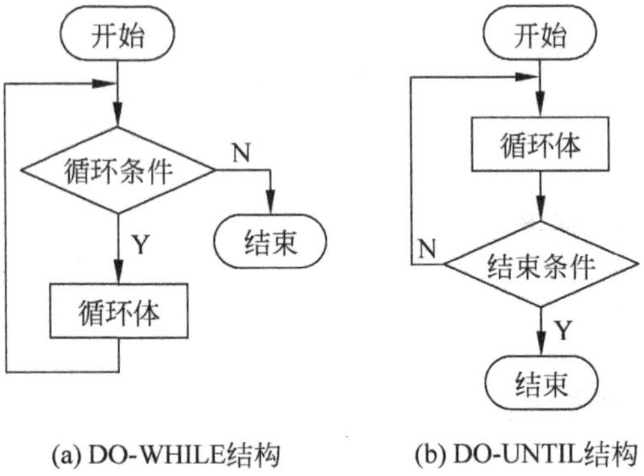

图3.14 基本循环结构示意图

(3) 循环控制方式

循环控制方式有多种，通常可归纳为：

- 计数控制——事先已知循环次数，每循环一次将循环控制变量加1或减1。
- 条件控制——事先不知道循环次数，根据条件真假控制循环。
- 状态控制——根据事先设置或实时检测的状态来控制循环。
- 逻辑尺控制——当循环条件不规则时，可通过建立位串(逻辑尺)来控制循环。

(4) 循环程序的分类

循环程序分为单重循环和多重循环两类。

① 单重循环。单重循环程序结构如图3.15(a)所示，下面以一个例子来说明单重循环程序的设计方法。

例3.18 在片内数据存储区以STRING开始的区域中有1个字符串，其结束标志是“$”，试编制程序统计这个字符串的字符个数(包括结束标志在内)并存入NUM单元。

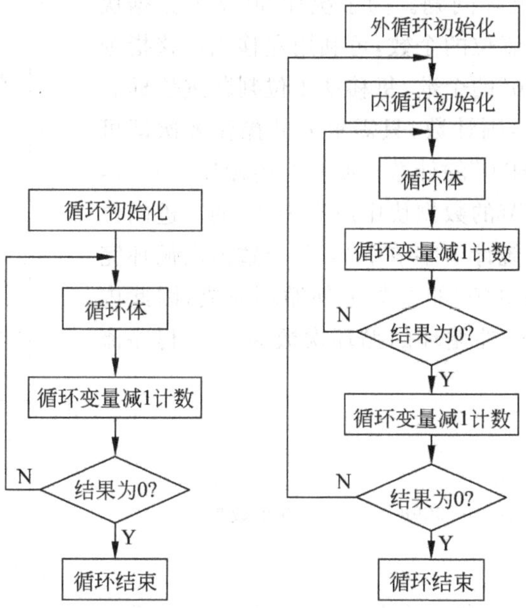

(a) 单重循环结构 (b) 多重循环结构

图 3.15 循环程序的两种类型

将计算字符串的长度转变为在字符串中找关键字符“$”,即把每一个字符与关键字符“$”相比较,同时对比较次数进行计数,这是循环体完成的功能;直到在字符串中找到关键字符,则字符串的长度就计算出来了,这是循环结束的判断条件。

```
STRLEN:  MOV   R0, #STRING           ;将 R0 指向字符串首地址
         CLR   A                     ;计数器清 0
BACK1:   CJNE  @R0, #24H, BACK2      ;与“$”比较,不等则转移到 BACK2
         SJMP  BACK3                 ;找到“$”,跳出循环体
BACK2:   INC   A                     ;计数器加 1
         INC   R0                    ;修改指针,指向下一个字符
         SJMP  BACK1
BACK3:   INC   A                     ;计数器加 1,将“$”计入个数
         MOV   NUM, A                ;保存结果
         RET
```

② 多重循环程序。循环程序中嵌套循环程序称为多重循环程序,其结构如图 3.15(b)所示。多重循环程序设计的基本方法和单重循环程序设计是一致的,应分别考虑各重循环的控制条件及其程序实现,相互之间不能混淆;当再次进入内层循环时,相应的初始条件必须重新设置;内外循环不能交叉,也不允许从外循环跳入内循环。

例 3.19 在片外数据存储器的 BUF 单元开始存放着 50 字节的数据块,试编制程序统计该数据块中所有为“0”的二进制位的个数,并将统计结果送入 RESULT 开始的 2 字节单元。

这是一个双重循环问题。为了统计50字节数据块中所有为“0”的二进制位的个数,可利用左移或右移指令统计1字节数据中“0”的个数,每移动1位判断进位标志CY是否为0,若为0,则计数,只需重复此操作8次即可完成对1字节数中的“0”的计数;重复上述操作400次,可完成对整个50字节的数据块中所有为“0”的二进制位的统计。由此可知,统计1字节中“0”的个数由内循环完成,统计整个数据块中“0”的个数由外循环完成,因此内循环的循环次数为8,外循环的循环次数为50。程序流程如图3.16所示。

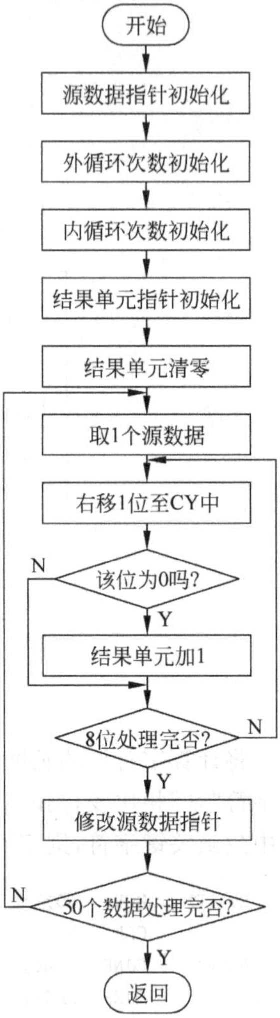

图3.16 例3.19程序流程图

程序清单如下:

```
BUF      DATA  2800H
BUF      DB  32H,75H,…,0C9H       ;共50个数据
RESULT   DS  2
                  ⋮
CONT0: MOV   DPTR, #BUF      ;将DPTR指向数据块首单元
       MOV   R3, #50         ;外循环次数初始化
       MOV   R2, #8          ;内循环次数初始化
       MOV   R4, #2          ;结果单元操作次数初始化
       MOV   R0, #RESULT     ;将R0指向结果高字节单元
       CLR   A
BACK1: MOV   @R0, A
       INC   R0
       DJNZ  R4, BACK1       ;将两个结果单元清0
BACK2: MOVX  A, @DPTR        ;取1字节数据
       MOV   R1, A
BACK3: MOV   A, R1
       RRC   A               ;将1位移动到CY标志中
       MOV   R1, A
       JC    BACK4           ;当前位为1,不统计
       MOV   R0, #RESULT+1             ;将R0指向结果低字节单元
       MOV   A, @R0
       ADD   A, #1
       MOV   @R0, A
       DEC   R0
       MOV   A,@R0
       ADDC  A, #0
       MOV   @R0, A                    ;对结果单元加1
BACK4: DJNZ  R2, BACK3                 ;1字节没有处理完转BACK3
       INC   DPTR
       DJNZ  R3, BACK2                 ;50个数据没有处理完转BACK2
       RET
```

3. 子程序设计

在采用模块化程序设计的方法解决实际问题时，把一个程序分成多个具有明确任务的模块，程序模块进一步分成独立的子模块，分别编制、调试，然后连接在一起，形成一个完整的程序。模块化设计的程序易于编写、调试和修改，程序易读性强。子程序结构是模块化程序设计的重要工具。

如果在一个程序的多个地方或多个程序中都要用到同一段程序，可以把该程序段独立出来存放在内存的某一区域以供调用，这段可供其他程序调用、独立的、相对固定的程序称为子程序，它相当于高级语言中的过程或函数。调用子程序的程序称为主程序或调用程序。子程序需要被所有调用程序共享，它在结构上应具有通用性和独立性。

(1) 子程序的调用和返回

由于寄存器数量有限，若子程序使用的寄存器与调用程序所用的寄存器发生冲突，就将破坏调用程序中寄存器的内容，影响从子程序返回后的继续处理。为了避免发生这种现象，使用子程序时要注意寄存器内容的保护，即在子程序入口处把所用的寄存器内容压入堆栈保存起来，在退出子程序前恢复寄存器的内容。

子程序的第 1 条指令地址称为子程序的起始地址或入口地址，该指令前必须有标号。子程序的调用和返回使用 ACALL、LCALL 指令和 RET 指令来完成。

(2) 子程序的参数传送

使用子程序要解决的一个重要问题是参数传送。在调用子程序时，要把一些参数传送给子程序，子程序在运行以后常常要回送一些信息给调用程序，包括子程序的运行结果和状态。这种调用程序和子程序之间的信息传送，称为参数传送(或变量传送)。

子程序可分为无参数子程序和有参数子程序两种，使用有参数的子程序更加灵活。向子程序传送参数通常有 3 种方法。

① 利用寄存器传送参数。把传送的数据直接放在寄存器中，完成主程序与子程序间的传送。这种方法适用于要传送的参数比较少的情况。

② 利用堆栈传送参数。利用堆栈传送参数，也是一种非常有效的方法。在传送参数时，由主程序将参数压入堆栈，子程序在使用参数时，把参数从堆栈中弹出。

③ 利用存储单元传送参数。这种传送参数的方法适合于参数较多的情况。通常是在存储器中建立一个参数表，表内放有子程序要使用的参数。调用程序把该参数表的首地址传送给子程序，子程序通过参数表取得所需参数，并在数据处理完后，将结果传送到指定的数据存储区中。当参数表建立在内部 RAM 时，用 R0 或 R1 作参数表的指针。当参数表建立在外部 RAM 时，用 DPTR 作参数表的指针。

一般说来，当相互传递的参数较少时，采用寄存器传递方式可以获得较快的传递速度。当相互传递的参数较多时，宜采用存储单元或堆栈方式传递。如果是子程序嵌套，最好采用堆栈方式。

(3) 子程序的嵌套与递归

① 子程序嵌套。主程序和子程序是相对的,同一程序既可以作为另一程序的子程序,也可以有自己的子程序。在程序中,出现子程序调用另一个子程序的情况,称为子程序的嵌套。子程序之所以能够实现嵌套功能,是由于调用和返回过程通过堆栈操作自动进行的。它们按照先进后出的原则,依次取出返回地址,不会因子程序嵌套而造成混乱。子程序嵌套的深度与堆栈区的大小有关。

② 递归子程序。递归子程序是子程序嵌套的一种特例,即子程序在执行时又调用子程序自身。递归方式符合人们的思维习惯,程序较为简单,但由于递归调用要将多次保护返回地址和某些中间结果到堆栈,随着递归次数的增多,将有大量的进栈和出栈操作,需要很多运行时间,所以运行效率较低,这是递归程序的缺点。在编写递归程序时,应注意以下几点:

- 递归子程序的对象应具有递归性质,即每次重新进入递归的操作与前一次相同,这种重复操作是编写递归程序所必需的。
- 递归子程序一定要有递归结束条件,即递归到一定次数后,应满足递归结束条件,从而退出递归。
- 当递归次数较多,数据进出堆栈量大时,要备有较大的堆栈空间,否则会产生堆栈的溢出。
- 由于递归子程序效率较低,若非特殊需要,不一定要使用递归方法编程。

例 3.20 试编程实现三数求和运算,并将运算结果转换为 ASCII 码形式。

程序清单如下:

```
NUM       DB  34H, 56H, 78H
SUM       DS 2
ASC       DS 4
          ORG    1000H
MAINPRO:  MOV    R0, #NUM          ; 将 R0 指向待处理数据
          MOV    R2, #3            ; 待求和数据个数
          MOV    R6, #0            ; 求和暂存寄存器清 0
          MOV    R7, #0
          ACALL  TRISUM            ; 调用求和子程序
          MOV    R1, #SUM
          MOV    @R1, R6           ; 存放和的高字节
          INC    R1
          MOV    @R1, R7           ; 存放和的低字节
          MOV    R0, #ASC+3        ; 将 R0 指向 ASCII 码存放单元
          MOV    R3, #2
          ACALL  HTOASC            ; 调用转换为 ASCII 码子程序
          SJMP   $                 ; 结束
TRISUM:   MOV    A, R7
          ADD    A, @R0
          MOV    R7, A
          MOV    A, R6
          ADDC   A, #0
```

```
        MOV   R6, A
        INC   R0
        DJNZ  R2, TRISUM
        RET
HTOASC: MOV   A, @R1
        MOV   B, A              ; 用寄存器 B 暂存待转换的十六进制数
        ANL   A, #0FH           ; 将累加器的低 4 位转换成 ASCII 码
        ADD   A, #90H
        DA    A
        ADDC  A, #40H
        DA    A
        MOV   @R0, A            ; 存放低 4 位的 ASCII 码到对应单元
        MOV   A, B
        SWAP  A                 ; 准备转换高 4 位
        ANL   A, #0FH
        ADD   A, #90H
        DA    A
        ADDC  A, #40H
        DA    A
        DEC   R0
        MOV   @R0, A            ; 存放高 4 位的 ASCII 码到对应单元
        DEC   R1
        DEC   R0
        DJNZ  R3, HTOASC
        END
```

这里设计了两个子程序，TRISUM 子程序负责计算多个数的累加和，调用 TRISUM 子程序之前，并没有把参加运算的数据传送给子程序，而是把存放这些数据的首地址(即参数指针)赋给了 R0。进入 TRISUM 子程序之后，子程序利用 R0 间接寻址取数，完成累加操作，结果送 R6 和 R7 保存，然后正常返回到调用程序的断点。主程序和 TRISUM 子程序之间采用存储单元以及寄存器传递参数。

HTOASC 子程序将 SUM 中的结果转换为 ASCII 码保存到 ASC 开始的四个单元中。显然，主程序和 HTOASC 子程序使用存储单元传送参数。

例 3.21 利用递归子程序实现十进制乘法运算 X×Y。

乘法指令按二进制进行运算，没有专门的十进制乘法调整指令，只有十进制加法调整指令。因此可以采用“累加法”完成。因为 X×Y＝Y＋Y×(X－1)＝Y＋Y＋Y×(X－2)＝…＝Y＋Y＋…＋Y。

可见，为了求 X×Y，可以用 Y＋Y×(X－1)实现，而 Y×(X－1)又可用 Y＋Y×(X－2) 实现。若为 X×Y 的子程序，则在求 X×Y 的过程中，要反复多次调用求和子程序自身。这种情况即为子程序的递归调用。直至 X－1＝0，此时可以停止递归调用。由此可见，递归调用一定要有递归结束条件，即在满足一定条件下，退出递归调用，否则将陷入递归调用的死循环中。

在求 X×Y＝Y＋Y×(X－1)时，只要 Y×(X－1)还未求得，加法 Y＋Y×(X－1)也无法进行，因此，在不断递归调用过程中，应不断将被加数压入堆栈中，直至递归

结束时,开始逐级从递归调用中返回。在这个程序中,通过堆栈有序地传送了子程序之间的参数。

程序清单如下:

```
X       DB      9
Y       DB      57
RTL     DS      2                        ; 定义存放结果单元

        ORG     0200H
        CLR     A
        MOV     R0, #RTL
        MOV     @R0, A
        INC     R0
        MOV     @R0, A                   ; 结果单元清 0,R0 指向结果单元的低字节
        MOV     A, X                     ; 取 X 给 A,作累加次数控制器
        CALL    ADSUB                    ; 调用累加子程序
        SJMP    $                        ; 结束
ADSUB:  CJZE    A, #0, NEXT1             ; 累加次数不为 0 转 NEXT1
        RET                              ; 返回
NEXT1:  PUSH    Y                        ; 将 Y 压入堆栈
        DEC     A                        ; 累加次数减 1
        CALL    ADSUB                    ; 调用自身,形成递归关系
BACK1:  POP     ACC                      ; 将 Y 弹出给 A
        ADD     A, @R0
        DA      A
        MOV     @R0, A                   ; 累加到结果低字节单元
        DEC     R0
        MOV     A, @R0
        ADDC    A, #0
        DA      A
        MOV     @R0, A                   ; 累加到结果高字节单元
        INC     R0                       ; 将 R0 指向结果低字节单元
        RET
        END
```

3.4 实用汇编语言程序设计

3.4.1 四则运算子程序

1. 多字节 BCD 码加法程序

设被加数和加数的位数相同,分别暂存于地址连续的两个数据存储区,其和保存在被加数单元中。

子程序名:MADD。

入口条件：R0 指向被加数的最高字节单元，R1 指向加数的最高字节单元，R2 置入字节数（被加数前应预留 1 个字节单元存放和的最高位）。

出口状态：R0 指向和的最高字节单元，R1 指向加数的最高字节单元。

影响资源：PSW、A、R2。

堆栈需求：2 字节。

```
MADD:   MOV   A, R2
        ADD   A, R0
        DEC   A
        MOV   R0, A                    ; 将数据指针 R0 移动指向被加数的最低字节单元
        MOV   A, R2
        ADD   A, R1
        DEC   A
        MOV   R1, A                    ; 将数据指针 R1 移动指向加数的最低字节单元
        CLR   C                        ; 最低位相加时，进位位应为 0
BACK1:  MOV   A, @R0
        ADDC  A, @R1                   ; 按字节相加
        DA    A                        ; 十进制调整
        MOV   @R0, A                   ; 和存放到[R0]中
        DEC R0                         ; 调整数据指针
        DEC R1
        DJNZ  R2, BACK1                ; 判断处理完所有字节了吗?没有则转到 BACK1 继续
        MOV   A, 00H
        ADDC  A, #00H
        MOV   @R0, A                   ; 将和的最高位保存到存储区中
        INC   R1                       ; 调整 R1 指向加数的最高字节单元
        RET
```

如果去掉程序中的十进制加法调整指令，则转变为多字节的二进制加法程序。

下面对 MADD 子程序进行一点改动，就是多字节的十进制乘 2 子程序，它将用于二进制整数转换为十进制整数的程序。

子程序名：MMUL2。

入口条件：R0 指向多字节数存储区的最低地址单元，R2 置入字节数。

出口状态：R0 指向结果的最高位。

影响资源：PSW、A、R2。

堆栈需求：2 字节。

```
MMUL2:  MOV   A, R2
        ADD   A, R0
        DEC   A
        MOV   R0, A                    ; 将数据指针 R0 移动指向数据的最低字节单元
        CLR   C                        ; 最低位相加时，进位位应为 0
BACK1:  MOV   A, @R0
        ADDC  A, @R0                   ; 按字节相加
        DA    A                        ; 十进制调整
        MOV   @R0, A                   ; 和存放到[R0]中
```

```
        DEC R0                  ; 调整数据指针
        DJNZ  R2, BACK1         ; 判断处理完所有字节了吗?没有则转到 BACK1 继续
        MOV  A, 00H
        ADDC  A, #00H
        MOV  @R0, A             ; 将结果的最高位保存到存储区中
        RET
```

2. 多字节 BCD 码求补程序

一个数的补码等于其反码加 1,例如 4 位十进制数 N 的补码 N_0 为:

$$N_0 = (9999 - N) + 1$$

根据这个公式可以设计一个多字节 BCD 码求补的子程序,在其中进行的各字节减法运算不会产生借位,因此不需要进行十进制调整。

子程序名:MNEG。

入口条件:R1 指向待处理数据的最高字节单元,字节数在 R2 中,ADD1 中存放 1(长度与待处理数据相同)。

出口状态:R0 指向原数据补码的最高字节单元。

影响资源:PSW、A、R2。

堆栈需求:2 字节。

```
MNEG:   MOV  A, R2
        ADD  A, R1
        DEC  A
        MOV  R1, A              ; 将数据指针 R1 移动指向数据的最低字节单元
        CLR  C
BACK1:  MOV  A, #99H
        SUBB  A, @R1
        MOV  @R1, A             ; 保存补码结果
        DEC  R1                 ; 移动指针
        DJNZ  R2, BACK1         ; 判断处理完所有字节了吗?没有则转到 BACK1 继续
        INC  R1                 ; 将 R1 指向原数据补码的最高字节单元
        MOV  R0,R1
        MOV  R1,#ADD1
        LCALL  MADD
        RET
```

3. 多字节 BCD 码减法程序

将多字节二进制加法程序中的 ADDC 指令改为 SUBB 指令,可以得到二进制减法程序。但多字节十进制减法程序不能通过这样的修改从多字节十进制加法程序得到,因为 DA A 指令只能实现加法调整。多字节十进制减法运算可以这样完成:先调用多字节 BCD 码求补程序 MNEG 求出减数的十进制补码,再调用多字节 BCD 码加法程序 MADD 完成被减数与减数补码的加法运算。

子程序名:MSUB。

入口条件：R0 指向被减数的最高字节单元，R1 指向减数的最高字节单元，字节数在 R2。

出口状态：R0 指向差的最高字节单元，最高位借位在 CY 中。

影响资源：PSW、A、R2。

堆栈需求：4 字节。

```
MSUB: LCALL  MNEG                     ；求减数的十进制补码
      LCALL  MADD                     ；完成多字节 BCD 码加法运算
      INC  R0                         ；调整 R0 指向差的最高字节单元
      CPL  C                          ；将补码加法的进位标志转换成借位标志
      MOV  F0, C                      ；保护借位标志
      LCALL  MNEG                     ；恢复减数的原始值
      MOV  C, F0                      ；恢复借位标志到 CY 中
      RET
```

4. 单字节 BCD 码数的乘法程序

乘法指令按二进制进行运算，没有专门的十进制乘法调整指令，因此这个程序采用“累加法”完成。

子程序名：BCDM。

入口条件：R0 指向两个乘数连续存放的低地址单元 SRC。

出口状态：乘积存放在 RESULT 开始的连续两个单元中。

影响资源：PSW、A、B。

堆栈需求：2 字节。

```
BCDM: MOV  R1, #RESULT                ；将 R1 指向结果的低地址单元
      CLR  A
      MOV  @R1, A
      INC  R1
      MOV  @R1, A                     ；将结果单元清 0
BACK1:PUSH  ACC                       ；保护累加次数
      MOV  A, @R0                     ；取出一个乘数
      ADD  A, @R1                     ；将乘数与部分积的低 8 位相加
      DA  A                           ；对部分积进行十进制调整
      MOV  @R1, A                     ；刷新部分积的低 8 位内容
      CLR  A
      DEC  R1
      ADDC  A, @R1                    ；将低 8 位累加的进位位累加到高 8 位中
      DA  A
      MOV  @R1, A
      POP  ACC                        ；弹出累加次数
      ADD  A, #01H                    ；累加次数加 1
      DA  A
      CJNE  A, SRC+1, BACK1           ；与第 2 个乘数比较，判断累加次数是否足够
      RET
```

5. 多字节与单字节无符号数乘法程序

单字节之间的无符号乘法可以直接由乘法指令完成。下面先分析双字节与单字节的乘法运算，记 N_H 为被乘数的高字节，N_L 为被乘数的低字节，M 为乘数，则有：

$$(N_H \times 2^8 + N_L) \times M = N_H \times 2^8 \times M + N_L \times M$$

可见，双字节与单字节的乘法运算可转化为乘数分别与被乘数的高、低字节相乘，两个乘积错位 1 字节相加即可得到最终 3 字节的结果。

下面给出的子程序对于多字节与单字节的乘法运算都适用。

子程序名：MUL168。

入口条件：R0 指向被乘数的最低字节单元，R1 指向乘积的最低字节单元(乘积的各单元已被清 0)，乘数的存储单元标号为 MADR，R2 中是被乘数的字节数。

出口状态：R1 指向乘积的最高字节单元。

影响资源：PSW、A、B、R2。

堆栈需求：2 字节。

```
MUL168:MOV  A, @R0              ；被乘数的一字节送累加器 A
       MOV  B, MADR             ；乘数送寄存器 B
       MUL  AB
       ADD  A, @R1
       MOV  @R1, A              ；乘积的低字节加入结果单元
       MOV  A, B
       DEC  R1                  ；调整结果指针
       ADDC  A, @R1
       MOV  @R1, A              ；乘积的高字节加入结果单元
       DEC  R0                  ；调整被乘数指针
       DJNZ  R2, MUL168
       RET
```

6. 双字节二进制无符号数乘法程序

设 N_H 为被乘数的高字节，N_L 为被乘数的低字节，M_H 为乘数的高字节，M_L 为乘数的低字节，它们相乘的关系可以表示为：

$$(N_H \times 2^8 + N_L) \times (M_H \times 2^8 + M_L) = (N_H \times 2^8 + N_L) \times M_H \times 2^8 + (N_H \times 2^8 + N_L) \times M_L$$

可见，双字节之间的乘法运算可化为乘数的高、低字节分别与被乘数相乘，即完成两次多字节与单字节无符号数乘法运算，再将两次的乘积错位 1 字节相加即可得到最终 4 字节的结果。而多字节与单字节无符号数乘法运算自身就是靠一个循环结构实现的，因此双字节二进制无符号数乘法程序应该组织成两重循环结构。

子程序名：MUL16。

入口条件：被乘数 N 存放在 NUNIT 开始的连续 2 个单元中，乘数 M 存放在

MUNIT 开始的连续 2 个单元中。

出口状态：乘积存放在 RESULT 开始的连续 4 个单元中。

影响资源：PSW、A、B、R1、R2、R3、R4、R5。

堆栈需求：2 字节。

```
MUL16: MOV   R3, #2              ; 外循环次数计数器初始
       MOV   R4, NUNIT+1         ; N_L 保存到 R4 中
       MOV   R1, #RESULT
       MOV   R5, #4
BACK1: MOV   @R1, #0
       INC   R1
       DJNZ  R5, BACK1           ; 4 个结果单元清 0
       DEC   R1                  ; 将 R1 指向乘积最低字节单元
BACK2: MOV   R5, MUNIT+1         ; M_L 保存到 R5 中
       MOV   R2, #2              ; 内循环次数计数器初始化
BACK3: MOV   A, R4
       MOV   B, R5
       MUL   AB
       ADD   A, @R1
       MOV   @R1, A              ; 将乘积低半部分累加到结果单元
       DEC   R1
       MOV   A, B
       ADDC  A, @R1
       MOV   @R1, A              ; 将乘积高半部分累加到结果单元
       JNC   BACK4
       DEC   R1
       MOV   A, @R1
       ADDC  A, #0
       MOV   @R1, A              ; 将进位位 CY 累加到结果单元
       INC   R1                  ; 将 R1 移动到下一次累加结果的位置
BACK4: MOV   R5, MUNIT           ; M_H 保存到 R5 中
       DJNZ  R2, BACK3           ; 内循环是否结束的判断
       INC   R1
       MOV   R4, NUNIT           ; N_H 保存到 R4 中
       DJNZ  R3, BACK2           ; 外循环是否结束的判断
       RET
```

如果程序中的 MUNIT 与 NUNIT 重合，则变为求双字节二进制无符号数平方的程序。

7. 取绝对值程序

下面的子程序可以求多字节带符号数的绝对值。

子程序名：ABS2。

入口条件：R1 指向待处理数据最高字节单元，R2 中保存待处理数据的字节数。

出口状态：F0 标志位中保留原数的符号(0 正，1 负)，R1 指向绝对值的最高字节单元。

影响资源：PSW、A。

堆栈需求：2字节。

```
ABS2:   MOV   A, @R1              ; 判断数据的符号
        JNB   ACC.7, BACK2        ; 为正,不必处理
        CPL   F0                  ; 为负,符号标志置1
        MOV   A, R2
        ADD   A, R1
        DEC   A
        MOV   R1, A               ; 将R1指向待处理数据的最低字节单元
        MOV   A, @R1
        CPL   A
        ADD   A, #1
        MOV   @R1, A
BACK1:  DEC   R1                  ; R1指向新的字节单元
        MOV   A, @R1
        CPL   A
        ADDC  A, #0
        MOV   @R1, A
        DJNZ  R2, BACK1
BACK2:  RET
```

8. 双字节二进制带符号数乘法程序

子程序名：MULD16。

入口条件：被乘数 N 存放在 NUNIT 开始的连续 2 个单元中，乘数 M 存放在 MUNIT 开始的连续 2 个单元中。

出口状态：乘积存放在 RESULT 开始的连续 4 个单元中。

影响资源：PSW、A、B、R1、R2、R3、R4、R5。

堆栈需求：4字节。

```
MULD16:  MOV   R1, #NUNIT
         MOV   R2, 2
         CLR   F0                 ; 结果符号标志清0
         LCALL  ABS2              ; 求被乘数的绝对值
         MOV   R1, #MUNIT
         MOV   R2, 2
         LCALL  ABS2              ; 求乘数的绝对值
         LCALL  MUL16             ; 求乘积
         MOV   C, F0
         JNC   BACK2              ; 判断结果的符号,为正则不处理
         MOV   A, #RESULT
         MOV   R2, #4
         ADD   A, R2
         DEC   A
         MOV   R1, A              ; 将R1指向结果的最低字节单元
         MOV   A, @R1
```

```
        CPL   A
        ADD   A, #1
        MOV   @R1, A
BACK1:  DEC   R1                    ; R1 指向新的字节单元
        MOV   A, @R1
        CPL   A
        ADDC  A, #0
        MOV   @R1, A
        DJNZ  R2, BACK1             ; 求结果的二进制补码
BACK2:  RET
```

9. 16 位二进制数除以 8 位二进制数程序

8 位二进制数的除法运算可以直接用除法指令完成，多字节的除法运算则需要采用“左移相减”的方法。

子程序名：DIV168。

入口条件：被除数高字节保存在 R5 中，被除数低字节保存在 R6 中，除数保存在 R4 中。

出口状态：商在 R5、R6 中，余数在 R3 中。

影响资源：PSW、A、R3、R5、R6。

堆栈需求：2 字节。

```
DIV168: MOV   A, R4
        JNZ   BACK1                 ; 除数非 0 则执行除法程序
        SETB  PSW.2                 ; 否则将 OV 标志置 1
        RET
BACK1:  MOV   R2, #10H              ; 操作次数初始化
        MOV   R3, #0                ; 余数寄存器清 0
BACK2:  CLR   C
        MOV   A, R6
        RLC   A
        MOV   R6, A
        MOV   A, R5
        RLC   A
        MOV   R5, A                 ; 被除数左移 1 位
        MOV   A, R3
        RLC   A
        MOV   R3, A                 ; 被除数当前最高位移入余数寄存器并试商 0
        CLR   C
        SUBB  A, R4
        JC    BACK3                 ; 不够减则转 BACK3
        MOV   R3, A                 ; 够减则将差值送余数寄存器
        INC   R6                    ; 商 1
BACK3:  DJNZ  R2, BACK2             ; 16 位处理完，转 BACK2
        RET
```

3.4.2 数制变换子程序

1. ASCII 码转换为十六进制数程序

子程序名：ASCH。
入口条件：待转换的 ASCII 码(30H～39H 或 41H～46H)在 A 中。
出口状态：转换后的十六进制数(00H～0FH)在累加器 A 中。
影响资源：PSW、A。
堆栈需求：2 字节。

```
ASCH:   CLR   C
        SUBB  A, #30H
        JNB   ACC.4, BACK1
        SUBB  A, #7
BACK1:  RET
```

2. 8 位二进制数转换为双字节 ASCII 码程序

子程序名：HASC。
入口条件：待转换的 8 位二进制数在累加器 A 中。
出口状态：高 4 位的 ASCII 码在 A 中，低 4 位的 ASCII 码在 B 中。
影响资源：PSW、A、B。
堆栈需求：4 字节。

```
HASC:   MOV   B, A                ; 用寄存器 B 暂存待转换的单字节二进制数
        LCALL  HASC1              ; 转换低 4 位
        XCH   A, B                ; 存放低 4 位的 ASCII 码在 B 中
        SWAP   A                  ; 准备转换高 4 位
HASC1:  ANL   A, #0FH             ; 将累加器的低 4 位转换成 ASCII 码
        ADD   A, #90H
        DA   A
        ADDC  A, #40H
        DA   A
        RET
```

3. 8 位二进制整数转换为 3 位 BCD 码整数程序

如果把 8 位二进制数各位的值分别记为 d_7、d_6、…、d_1、d_0，对应的十进制数计算方法是：

$$D = d_7 \times 2^7 + d_6 \times 2^6 + \cdots + d_1 \times 2^1 + d_0$$

可以通过循环结构程序实现这一过程。循环次数等于二进制数的位数，循环体完成如下的递推算式：

$$d_m \times 2 + d_i$$

这里乘 2 运算应该是十进制的，可以用 $d_m + d_m$ 完成；d_i 可以通过左移二进制数实现并在 CY 中获得。

子程序名：B8BCD1。

入口条件：8 位二进制数在寄存器 R3 中。

出口状态：BCD 码整数在 R4、R5 中，R5 中是低 2 位 BCD 数。

影响资源：PSW、A、R3、R4、R5。

堆栈需求：2 字节。

```
B8BCD1:MOV   R2, #8              ；循环次数计数器初始化
       MOV   R4, #0
       MOV   R5, #0              ；结果单元清 0
BACK1: MOV   A, R3
       RLC   A                   ；待转换数左移 1 位
       MOV   R3, A
       MOV   A, R5
       ADDC  A, R5
       DA    A
       MOV   R5, A
       MOV   A, R4
       ADDC  A, R4
       DA    A
       MOV   R4, A               ；结果单元内容带进位自身相加
       DJNZ  R2, BACK1
       RET
```

上述功能可以用另外一种方法实现。

子程序名：B8BCD2。

入口条件：8 位二进制数在寄存器 R3 中。

出口状态：BCD 码整数在 R4、R5 中，R5 中是低 2 位 BCD 数。

影响资源：PSW、A、B、R3、R4、R5。

堆栈需求：2 字节。

```
B8BCD2:MOV   B, #100             ；分离出百位，存放在 R4 中
       MOV   A, R3
       DIV   AB
       MOV   R4, A
       MOV   A, #10              ；余数继续分离十位和个位
       XCH   A, B
       DIV   AB
       SWAP  A
       ORL   A, B                ；将十位和个位拼装成 BCD 码
       MOV   R5, A
       RET
```

4. 多字节二进制整数转换成BCD码整数程序

子程序名：BBCD。

入口条件：二进制整数存放在BUNIT开始的连续单元中，R6中存放二进制整数的字节数，R7中存放BCD整数的字节数。

出口状态：BCD整数存放在BCDUNIT开始的连续单元中。

影响资源：PSW、A、R3、R6、R7。

堆栈需求：2字节。

```
BBCD:  MOV   A, R6
       MOV   B, #8
       MUL   AB
       MOV   R2, A               ; 计算二进制整数的位数,即移位次数
       MOV   R0, #BCDUNIT
       MOV   R3, R7
       CLR   A
BACK1: MOV   @R0, A
       INC   R0
       DJNZ  R3, BACK1           ; 结果单元清0
BACK2: MOV   A, #BUNIT
       ADD   A, R6
       DEC   A
       MOV   R0, A               ; 将R0指向二进制整数的最低字节单元
       MOV   R3, R6
BACK3: MOV   A, @R0
       RLC   A
       MOV   @R0, A
       DEC   R0
       DJNZ  R3, BACK3           ; 将二进制整数整体左移1位
       MOV   R3, R7
       MOV   A, #BCDUNIT
       ADD   A, R7
       DEC   A
       MOV   R0, A               ; 将R0指向BCD整数的最低字节单元
BACK4: MOV   A, @R0
       ADDC  A, @R0
       DA    A
       MOV   @R0, A
       DEC   R0
       DJNZ  R3, BACK4           ; 结果单元内容带进位自身相加
       DJNZ  R2, BACK2
       RET
```

5. 16位二进制小数转换为十进制小数程序

根据二进制小数“乘10取整”的方法实现转换。设转换结果为6位BCD数。

子程序名：PBBCD。
入口条件：16 位二进制小数的高字节保存在 HUNIT 中，低字节保存在 LUNIT 中。
出口状态：6 位 BCD 数保存在 RESULT 开始的连续 6 字节单元中。
影响资源：PSW、A、B、R0、R2。
堆栈需求：2 字节。

```
PBBCD: MOV   R0, #RESULT          ; R0 指向结果的首单元
       MOV   R2, #6               ; 乘 10 取整的次数
BACK1: MOV   A, LUNIT
       MOV   B, #0AH
       MUL   AB                   ; 二进制小数的低字节乘 10
       MOV   LUNIT, A             ; 乘积的低半部分保存
       MOV   A, HUNIT
       MOV   HUNIT, B
       MOV   B, #0AH
       MUL   AB                   ; 二进制小数的高字节乘 10
       ADD   A, HUNIT             ; 乘积错开 1 字节相加
       MOV   HUNIT, A
       MOV   A, B
       ADDC  A, #0                ; 取得本次整数部分
       MOV   @R0, A
       INC   R0                   ; R0 指向下一个单元
       DJNZ  R2, BACK1
       RET
```

6. 2 位 BCD 码整数转换为单字节二进制整数程序

子程序名：BCD2B。
入口条件：待转换的 2 位 BCD 码整数在累加器 A 中。
出口状态：转换后的单字节二进制整数在累加器 A 中。
影响资源：PSW、A、B、R1。
堆栈需求：2 字节。

```
BCD2B: MOV   B, #10H              ; 分离 BCD 整数的十位和个位
       DIV   AB
       MOV   R1, B                ; 暂存个位
       MOV   B, #10               ; 将十位转换成二进制
       MUL   AB
       ADD   A, R1                ; 按二进制加上个位
       RET
```

7. 4 位 BCD 码整数转换为双字节二进制整数程序

如果把 4 位 BCD 整数各位的值分别记为 d_3、d_2、d_1、d_0，对应的权展开式为：

$$D = d_3 \times 10^3 + d_2 \times 10^2 + d_1 \times 10^1 + d_0$$

可以通过循环结构程序实现这一过程。循环次数等于BCD码的位数,循环体完成如下的递推算式:

$$d_m \times 10 + d_i$$

应事先将BCD码数拆字分离成4个数位值送入缓冲区待用,设该缓冲区末单元的地址标号为BUF,二进制整数的末单元标号为BINUNIT。

子程序名:BCD4B。

入口条件:待转换的4位BCD码整数在BUF缓冲区的前2个单元。

出口状态:二进制整数在BINUNIT−1和BINUNIT单元中。

影响资源:PSW、A、B。

堆栈需求:4字节。

```
BCD4B: MOV  R0, #BUF               ; R0指向缓冲区末单元
       MOV  R1, #BUF-2             ; R1指向BCD码数的低2位
       MOV  R2, #2
BACK1: MOV  A, @R1
       MOV  B, #10H
       DIV  AB
       MOV  @R0, B
       DEC  R0
       MOV  @R0, A                 ; 将BCD码拆字后保存到BUF缓冲区
       DEC  R0
       DEC  R1
       DJNZ  R2, BACK1
       INC  R0                     ; R0指向BUF缓冲区最低地址单元
       MOV  BINUNIT, #0
       MOV  BINUNIT-1, #0          ; 结果单元清0
       MOV  R2, #4                 ; 根据递推式计算4次
BACK2: MOV  A, BINUNIT
       MOV  B, #0AH
       MUL  AB
       MOV  BINUNIT, A
       MOV  A, BINUNIT-1
       MOV  BINUNIT-1, B
       MOV  B, #0AH
       MUL  AB
       ADD  A, BINUNIT-1
       MOV  BINUNIT-1, A           ; 结果单元乘10
       MOV  A, @R0
       ADD  A, BINUNIT
       MOV  BINUNIT, A
       MOV  A, BINUNIT-1
       ADDC  A, #0
       MOV  BINUNIT-1, A           ; 结果单元加di
       INC  R0                     ; R0指向下一个BCD数值
       DJNZ  R2, BACK2
       RET
```

8. 2 位 BCD 码小数转换为单字节二进制小数程序

转换方法是乘 2 取整，即将 BCD 码小数不断乘 2，产生的整数是对应的 1 个二进制小数的数位值。BCD 码小数乘 2 可化为自身相加，产生的进位值即为乘 2 后的整数，将每次乘 2 后产生的整数左移入结果单元即可。乘 2 取整的次数是转换成的二进制小数的位数，它应为 8 的整倍数。

子程序名：PBCD2B。

入口条件：待转换的 2 位 BCD 码小数在累加器 A 中。

出口状态：转换后的单字节二进制小数在累加器 A 中。

影响资源：PSW、A、R2、R3。

堆栈需求：2 字节。

```
PBCD2B:MOV   R2, #8                     ; 准备计算 1 字节小数
       MOV   R3, #0
BACK1: ADD   A, ACC                     ; 按十进制乘 2
       DA   A
       XCH   A, R3                      ; 将本次乘 2 后的小数部分与 R3 的内容进行交换
       RLC   A                          ; 将进位标志(整数部分)移入结果中
       XCH   A, R3
       DJNZ  R2, BACK1                  ; 共计算 8 位小数
       ADD   A, #0B0H                   ; 剩余部分达到 0.50 否?
       JNC   BACK2                      ; 四舍
       INC   R3                         ; 五入
BACK2: MOV   A, R3                      ; 结果保存到 A 中
       RET
```

3.4.3 数据处理子程序

1. 求单字节二进制无符号数据块的极值

子程序名：MAXMIN1。

入口条件：数据块的首地址在 DPTR 中，数据个数在 R1 中。

出口状态：最大值在 R6 中，地址在 R2 和 R3 中；最小值在 R7 中，地址在 R4 和 R5 中。

影响资源：PSW、A、B、R1～R7。

堆栈需求：4 字节。

```
MAXMIN1: MOVX  A, @DPTR                 ; 读取第一个数据
         MOV   R6, A                    ; 给最大值初始化
         MOV   R7, A                    ; 给最小值初始化
         MOV   A, DPL                   ; 取第一个数据的低 8 位地址
         MOV   R3, A                    ; 给最大值存放地址初始化
         MOV   R5, A                    ; 给最小值存放地址初始化
```

```
          MOV   A, DPH              ; 取第一个数据的高 8 位地址
          MOV   R2, A
          MOV   R4, A
          MOV   A, R1               ; 取数据个数
          DEC   A                   ; 减 1,得到需要比较的次数
          JZ    BACK4               ; 只有 1 个数据,不需要比较
          MOV   R1, A               ; 保存比较次数
          PUSH  DPL                 ; 保护数据块的首址
          PUSH  DPH
BACK1:    INC   DPTR                ; 指向一个新的数据
          MOVX  A, @DPTR            ; 读取这个数据
          MOV   B, A                ; 保存
          CLR   C
          SUBB  A, R6               ; 与最大值比较
          JC    BACK2               ; 不超过当前最大值,保持当前最大值
          MOV   R6, B               ; 超过当前最大值,更新最大值单元内容
          MOV   R2, DPH             ; 同时更新最大值存放地址
          MOV   R3, DPL
          SJMP  BACK3
BACK2:    MOV   A, B                ; 与最小值比较
          CLR   C
          SUBB  A, R7               ; 与最小值比较
          JNC   BACK3               ; 大于或等于当前最小值,保持当前最小值
          MOV   R7, B               ; 更新最小值
          MOV   R4, DPH             ; 更新最小值存放地址
          MOV   R5, DPL
BACK3:    DJNZ  R1, BACK1           ; 处理完全部数据
          POP   DPH                 ; 恢复数据首址
          POP   DPL
BACK4:    RET
```

2. 求单字节二进制带符号数据块的极值

子程序名：MAXMIN2。

入口条件：数据块的首地址在 DPTR 中,数据个数在 R1 中。

出口状态：最大值在 R6 中,地址在 R2 和 R3 中；最小值在 R7 中,地址在 R4 和 R5 中。

影响资源：PSW、A、B、R1～R7。

堆栈需求：4 字节。

```
MAXMIN2:  MOVX  A, @DPTR            ; 读取第一个数据
          MOV   R6, A               ; 给最大值初始化
          MOV   R7, A               ; 给最小值初始化
          MOV   A, DPL              ; 取第一个数据的低 8 位地址
          MOV   R3, A               ; 给最大值存放地址初始化
          MOV   R5, A               ; 给最小值存放地址初始化
          MOV   A, DPH              ; 取第一个数据的高 8 位地址
```

```
        MOV  R2, A
        MOV  R4, A
        MOV  A, R1              ; 取数据个数
        DEC  A                  ; 减 1,得到需要比较的次数
        JZ  BACK6               ; 只有 1 个数据,不需要比较
        MOV  R1, A              ; 保存比较次数
        PUSH  DPL               ; 保护数据块的首地址
        PUSH  DPH
BACK1:  INC  DPTR               ; 调整数据指针指向下一个数据
        MOVX  A, @DPTR          ; 读取一个数据
        MOV  B, A               ; 暂存到 B 中
        CLR  C
        SUBB  A, R6             ; 与最大值比较
        JZ  BACK3               ; 相同,不更新最大值
        JNB  OV, BACK2          ; 差未溢出,符号位有效
        CPL  ACC.7              ; 差溢出,符号位取反
BACK2:  JB  ACC.7, BACK3        ; 差为负,不更新最大值
        MOV  R6, B              ; 更新最大值
        MOV  R2, DPH            ; 更新最大值存放地址
        MOV  R3, DPL
        SJMP  BACK1
BACK3:  MOV  A, B
        CLR  C
        SUBB  A, R7             ; 与最小值比较
        JZ  BACK5               ; 相同,不更新最小值
        JNB  OV, BACK4          ; 差未溢出,符号位有效
        CPL  ACC.7              ; 差溢出,符号位取反
BACK4:  JNB  ACC.7, BACK5       ; 差为正,不更新最小值
        MOV  R7, B              ; 更新最小值
        MOV  R4, DPH            ; 更新最小值存放地址
        MOV  R5, DPL
BACK5:  DJNZ  R1, BACK1         ; 处理完全部数据
        POP  DPH                ; 恢复数据首址
        POP  DPL
BACK6:  RET
```

3. 顺序查找单字节表格

子程序名：FBT。

入口条件：待查找的内容在 A 中，表格首地址在 DPTR 中，表格的字节数在 R7 中。

出口状态：OV＝0 时，顺序号在累加器 A 中；OV＝1 时，未找到。

影响资源：PSW、A、B、R2、R6。

堆栈需求：2 字节。

```
FBT:  MOV  B, A             ; 保存待查找的内容
      MOV  R2, #0           ; 顺序号初始化(指向表首)
```

```
        MOV   A, R7                 ; 保存表格的长度
        MOV   R6, A
BACK1:  MOV   A, R2                 ; 按顺序号读取表格内容
        MOVC  A, @A+DPTR
        CJNE  A, B, BACK2           ; 与待查找的内容比较
        CLR   OV                    ; 相同,查找成功
        MOV   A, R2                 ; 取对应的顺序号
        RET
BACK2:  INC   R2                    ; 指向表格中的下一个内容
        DJNZ  R6, BACK1             ; 查完全部表格内容
        SETB  OV                    ; 未查找到,失败
        RET
```

4. 顺序查找多字节表格

子程序名：FMT。

入口条件：R1 指向待查找内容的高字节单元，每个数据的字节数在 R3 中，表格首地址在 DPTR 中，数据个数在 R7 中。

出口状态：OV=0 时，顺序号在累加器 A 中，地址在 DPTR 中；OV=1 时未找到。

影响资源：PSW、A、R2、R6、DPTR。

堆栈需求：2 字节。

```
FMT:    MOV   A, R7                 ; 保存表格中数据的个数
        MOV   R6, A
        MOV   A, R3
        MOV   R4, A
        MOV   R2, #0                ; 顺序号初始化(指向表首)
BACK1:  CLR   A                     ; 读取表格内容的高字节
BACK2:  MOVC  A, @A+DPTR
        XRL   A, @R1                ; 与待查找内容的对应字节比较
        JNZ   BACK3
        ADD   A, #1                 ; 读取表格内容的低字节
        INC   R1
        DJNZ  R4, BACK2
        CLR   OV                    ; 相同,查找成功
        MOV   A, R2                 ; 取对应的顺序号
        RET
BACK3:  MOV   A, DPL
        ADD   A, R3
        MOV   DPL, A
        MOV   A, DPH
        ADDC  A, #0
        MOV   DPH, A                ; 指向下一个数据
        INC   R2                    ; 顺序号加 1
        DJNZ  R6, BACK1             ; 查完全部数据
        SETB  OV                    ; 未查找到,失败
        RET
```

5. 对分查找单字节无符号增序数据表格

子程序名：BFBT。

入口条件：待查找的内容在累加器 A 中，表格首地址在 DPTR 中，字节数在 R7 中。

出口状态：OV=0 时，顺序号在累加器 A 中；OV=1 时，未找到。

影响资源：PSW、A、B、R2、R3、R4。

堆栈需求：2 字节。

```
BFBT:  MOV  B, A                ; 保存待查找的内容
       MOV  R2, #0              ; 区间低端指针初始化(指向第一个数据)
       MOV  A, R7
       DEC  A
       MOV  R3, A               ; 区间高端指针初始化(指向最后一个数据)
BACK1: CLR  C                   ; 判断区间大小
       MOV  A, R3
       SUBB  A, R2
       JC  BACK4                ; 区间消失,查找失败
       RRC  A                   ; 取区间大小的一半
       ADD  A, R2               ; 加上区间的低端
       MOV  R4, A               ; 得到区间的中心
       MOVC  A, @A+DPTR         ; 读取该点的内容
       CJNE  A, B, BACK2        ; 与待查找的内容比较
       CLR  OV                  ; 相同,查找成功
       MOV  A, R4               ; 取顺序号
       RET
BACK2: JC  BACK3                ; 该点的内容比待查找的内容小否?
       MOV  A, R4               ; 偏大,取该点位置
       DEC  A                   ; 减 1
       MOV  R3, A               ; 作为新的区间高端
       SJMP  BACK1              ; 继续查找
BACK3: MOV  A, R4               ; 偏小,取该点位置
       INC  A                   ; 加 1
       MOV  R2, A               ; 作为新的区间低端
       SJMP  BACK1              ; 继续查找
BACK4: SETB OV                  ; 查找失败
       RET
```

6. 单字节无符号数据块排序(增序)

子程序名：SORT1。

入口条件：数据块的首地址在 R0 中，字节数在 R7 中。

出口状态：完成排序(增序)。

影响资源：PSW、A、R2～R6。

堆栈需求：2 字节。

```
SORT1: MOV   A, R7
       MOV   R5, A               ; 比较次数初始化
BACK1: CLR   F0                  ; 交换标志初始化
       MOV   A, R5               ; 取上遍比较次数
       DEC   A                   ; 本遍比上遍减少一次
       MOV   R5, A               ; 保存本遍次数
       MOV   R2, A               ; 复制到计数器中
       JZ    BACK4               ; 若为零,排序结束
       MOV   A, R0               ; 保存数据指针
       MOV   R6, A
BACK2: MOV   A, @R0              ; 读取一个数据
       MOV   R3, A
       INC   R0                  ; 指向下一个数据
       MOV   A, @R0              ; 再读取一个数据
       MOV   R4, A
       CLR   C
       SUBB  A, R3               ; 比较两个数据的大小
       JNC   BACK3               ; 顺序正确(增序或相同),不必交换
       SETB  F0                  ; 设立交换标志
       MOV   A, R3               ; 将两个数据交换位置
       MOV   @R0, A
       DEC   R0
       MOV   A, R4
       MOV   @R0, A
       INC   R0                  ; 指向下一个数据
BACK3: DJNZ  R2, BACK2           ; 完成本遍的比较次数
       MOV   A, R6               ; 恢复数据首址
       MOV   R0, A
       JB    F0, BACK1           ; 本遍若进行过交换,则需继续排序
BACK4: RET                       ; 排序结束
```

7. 求单字节数据块的(异或)校验和

子程序名：XR1。

入口条件：数据块的首址在 DPTR 中,数据的个数在 R6、R7 中。

出口信息：校验和在 A 中。

影响资源：PSW、A、B、R4～R7。

堆栈需求：2 字节。

```
XR1:   MOV R4, DPH               ; 保存数据块的首址
       MOV R5, DPL
       MOV A, R7                 ; 双字节计数器调整
       JZ XR10
       INC R6
XR10:  MOV B, #0                 ; 校验和初始化
XR11:  MOVX A, @DPTR             ; 读取一个数据
       XRL B, A                  ; 异或运算
```

```
        INC DPTR                  ; 指向下一个数据
        DJNZ R7, XR11             ; 双字节计数器减 1
        DJNZ R6, XR11
        MOV DPH, R4               ; 恢复数据首址
        MOV DPL, R5
        MOV A, B                  ; 取校验和
        RET
```

8. 双字节二进制无符号数开平方

子程序名：SQR2。

入口条件：被开方数在 R2、R3 中。

出口信息：平方根仍在 R2、R3 中，整数部分的位数为原数的一半，其余为小数。

影响资源：PSW、A、B、R2～R7。

堆栈需求：2 字节。

```
SQR2:   MOV A, R2
        ORL A, R3
        JNZ SH20
        RET                       ; 被开方数为零，不必运算
SH20:   MOV R7, #0                ; 左规次数初始化
        MOV A, R2
SH22:   ANL A, #0C0H              ; 被开方数高字节小于 40H 否?
        JNZ SQRH                  ; 不小于 40H，左规格化完成，转 1～13、四字节二进制
                                  ; 无符号数开平方的 SQRH
        CLR C                     ; 每左规一次，被开方数左移两位
        MOV A, R3
        RLC A
        MOV F0, C
        CLR C
        RLC A
        MOV R3, A
        MOV A, R2
        MOV ACC.7, C
        MOV C, F0
        RLC A
        RLC A
        MOV R2, A
        INC R7                    ; 左规次数加 1
        SJMP SH22                 ; 继续左规
```

3.4.4 其他子程序

1. 延时子程序

在微机测控系统中，常常需要设置一些准确的延时，可以采用硬件定时器和软

件的方法来实现延时。因为执行一条指令是需要时间的,执行的指令越多,需要的时间越长。因此常用循环结构程序,用控制执行指令的次数,来得到所需要的延时时间,这种延时方法称为软件延时。延时程序的功能相当于硬件定时器的功能,延时程序的延迟时间就是该程序的执行时间。如果在8031单片机系统中需要延时时间为1s,其晶振频率为12MHz,延时子程序DELAY采用双重循环结构,内循环完成1ms的延时,外循环把内循环当作循环体,重复多次,控制外循环次数,就能达到总的1s延时要求。

子程序名:DELAY。

入口条件:预先计算出延时需要的各个计数器的初始值。

影响资源:R1、R2、R3。

堆栈需求:2字节。

```
DELAY:   MOV   R3,#COUNT3   ;置第三层计数器R3初值为COUNT3
LP3:     MOV   R2,#COUNT2   ;置第二层计数器R2初值为COUNT2
                            ;本条指令的执行需要1个机器周期
LP2:     MOV   R1,#COUNT1   ;置第一层计数器R1初值为COUNT1
                            ;本条指令的执行需要1个机器周期
LP1:     DJNZ  R1,LP1       ;第一层循环计数并判断循环结束否?若未结束,则继续第
                            ;一层循环,本条指令的执行需要2个机器周期
         DJNZ  R2,LP2       ;第一层循环结束,则第二层循环计数并判断结束否?若未结束,
                            ;则继续第二层循环,本条指令的执行需要2个机器周期
         DJNZ  R3,LP3       ;第二层循环结束,则第三层循环计数并判断循环结束否?若未结
                            ;束,则继续第三层循环,本条指令的执行需要2个机器周期
         RET
```

延时时间的计算:根据单片机的主频确定每个机器周期的时长,查指令表确定指令的机器周期,计算循环延时程序执行总的机器周期数即可求出延时时长。程序延时时间可根据机器周期以及执行程序所占用的总的机器周期数进行计算,即:

延时时间=一个机器周期的时间×执行程序所用的总的机器周期数

8031单片机系统的晶振频率为12MHz,振荡周期 T 为 $1/12\mu s$,每个机器周期 M 为12个 T,即 $M=1\mu s$。

第一层循环时间为:

$$T_1=250\times 2\times 1=500\mu s(COUNT1=250)$$

第二层循环时间为:

$$T_2=250(T_1+3M)=250(500+3\times 1)=125750\mu s(COUNT2=250)$$

第三层循环时间为:

$$T_3=8(T_2+3M)=8(125750+3)=1006024\mu s\approx 1.006s(COUNT3=8)$$

2. 中值滤波子程序

所谓中值滤波就是对某一参数连续采样 n 次(n 一般取奇数),然后把 n 次的采样值从小到大或从大到小排列,再取中间值作为本次采样值。该算法的采样次数常

为 3 次或 5 次。对于变化很慢的参数，有时也可增加次数，如 15 次。对于变化较为剧烈的参数，此法不宜采用。现以采样 5 次为例。由 8 位 A/D 转换器输入的 5 次采样值分别存放在 SAMP 为首址的 RAM 单元区。采用"冒泡法"排序，则程序运行之后，将 5 个数据从小到大顺序排列，仍然存在原区域。

子程序名：MIDFILT。

入口条件：SAMP 开始的 5 个连续单元中存放采样值。

出口状态：A 中存放滤波后的结果。

影响资源：R0、R1、R2、R3。

堆栈需求：2 字节。

```
MIDFILT: MOV   R2, #04H        ; 5 个数需 4 轮外部循环比较
SORT1:   MOV   A, R2           ; 送每轮比较次数→R3
         MOV   R3, A
         MOV   R0, #SAMP       ; 采样数据首地址 R0
SORT2:   MOV   A, @R0          ; 取前一个数据
         INC   R0              ; 修改指针
         MOV   R1, A           ; 保存前数
         CLR   C
         SUBB  A, @R0          ; 比较前后两数
         MOV   A, R1           ; 恢复前数
         JC    DONE            ; 顺序则继续比较
         MOV   A, @R0          ; 逆序则交换
         DEC   R0
         XCH   A, @R0
         INC   R0
         MOV   @R0, A
DONE:    DJNZ  R3, SORT2       ; R3≠0,继续一轮内部比较循环
         DJNZ  R2, SORT1       ; R2≠0, 继续进行外部循环
         INC   R0              ; 指向中值所在 SAMP + 2 单元中
         MOV   A, @R0          ; 送中值→A
         RET
```

采用次数为 5 次以上时，排序就没有这么简单了，可采用几种常规的排序算法，如冒泡算法等。

中值滤波对于去掉由于偶然因素引起的波动或采样器不稳定而造成的脉动干扰比较有效。若变量变化比较缓慢，则采用中值滤波器效果比较好，但对快速变化过程的参数(如流量)则不宜采用。

3. 算术平均值滤波子程序

对于压力、流量、液位等信号，其特点是信号在某一数值附近作上下波动，即干扰是周期性的，在这种情况下仅采样一次显然不准确，可以采用算术平均值滤波方法减少对采样值的干扰。具体思路是：对某一被测参数在第 k 个采样时刻连续采样 n 次得到 n 个采样数据 $x_{ki}(i=1,2,\cdots,n)$，计算这 n 个数据的算术平均值作为本次滤波器的输出 y_k。公式如下：

$$y_k = \frac{1}{n}\sum_{i=1}^{n} x_{ki} \tag{3-1}$$

式中，y_k 为第 k 次滤波器的输出；x_{ki} 为第 i 个采样值；n 为采样次数。其中，n 值决定了信号平滑度和灵敏度。随着 n 的增大，平滑度提高，灵敏度降低。根据不同系统的具体情况和不同的采样周期选取 n，以便得到满意的滤波效果。通常 n 的工程经验值可以这样选取：流量测量 n 为 8～12，压力测量 n 为 4～8，液位测量 n 为 4～12，温度、成分等缓慢变化的信号 n 为 1～4。

算术平均值滤波在实现时，为了减少数据存储占用的空间，可以在得到一个采样值后直接按照式(3-1)同步进行计算。但对于某些应用场合，为了加快数据采样的速度，可先连续采样数据，把它们存放在存储器的缓冲区中，采样完 n 个数据后，再对这些数据进行计算。如果为方便求平均值，使用移位代替除法，n 可以取 2 的整数次幂。

算术平均值滤波对周期性干扰有良好的抑制作用，采用算术平均值滤波后，信噪比提高了 $\sqrt{n}$ 倍。但它对脉冲性干扰的抑制效果不够理想，不适用于脉冲性干扰比较严重的场合。

子程序名：AVFILT。

入口条件：待滤波的 N 个采样数据存放区域的首地址在 ADDPH 和 ADDPL 中。

出口状态：R5、R6 中存放滤波后的结果。

影响资源：R4、R5、R6、DPTR、A。

堆栈需求：2 字节。

```
AVFILT:   MOV    A, ADDPL
          MOV    DPL, A
          MOV    A, ADDPH
          MOV    DPH, A          ; 数据指针赋值
          CLR    A
          MOV    R5, A
          MOV    R6, A           ; 结果单元清零
          MOV    R4, N
AVFT1:    MOVX   A, @DPTR
          INC    DPTR
          ADD    A, R6
          MOV    R6, A
          JNC    AVFT2
          INC    R5              ; 对数据进行累加
AVFT2:    DJNZ   R4, AVFT1
          MOV    R4, N
          LCALL  DIV168          ; 求平均值
          RET
```

4. 限幅滤波子程序

工程实践表明，许多物理量的变化都需要一定的时间，相邻两次采样值之间的变化有一定的限度。程序判断滤波方法根据实践经验确定出相邻两次采样信号之

间可能出现的最大偏差 Δx，若超出此偏差值，则表明输入信号中带有干扰，应该去掉；若小于此偏差值，可接受本次采样信号。

当采样信号由于随机干扰，如大功率用电设备的启动或停止造成电流的尖峰干扰或误检测，以及变送器不稳定而引起了严重失真时，可采用程序判断滤波方法进行滤波。

程序判断滤波根据判断方法的不同，可分为限幅滤波和限速滤波两种。

限幅滤波的方法是：根据被控对象的实际情况确定一个采样周期中允许被测参数的最大变化量 Δx，如果前后两次采样信号的实际增量 $|x_k - x_{k-1}| \leqslant \Delta x$，则认为是正常的，否则认为是干扰造成的，此时，用上次的采样值代替本次采样值。公式如下：

$$y_k = \begin{cases} x_k, & |x_k - x_{k-1}| \leqslant \Delta x \\ x_{k-1}, & |x_k - x_{k-1}| > \Delta x \end{cases} \tag{3-2}$$

限幅滤波主要用于变化比较缓慢的被测参数，如温度、物理位置等被测参数的测量。

子程序名：JUGFILT。

入口条件：A 中存放待滤波的当前数据，SDAT 中存放上一次滤波后的结果，DELTY 是相邻两次采样数据允许的最大差值。

出口状态：A、SDAT 中存放本次滤波后的结果。

影响资源：B。

堆栈需求：2 字节。

```
JUGFILT:  MOV    B, A
          CLR    C
          SUBB   A, SDAT          ; 求本次采样数据与上一次滤波结果的差值
          JNC    JUGFT1
          CPL    A
          INC    A                ; 如果差值为负,求补
          CLR    C
JUGFT1:   SUBB   A, #DELTY        ; 与允许的最大差值比较
          JC     JUGFT2           ; 没有超过 DELTY,转 JUGFT2
          MOV    A, SDAT          ; 超过 DELTY,本次的采样数据不被采用,
                                  ; 继续用上一次的滤波结果作为本次的结果
          RET
JUGFT2:   MOV    A, B
          MOV    SDAT, A          ; 本次采样数据可以使用,保存到 SDAT 中
          RET
```

习题

3.1　什么是寻址方式？MCS-51 单片机有几种寻址方式？它们的寻址范围有什么不同？

3.2　MCS-51 单片机指令系统按功能可分为几类？

3.3 用于程序设计的语言分为哪几种？它们各有什么特点？

3.4 什么是汇编？什么是汇编语言？它有什么特点？

3.5 说明伪指令的作用。“伪”的含义是什么？

3.6 堆栈的功能是什么？它按照什么原则进行操作？栈顶地址如何指示？

3.7 “MOVC A,@DPTR”与“MOVX A,@DPTR”指令有什么不同？

3.8 片内 RAM 的 20H～2FH 单元中有 128 个可以单独进行操作的位，它们的位地址与 RAM 单元中的直接地址 00H～7FH 形式完全相同，如何在指令中区分出位寻址操作和直接寻址操作？

3.9 设计子程序时注意哪些问题？

3.10 访问 SFR，可使用哪些寻址方式？

3.11 在“MOVC A,@A+DPTR”和“MOVC A,@A+PC”中，分别使用了 DPTR 和 PC 存放基址，请问这两个基址在使用中有什么不同？

3.12 SJMP、AJMP 和 LJMP 指令在功能上有什么不同？

3.13 指出下列每条指令的寻址方式和功能。

(1) MOV A, ＃40H　　(2) MOV A, 40H

(3) MOV A, @R1　　(4) MOV A, R3

(5) MOV A, @A+PC　　(6) SJMP LOOP

3.14 下列程序段经汇编后，从 1000H 开始的各有关存储单元的内容将是什么？

```
ORG  1000H
TAB1  EQU  1234H
TAB2  EQU  3000H
DB   "MAIN"
DW    TAB1, TAB2, 70H
```

3.15 在 8051 的片内 RAM 中，已知(20H)＝30H，(30H)＝40H，(40H)＝50H，(50H)＝55H。分析下面各条指令，说明源操作数的寻址方式，分析按顺序执行各条指令后的结果。

```
MOV  A, 40H
MOV  R0, A
MOV  P1, ＃0F0H
MOV  @R0, 20H
MOV  50H, R0
MOV  A, @R0
MOV  P2, P1
```

3.16 “DA A”指令的作用是什么？怎样使用？

3.17 用查表法编写一子程序，将 R5 中的 BCD 码转换成 ASCII 码。

3.18 试写出能完成如下操作的指令或指令序列：

(1) 使 20H 单元中数的高两位变“0”，其余位不变。

(2) 使 20H 单元中数的高两位变“1”,其余位不变。

(3) 使 20H 单元中数的高两位变反,其余位不变。

(4) 使 20H 单元中数的所有位变反。

3.19 写出能完成下列数据传送的指令或指令序列:

(1) R1 中的内容传送到 R2。

(2) 片内 RAM 20H 单元内容送 30H 单元。

(3) 片外 RAM 20H 单元的内容送 R0。

(4) 片外 RAM 20H 单元内容送片内 RAM 20H 单元。

(5) 片外 RAM 2000H 单元内容送片内 RAM 20H 单元。

(6) 片外 ROM 2000H 单元内容送片内 RAM 20H 单元。

(7) 片外 RAM 4000H 单元中的内容与 5000H 单元中内容相交换。

3.20 设 5AH 单元中有一变量 x,请编写计算下述函数式的程序,结果存入 5BH 单元。

$$Y=\begin{cases}x+5, & x>0\\ x, & x=0\\ x-5, & x<0\end{cases}$$

3.21 设有两个 4 位 BCD 码,分别存放在片内 RAM 的 23H、22H 单元和 33H、32H 单元中,求它们的和,并送入 43H、42H 单元中(以上数据均为低位在低字节,高位在高字节)。

3.22 编程计算片内 RAM 区 30H～37H 8 个单元中数的算术平均值,结果存放在 3AH 单元中。

3.23 把内部 RAM 中起始地址为 DAT 的数据串传送到外部 RAM 以 BUF 为首地址的区域,直到发现“$”字符的 ASCII 码为止。设数据串的最大长度为 32 字节。

3.24 设有 100 个带符号数,连续存放在片外 RAM 以 1500H 为首地址的存储区中,试编程统计其中正数、负数、零的个数。

3.25 编程将内部数据存储器 20H～24H 单元中的 5 个压缩 BCD 码转换成对应的 ASCII 码存放在 25H 开始的区域中。

3.26 若 SP＝60H,标号 LABEL 所在的地址为 3456H。LCALL 指令的地址为 2000H,执行如下指令:

```
2000H     LCALL   LABEL
```

堆栈指针 SP 和堆栈内容发生了什么变化? PC 的值等于什么? 如果将指令 LCALL 直接换成 ACALL 是否可以? 如果换成 ACALL 指令,可调用的地址范围是什么?

3.27 判断下列指令的正误,并说明原因。

(1) MOV @R1, #80H

(2) INC DPTR

(3) CLR　R0

(4) ANL　R1, #0FH

(5) ADDC　A, C

(6) XOR　P1, #31H

(7) MOV　28H, @R2

(8) CPL　R5

(9) RLC　R0

(10) DJNZ @R1, 32H

3.28　设(59H)=50H,执行下列程序段后填空。

```
ORG     0100H
MOV     A, 59H
MOV     R0, A
MOV     A, #0FFH
MOV     @R0, A
MOV     A, #29H
MOV     51H, A
MOV     52H, #70H
INC     @R0
INC     51H
DEC     52H
PUSH    ACC
POP     20H
RR  A
RR  A
END
```

(50H) = (　　); (51H) = (　　); (A) = (　　); (52H) = (　　), (20H) = (　　)

3.29　阅读下列程序,注释并填写程序执行后的结果。

```
ORG      4000H
MOV 30H, #0FFH
MOV 31H, #00H
MOV 32H, #0FFH
MOV R0, #40H
MOV SP, #30H
MOV 50H, #32
MOV 51H, #20
PUSH     50H
PUSH     51H
POP      50H
POP      51H
INC      SP
INC      SP
MOV @R0, SP
END
```

(SP) = (　　); (30H) = (　　); (50H) = (　　); (51H) = (　　); (40H) = (　　)

3.30 阅读分析程序后填写表格中数据存储器单元的内容。

```
ORG     0100H
MOV     R7, #0BH
MOV     R0, #30H
MOV     A, #100
LOOP:   MOVX    @R0, A
INC     R0
DEC     A
DJNZ    R7, LOOP
END
```

3.31 已知程序执行前有 A=02H,SP=42H,(41H)=FFH,(42H)=FFH。下述程序执行后,求 A=(　　);SP=(　　);(41H)=(　　);(42H)=(　　);PC=(　　)。

```
POP     DPH
POP     DPL
MOV     DPTR, #3000H
RL      A
MOV     B, A
MOVC    A, @A+DPTR
PUSH    ACC
MOV     A, B
INC     A
MOVC    A, @A+DPTR
PUSH    ACC
RET
ORG     3000H
DB      10H, 80H, 30H, 80H, 50H, 80H
```

3.32 编写多字节无符号数减法程序。被减数存放在内部 RAM 20H 开始的 8 个单元中,减数存放在内部 RAM 30H 开始的 8 个单元,将差存放到外部 RAM 2000H 开始的 8 个单元中,借位存放到 OV 标志中。注意:所有数据均按照从低字节到高字节的顺序存放。

第4章 单片机的C语言编程

MCS-51 系列单片机支持 3 种高级语言，即 PL/M、C 和 BASIC，其中 C 语言使用较多。MCS-51 系列单片机使用的 C 语言称为 C51。C51 符合 ANSI C 标准，并在 ANSI C 的基础上，针对单片机的特性进行了一定的扩展。常用的 C51 编译器有 Keil C51、伟福（WAVE）等，本章使用 Keil 编译器，所有例题程序的设计都是基于 SST 公司的 SST89E554RC 芯片。

4.1 C51 的程序结构

C51 程序结构同 ANSI C 一样，必须有一个主函数 main()，从主函数 main()开始执行程序，但 C51 程序与一般 C 语言程序在结构上的不同之处是，默认情况下主函数是一个“死循环”结构，不停地循环执行，如例 4.1 所示。

例 4.1 C51 程序基本结构。

```
定义全局变量;                  //所有函数都可以使用
void main(){                   /* 定义主函数 */
     定义局部变量;              //只能在本函数范围内使用
bgn:
        ⋮
     goto bgn;
}
```

单片机上电复位时需对它的硬件环境进行初始化，这部分代码通常是用汇编语言编写的，称为启动代码（startup code）。利用 C51 编程时，启动代码主要完成以下操作：

① 将内部和外部数据存储区（即 RAM 区域）清零；

② 针对小模式（small model）、大模式（large model）和紧凑模式（compact model）3 种不同的存储模式，对可重入（reentrant）堆栈和可重入堆栈指针进行初始化；

③ 初始化单片机的硬件堆栈指针；

④ 初始化全局变量；

⑤ 跳转到 C 语言程序的主函数 main()。

Keil 编译器规定，汇编语言程序文件扩展名为.A51 或.asm，其他常用文件扩展名与 ANSI C 规范相同，C 语言文件扩展名为.c，头文件扩展名为.h，库文件扩展名为.lib。现以一个加法程序为例，简单介绍 Keil 编译器的使用方法。

例 4.2 利用 C51 编写出能实现 1024＋5341 加法运算的程序。

步骤 1：运行 Keil 编译器，创建一个新项目。

选择菜单 Project→New Project，弹出新建项目对话框。在此对话框中输入文件夹名以及项目名，保存后，编译器会弹出选择设备对话框，选择所使用的单片机型号。选型确定后，编译系统会弹出对话框，询问是否为当前项目复制标准启动代码。选择是，编译器生成项目，并自动向项目中添加标准启动代码文件 STARTUP.A51，如图 4.1 所示。

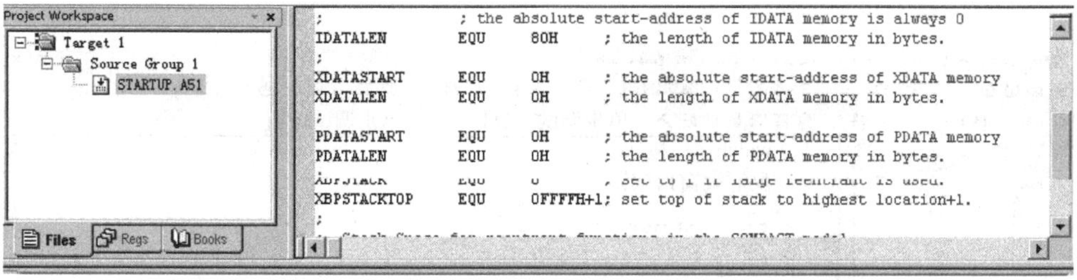

图 4.1 编译器生成的项目

步骤 2：新建主函数文件 main.c，并将该文件添加到项目中。

选择菜单 File→New，在文件中输入以下内容后，选择菜单 File→Save，将文件保存为 main.c。

```
void main(){
     unsigned int a,b,result;
bgn: a = 1024;
     b = 5341;
     result = a + b;
     goto bgn;
}
```

单击左键选中文件夹 Source Group1 后，单击右键，在弹出的快捷菜单中选择 Add Files to Group 'Source Group1'，选择 main.c 文件后，单击 Add 按钮，将文件添加到项目中。可以一次向项目添加多个文件，所有文件均添加完毕后，单击 Close 按钮，关闭对话框，如图 4.2 所示。

步骤 3：对项目文件进行编译链接。

步骤 4：调试。

编译链接后，可以选择菜单 Debug→Start/Stop Debug Session，或按下单步调试按钮进入调试环境。单步调试环境如图 4.3 所示，单步调试时，由单步调试工具栏中的按钮控制是否显示对应的调试窗口。存储器窗口地址栏中输入 D 显示内部数据

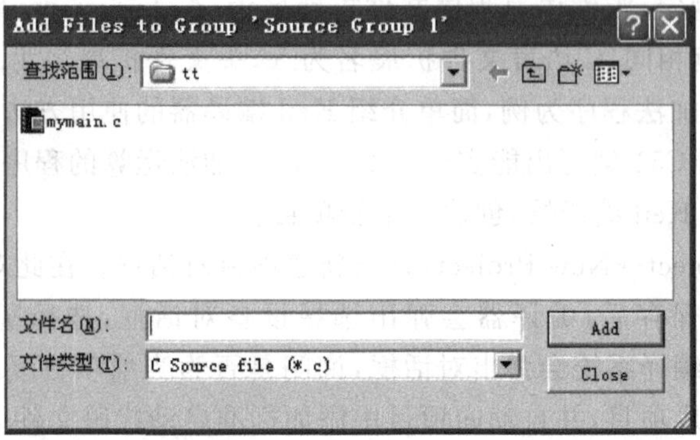

图 4.2　添加文件对话框

图 4.3　单步调试环境

存储区低 128 字节以及特殊功能寄存器的内容，输入 I 显示全部 256 字节的内部数据存储区的内容，输入 X 显示外部数据存储区的内容，输入 C 显示程序存储区的内容。例如输入 D:0 时，则存储器窗口显示内部数据存储区的内容，从地址 0x00 单元开始显示。

步骤 5：下载 HEX 文件，脱机运行。

程序调试无误后，将生成的 HEX 文件下载到单片机的程序存储器中，也称为"烧录"，下载后单片机就可以独立运行了。SST 公司提供 SSTEasyIAP11F 软件，可以直接通过串口将 HEX 程序下载到单片机的程序存储器中。不同公司的单片机，其下载程序和下载硬件电路都不尽相同，所以需要根据所使用的单片机来选择相应的烧录器。

4.2 C51 的数据类型及运算符

4.2.1 C51 的存储类型

如 2.2 节所述,MCS-51 系列单片机的存储空间划分为程序存储区和数据存储区,分别用于存放程序和数据。在定义变量时,需要说明变量的存储类型,将变量存放到指定的存储区中。如果定义变量时未说明其存储类型,则编译器会使用默认的存储类型,默认存储类型的确定与 4.2.2 小节所述的存储模式有关。

1. 程序存储区

如前所述,程序存储区中除存放程序代码外,还可存放程序中用到的一些常量。程序运行时,该存储区内容只能读,不能写。如某变量需存放在程序存储区中,定义时用存储类型标识符 code,程序运行过程中不可改变用 code 定义的变量的值。

2. 数据存储区

数据存储区为可读/写的存储区,主要用于存放数据。根据数据所在存储空间的不同,其定义的类型也不一样。

(1) 内部数据存储区

内部数据存储区分为 3 种存储类型:

① data 型。data 型的变量只能存放在片内数据存储区的低 128 字节中(地址为 00H～7FH),可直接访问,存取速度最快。

② idata 型。idata 型的变量可存放在整个 256 字节的片内数据存储区(地址为 00H～FFH),只能间接访问,存取速度比 data 型慢。

③ bdata 型。bdata 型的变量存放在可位寻址的内部数据存储区(地址为 20H～2FH)中,可以单独访问字节中的每一位,bdata 类型的变量必须定义为全局变量。

(2) 外部数据存储区

外部数据存储区只能间接访问,存取速度比内部数据存储区慢。外部数据存储区有两种不同的存储类型。

① xdata 型。xdata 类型的变量可存放在整个 64KB 的外部数据存储区中,存取速度最慢。

② pdata 型。pdata 类型的变量只能存放在外部数据存储区的当前页中(一页为 256 字节),存取速度比 xdata 型快。间接访问时只需说明变量地址的低 8 位(高 8 位通过 P2 端口输出)。

由于访问内部数据存储区比访问外部数据存储区快,所以通常把频繁使用的变量存放在内部数据存储区中,而把程序中不常用的变量存放在外部数据存储区中。存储类型及其特点见表 4.1。

表 4.1　C51 的存储类型

存储类型	所在存储区	访问方式	间接访问地址位数
code	程序存储区	间接	16
data	内部数据存储区的低 128 字节	直接或间接	8
idata	内部数据存储区(最大 256 字节)	间接	8
bdata	内部数据存储区可位寻址区域	直接或间接	8
xdata	片外数据存储区	间接	16
pdata	片外数据存储区的当前页	间接	8

4.2.2　C51 的存储模式

存储模式用于确定没有明确指定存储类型的变量的默认存储区。C51 有 3 种存储模式：小模式、紧凑模式和大模式。存储模式决定了定义变量时，默认情况下使用的存储区类型。小模式下默认的存储区类型为 data，紧凑模式下默认的存储区类型为 pdata，而大模式下默认的存储区类型为 xdata。

存储模式可在 Keil 集成环境下的对话框中设置，如图 4.4 所示，也可在程序开始处用指令 #pragma small、#pragma compact 或 #pragma large 说明后续程序所用的存储模式。

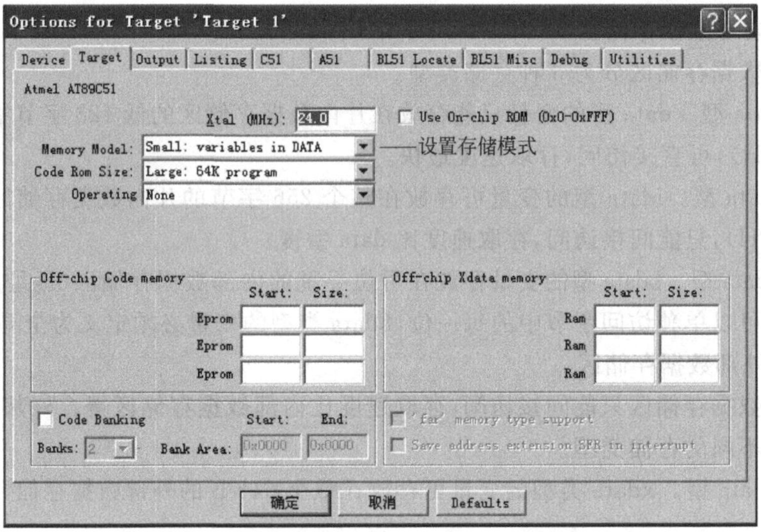

图 4.4　Keil 中设置存储模式

4.2.3　C51 的数据类型

C51 编译器兼容 ANSI C，支持 ANSI C 的基本数据类型，并针对 MCS-51 系列单片机的特点，对数据类型进行了扩展。

1. C51 支持的 ANSI C 数据类型

C51 支持的 ANSI C 的数据类型见表 4.2，可以定义这些类型的变量、常量和指针。存储变量时采用“大端”模式(big endian)，即先存放高字节，后存放低字节。定义常量时，常量声明标识符有 const 和 code 两种，code 声明的常量存储在程序存储区中，而 const 声明的常量存放在定义时说明的存储区中。可以通过变量名直接访问常量，也可以通过指针间接访问常量，定义指针时可以省略常量声明标识符。

表 4.2 C51 支持的 ANSI C 数据类型

数据类型	所占字节数	取值范围
signed char	1	−128～+127
unsigned char	1	0～255
signed int 或 signed short	2	−32768～+32767
unsigned int 或 unsigned short	2	0～65535
signed long	4	−2147483648～+2147483647
unsigned long	4	0～4294967295
float	4	±1.175494E−38～±3.402823E+38
enum	1 或 2	−32768～+32767

例 4.3 常量定义。

```
sfr P0 = 0x80;                                       //定义访问 I/O 口 P0 的变量 P0
unsigned char code HZ_0[ ] = {0x00,0x02,0x0F};       //存放在程序存储区中
const unsigned int data initval = 100;               //存放在 data 存储区中
unsigned char * phz = HZ_0;
P0 = initval;
```

2. C51 扩展的数据类型

MCS-51 系列单片机有一片特别的数据存储区，称为特殊功能寄存器(SFR)，用于控制片内的定时器/计数器、串口、并口、中断和 I/O 口等，SFR 的地址分散在地址空间 0x80～0xFF 中，C51 提供 sfr、sfr16 和 sbit 3 种数据类型访问 SFR。这 3 种类型的变量只能声明为全局变量，并且在定义时必须指定变量访问的 SFR 地址。此外，C51 可以定义 bit 类型的位变量单独访问 MCS-51 系列单片机内部数据存储区中可位寻址的 16 个字节单元中的某个位。

C51 扩展的数据类型见表 4.3。只能定义扩展数据类型的变量和常量，不能定义指针。

表 4.3 C51 扩展的数据类型

数据类型	所占位数/字节数	取值范围
sfr	1 字节	0～255
sfr16	2 字节	0～65535
sbit	1 位	0 或 1
bit	1 位	0 或 1

(1) sfr 类型

sfr 类型的变量可访问指定地址的 8 位特殊功能寄存器，地址范围为 0x80～0xFF。定义格式为：

sfr 变量名＝变量地址；

例 4.4 以下指令定义了变量 P0～P3，分别用于访问单片机内部 4 个并行 I/O 端口。

```
sfr P0 = 0x80;
sfr P1 = 0x90;
sfr P2 = 0xA0;
sfr P3 = 0xB0;
```

(2) sfr16 类型

sfr16 类型的变量可访问 16 位特殊功能寄存器。其定义格式为：

sfr16 变量名＝变量地址；

此处的变量地址为地址连续的 16 位特殊功能寄存器的低 8 位地址，其地址范围为 0x80～0xFF。

通过 sfr16 变量读 16 位特殊功能寄存器时，先读低字节，后读高字节；写特殊功能寄存器时，先写高字节，后写低字节。对于那些对写入顺序有具体要求的特殊功能寄存器，可通过 2 个 sfr 变量分别访问。

例 4.5 分别定义 sfr16 和 sfr 类型变量访问单片机内部定时器 2 的 16 位计数寄存器。

```
sfr16 T2 = 0xCC;     //用一个变量访问定时器 2 的 16 位计数寄存器, 0xCC 为低 8 位地址
sfr T2_L = 0xCC;     //访问计数寄存器的低 8 位
sfr T2_H = 0xCD;     //访问计数寄存器的高 8 位
```

(3) sbit 类型

sbit 类型的变量主要用于访问可位寻址的特殊功能寄存器中的某个位，其定义格式为：

```
sbit 变量名 = 位地址;                 //位地址> = 0x80
sbit 变量名 = SFR 地址^位序号;
sbit 变量名 = sfr 变量^位序号;         //位序号为 0～7
sbit 变量名 = sfr16 变量^位序号;       //低字节的位序号为 0～7,高字节的位序号为 8～15
```

此外 bdata 类型的变量也可以按位寻访，通过 sbit 变量可以访问 bdata 变量的指定位。由于 int 或 long 型的 bdata 变量按“大端”模式存放，因此位序号 0～7 为最高字节的 8 位，以此类推。

例 4.6 定义 sbit 类型的变量。

```
sfr P0 = 0x80;
sbit P0_0 = 0x80;                    //指定变量访问的位地址为 0x80
sbit P0_1 = P0^1;                    //指定变量访问 sfr 变量 P0 的 d1 位
```

```
sbit P0_2 = 0x80^2;                    //指定变量访问地址 0x80 单元的 d2 位
int bdata x = 0x9876;                  //位序号 d7～d0 位为 0x98, d15～d8 位为 0x76
sbit x0 = x^7;                         //位变量 x0 访问变量 x 的 d7 位,值为 1
```

为了方便用户，Keil 编译器提供部分型号单片机芯片的头文件，在目录 KEIL\C51\INC 下，如 PHILIPS 80C554 单片芯片的 SFR 头文件就是 KEIL\C51\INC\PHILIPS\REG554. H。只要在程序开始时用＃include 指令包含相应的头文件，就可以直接访问特殊功能寄存器。

(4) bit 类型

bit 类型定义位变量，定义位变量时可以为变量赋值，但不能指定变量的地址。由于可位寻址区间共有 128 个位，所以位变量总数不能超过 128 个。其定义格式为：

bit 变量名＝变量值；

例 4.7　定义 bit 类型变量。

```
bit red;
bit green = 1;
```

4.2.4　C51 的指针

C51 中可以定义 ANSI C 数据类型的指针，通过指针间接访问同类型的变量。但由于 C51 中定义变量时，除需定义数据类型外，还需说明存储类型，间接访问不同存储类型变量时所需的地址位数也不完全相同，因此 C51 具有两种类型的指针：可指向不同存储区变量的通用指针和指向固定存储区变量的指针。

1. 通用指针

通用指针可以指向任何存储类型的变量。指针占用 3 字节，第 1 字节说明指针所指变量的存储类型；第 2 字节为变量地址的高 8 位；第 3 字节为变量地址的低 8 位。通用指针可以指向数据存储区内的变量，也可指向存放在程序存储区内的常量。

例 4.8　定义通用指针。

```
void main(){
    unsigned char code HZ = 0x88;
    unsigned char data var_data = 0x12;
    unsigned char * ptr;               //通用指针 ptr, 指针存放在默认存储区中
    unsigned char *  idata iptr;       //通用指针 iptr, 指针存放在 idata 存储区中
    char idata myvar = 0x0A;
    ptr = &HZ;
    iptr = &var_data;
    myvar = myvar + * ptr;
    myvar = myvar + * iptr;
    return;
}
```

图4.5为例4.8程序执行前后,Keil的Watch窗口中显示的各个指针及变量的值。

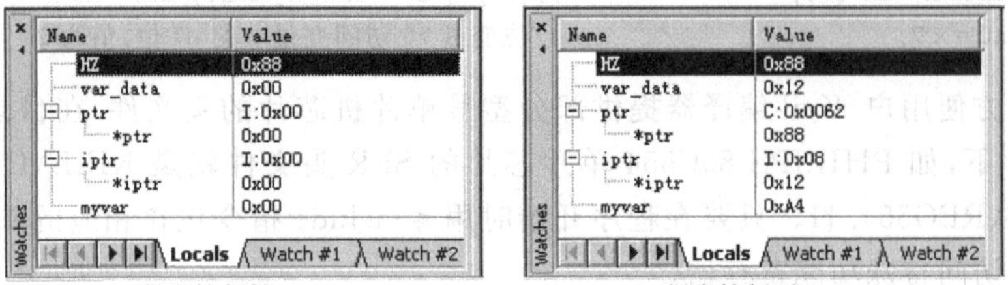

程序执行前　　程序执行后

图4.5　例4.8程序调试图

2. 指向固定存储区变量的指针

该指针只能指向固定存储区的变量。指针所占的字节数同所指变量的存储区类型有关。指向data、idata、bdata或pdata存储区变量的指针只占1字节,而指向code或xdata存储区变量的指针需要2字节。

例4.9　定义指向固定存储区变量的指针。

```
void main(){
    int code HZ = 0x0101;
    int idata var_data = 0x12;
    int code * ptr;             //指向code存储区的指针ptr,指针存放在默认存储区
    int idata * pdata iptr;//指向idata存储区的指针iptr,指针存放在pdata存储区
    int idata myvar = 0xFF;
    ptr = &HZ;
    iptr = &var_data;
    myvar = myvar + * ptr;
    myvar = myvar + * iptr;
    return;
}
```

图4.6为例4.9程序执行前后,Keil的Watch窗口中显示的各个指针及变量的值。

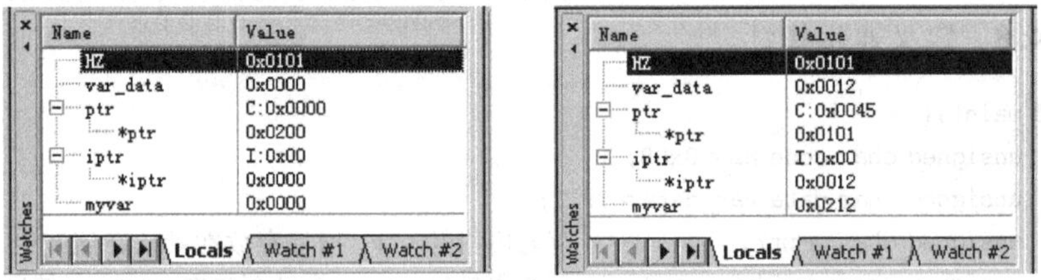

程序执行前　　程序执行后

图4.6　例4.9程序调试图

通用指针可以指向任何存储类型的变量,但指针本身需要占用3字节,并且由于运行前指针所指向的存储区未定,编译器不能优化存储区访问,因此通用指针的执行速度比指向固定存储类型的指针慢。如果考虑执行速度,应该尽可能用指向固定

存储区的指针，只有在存储类型不确定的情况下，才使用通用指针。

4.2.5　C51 对扩展外设的访问

MCS-51 系列单片机中，外部扩展 I/O 口与外部数据存储区采用统一编址方式，因此定义变量访问外部扩展 I/O 口地址时，应将变量的存储类型说明为 xdata 或 pdata，并且需要指定变量在存储区中的绝对地址。

定义变量时可以用_at_关键词指定变量的绝对地址，其格式为：

```
数据类型　存储类型　变量名　_at_ 绝对地址;
```

其中，存储类型可省略，省略时使用默认的存储类型。定义绝对地址的变量时，该变量必须为全局变量，并且不能对变量进行初始化。bit 类型变量不能用_at_关键词指定变量地址。

与汇编语言编译器不同的是，C51 编译器会对代码进行优化，下面以例 4.10 中的程序段为例，分析 C51 编译器的优化功能。

例 4.10　编译器的优化功能。

```
void main(){
 unsigned int var1 = 30, var2 = 40, result;
 begin:
     result = var1 + var2;
     result = var1 - var2;
     result = var1 * var2;
     goto begin;
}
```

由例 4.10 可看出：程序中的 3 条运算指令分别对变量 var1 和 var2 进行了加、减和乘法运算，程序的最后运行结果是乘法运算的结果，因此前两条加、减运算指令在程序中毫无意义，可省略。C51 编译器具有该优化功能。

例 4.10 经 C51 编译器编译后，单步调试时实际执行的程序如图 4.7 所示，程序窗口左边标记为深色的指令才会被执行。中间的加法和减法两条指令经编译器优化后，不会被执行，而直接执行乘法指令。

通常情况下，编译器的优化功能能够避免执行无效指令，提高程序的执行效率。当不希望编译器对相关变量进行优化时，可在定义这类变量时使用关键词 volatile。如果例 4.10 程序中的变量定义改为 volatile unsigned int var1＝30, var2＝40, result;，编译后程序会保留所有对 volatile 类型变量的读写指令，加法、减法和乘法 3 条指令均会被执行。

由于编译器的优化功能会省略“无效的”读写变量的指令，在访问外部硬件寄存器时，可能导致程序没有输入或输出正确的硬件状态，因此定义变量访问外部扩展 I/O 口时，必须用 volatile 关键词，确保编译器不会对该变量的访问进行优化。

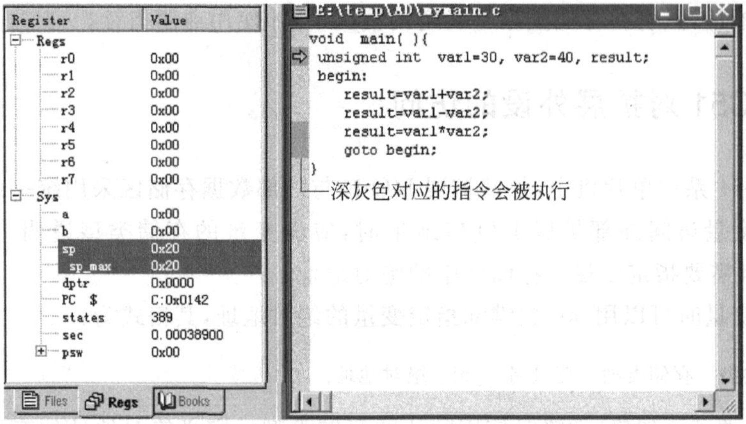

图4.7　例4.10程序单步调试图

例4.11　定义访问外部扩展I/O口的变量。

```
volatile unsigned char xdata IOPort8 _at_ 0xE000;   //定义变量 IOPort8,地址 0xE000
volatile unsigned int xdata IOPort16 _at_ 0xE004;   //定义变量 IOPort16,地址 0xE004
```

4.2.6　C51的运算符

C51的运算符按功能划分,可分为赋值运算符、算术运算符、关系运算符、逻辑运算符、位操作运算符以及特殊运算符。

1. 赋值运算符

赋值运算符"="用于给变量赋值。

例4.12　赋值运算符的使用。

```
var1 = 0xFF;                //变量 var1 赋值为十六进制数 FF
var2 = 100;                 //变量 var2 赋值为十进制数 100
var3 = fun();               //变量 var3 赋值为函数 fun 的返回值
```

2. 算术运算符

算术运算符有加(+)、减(-)、乘(*)、除(/)、取余(%)以及自加(++)和自减运算符(--),运算规则与ANSI C一致。

例4.13　算术运算符的使用。

```
void main(){
    unsigned int var1 = 27, var2 = 31, rlt0, rlt1;
bgn:
    var1++;                 //执行后 var1 = 28
    var2--;                 //执行后 var2 = 30
    rlt0 = var1 + var2;     //执行后 rlt0 = 58
    rlt0 = var2 - var1;     //执行后 rlt0 = 2
```

```
    rlt1 = var1 * var2;         //执行后 rlt1 = 840
    rlt1 = var1/var2;           //执行后 rlt1 = 0
    rlt1 = var1 % 10;           //执行后 rlt1 = 8
    goto bgn;
}
```

3. 关系运算符

关系运算符有等于(==)、不等于(!=)、大于(>)、大于或等于(>=)、小于(<)和小于或等于(<=)。若满足关系运算条件，则运算结果为逻辑真(即 1)；否则运算结果为逻辑假(即 0)。

例 4.14　关系运算符的使用。

```
void main(){
    unsigned char var1,var2;
    bit result;
bgn: var1 = 10;
    var2 = 23;
    result = (var1 == var2);            //执行后 result = 0
    result = (var1 != var2);            //执行后 result = 1
    result = (var1 > var2);             //执行后 result = 0
    result = (var1 >= var2);            //执行后 result = 0
    result = (var1 < var2);             //执行后 result = 1
    result = (var1 <= var2);            //执行后 result = 1
    goto bgn;
}
```

4. 逻辑运算符

逻辑运算符有逻辑与(&&)、逻辑或(||)和逻辑非(!)，逻辑运算的结果为逻辑真和逻辑假两种。参与逻辑运算的操作数可以是位变量，也可以是其他类型变量。其他类型变量参与逻辑运算时，只要值不为 0，即为逻辑真；值为 0 时为逻辑假。逻辑运算关系真值表见表 4.4。

表 4.4　逻辑运算关系真值表

	变量 A	变量 B	运算结果
逻辑与	真	真	真
	假	X	假
	X	假	假
逻辑或	真	X	真
	X	真	真
	假	假	假
逻辑非	真	—	假
	假	—	真

注：“X”表示任意值，“—”表示无意义

例 4.15 逻辑运算符的使用。

```
void main(){
    unsigned char var1,var2;
    bit result;
bgn: var1 = 10;
    var2 = 20;
    result =  var1 && var2;          //执行后 result = 1
    var1 =  0;
    result =  var1 && var2;          //执行后 result = 0
    result =  var1 || var2;          //执行后 result = 1
    result =  !var2;                 //执行后 result = 0
    goto bgn;
}
```

5. 位操作运算符

位运算符有按位与(&)、按位或(|)、按位异或(^)、按位取反(～)、按位左移(<<)和按位右移(>>)。

按位与、按位或以及按位异或运算均有两个操作数。运算时,对两个操作数对应的二进制位进行逻辑运算,并保存运算位结果。

按位左移和按位右移运算中有两个操作数,操作数 1 为被移动对象,操作数 2 为移动的次数,移出后的空位填 0。

例 4.16 位运算符的使用。

```
void main(){
    unsigned int var1,var2,result;
bgn: var1 = 0x5555;
    var2 = 0xAAAA;
    result = var1 & var2;            //执行后 result = 0x0000
    result = var1 | var2;            //执行后 result = 0xFFFF
    result = var1 ^ var2;            //执行后 result = 0xFFFF
    result = ~var1;                  //执行后 result = 0xAAAA
    var1 = 0x1234;
    var2 = 0x0002;
    result = var1 << 1;              //执行后 result = 0x2468
    result = var1 >> var2;           //执行后 result = 0x048D
    goto bgn;
}
```

6. 特殊运算符

(1) "?"运算符

"?"运算符有 3 个操作数,其格式为:

<表达式 1> ? 表达式 2 : 表达式 3

若表达式 1 的值为逻辑真，就返回表达式 2 的值，否则返回表达式 3 的值。

例 4.17 “?”运算符的使用。

```
void main(){
    unsigned short var1, var2, result;
bgn: var1 = 100;
    var2 = 200;
    result = var1 < var2?var1 : var2;   //执行后 result = 100
    goto bgn;
}
```

“?”运算符可实现 if-then-else 结构的功能，例如求两数中的大数，或求两数中的小数。

(2)“&”运算符和“*”运算符

“&”运算符只带 1 个操作数，返回操作数的地址，用于为指针变量赋值。

“*”运算符只带 1 个操作数，操作数为指针，所做的操作均是针对指针所指向的变量。

例 4.18 “&”和“*”运算符的使用。

```
unsigned short var1, var2, result, * spt;
void main(){
bgn: var1 = 300;
     var2 = 200;
     spt = &result;           //执行后 spt 指向变量 result
     * spt = var1 + var2;     //执行后 指针 spt 所指的变量(即 result)的值变为 500
     var2 = * spt;            //执行后 var2 = 500
     goto bgn;
}
```

4.3 C51 的函数

4.3.1 C51 函数的定义

C51 中函数的定义格式与 ANSI C 类似，增加了以下内容：

- 将函数定义为中断服务子程序；
- 选择函数所使用的寄存器体；
- 选择存储模式(memory model)；
- 说明函数是一个可重入函数。

函数定义格式为：

```
[返回值类型] 函数名([参数]) [存储模式] [reentrant] [interrupt n] [using n]
```

格式中[ ]中的内容为可省略的选项。如果函数没有返回值，返回值类型应该声明为 void，省略时默认返回值类型为 int。

存储模式：说明函数的存储模式，可以为small、compact 或 large，省略时使用程序设定的存储模式。

reentrant关键字：说明函数为可重入函数。

由于函数的局部变量、参数传递以及返回值传递都是通过固定的存储单元或寄存器进行的，所以不能有多个函数同时调用同一个函数。然而有些特殊的函数，如递归函数，需要被多次调用，此时就需要将函数定义为可重入函数。另外当中断函数和其他函数都调用了同一函数时，被调用的函数也必须定义为可重入函数。

可重入函数的局部变量、参数传递和返回值传递都是通过可重入堆栈实现，但调用函数时函数的返回地址依旧压入硬件堆栈。51单片机压栈时堆栈指针为增址，初始化时堆栈指针应该指向堆栈起始地址－1，如SP＝0x07，而可重入堆栈压栈时堆栈指针为减址，初始化时可重入堆栈指针应该为堆栈最大地址＋1，所以通常可重入堆栈指针为内部数据区最大地址＋1。可重入堆栈和可重入堆栈指针与函数的存储模式有关，因此需要修改启动代码中对应存储模式的可重入堆栈宏定义后，才可以使用可重入函数。

interrupt n：说明函数是中断类型号n的中断服务子程序。

C51编译器支持32个中断函数，中断类型号为0～31，对应的中断服务程序入口地址如表4.5所示。将函数定义为中断函数后，编译器会在对应的中断服务程序入口地址处，生成一条LJMP指令，直接跳转到中断函数。中断函数不能带参数，也不能定义函数返回值，并且程序不能直接调用中断函数。编译器会为中断函数添加保护现场的代码，进入函数时，压栈保护函数中使用了的ACC、B、DPTR和PSW寄存器的值，返回前弹栈恢复。

表4.5 中断服务程序入口地址表

中断类型号	0	1	2	3	4	5	6	7	…
中断服务程序入口地址	0003H	000BH	0013H	001BH	0023H	002BH	0033H	003BH	…

中断类型号	24	25	26	27	28	29	30	31
中断服务程序入口地址	00C3H	00CBH	00D3H	00DBH	00E3H	00EBH	00F3H	00FBH

using n：指定函数使用第n个寄存器组，n可以为0、1、2或3。函数声明中不能包括using n选项。

函数定义时使用using选项后，编译器会在函数开始处添加指令，压栈保存当前PSW的值，然后修改PSW，切换到指定寄存器组，在RET指令前，添加指令弹栈恢复原来的PSW，切换回原来的寄存器组。所以当函数需通过寄存器传递返回值时就不能用using选项，并且使用了using选项的函数，不能返回位类型的值，使用不同寄存器组的函数之间不能互相调用。在处理中断时，通常会为不同优先级的中断函数指定不同的寄存器组，而其他代码使用另一个寄存器组。

4.3.2　C51 函数参数传递及返回值传递

1. 函数参数传递

为了避免函数调用占用过多的堆栈空间，C51 编译器在调用函数时，只将函数的返回地址压入堆栈，而通过寄存器或固定地址的存储单元来传递参数。默认情况下，编译器最多可以通过寄存器传递 3 个参数，寄存器传递参数的具体情况如表 4.6 所示。

表 4.6　寄存器传递参数表

序号	类　型			
	char/1 字节指针	int/2 字节指针	long float	通用指针
1	R7	R6 和 R7	R4～R7	R1～R3
2	R5	R4 和 R5	R4～R7	R1～R3
3	R3	R2 和 R3		R1～R3

可以用指令 REGPARMS 和 NOREGPARMS 说明是否要通过寄存器传递参数。不用寄存器传递参数或传递 3 个以上参数时，C51 编译器会通过固定地址的存储单元进行参数传递。此外，由于 bit 类型的参数不能用寄存器传递，函数中 bit 型参数之后的所有参数都不会用寄存器传递，因此 bit 型参数应该在参数列表的最后声明。

2. 函数返回值的传递

C51 编译器始终通过寄存器传递函数的返回值，传递返回值的寄存器如表 4.7 所示。

表 4.7　传递函数返回值所用的寄存器

返回值类型	bit	char/1 字节指针	int/2 字节指针	long float	通用指针
寄存器	CF 标志	R7	R6 和 R7	R4～R7	R1～R3

例 4.19　定义函数 sum，实现两个参数求和功能。

```
unsigned int sum(unsigned int var1, var2);
void main(){
    unsigned int rlt;
bgn: rlt = sum(100,200);
     goto bgn;
}
unsigned int sum(unsigned int var1, var2){
     return(var1 + var2);
}
```

例 4.20 调用求和函数 sum 时的参数传递情况。

在例 4.19 程序开始处添加代码 #pragma REGPARMS,通过寄存器传递参数,则 rlt=sum(100, 200)指令编译后的汇编程序如下:

```
代码地址     机器码      汇编指令
C:0x0003   7DC8     MOV   R5,#0xC8
C:0x0005   7C00     MOV   R4,#0x00
C:0x0007   7F64     MOV   R7,#0x64
C:0x0009   7E00     MOV   R6,#0x00
C:0x000B   120020   LCALL     sum(C:0020)
C:0x000E   8E0A     MOV   0x0A,R6
C:0x0010   8F0B     MOV   0x0B,R7
```

在例 4.19 程序开始处添加代码 #pragma NOREGPARMS,通过存储单元传递参数,则 rlt=sum(100, 200)指令编译后的汇编程序如下:

```
代码地址     机器码      汇编指令
C:0x0003   750A00   MOV   0x0A,#0x00
C:0x0006   750B64   MOV   0x0B,#0x64
C:0x0009   750C00   MOV   0x0C,#0x00
C:0x000C   750DC8   MOV   0x0D,#0xC8
C:0x000F   120024   LCALL     sum(C:0024)
C:0x0012   8E08     MOV   0x08,R6
C:0x0014   8F09     MOV   0x09,R7
```

例 4.21 定义中断函数。

```
unsigned int intercnt;
unsigned char second;
void timer0(void) interrupt 1 using 3
{  if(++ intercnt == 4000)
   {  second++ ;
      intercnt = 0;
   }
}
```

程序编译链接后,编译器会在 1 号中断服务程序入口地址 0x000B 处,生成一条 LJMP 指令,跳转到中断程序 timer0( ),并在中断程序中添加压栈保护寄存器和弹栈恢复寄存器的指令,反汇编程序如下:

```
代码地址        机器码       汇编指令
C:0x000B      02000E     LJMP   timer0(C:000E)          //中断向量
         //中断程序 timer0, 压栈保护函数中使用了的 ACC、PSW 寄存器
C:0x000E      C0E0       PUSH   ACC(0xE0)
C:0x0010      C0D0       PUSH   PSW(0xD0)
C:0x0012      75D018     MOV    PSW(0xD0),#0x18         //修改 PSW, 使用寄存器组 3
         ⋮ //省略实现函数功能的代码
C:0x002E      D0D0       POP PSW(0xD0)
C:0x0030      D0E0       POP ACC(0xE0)
C:0x0032      32         RETI
```

例 4.22　用递归函数实现求自然数累加和功能。

行号: 源程序

```
1: unsigned int fact(unsigned char ) reentrant;
2: void main(void)
3: {    unsigned long temp;
4:      begin:
5:           temp = fact(5);
6:           goto begin;
7: }
8: unsigned int fact(unsigned char x) reentrant
9: {   if(x> = 1){
10:            return(x + fact(x - 1));
11:     }
12:     else{
13:            return(0);
14:     }
15: }
```

由于函数必须定义为可重入函数,才能实现递归调用,因此需要修改启动代码,初始化可重入堆栈。程序存储模式为小模式,所用的 SST 公司芯片 SST89E554RC 芯片内部集成有 1KB 的数据存储区,启动代码的修改部分如下:

```
;Stack Space for reentrant functions in the SMALL model.
IBPSTACK        EQU   1           ; set to 1 if small reentrant is used.
IBPSTACKTOP     EQU   0FFH + 1    ; set top of stack to highest location + 1.
```

上述程序执行时,main 函数会调用 1 次 fact 函数(第 5 行指令),之后 fact 函数自身会调用 5 次 fact 函数(第 10 行),上述 6 次调用,参数传递都是通过可重入堆栈实现,而函数返回地址则都是压入系统堆栈,调试程序时,堆栈变化情况如图 4.8 所示。

图 4.8　例 4.22 递归函数调用时堆栈变化情况

4.3.3 C51函数的调用

C51中函数调用的语法规则同ANSI C一样,可以通过函数名直接调用函数,也可以通过函数指针间接调用函数。调用函数之前必须先定义或声明函数。通常在主函数之后定义函数,而在主函数之前进行函数声明。

程序中需要定义多个函数时,可以在另一个文件中集中定义函数,而将相关函数声明放在一个头文件中,主程序只要用#include语句包含头文件,便可调用文件中声明的所有函数。头文件中常会使用条件编译指令,确保多个头文件相互包含时,每个头文件中的函数声明只会被编译一次。例4.23中#ifndef和#endif之间的内容只会被编译一次,此后由于已经定义_myfunc_def_h,编译条件#ifndef _myfunc_def_h不满足,编译器会忽略#ifndef和#endif之间的内容。

例4.23 通过包含头文件声明函数。

在myfunc.c文件中定义函数,头文件myfunc.h中声明函数,main.c文件中包含myfunc.h头文件,各文件内容如下,新建myfunc.c文件后,将myfunc.c文件添加到工程中即可。

```
    文件 myfunc.c
    bit func_cmp(long var1,long var2)
{   if(var1 > var2){   return  1;  }
    else  {     return  0;  }
}
    头文件 myfunc.h
#ifndef _myfunc_def_h
#define _myfunc_def_h
extern bit func_cmp(long var1,long var2); //声明函数 func_cmp
#endif
    main.c 文件
#include <myfunc.h>
void main (){
     long var1 = 100,var2 = 50;
     bit rtn;
begin: rtn = func_cmp(var1,var2);
     goto begin;
}
```

除了通过函数名调用函数外,ANSI C语言中还可定义指向函数的指针变量,C51中也可以通过指向code存储区的指针实现函数指针的功能。例如下列两条指令实现将函数fun的地址赋值给指针pfun。

```
char code *pfun;
pfun = (void *) fun;
```

通过函数指针调用函数时,其指令格式为:

```
((返回值类型 (code *) (形参说明)) 函数指针) (实参说明)
```

例 4.24 通过函数指针调用函数。

```
int fun_add(int var1, int var2);                        //声明函数 fun_add
void main(){
     char code * pfun;                                  //定义指向 code 存储区的指针
     int rtn = 0;
begin: pfun = (void * )fun_add;                         //指针 pfun 指向函数 fun_add
     rtn = ((int (code * )(int,int)) pfun) (200,100);   //通过指针 pfun 调用函数
     goto begin;
}
int fun_add(int var1,int var2){                         //函数定义
     return(var1 + var2);
}
```

4.3.4 C51 的库函数和宏定义

库函数是编译系统提供的标准函数，用户可以直接使用这些函数，只需要在程序开始位置用 #include 语句包含对应的头文件即可。按照函数调用形式，库函数可以分为本征库函数(intrinsic library functions)和非本征库函数两类。非本征库函数以函数调用的形式执行，而调用本征库函数时，会在函数调用处生成内嵌代码直接执行，内嵌代码比函数调用的执行效率高。C51 提供多个不同功能的函数库，下面以几个常用的库函数为例，简单介绍其主要功能。详细情况可在 Keil 公司的相关网站(http://www.keil.com/support/man/docs/c51/c51_library.htm)上查阅。

1. 本征库函数

本征库函数的头文件为 intrins.h，文件中包含的库函数有 _chkfloat_、_irol_、_iror_、_lrol_、_lror_、_crol_、_cror_、_nop_和 _testbit_，能够实现循环左移、循环右移、压栈、弹栈、测试位状态等功能。

例 4.25 本征库函数的功能。

```
#include "intrins.h"
void main(){
    unsigned int a,b;
    bit test_flag, brlt;
begin: a = 0x1234;
    b = _irol_(a, 4);                   //a 变量循环左移 4 位, b = 0x2341
    test_flag = 1;
    brlt = _testbit_(test_flag);        //测试位变量 test_flag,并将其清 0, brlt = 1, test_
                                        //flag = 0
    goto begin;
}
```

2. 直接访问存储区的宏定义

通过 C51 标准库头文件 absacc.h 中的宏定义可以直接访问指定地址的存储单

元,常用的宏定义有CBYTE、DBYTE、PBYTE、XBYTE、CWORD、DWORD、PWORD、XWORD等。其中CBYTE和CWORD访问程序存储区,DBYTE和DWORD访问内部数据区,PBYTE和PWORD访问外部数据区当前页,XBYTE和XWORD访问外部数据存储区。

例4.26 直接访问存储区的宏定义。

```
#include "absacc.h"
void main(){
        unsigned int rtn;
begin: DBYTE[0x0010] = 0xAA;        //将 idata 区地址 0x0010 字节赋值为 0xAA
        DWORD[0x0002] = 0x1234;     //将 idata 区地址从 0x0004 开始的字赋值为 0x1234
        rtn = DWORD[0x0002];        //rtn 的值为 0x1234
        goto begin;
}
```

DWORD[0x0002]中的数值0x0002不是所访问存储单元的地址,而是序号,所访问存储单元的地址=序号*类型字节数,WORD类型为2字节,所以所访问的存储单元地址为0x0004。

3. 字符串操作

C51的头文件string.h中声明了字符串操作函数,包括字符串比较、连接、复制、统计字符串长度、查找指定字符等功能的函数,字符串都有结束符NULL。

例4.27 字符串操作函数示例。

```
#include "string.h"
void main(){
     char str[] = "Today is ", wstr[] = "sunny", weather[20];
begin: strcpy(weather, str);        //执行后 weather[] = "Today is "
     strcat(weather, wstr);         //执行后 weather[] = "Today is sunny"
     goto begin;
}
```

4. 字符转换和字符分类

字符转换和字符分类函数的头文件是ctype.h,包括判断字符类别的函数,如isdigit、islower和isupper函数分别判断字符是否是数字、小写字母或大写字符。字符转换函数或宏定义,如tolower函数将字符转换成小写字符,_toupper宏定义将小写字符转换成大写字符。

例4.28 字符分类和转换函数示例。

```
#include "ctype.h"
void main(){
     char c, cupp;
     bit i;
```

```
begin: c = 'h';                       //执行后 c = 0x68, 即'h'的 ASCII 码
      i = isdigit(c);                 //执行后 i = 0
      i = islower(c);                 //执行后 i = 1
      cupp = _toupper(c);             //执行后 cupp = 0x48, 即'H'的 ASCII 码
      goto begin;
}
```

5. 数学函数

头文件 math.h 中包含常用的一些算术运算函数，如 sin、cos 函数和求绝对值的 abs 函数等。

例 4.29　算术运算函数示例。

```
#include "math.h"
void main(){
      int x,y;
      float z;
begin: x = -100;
      y = abs(x);                     //执行后 y = 100
      z = log10(y);                   //执行后 z = 2
      goto begin;
}
```

4.4 C51 程序设计

4.4.1 C51 程序设计方法

如 3.3.2 小节所述，进行程序设计时，为使程序简明清晰，易于阅读、测试、交流、移植以及与其他程序连接和共享，通常需采用模块化程序设计方法。利用 C51 进行程序设计时，也是采用模块化结构进行程序设计的。设计一个实际应用系统时，通常会创建一个项目，将整个应用程序划分为多个功能模块，每个模块完成一个方面的功能，如输入模块、输出模块、通信模块等。每个功能模块细分为多个具体的子功能，例如串行通信模块可以细分为初始化、接收一字节、发送一字节、接收多字节和发送多字节等多个具体的子功能模块，每个具体的子功能定义一个函数实现。

利用模块化设计方法简化了编程和调试的难度，提高了程序的复用性和灵活性。常用的功能模块可以在其他应用程序中直接使用，避免重复开发。

4.4.2 C51 程序设计实例

例 4.30　编程实现：1905＋7453 的加法运算，并将运算结果通过 LED 显示器显示。

硬件装置采用西安唐都科教仪器公司的 TD-NMC+教学实验装置,该教学实验装置采用 SST89E554RC 单片机,6 位 8 段数码显示器显示计算结果,数码显示器的段选信号和位选信号分别由 P1 口和 P2 口控制。

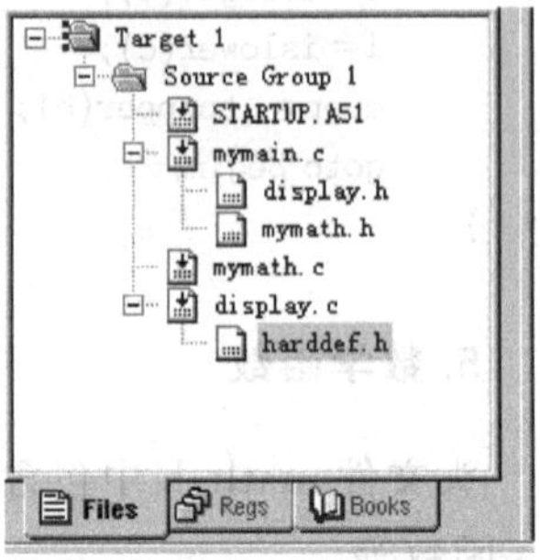

图 4.9 例 4.30 的项目目录结构

软件设计分为两个主要模块:算术运算模块和显示模块。算术运算模块的函数定义和函数声明分别在文件 math.c 和 math.h 中,显示模块的函数定义和函数声明分别在 display.c 和 display.h 中,硬件控制信号的定义均包含在头文件 harddef.h 中,主函数在文件 mymain.c 中。添加并包含了上述文件的项目目录结构如图 4.9 所示,各个文件内容如下。

文件 mymain.c

```
#include "display.h"
#include "mymath.h"
void main(){
     unsigned int rlt;
begin: rlt = sum(1905,7543);
     dspint(rlt);
     goto begin;
}
```

文件 mymath.c

```
unsigned int sum(unsigned int x,y){
return(x + y);
}
```

头文件 mymath.h

```
#ifndef _MYMATH_H_
#define _MYMATH_H_
extern unsigned int sum(unsigned int x,y);
#endif
```

文件 display.c

```
#include "harddef.h"
void delay(unsigned int t){
     unsigned int i;
     for(i = 0;i < t;i++);
     return;
}
void dspint(unsigned int x){
     unsigned char i = 5,str[6] = {0,0,0,0,0,0};
     while(x > 0){
          str[i-- ] = x % 10;
          x = x/10;
     }
     for(i = 0;i <= 5;i++){
          led_seg = LEDCODE[str[i]];
```

```
        led_sel = LEDSEL[i];
        delay(50);
    }
    return;
}
```

头文件 harddef.h

```
#ifndef _HARDDEF_H_
#define _HARDDEF_H_
// P1 口接 LED 的段选，P2.0～P2.5 接 6 位 LED 的位选，位选信号为 0 有效
sfr led_seg = 0x90;
sfr led_sel = 0xA0;
#define LEDSEL_0 0xFE
#define LEDSEL_1 0xFD
#define LEDSEL_2 0xFB
#define LEDSEL_3 0xF7
#define LEDSEL_4 0xEF
#define LEDSEL_5 0xDF
unsigned char code LEDSEL[] = {LEDSEL_0,LEDSEL_1,LEDSEL_2,LEDSEL_3,LEDSEL_4,LEDSEL_5};
//LED 显示器的段代码
unsigned char code LEDCODE[] = {0x3F, 0x06, 0x5B, 0x4F, 0x66, 0x6D, 0x7D, 0x07, 0x7F,
0x6F, 0x77, 0x7C, 0x39, 0x5E, 0x79, 0x71};
#endif
```

习题

4.1　编写 C51 程序，定义位于内部 RAM 区的整型变量 A、B 和 S，完成运算 S=A+B。

4.2　C51 中如何定义常量？所定义的常量存放在哪个存储区中？

4.3　C51 中定义变量时可以指定变量的地址吗？

4.4　如何定义变量访问特殊功能寄存器？

4.5　如何定义位变量？

4.6　定义变量时，默认情况下，变量会位于哪个存储区？

4.7　如何设定程序的存储模式？

4.8　C51 可以定义哪些数据类型的指针？

4.9　说明通用指针和指向固定存储区指针的区别。

4.10　编写程序，实现 $y=5\times\sin(x)+10$。

4.11　什么情况下，希望禁止编译器的优化功能？

4.12　如何定义变量，使 C51 编译器不优化对变量的访问？

4.13　调用函数时，C51 如何传递参数？

4.14　如何让编译器通过内存单元传递函数参数？

4.15　为什么定义函数时，应该最后定义位变量类型的函数参数？

4.16　在 C51 中如何定义中断函数？

4.17 什么情况下需要将函数定义为可重入函数?

4.18 调用可重入函数时,通过什么传递参数?

4.19 说明可重入堆栈与硬件堆栈的差异。

4.20 修改启动代码,初始化可重入堆栈指针和堆栈大小。

4.21 编写递归函数,求斐波那契数:

$$f(x)=\begin{cases}0, & x=0\\ 1, & x=1\\ f(x-1)+f(x-2), & x\geqslant 2\end{cases}$$

4.22 数组 SCR[30]是 30 个学生某门课程成绩,编写程序求出最高分、最低分和平均分,分别存放在变量 maxscr、minscr 和 avgscr 中。

4.23 编程将整型变量 x 的值变换成对应的 ASCII 码,存放在数组 ASC。

4.24 编程统计变量 x 中二进制 1 的位数。

第5章 MCS-51系列单片机的片内接口及中断

如2.1节所述，MCS-51系列单片机内部除CPU和存储器外，还有并行I/O口、串行I/O口、16位定时器/计数器及具有2个优先级的可屏蔽中断源。除此之外，有些新型的51系列单片机内部还集成了A/D转换器、PWM输出口、I^2C BUS串行口、WatchDog等部件。这些功能部件，使用者均可通过编程设定，并利用有关指令对其进行相应的操作。

本章将着重介绍各种片内接口和中断系统的使用方法。对有关内部结构简要加以说明，以帮助读者加深对使用方法的理解。

5.1 并行I/O接口及其应用

MCS-51系列单片机内部有4个8位的并行I/O接口，分别命名为P0、P1、P2和P3。每个并行I/O接口的各位均可作为输入或输出。由于它们都属于地址号可被8整除的特殊功能寄存器，故可以通过位寻址或直接寻址方式对其进行按位或字节型的I/O操作。它们的映像位地址或字节地址见表5.1。

表5.1 并行I/O口映像地址表

接口名	映像字节地址	映像位地址
P0	80H	80H～87H
P1	90H	90H～97H
P2	A0H	A0H～A7H
P3	B0H	B0H～B7H

5.1.1 并行I/O接口的功能

51系列单片机的4个并行I/O口均可作为一般的双向输入输出口使用，但在不同的使用场合，各个端口也有各自不同的功能，其中只有P1口为单功能口，仅能作为通用准双向的输入输出接口，其余各端口均具有第二功能。

P0 口：除具有与 P1 口相同的功能外，在系统扩展时作为低 8 位地址与数据分时复用总线，即此时 P0 为地址/数据分时复用端口。低 8 位地址由 ALE 信号的下跳沿锁存到外部地址锁存器中，而高 8 位地址由 P2 口输出。

P2 口：可做通用准双向 I/O 接口，在系统需要进行片外扩展时，能提供系统所需的高 8 位地址，与 P0 一起组成 16 位的地址总线。

P3 口：作为第一功能时与 P1 口相同，当作为第二功能使用时，各位引脚功能见表 5.2。

表 5.2 P3 口的第二功能定义

引 脚	第 二 功 能
P3.0	RXD(串行口接收端)
P3.1	TXD(串行口发送端)
P3.2	INT0(外部中断 0 请求线)
P3.3	INT1(外部中断 1 请求线)
P3.4	T0(定时器/计数器 0 输入线)
P3.5	T1(定时器/计数器 1 输入线)
P3.6	$\overline{\text{WR}}$(写外部数据存储器控制信号)
P3.7	$\overline{\text{RD}}$(读外部数据存储器控制信号)

5.1.2 并行 I/O 接口的结构

同一个并行 I/O 口，各位结构完全相同，所以只需介绍其中一位的结构即可。各个并行 I/O 口的位结构中均有锁存器、输出驱动器和三态输入缓冲器。但由于 4 个并行 I/O 口的功能互不相同，所以 4 个并行 I/O 口的位结构也有所不同。其差别主要在锁存器与输出驱动器间的连接方式上。

1. P1 口

P1 口是 51 系列单片机中唯一的一个单功能端口，其位结构如图 5.1 所示。由图 5.1 可见，P1 口某一位结构电路中包括：

① 一个数据输出锁存器，用于进行数据位的锁存。

② 两个三态数据输入缓冲器，分别用于锁存器数据和引脚数据输入缓冲。

③ 数据输出驱动电路，由场效应管 T 和上拉电阻 *R* 组成，场效应管 T 的栅极与锁存器的反相输出端相连。

P1 口是准双向口，它仅能实现一般的输入输出功能，它的每一位可由用户定义为输入或输出使用。

输出时，向锁存器写 1 则场效应管 T 截止，引脚被上拉成高电平输出“1”；向锁存器写 0 时，则场效应管 T 导通，引脚被钳位成低电平，即输出“0”。

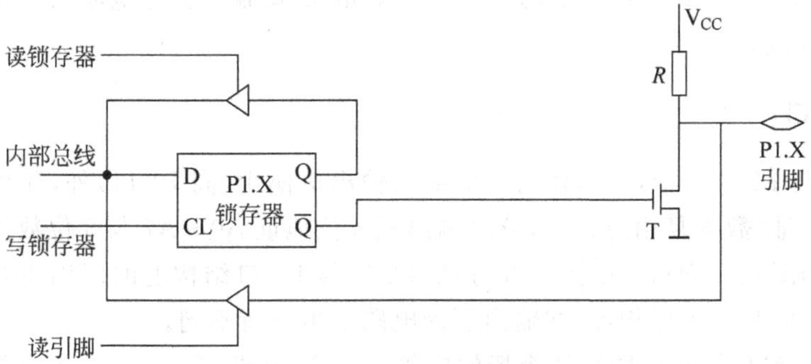

图 5.1 P1 口的位结构

输入时，该位的锁存器必须置"1"，使场效应管 T 截止，此时，该位引脚才能作为输入使用。否则，将因场效应管 T 的导通，把外部输入的高电平下拉成 0 态，便会使读入出错。

2. P2 口

P2 口有两种功能，既可作为一般输入输出口使用(同 P1 口)，也可作为系统扩展时的地址总线口，输出高 8 位地址 A8～A15，其位结构如图 5.2 所示。由图 5.2 可见，P2 口与 P1 口有两点不同：

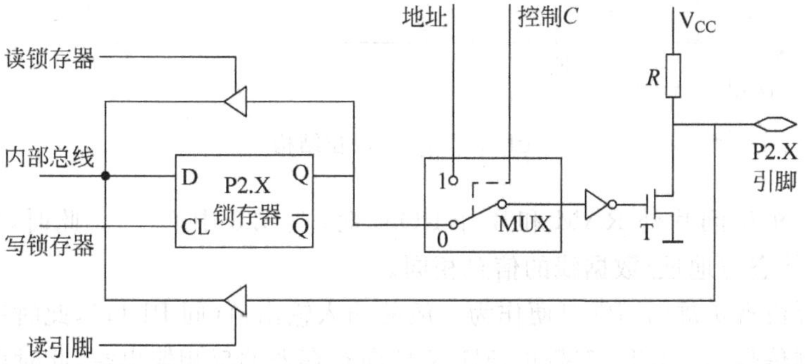

图 5.2 P2 口的位结构

① 输出驱动电路不同，P2 口的输出驱动电路多了一个多路电子开关 MUX，主要用于实现 P2 口两种功能间的切换。当单片机的硬件使控制线 $C=0$ 时，多路电子开关转接至锁存器的同相输出端 Q，此时 P2 口与 P1 口的功能相同，作为第一功能输入输出口使用。当控制线 $C=1$ 时，场效应管 T 的栅极经反相器、MUX 与内部地址线对应位相连。若地址总线的状态为"1"，则场效应管 T 截止，引脚状态为"1"。若地址总线状态为"0"，则场效应管 T 导通，引脚状态为"0"。由此可见引脚的状态正好与地址总线的信息相同。此时，P2 口作为第二功能地址总线口使用。当系统有扩展时，P2 口只能作为高 8 位地址总线口使用。

② 输出驱动电路与锁存器的接法不完全相同，即输出锁存电路与锁存器的同相输出端 Q 相连。

3. P0 口

P0 口与 P2 口相似，除可作为一般输入输出口使用(同 P1 口)外，还可作为系统扩展时的地址/数据复用总线口，分时输出低 8 位地址 A0～A7 与 8 位数据 D0～D7，其位结构如图 5.3 所示。由图 5.3 可见，P2 口与 P0 口结构上的区别主要是电路中多了一个与门和一个反相器，在输出驱动电路上也有所不同。

P0 口的输出驱动电路由两个场效应管 T_1、T_2 组成，T_2 的栅极在内部控制信号 C 的作用下，经 MUX 连向锁存器的同相输出端 Q 或反相器的输出端。反相器输入端为地址/数据总线的对应位。T_1 的栅极在同一控制信号 C 的选通作用下，经与门和内部地址/数据总线的对应位相连。

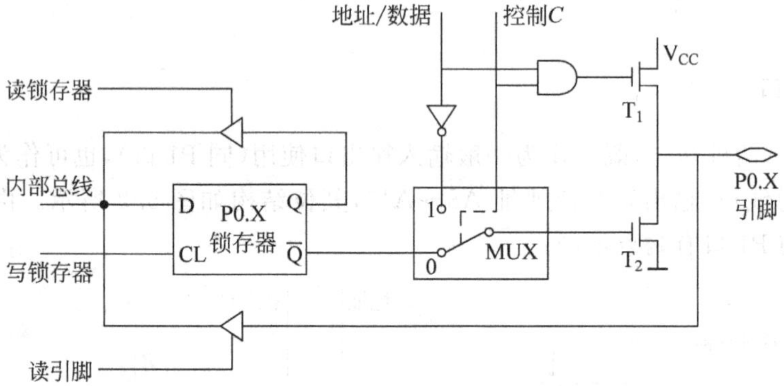

图 5.3 P0 口的位结构

当单片机访问片外 RAM 和片外 ROM 时，图 5.3 中 $C=1$。此时，与 P2 口相似，其引脚状态与地址/数据线的信息相同。

当系统没有扩展时，P0 口便作为一般的输入输出口(同 P1 口)，此时单片机硬件自动使控制信号 $C=0$，T_1 管截止，MUX 接向锁存器的反相输出端，此时可对它进行输入、输出操作。

输出操作时，由于 T_2 管为漏极开路输出，故需外接上拉电阻。输入时与 P1 口相同，应先对锁存器写“1”，然后通过输入操作指令即可读入引脚状态。

P0 口的输出驱动器能驱动 8 个 LSTTL 电路。

4. P3 口

P3 口的位结构如图 5.4 所示。由图可见，P3 口比 P1 口多一个输入缓冲器和一个与非门，其输出驱动电路与 P2 口相同。

P3 口除有与 P1 口相同的输入输出功能外，还具有第二功能。使用时，只需将锁存器置 1，在内部硬件控制作用下，该位将具有相应的第二功能。

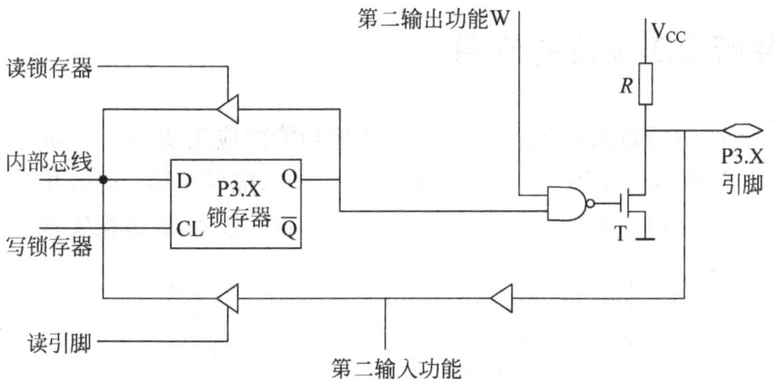

图 5.4　P3 的位结构

P1 口、P2 口和 P3 口有相同结构的输出驱动电路，可驱动 4 个 LSTTL 电路。

由并行 I/O 口的位结构图可知，每个并行 I/O 口中的两个输入缓冲器，均可分别实现读引脚和读锁存器操作。即在可用以操作片内并行 I/O 口的指令中，有些是读引脚的指令(如 MOV A,Px 或 MOV C,Px.i)，有些则是读锁存器的指令。读锁存器的指令的操作过程为，指令执行时内部产生"读锁存器"操作信号，使锁存器同相输出 Q 端数据进入内部数据总线，按指令功能对其进行相应处理后，再将处理结果重新写入锁存器。显然这类指令都是操作并行 I/O 口的输出状态的，如以并行 I/O 口为目的操作数的逻辑运算指令，以并行 I/O 口为对象的 INC、DEC 指令，以及位操作指令中的 JBC、CPL、CLR、SETB 和 MOV Px.i,C 等。

51 系列单片机采用"读锁存器—修改—写锁存器"，以实现对并行 I/O 口输出值的操作，可避免下述错误操作。从图 5.1～图 5.4 均可看出，如某位引脚用于输出，去驱动一个晶体管的基极，在晶体管的射极接地的情况下，当对该位的锁存器写入 1，则晶体管导通，引脚被钳位成低电平，这时若从引脚读数据，会把状态为 1 的数据误读为"0"。若从锁存器读，则不会读错。所以，读引脚并不能保证得到完全正确的现行输出值。正是由于这个原因，采用下述方法对片内并行 I/O 口进行逻辑处理是不可靠的：

```
MOV  A,Px
ANL   A,#data
MOV  Px,A
```

因为第一条指令是读引脚。应该使用 ANL Px,#data 指令。

单片机在执行"MOV"类输入指令时(如：MOV A,Px)，内部产生的操作信号是"读引脚"。这时必须注意，在执行该类输入指令前要先把锁存器写入"1"，目的是使场效应管截止，从而使引脚处于悬浮状态，可以作为高阻抗输入。否则，在作为输入方式之前曾向锁存器输出过"0"，场效应管的导通会使引脚钳位在低电平，使输入的高电平无法读入。

5.1.3 并行I/O接口的应用

下面举例说明端口的输入、输出功能,其他功能的应用实例在后面章节说明。

例5.1 电路结构如图5.5所示,欲利用发光二极管LED显示开关K的状态,即:当开关K闭合时,LED亮;开关K断开时,LED熄灭,试编程实现。

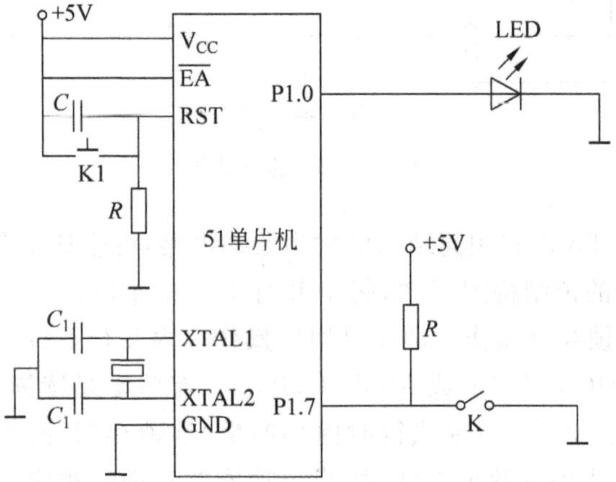

图5.5 例5.1电路结构图

分析:由图5.5可见,开关K与P1口引脚P1.7相连,LED与引脚P1.0相连,当开关K断开时,P1.7为高电平,开关K闭合时,P1.7为低电平;由于LED的阴极端接地,故当P1.0输出高电平时,LED亮,当P1.0输出低电平时,LED熄灭。由此便可通过JB指令对开关K状态进行检测后,确定P1.0的输出状态,以满足题目要求。能实现该题目功能的程序段如下:

```
        CLR     P1.0            ; 给LED一个初态,熄灭
BACK:   SETB    P1.7            ; 对输入位P1.7写"1"
        JB      P1.7,BACK1      ; K断开,转BACK1
        SETB    P1.0            ; K闭合,LED亮
        SJMP    BACK
BACK1:  CLR     P1.0            ; K断开,LED灭
        SJMP    BACK
```

C51参考程序如下:

```
sfr  P1 = 0x90;
sbit  P1_0 = 0x90;
sbit  P1_7 = 0x97;
void  main(){
volatile bit  k;
P1_0 = 0;
P1_7 = 1;
```

```
while(1){
k = P1_7;
P1_0 = ~k;
}
return;
}
```

例 5.2　电路结构如图 5.6 所示。要求当图中 K*i* 闭合时，与之对应的 LED*i* 亮；K*i* 断开时，LED*i* 熄灭。试编程实现之。

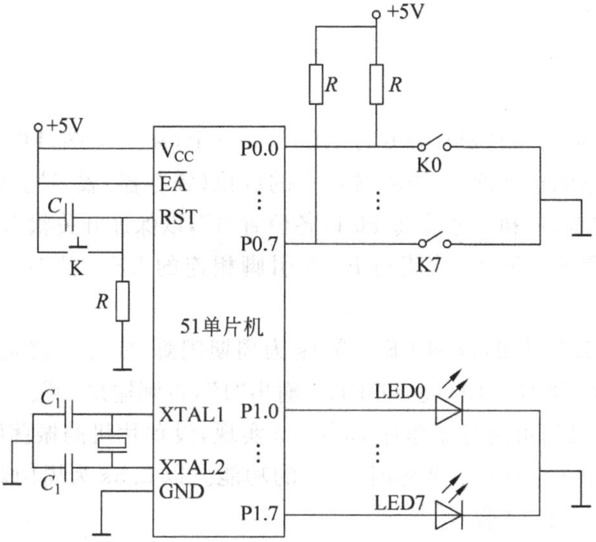

图 5.6　例 5.2 电路结构示意图

分析：由图 5.6 可见，开关 K0～K7 分别与 P0 口的 P0.0～P0.7 相连，LED0～LED7 分别与 P1.0～P1.7 相连。通过对 P0 口的读操作可了解开关 K*i* 的状态，通过对 P1 口的写操作可控制 LED*i* 的状态。由于当开关 K*i* 闭合时，由 P0 口读到的 P0.*i*=0，而要使 LED*i* 亮必须通过 P1 口的 P1.*i* 输出"1"，故可将从 P0 口读到的状态求反后通过 P1 口输出，以达到实现本题目要求的目的。

能实现该题目功能的汇编语言程序如下：

```
        ORG     0000H
        LJMP    MAIN            ; 跳转到主程序
        ORG     0100H
MAIN:   MOV     P1, #00H        ; 8 位 LED 全灭
        MOV     P0, #0FFH       ; P0 置 1,准备进行输入操作
BACK:   MOV     A, P0           ; 读 P0 口开关状态,并送入累加器 A
        CPL     A               ; 对累加器 A 求反
        MOV     P1, A           ; 从 P1 口输出
        SJMP    BACK            ; 循环执行,反复调整开关状态并观察执行结果
```

C51 参考程序如下：

```
sfr  P0 = 0x80;
sfr  P1 = 0x90;
void  main(){
volatile unsigned char  k;
P0 = 0xff;
P1 = 0;
while(1){
k = P0;
P1 = ~k;
}
return;
}
```

如前所述，当需将单片机片内并行 I/O 口 P0～P3 中某一端口作为输入口使用时，为保证其输入状态的正确读入，需将端口中的各位(锁存器)置“1”。因此，上述程序中在读 P0 口状态之前，应执行指令将 P0 口各位置“1”，以保证开关状态的正确读入。

例 5.3　如图 5.7 所示，欲使与 P1.0 引脚相连的 LED 以 1s 为周期闪烁，试编程实现。

分析：由图 5.7 可知，欲使 LED 按 1s 为周期闪烁，实际上就是控制 LED 亮、灭的时间各为 0.5s。要使 LED 亮，则 P1.0 输出“1”，否则输出“0”。

0.5s 的延时时间可通过子程序 D500ms 实现，设单片机的振荡频率为 6MHz，则通过相应指令的执行，便能实现延时 0.5s 的功能。以 0.5s 为周期对 P1.0 引脚状态求反，即可满足题目的要求。

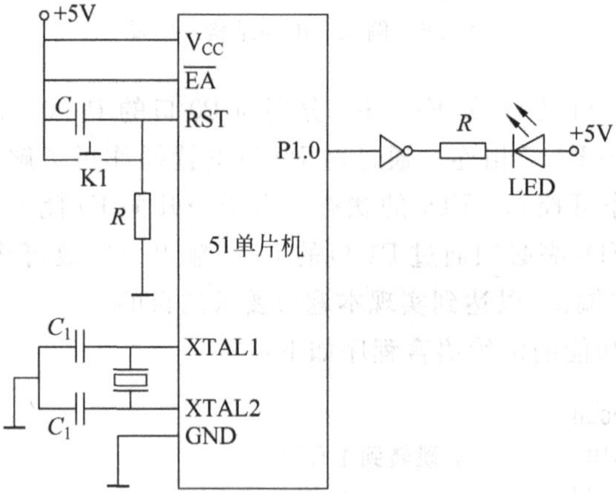

图 5.7　例 5.3 电路结构示意图

参考程序如下：

```
        ORG     0000H
        LJMP    MAIN            ；转向主程序
        ORG     0100H
MAIN:   SETB    P1.0            ；给 LED 一个初态(使其发光)
```

```
BACK:      ACALL  D500MS        ; 调延时 0.5s 的子程序
           CPL    P1.0          ; 对 LED 的状态求反,达到闪烁目的
           SJMP   BACK
           ORG    0200H
D500MS:    MOV    R2, #250      ; 500ms 延时子程序
D500MS1:   MOV    R3, #250
D500MS2:   NOP
           NOP
           DJNZ   R3,D500MS2
           DJNZ   R2,D500MS1
           RET
           END
```

C51 参考程序如下：

```
sfr  P1 = 0x90;
sbit P1_0 = 0x90;
void D500ms(void);
void  main(){
    bit led;
    P1_0 = 0;
    led = 0;
    while(1){
        D500ms();
        led = ~led;
        P1_0 = led;
    }
    return;
}
void D500ms(void){
     unsigned int  x = 0xFF00;
     while(x--);
     return;
}
```

5.2 定时器/计数器及其应用

定时控制在微机系统中具有极为重要的作用。例如，微机控制系统中常需要定时中断、定时检测、定时扫描；有时也需要有计数器能对外部事件计数，如测电机转速、频率、工件个数等。

实现定时，主要有 3 种方法：软件定时、不可编程硬件定时和可编程硬件定时。

软件定时是通过执行一个固定的程序段来实现定时。由于 CPU 执行每条指令都需要一定时间，因此执行一个固定的程序段就需要一个固定的时间。定时时间的长短可通过改变程序段的执行次数来控制。利用软件实现定时任务方便，且不需要增加硬件成本，但它占用了大量 CPU 时间，降低了 CPU 的利用率。

不可编程硬件定时是采用中小规模集成电路器件来构成定时电路。如常用的555定时器等,利用它们和外接电阻、电容的结合,可在一定时间范围内实现定时。这种硬件定时方式不占用CPU时间,且电路也较简单,但电路一经连接好后,定时值则不便控制和改变。

可编程硬件定时就是在上述不可编程硬件定时的基础上加以改进而成。此时,定时任务由硬件完成,其定时值和定时范围则可通过软件来确定和改变,即通过编程,可实现各种不同的定时和计数任务,因而在嵌入式系统的设计和应用中得到广泛的应用。MCS-51系列单片机中,有两个可编程的16位的定时器/计数器T0、T1(增强型有3个16位的定时器/计数器),下面将对MCS-51系列单片机中的定时器/计数器分别加以介绍。

5.2.1 定时器/计数器的结构和工作原理

1. 定时器/计数器的结构

MCS-51系列单片机的定时器/计数器T0、T1的结构完全相同,如图5.8所示。图中振荡器与(÷12)部分构成振荡器分频输入电路;Ti(i=0,1)引脚为外部计数脉冲输入端;C/$\overline{\text{T}}$为计数脉冲选择端;图中反相器、或门、与门及启/停控制C构成计数启停电路;THi(i=0,1)、TLi(i=0,1)为加1计数器;TFi(i=0,1)为中断标志。此外,内部还有一个8位的方式寄存器TMOD和一个8位的控制寄存器TCON,用于选择、控制及反映定时器/计数器的工作模式、启动方式及相关参数的状态。

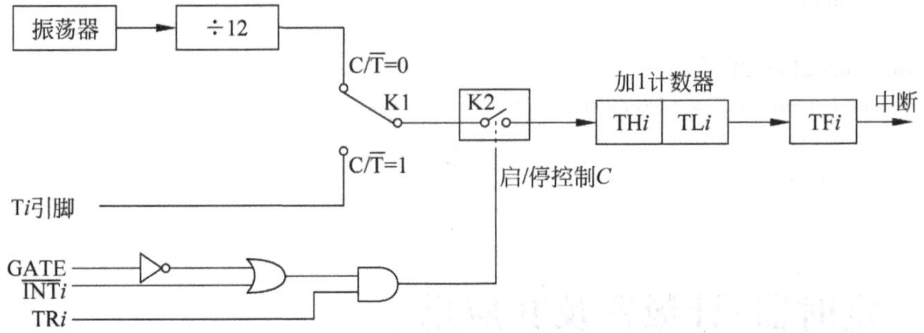

图5.8 定时器/计数器T0或T1的结构原理图

2. 定时器/计数器的工作原理

MCS-51系列单片机的定时器/计数器实质上是一个加1计数器,它可以工作于定时方式,也可以工作于计数方式,两种工作方式实际都是对输入脉冲进行计数,其区别主要体现在所计脉冲的来源不同。

如图5.8所示,定时器/计数器的核心部件是一个加1计数器,它每接收到一个输入脉冲,该加1计数器便在预置计数初值N的基础上加1,当计数器的计数初值

N 被加为 0(即产生进位)时,将使计数器的溢出中断标志 TFi 置 1。通过中断或查询方式可了解 TFi 是否为 1,从而达到了解计数器是否完成本次定时或计数的目的。如设:某计数器的计数初值为 0FBH,在接收到 5 个输入脉冲后,该初值被加为 0,若该脉冲是周期为 1ms 的标准时钟信号,则当该计数器的加 1 计数器被加满为 0 时,所用的时间便为 5ms,此时该定时器/计数器就起定时器作用;若输入脉冲为非标准时钟信号,该定时器/计数器就起计数器作用。

由图 5.8 可知,加 1 计数器由两个 8 位特殊功能寄存器 THi 和 TLi 组成,在定时器/计数器开始工作时,它便会自动地在一定条件下实现加 1 计数操作。加 1 计数器计数工作的启/停、输入脉冲来源的选择均由相应的电路控制以及寄存器 TMOD 的相关位决定,TMOD 中的 $C/\overline{T}$ 位来选择加 1 计数器计数脉冲的来源,如图 5.8 所示。当 $C/\overline{T}=1$ 时,计数脉冲来自系统外部的脉冲源,这时定时器/计数器成为外部事件计数器,工作于计数器状态;当 $C/\overline{T}=0$ 时,计数脉冲来自系统的晶体振荡器的 12 分频,由于这时的计数脉冲为一时间基准,故此时定时器/计数器工作于定时器状态。

作为定时器用时,加 1 计数器的值每过一个机器周期增 1。因此可以认为定时器是对机器周期计数的。因为一个机器周期固定由 12 个振荡周期构成,所以计数频率为振荡频率的 1/12。

作为计数器用时,外部输入脉冲加在定时器/计数器的外部输入端 T0(P3.4)或 T1(P3.5),每出现一次从 1 到 0 的跳变,加 1 计数器便加 1。由于外部输入信号在每个机器周期均会被采样一次。而当某机器周期采样到一高电平输入,在下一机器周期又发现一低电平时,加 1 计数器才会进行加 1 操作,因此,辨别一个 1~0 的跳变需要两个机器周期,即最高计数率为振荡频率的 1/24。因此,为确保某个电平在其变化前至少被采样一次,该电平的保持时间不应小于 1 个完整的机器周期。

5.2.2 定时器/计数器的工作方式

MCS-51 系列单片机的定时器/计数器共有 4 种工作方式,不同的工作方式有不同的工作特点,下面分别加以介绍。

1. 方式 0(13 位计数器)

该方式下,加 1 计数器为 13 位,分别由 THi 提供高 8 位,TLi 提供低 5 位的计数初值(TLi 的高 3 位未用),最大计数值为 2^{13}(8192 个脉冲)。

当 $C/\overline{T}=0$ 时,工作于定时方式,计数器对晶体振荡器 12 分频后的脉冲进行计数;当 $C/\overline{T}=1$ 时,工作于计数方式,计数器对外部脉冲输入端 Ti 输入的脉冲进行计数。

计数脉冲能否送至加 1 计数器,受启/停控制 C 的控制,由图 5.8 可见,当 GATE=0 时,由 TRi(i=0,1)位启动(TRi=1)或停止(TRi=0)定时器/计数器工作。当 GATE=1 时,只有当 TRi 和 INTi(i=0,1)同时为 1 才能启动定时器/计数器工作,此时启动受到双重控制。

每启动定时、计数前,需预置计数初值 N。启动后,加 1 计数器在输入脉冲的作用下进行加 1 操作,当 TLi 的低 5 位计满溢出时,向 THi 进位;THi 计满溢出时,中断溢出标志 TFi 置 1,向 CPU 发出中断请求,表示定时时间到或计数次数到。若响应中断的条件成立,CPU 响应中断,转向中断服务程序,同时 TFi 自动清零。

2. 方式 1(16 位计数器)

该方式下,加 1 计数器为 16 位,分别由 THi 和 TLi 寄存器各提供 8 位计数初值,最大计数值为 2^{16}(65536 个脉冲)。其工作过程及启/停方式与方式 0 几乎完全一样,唯一区别是当由 THi、TLi 共同构成的 16 位计数器计满溢出时,置位中断溢出标志 TFi,并向 CPU 发出中断请求。

方式 0 与方式 1 的主要区别是计数器的位数不同,它们开始工作时其计数初值 N 均由 THi 和 TLi 寄存器提供,当 THi 和 TLi 中的初值计满为零产生溢出中断请求后,若有新的计数输入脉冲到来,THi 和 TLi 则会在初值为零的基础上进行加 1 操作。若希望在原计数初值基础上进行下一次定时/计数,则需用软件向 THi 和 TLi 重装计数初值。

3. 方式 2(8 位计数器)

方式 2 是 8 位的可自动重装计数初值的定时计数方式,最大计数值为 2^8(256 个脉冲)。该方式下,计数器的工作过程及启/停方式与方式 0、1 基本相同,但在结构上与方式 0、1 略有差异,如图 5.9 所示。

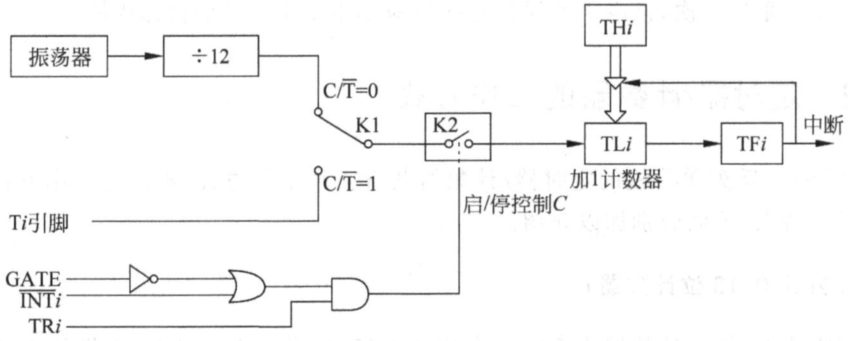

图 5.9 定时器/计数器 Ti 方式 2 的逻辑结构图

该方式下,用于进行计数工作的是一个 8 位计数器 TLi,另用一个 8 位计数器 THi 专门存放计数初值并保持不变,工作中,当 TLi 的内容被计满溢出时,除同方式 0、1 置位 TFi,产生溢出中断请求外,还自动将 THi 中不变的初值重新装入 TLi。以使该计数器在原计数初值基础上继续工作。

4. 方式 3(8 位计数器)

在方式 3 下,定时器 T0 被分成两个独立的计数器 TL0 和 TH0,如图 5.10 所示。这时 TL0 可做定时器/计数器,占用 T0 的所有控制位: GATE、C/$\overline{T}$、TR0、INT0 和 TF0; 而 TH0 只能做定时器使用,占用 T1 的 TR1 和 TF1,此时 TH0 控制着定时器 T1 的中断。在这种情况下,T1 可用作串行口的波特率发生器,但不能使用中断方式。

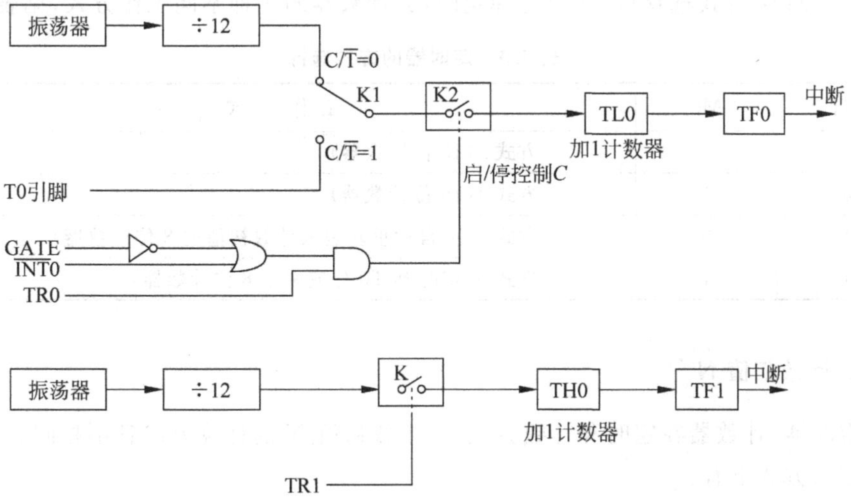

图 5.10 定时器/计数器 T0 方式 3 的逻辑结构图

5.2.3 定时器/计数器的编程

MCS-51 系列单片机内的定时器/计数器 T0、T1,均为可编程的功能部件。主要特征为:

① 提供多种工作方式供使用者选择。

② 使用者按约定的规则,并根据使用要求向有关控制位写入 1 或 0,即可选定一种工作方式。这些控制位均包含在有关的控制寄存器中。对这些控制寄存器的操作也称为初始化操作。

1. 工作方式寄存器 TMOD

定时器工作方式控制字 TMOD 的格式如下:

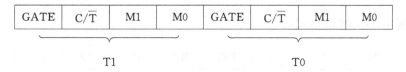

GATE	C/$\overline{T}$	M1	M0	GATE	C/$\overline{T}$	M1	M0
T1				T0			

方式控制字 TMOD 有 8 个控制位,其高、低 4 位分别为定时器 T1、T0 的方式选择控制位,4 个控制位的功能是:

GATE:门控制位。用作启、停操作方式的选择。

GATE 为 0 时,定时器/计数器的启、停由控制位 TRi 的状态(1 或 0)决定。

GATE 为 1 时,在 TRi 为 1 的条件下,定时器/计数器的启、停由控制位 INTi 的状态(1 或 0)决定,即要启动定时器/计数器工作必须有 TRi 和 INTi 同时为 1。

C/$\overline{\text{T}}$:定时器/计数器方式选择位。该位置 0 选定时方式,置 1 选计数方式。

M1、M0:方式选择位,用以选择定时器/计数器的 4 种不同工作方式,见表 5.3。

表 5.3　定时器的方式选择

M1	M0	工作方式
0	0	方式 0(13 位计数器)
0	1	方式 1(16 位计数器)
1	0	方式 2(可自动重新装入计数初值的 8 位计数器)
1	1	方式 3(定时器 T0 分成两个 8 位计数器)

2. 计数初值 N

定时器/计数器在定时和计数方式下,计数初值 N 的计算方法各不相同。

定时方式下有:

$$(2^n - N) \times t = t_{OV} \tag{5-1}$$

式中,t 为机器周期,$t=12/f_{osc}$(f_{osc}为振荡频率,为 6~12MHz);t_{OV} 为所需定时的时间;n 的取值由工作方式中计数器的位数决定,其对应关系见表 5.4。

表 5.4　参数 n 的取值表

工作方式	n	工作方式	n
方式 0	13	方式 2	8
方式 1	16	方式 3	8

计数方式下有:

$$N = 2^n - X \tag{5-2}$$

式中,X 为要求计数的次数;n 同上。由式(5-1)、式(5-2)可分别计算出在定时或计数方式下应置入定时器/计数器的计数初值 N。

3. 控制寄存器 TCON

控制字 TCON 的格式如下:

TF1	TR1	TF0	TR0	IE1	IT1	IE0	IT0

控制字 TCON 的高 4 位为定时器的运行控制位和溢出中断标志，低 4 位与中断有关，在此不加以介绍。其高 4 位的意义如下：

TF1：定时器 T1 溢出中断标志，当 T1 的加 1 计数器被加满溢出时，该位由硬件置 1，并发出中断请求，当 CPU 响应并转入中断服务程序时，由硬件将其清 0。

TR1：定时器 T1 的运行控制位。由软件对其置 1 或清 0 来启动或停止定时器 T1 的运行。

TF0：定时器 T0 溢出中断标志，当 T0 的加 1 计数器被加满溢出时，该位由硬件置 1，并发出中断请求，当 CPU 响应并转入中断服务程序时，由硬件将其清 0。

TR0：定时器 T0 的运行控制位。由软件对其置 1 或清 0 来启动或停止定时器 T0 的运行。

4. 定时时间到的查询与中断

在系统允许中断时，可通过中断知道定时时间到；当系统不允许中断时，通过查询 TCON 寄存器中的 TF1 或 TF0 的状态也可知道定时时间是否已到，从而转向相关程序段执行。

5. 编程举例

例 5.4 要求：①T0 为计数工作方式，工作在方式 0 下，由 TR0 位直接控制 T0 的启停，计数 100 个脉冲；②T1 为定时工作方式，工作在方式 1 下，由 TR1 位直接控制 T1 的启停，定时 20ms，请完成相关初始化编程。

根据题目要求可知，TMOD 的各位应为：

GATE	$C/\overline{T}$	M1	M0	GATE	$C/\overline{T}$	M1	M0
0	0	0	1	0	1	0	0

即：

$$\text{TMOD} = 14\text{H}$$

T0 的计数初值 N 有：

$$N=2^{13}-100=8192-100=8092\text{D}=1111110011100\text{B}=1\text{F}9\text{CH}$$

由于方式 0 为 13 位计数器方式，计数初值中高 8 位装入 TH0 寄存器，低 5 位装入 TL0 寄存器的低 5 位，即应使 TH0＝0FCH，TL0＝1CH。

T1 的计数初值 N 有：

$$(2^{16}-N)\times t= 20\text{ms}$$

设 $f_{osc}=6\text{MHz}$，则 $t=2\mu\text{s}$，由上式可得：

$$N=2^{16}-10\times10^{3}=55536\text{D}=\text{D8F0H}$$

因为方式 1 为 16 计数器方式，故有

$$\text{TH1}=0\text{D8H},\text{TL1}=0\text{F0H}$$

相应的初始化段为：

```
MOV     TMOD,#14H
MOV     TH1,#0D8H
MOV     TL1,#0F0H
MOV     TH0,#0FCH
MOV     TL0,#1CH
SETB    TR1
SETB    TR0
```

5.2.4 定时器/计数器的应用

定时器/计数器是单片机应用系统中的重要功能部件之一,通过对其工作方式的灵活应用,可减轻单片机的负担,并简化外围电路。它的4种工作方式均可实现定时器或计数器的功能。下面通过几个简单应用实例。介绍定时器/计数器的使用方法。

例5.5 如图5.7所示,欲使图中LED以200ms为周期闪烁,其定时时间由定时器T0完成,设 $f_{osc}=6MHz$,试编程实现。

分析:要使图5.7中的LED以200ms为周期闪烁(即使该LED以100ms的频率变换其亮、灭状态),则需在每100ms时间到时对其LED的状态求反一次。因 $f_{osc}=6MHz$,有 $t=2\mu s$,如使T0工作在方式1下,由式(5-1)得计数初值为:

$$N=2^{16}-50\times10^3=15536D=3CB0H$$

设T0的启停直接由TR0控制位决定,又因该例中不需要定时器T1,故TMOD的各位应为:

GATE	C/$\overline{T}$	M1	M0	GATE	C/$\overline{T}$	M1	M0
0	0	0	0	0	0	0	1

即:

$$TMOD=01H$$

能实现题目要求的汇编语言源程序如下:

```
        ORG     0000H
        LJMP    MAIN
        ORG     0100H
MAIN:   SETB    P1.0            ;给 LED 一个初态,亮
        MOV     TMOD,#01H       ;T0 工作于定时方式 1
        MOV     TH0,#3CH
        MOV     TL0,#0B0H       ;定时 100ms
        SETB    TR0             ;启动 T0 工作
BACK:   JBC     TF0,BACK1       ;100ms 到即 TF0 = 1 转 BACK1,并使 TF0 = 0
        SJMP    BACK            ;定时时间未到,继续查询
BACK1:  MOV     TH0,#3CH
        MOV     TL0,#0B0H       ;重新装入计数初值,为下一次定时做准备
        CPL     P1.0            ;100ms 到对 LED 状态求反
        SJMP    BACK
```

C51 参考程序如下：

```
sfr P1    = 0x90;
sbit P1_0 = 0x90;
sfr TMOD  = 0x89;
sfr TL0   = 0x8A;
sfr TH0   = 0x8C;
/*   TCON   */
sbit TF1   = 0x8F;
sbit TR1   = 0x8E;
sbit TF0   = 0x8D;
sbit TR0   = 0x8C;
sbit IE1   = 0x8B;
sbit IT1   = 0x8A;
sbit IE0   = 0x89;
sbit IT0   = 0x88;
void  main(){
    volatile bit led,timeup;
    P1_0 = 1;
    led = 1;
    TMOD = 0x01;
    TH0 = 0x3C;
    TL0 = 0xB0;
    TR0 = 1;
    while(1){
        while(!TF0);
        TH0 = 0x3C;
        TL0 = 0xB0;
        led = ~led;
        P1_0 = led;
    }
    return;
}
```

例 5.6　如图 5.11 所示，欲测量图中$\overline{\text{INT0}}$(P3.2)引脚上出现的正脉冲宽度 N，并将结果存入 70H 和 71H 两个单元中，请编程实现。设 $f_{osc}=12\text{MHz}$。

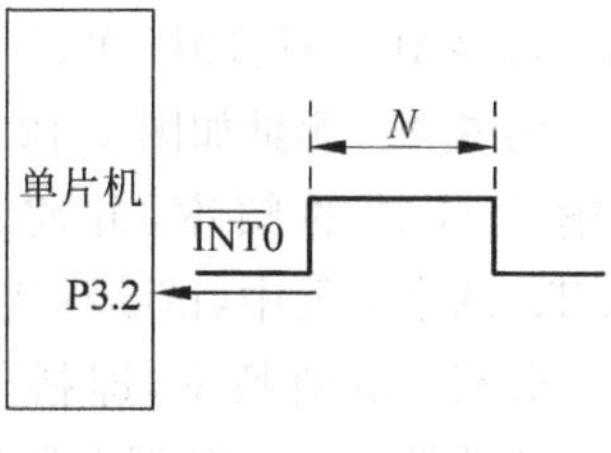

图 5.11　例 5.6 图

分析：由题目要求可知，利用定时器 T0 的定时功能可达到此目的。即在$\overline{\text{INT0}}$引脚上出现高电平时，启动 T0 工作，当$\overline{\text{INT0}}$引脚变为低电平时停止计数。此时只要将 T0 所计的机器周期数乘以机器周期即为$\overline{\text{INT0}}$引脚上正脉冲的宽度 N。对 T0 初始化时，应有 GATE=1，TR0=1，C/$\overline{\text{T}}$=0，TH0=0，TL0=0(设待测脉冲宽度 N 的取值范围为 0～65536μs)。

相关汇编语言源程序如下：

```
        ORG     0000H
        LJMP    MAIN
        ORG     0100H
```

```
MAIN:   MOV   TMOD,#09H      ; T0 工作于方式 1
        MOV   TH0,#00H
        MOV   TL0,#00H       ; 计数初值为 0
BACK1:  JB    P3.2,BACK1     ; 等待INT0引脚变低
        SETB  TR0            ; 为 T0 的启动做准备
BACK2:  JNB   P3.2,BACK2     ; 若INT0引脚是低电平继续等待
BACK3:  JB    P3.2,BACK3     ; 是高电平启动 T0 工作,并等待高电平结束
        CLR   TR0            ; INT0为低电平时,T0 停止工作
        MOV   70H,TL0
        MOV   71H,TH0        ; 存放结果
        SJMP  $
        END
```

C51 参考程序如下：

```
#include  "reg51.h"
unsigned char idata  Rlt_L _at_ 0x70, Rlt_H _at_ 0x71;
void  main(){
    TMOD = 0x09;
    TH0 = 0;
    TL0 = 0;
    while(INT0);
    TR0 = 1;
    while(!INT0);
    while(INT0);
    TR0 = 0;
    Rlt_L  = TL0;
    Rlt_H  = TH0;
    return;
}
```

由于机器周期为 1μs，故最后结果就为 TH0、TL0 组成的 16 位二进制数乘以 1μs，程序中 71H、70H 单元里的结果即为待测脉冲宽度。

例 5.7 测量如图 5.12 所示的 T0(P3.4)引脚上输入脉冲的频率，并将结果存入 RUTH 与 RUTL 两个单元中，试编程实现。设 $f_{osc}=6$MHz。

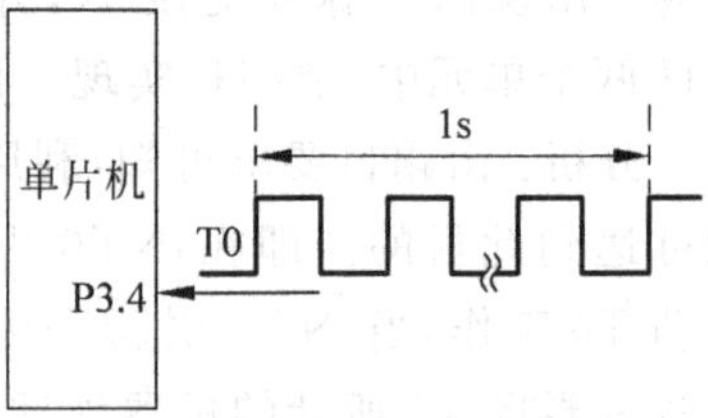

图 5.12 例 5.7 图

分析：所谓频率，即指单位时间内的脉冲个数。故要测试 T0 引脚上脉冲的频率，可利用 T1 定时 1 个单位时间(1s)，T0 对外部脉冲计数，在此期间所计的脉冲数即为待测频率值。

由于 $f_{osc}=6$MHz，则机器周期 $t=2\mu$s，若选 T1 工作在方式 1 下，其最大定时时间也远远小于 1s，因此，利用 T1 完成定时 1s 的任务，还必须配合相应软件来实现。即：可以设计一个 T1 定时次数计数器，若设 T1 定时 100ms，当该计数器值为 10 时，则定时 1s 到。根据题目要求，要测试外部脉冲的频率，即当 T1 开始定时时，T0 立即对外部脉冲进行计数，定时时间 1s 到，则 T0 停止计数，此时的计数值即为最后结果。

若设 T1 定时次数计数器为 CONT，待测脉冲频率小于 65536/s，有 T1 定时、方式 1、由 TR1 控制其启停、计数初值 N=3CB0H；T0 计数、方式 1、由 TR0 控制其启停、计数初值 N=0，则 TMOD 应为 00010101B 即 15H。

实现题目要求的汇编语言源程序如下：

```
RUTL    EQU     70H
RUTH    EQU     71H
CONT    EQU     72H
        ORG     0000H
        LJMP    MAIN
        ORG     0100H
MAIN:   MOV     TMOD,#15H       ; T0,T1 初始化
        MOV     TH0,#00H
        MOV     TL0,#00H        ; T0 计数初值置 0
        MOV     TH1,#3CH
        MOV     TL1,#0B0H       ; T1 定时 100ms
        MOV     CONT,#10        ; 计数器初始化
        SETB    TR1             ; 启动 T1 定时
        SETB    TR0             ; 启动 T0 计数
BACK1:  JNB     TF1,BACK1       ; 等待定时 100ms 到
        CLR     TF1             ; 计数器溢出标志清 0
        MOV     TH1,#3CH
        MOV     TL1,#0B0H       ; 为下次定时 100ms 准备
        DEC     CONT            ; 计数初值减 1
        MOV     A,CONT
        JNZ     BACK1           ; 计数次数不到 10 次(即 1s 时间未到),继续等待
        CLR     TR0             ; 1s 时间到,T0 停止计数
        MOV     RUTH,TH0
        MOV     RUTL,TL0        ; 存结果
        SJMP    $
        END
```

C51 参考程序如下：

```
#include "reg51.h"
volatile unsigned char RUTL _at_ 0x70,RUTH _at_ 0x71, CONT _at_ 0x72;
volatile bit timeup;
void  main(){
    TMOD = 0x15;
    TH0 = 0;
    TL0 = 0;
    TH1 = 0x3C;
    TL1 = 0xB0;
    CONT = 10;
    TR1 = 1;
    TR0 = 1;
    while(CONT){
```

```
        while(!TF1);
        TF1 = 0;
        TH1 = 0x3C;
        TL1 = 0xB0;
        CONT--;
    }
    TR0 = 0;
    RUTH = TH0;
    RUTL = TL0;
    while(1);
    return;
}
```

上述程序执行后,结果单元 RUTH 及 RUTL 中的内容即为以十六进制数表示的待测脉冲频率值。

5.3 中断系统及其应用

中断是 CPU 与外设交换信息的一种方式。CPU 在执行正常程序的过程中,当某些随机的异常事件或某种外部请求产生时,CPU 将暂时中断正在执行的正常程序,而转去执行对异常事件或某种外部请求的处理操作。处理完毕后,CPU 再回到被暂时中断的程序,接着往下继续执行。

中断实际上就是 CPU 暂停执行现行程序,转而处理随机事件,处理完毕后再返回被中断的程序,这一全过程称为中断。MCS-51 单片机内的中断系统主要用于实时测控中。

5.3.1 中断系统结构

MCS-51 系列单片机的中断系统结构如图 5.13 所示,它由中断源、中断标志、中断允许控制、中断优先级控制、中断查询硬件以及相应的特殊功能寄存器组成。相应的特殊功能寄存器 TCON 和 SCON 用来存储来自中断源的中断请求标志,IE 为中断允许寄存器、IP 为中断优先级控制寄存器。

1. 中断源与中断向量

在中断系统中,将引起中断请求的设备或事件的来源称为中断源。MCS-51 系列单片机有 5 个中断源,提供两个中断优先级,可实现二级中断嵌套。5 个中断源可分为 3 类,分别是外部中断源、定时中断源、串行口接收/发送中断源。

(1) 外部中断

外部中断是指由外部原因引起的中断,51 单片机的外部中断源有两个,即外部中断 0($\overline{INT0}$)和外部中断 1($\overline{INT1}$)。

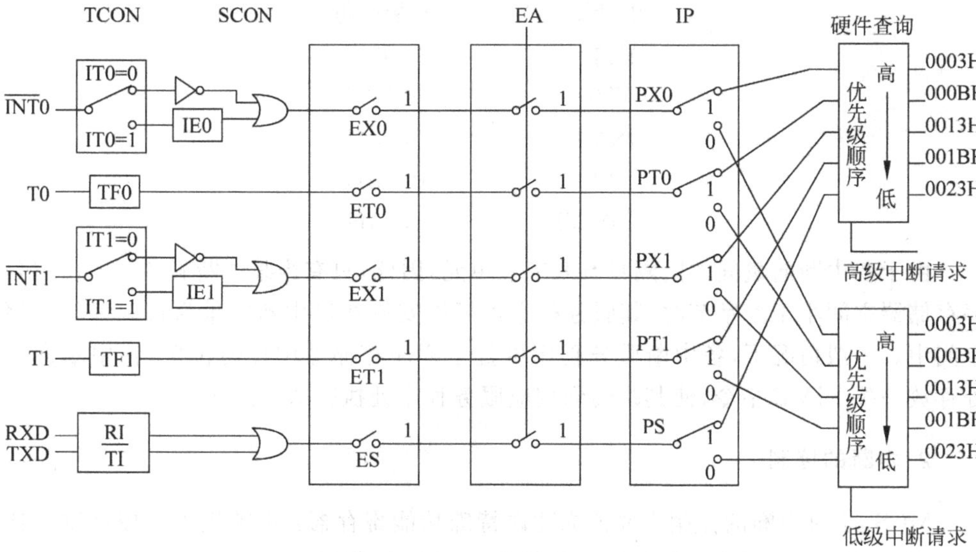

图5.13 MCS-51单片机的中断系统结构图

$\overline{INT0}$——外部中断0请求信号，由P3.2引脚输入。可由IT0(TCON.0)选择其为低电平有效还是下降沿有效。当CPU检测到P3.2引脚上出现有效的中断信号时，中断标志IE0(TCON.1)置1，并向CPU提出中断申请。

$\overline{INT1}$——外部中断1请求信号，由P3.3引脚输入。可由IT1(TCON.2)选择其为低电平有效还是下降沿有效。当CPU检测到P3.3引脚上出现有效的中断信号时，中断标志IE1(TCON.3)置1，并向CPU提出中断申请。

(2) 定时中断

定时中断是为满足定时或计数溢出处理的需要而设置的。当定时器/计数器中的加1计数器计数溢出时，即表明定时时间到或计数值已满，此时便可通过置位溢出标志位TFi，向CPU提出中断请求，该中断请求是单片机内部发生的。

TF0——定时器/计数器T0溢出中断请求标志。当定时器/计数器T0发生溢出时，置位TF0(TCON.5)，并向CPU提出中断申请。

TF1——定时器/计数器T1溢出中断请求标志。当定时器/计数器T1发生溢出时，置位TF1(TCON.7)，并向CPU提出中断申请。

(3) 串行口中断

串行口中断是为串行数据的传送需要而设置的。串行中断请求属单片机内部中断。

RI或TI——串行口中断请求标志。当串行口接收完一帧串行数据时RI为1或当串行口发送完一帧串行数据时TI为1，并向CPU提出中断申请。

当某中断源的中断申请被CPU响应之后，CPU便会将相应的中断服务程序入口地址送给程序计数器PC，转向执行该中断服务程序。中断服务程序入口地址也称为中断向量。在MCS-51系列单片机中各中断源与各对应中断向量的关系如下：

中断源	中断向量
$\overline{\text{INT0}}$	0003H
T0	000BH
$\overline{\text{INT1}}$	0013H
T1	001BH
RI或TI	0023H

由于各中断向量间的间隔只有8字节单元，因此，只有当某中断服务程序所占程序存储器空间小于8字节时，其服务程序才可以安排在以中断向量为首地址的存储空间中。一般情况下，各中断服务程序可置于程序存储器中任何位置，在中断向量处存放一条LJMP指令，使其跳转到相应服务程序处执行即可。

2. 中断的控制

MCS-51对中断的控制主要依靠片内特殊功能寄存器：中断优先级控制寄存器IP、中断允许寄存器IE以及中断源寄存器TCON和SCON。

(1) 中断允许寄存器IE

单片机中所有的中断均为可屏蔽中断，中断允许寄存器IE主要完成对系统中各中断源的允许与屏蔽的控制，以及是否允许CPU响应中断的控制。IE的状态由软件设定。若某位设定为1，则相应的中断源中断允许；反之，该中断源的中断被屏蔽。上电复位时，IE各位初始为0，禁止所有中断。

IE寄存器属51单片机的特殊功能寄存器，其映像字节地址为A8H。IE寄存器各位的定义如下：

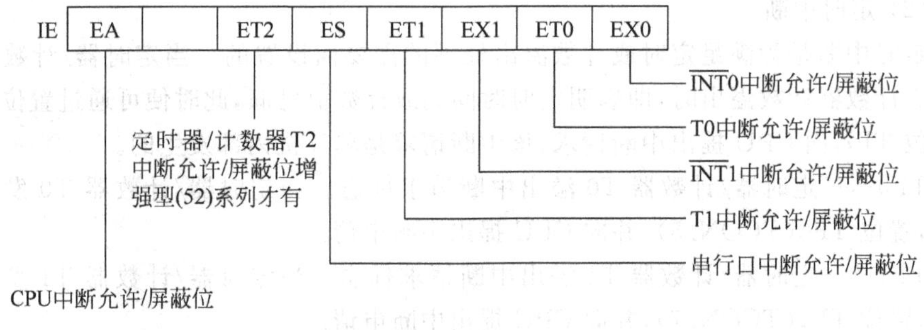

(2) 中断优先级控制寄存器IP

当系统中的多个中断源同时向CPU提出中断请求时，为使CPU能够按照轻重缓急的次序响应各中断，就必须给每个中断源安排一个中断响应的优先顺序，这种优先顺序常被称为中断优先级。

MCS-51单片机的中断优先级，由中断优先级控制寄存器IP统一管理。它具有两个中断优先级，可通过软件设置各中断源的优先级。当IP中某位设定为1时，其相应的中断源则为高优先级中断；某位设定为0时，其相应的中断源则为低优先级中断。单片机复位时，IP各位初始为0，各中断源同为低优先级中断。

IP 寄存器也属 51 单片机的特殊功能寄存器，其映像字节地址为 B8H。IP 寄存器各位的定义如下：

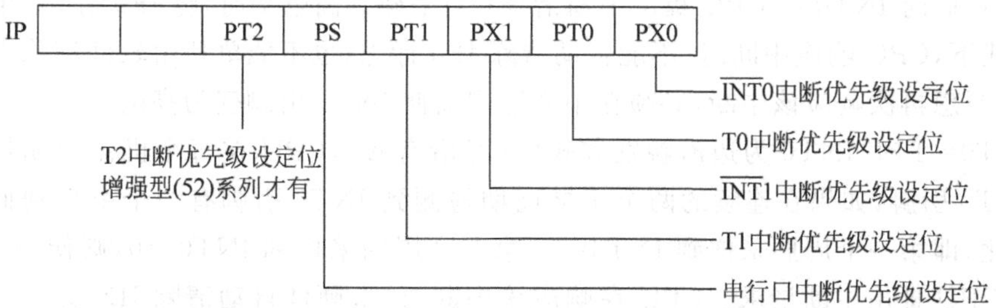

由于 MCS-51 单片机具有两个中断优先级，故可实现两级中断嵌套，一个正在被执行的低优先级中断服务程序能被高优先级中断源所中断，但不能被另一个低优先级中断源所中断。若 CPU 正在执行高优先级的中断服务程序，则不能被任何中断源所中断，直到该高级中断服务程序执行了 RETI 指令返回主程序后，再执行一条指令，才能响应新的中断源申请。为实现上述功能，中断系统内部设有两个用户不能访问的优先级状态触发器。一个指出 CPU 是否正在执行高优先级中断服务程序，另一个指出 CPU 是否正在执行低优先级中断服务程序，这两个触发器的 1 状态分别屏蔽所有的低优先级中断申请和同一优先级的其他中断申请。

同一级中断中，硬件上的查询顺序决定其优先级的高低，其查询顺序如图 5.14。

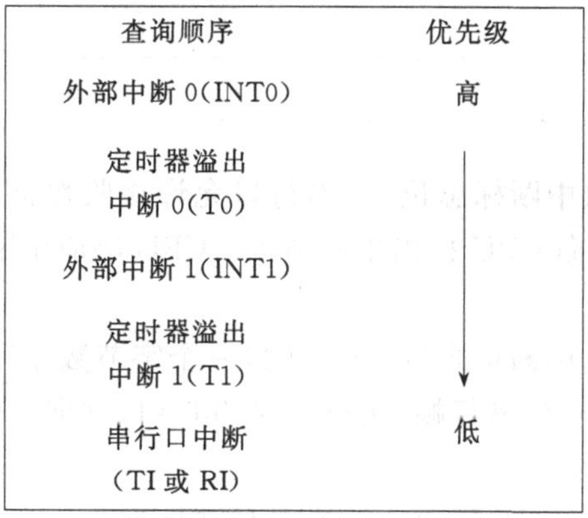

图 5.14　优先级查询顺序图

(3) 中断源寄存器 TCON 和 SCON

在 51 单片机的中断系统中，由特殊功能寄存器 TCON 和 SCON 的相应位来锁存各中断请求标志。

① TCON 为定时器/计数器的控制寄存器(其映像字节地址为 88H)，它也锁存外部中断请求标志，与中断标志位有关的格式如下：

TF1		TF0		IE1	IT1	IE0	IT0

IT0——外部中断0(INT0)触发方式控制位。

IT0=0时,INT0为电平触发方式。当CPU采样到INT0引脚为低电平时使IE0=1,此时INT0向CPU提出中断请求;当采样到高电平时,将IE0清0。电平触发方式下,CPU响应中断时,不能自动清除IE0标志,也不能单独由软件清除IE0标志,故要想再次响应该中断,必须在中断返回前使INT0引脚变为高电平。

IT0=1时,INT0为边沿触发方式(下降沿有效),CPU在每个机器周期均会采样INT0引脚,如果在连续的两个机器周期检测到INT0引脚有一个由高到低的电平变化,即第一个周期采样到INT0=1,第二个周期采样到INT0=0,则使IE0=1,并向CPU提出中断请求。CPU在响应该中断时,由硬件自动清除IE0标志。该方式下,为保证CPU能检测INT0引脚上的下跳变,INT0的高、低电平持续时间至少应保持1个机器周期。

IE0——外部中断INT0中断请求标志位。IE0=1时,表示INT0向CPU请求中断。

IT1——外部中断1(INT1)触发方式控制位。其操作功能与IT0类同。

IE1——外部中断INT1中断请求标志位。其操作功能与IE0类同。

TF0、TF1——定时器/计数器T0、T1溢出中断请求标志位。其功能如5.2.3小节所述。

② SCON是串行口控制寄存器(其映像字节地址为98H),它锁存的中断请求标志只有两位,其格式如下:

						TI	RI

RI——串行口接收中断标志位,在串行口允许接收数据时,每接收完一个串行帧,由硬件使RI=1,并向CPU提出中断请求。CPU响应中断时,不能自动清除RI,必须由软件使RI=0。

TI——串行口发送中断标志位。CPU将一个字节数据写入串行口发送缓冲器后启动发送,每发送完一个串行帧,由硬件使TI=1,并向CPU提出中断请求。同样,TI必须由软件清除。

单片机上电复位后,TCON和SCON各位初始为0。

所有能产生中断的标志位均可由软件置1或清0,由此可以获得与硬件使之置1或清0同样的效果。

5.3.2 中断处理过程

一个完整的中断处理过程包括中断请求、中断响应、中断处理、中断返回几个部分,前面已经介绍了中断请求与控制,下面将介绍其他几部分内容。

1. 中断响应

中断响应是指当系统中某中断源向 CPU 提出中断请求后，CPU 响应中断的条件成立，而转向执行中断服务程序的过程。

(1) 中断响应的条件

① CPU 的中断是允许的(即 IE 中最高位为 1)，且未响应中断或正在响应低级中断；

② 当前机器周期为所执行指令的最后一个机器周期；

③ 正在执行的指令不是 RETI 或访问 IE 及 IP 的指令。

(2) 中断响应过程

当有中断请求，且 CPU 响应中断条件成立的前提下，CPU 便会响应中断，其响应过程如下：

① 将相应的优先级状态触发器置 1，以禁止同级或低级的中断嵌套；

② 将当前程序计数器 PC 的内容压入堆栈保存，并将相应的中断服务程序入口地址送入 PC，以实现程序的转移；

③ 执行中断服务程序。

中断响应过程的前两步是由硬件自动完成的，而中断服务程序则需由用户根据需求自行编写完成。

2. 中断处理

从中断服务程序的第一条指令开始到返回指令为止，这个过程称为中断处理或中断服务。一般情况下包括保护现场、中断服务及恢复现场三部分内容。

由于在实际使用中，主程序和中断服务程序可能会用到一些相同的寄存器，如累加器、PSW 寄存器，以及一些其他寄存器等。为避免在中断服务程序中破坏原主程序中使用相关寄存器的内容，一般需先保护现场，即保护那些在中断服务程序及主程序中都用到的寄存器的内容；然后再执行中断服务程序；在返回主程序以前，恢复所保存的那些寄存器内容，即恢复现场。

3. 中断返回

中断返回是指当中断服务程序执行完后，CPU 返回到断点处继续执行原来程序的过程。通过执行 RETI 指令可实现中断返回，该指令的功能是将断点地址从堆栈中弹出，送给程序计数器 PC，以实现程序的转移。同时，它还通知中断系统该中断处理已完成，将中断系统中不可访问的优先级状态触发器的状态清 0。

中断返回时，应撤销该中断请求，即将中断请求标志清 0，以使 CPU 能再次响应该中断或其他中断请求。定时器溢出中断标志 TF0、TF1 以及由跳沿激活的外部中断标志 IE0、IE1 均会在 CPU 响应中断时，由硬件自动清除；对于不能由硬件自动清除的中断标志 RI、TI 则需由软件来清除；而由电平触发的外部中断请求，则只有使 INT0 或 INT1 引脚上的电平信号变为高电平后，才能将 IE0 或 IE1 标志清 0。

5.3.3 中断的应用

中断不是一个独立的单元,它的应用应结合一定的对象来实现,现将通过前面已有例子来进一步说明中断的应用。

例 5.8 如图 5.15 所示,欲使与 P1.0 引脚相连的 LED 以 2s 为周期闪烁,试编程实现。

分析:由图 5.15 可知,欲使 LED 按 2s 为周期闪烁,实际上就是控制 LED 以 1s 的频率改变其亮、灭的状态。要使 LED 亮,则 P1.0 输出"1",否则输出"0"。

1s 的延时时间利用定时器/计数器来实现,设单片机的振荡频率为 6MHz,则其机器周期为 2μs,根据前面所学知识可知,仅仅只利用定时器 T0 或 T1 无法实现 1s 的定时,要定时 1s 需定时器 T0 和 T1 共同配合使用来达到目的。如图 5.15,可通过使 T0 定时 50ms,在 P1.3 引脚上输出一个周期为 100ms 的方波,计数器 T1 对该脉冲进行计数,计满 10 个,便达到定时 1s 的目的。以 1s 为周期对 P1.0 引脚状态求反,便能实现题目的要求。

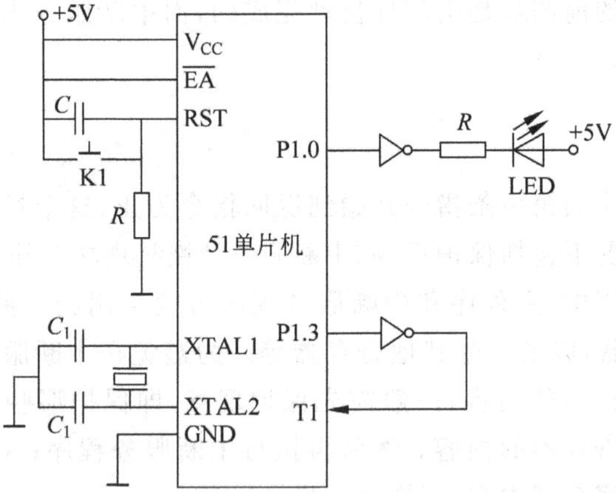

图 5.15 例 5.8 电路结构示意图

由以上分析可知:T0 作定时器,工作在方式 1 下,由 TR0 控制启停;T1 作计数器,工作在方式 2 下,由 TR1 控制启停。由式(5-1)可得,定时器 T0 的计数初值为 40536 即 9E58H。由式(5-2)可知,定时器 T1 的计数初值为 246D 即 F6H。T0、T1 均允许中断,故其 TMOD 为:01100001B 即 61H。

实现题目要求的汇编语言源程序如下:

```
ORG     0000H
LJMP    MAIN
ORG     000BH
LIMP    INTT0
ORG     001BH
```

```
        LJMP    INTT1
        ORG     0100H
MAIN:   CLR     P1.0            ; 给 LED 一个初态
        SETB    P1.3            ; P1.3 引脚输出高电平
        MOV     TMOD,#61H       ; T0、T1 方式初始化
        MOV     TH1,#0F6H       ; 设置 T1 计数初值
        MOV     TL1,#0F6H       ; 因方式 2 会自动重装计数初值,故初始时需将 TH1、TL1
                                ; 装入相同初值
        MOV     TH0,#9EH        ; 设置 T0 计数初值
        MOV     TL0,#58H
        SETB    TR0             ; 启动 T0 工作
        SETB    TR1             ; 启动 T1 工作
        SETB    PT0             ; 设置 T0 为高优先级中断
        CLR     PT1             ; 设置 T1 为低优先级中断
        SETB    ET0             ; 开放 T0 中断
        SETB    ET1             ; 开放 T1 中断
        SETB    EA              ; 开放 CPU 的中断
        SJMP    $               ; 等待中断

        ORG     0400H           ; 定时器 T0 中断服务程序
INTT0:  MOV     TH0,#9EH        ; 重装 T0 计数初值,为下一次定时做准备
        MOV     TL0,#58H
        CPL     P1.3            ; T0 中断,50ms 到对 P1.3 引脚求反一次以得到周期为
                                ; 100ms 的脉冲串
        RETI                    ; 中断返回

        ORG     0500H           ; 定时器 T1 中断服务程序
INTT1:  CPL     P1.0            ; T1 中断,1s 时间到,改变 LED 状态
        RETI
```

C51 参考程序如下：

```
#include  "reg51.h"
sbit  P1_0 = P1^0;
sbit  P1_3 = P1^3;
void INT_timer0(void) interrupt 1
{     TH0  =  0x9E;
      TL0  =  0x58;
      P1_3 = ~P1_3;
      return;
}
void INT_timer1(void) interrupt 3
{     P1_0 = ~P1_0;
      return;
}
void  main(){
      P1_0 = 0;
      P1_3 = 1;
      TMOD = 0x61;
```

```
    TH1 = 0xF6;
    TL1 = 0xF6;

    TH0 = 0x9E;
    TL0 = 0x58;
    TR0 = 1;
    TR1 = 1;
    PT0 = 1;
    PT1 = 0;
    ET0 = 1;
    ET1 = 1;
    EA = 1;
    while(1);
    return;
}
```

例 5.9 利用中断实现例 5.6 测量 INT0 引脚上的正脉冲宽度的功能。设待测脉冲的宽度为 N，且有 $0<N<65536\mu s$。

分析：由例 5.6 可知，在 INT0 引脚上出现高电平时，使定时器 T0 开始计数，当 INT0 引脚变为低电平时停止计数，即可得到待测正脉冲的宽度。此时可利用 INT0 的跳沿中断来中止 T0 计数。为准确测得 INT0 引脚上正脉冲的宽度，便应严格控制 T0 开始计数的时刻，为保证在 INT0 引脚上刚有一个由低到高的跳变，T0 计数，则需先等待 INT0 引脚信号为低后再将 TR0 置 1，此时若 INT0 变为高电平便能立即启动 T0 开始计数。同例 5.6 有控制字 TMOD 为 09H，计数初值为 0000H。

相关汇编语言源程序如下：

```
        ORG     0000H
        LJMP    MAIN
        ORG     0003H
        LJMP    INT0
        ORG     0100H
MAIN:   MOV     TMOD, #09H      ; T0 工作于方式 1
        MOV     TH0, #00H
        MOV     TL0, #00H       ; 计数初值为 0
BACK1:  JB      P3.2,BACK1      ; 等待 INT0 引脚变低,为准确测试 INT0 引脚上正脉冲宽度
                                ; 做准备
        SETB    TR0             ; 为 T0 的启动做准备
        SETB    IT0             ; 指定 INT0 为边沿触发方式
        SETB    EX0             ; 开放 INT0 中断
        SETB    EA              ; 开放 CPU 的中断
        SJMP    $               ; 等待中断

        ORG     0200H           ; INT0 中断服务程序
INT0:   CLR     TR0             ; INT0 为低电平时,T0 停止工作
        MOV     70H,TL0
        MOV     71H,TH0         ; 存放结果
        RETI
```

C51 参考程序如下：

```
#include  "reg51.h"
volatile unsigned char  Rlt_L _at_ 0x70, Rlt_H _at_ 0x71;
void INT_timer0(void) interrupt 0
{     TR0 = 0;
      Rlt_L = TL0;
      Rlt_H = TH0;
      return;
}
void  main(){

      TMOD = 0x09;
      TH0 = 0x00;
      TL0 = 0x00;
      while(INT0);
      TR0 = 1;
      IT0 = 1;
      EX0 = 1;
      EA = 1;
      while(1);
      return;
}
```

由于 f_{osc} =12MHz，故程序中 71H、70H 单元里的结果即为待测脉冲宽度。

例 5.10　利用中断完成例 5.7 测量 T0 引脚上输入脉冲频率的功能。

如前所分析，要测试 T0 引脚上脉冲的频率，即需要 T1 定时 1s，T0 则在 1s 时间内对外部脉冲计数即可。此时设计一个中断次数计数器取代例 5.7 中的定时次数计数器即可。由例 5.7 可知，此时 TMOD 为 15H，T1 的计数初值为 3CB0H（定时 100ms），T0 的计数初值为 0。允许 T1 定时中断。

实现题目要求的汇编语言源程序如下：

```
        RUTL    EQU     70H
        RUTH    EQU     71H
        CONT    EQU     72H
        ORG     0000H
        LJMP    MAIN
        ORG     001BH
        LJMP    INTT1
        ORG     0100H
MAIN:   MOV     TMOD, #15H          ; T0、T1 初始化
        MOV     TH0, #00H
        MOV     TL0, #00H           ; T0 计数初值置 0
        MOV     TH1, #3CH
        MOV     TL1, #0B0H          ; T1 定时 100ms
        MOV     CONT, #10           ; 中断次数计数器初始化
        SETB    TR1                 ; 启动 T1 定时
        SETB    TR0                 ; 启动 T0 计数
        SETB    ET1                 ; 开放 T1 中断
```

```
        SETB    EA              ; 开放 CPU 中断
        SJMP    $               ; 等待中断

        ORG     0200H           ; 定时器 T1 中断服务程序
INTT1:  MOV     TH1, #3CH
        MOV     TL1, #0B0H      ; 为下次定时 100ms 做准备
        DEC     CONT            ; 计数初值减 1
        MOV     A,CONT
        JNZ     EXIT            ; 计数次数不到 10 次(即 1s 时间未到),继续等待
        CLR     TR0             ; 1s 时间到,T0 停止计数
        MOV     RUTH,TH0
        MOV     RUTL,TL0        ; 存结果
EXIT:   RETI                    ; 中断返回
```

C51 参考程序如下:

```
#include  "reg51.h"
volatile unsigned char  RUTL _at_ 0x70, RUTH _at_ 0x71, CONT _at_ 0x72;
void INT_timer1(void) interrupt 3
{     TH1 = 0x3C;
      TL1 = 0xB0;
      CONT--;
      if(CONT == 0)
      {    TR0 = 0;
           RUTH = TH0;
           RUTL = TL0;
      }
      return;
}
void  main(){
      TMOD = 0x15;
      TH0 = 0x00;
      TL0 = 0x00;
      TH1 = 0x3C;
      TL1 = 0xB0;
      CONT = 10;
      TR1 = 1;
      TR0 = 1;
      ET1 = 1;
      EA = 1;
      while(1);
      return;
}
```

上述程序执行后,结果单元 RUTH 及 RUTL 中的内容即为以十六进制数表示的待测脉冲频率值。

5.4 串行接口及其应用

串行通信是将数据按二进制形式,利用一条信号线一位一位顺序传送的通信。其优点是用于通信的线路少,因而特别适合远距离通信。例如,微型计算机与计算

中心之间、微机系统之间或微机与其他系统之间等。同时，串行通信也常用于速度要求不高的近距离数据传送，例如，单片机之间、单片机与 PC 之间等的通信。要实现单片机间的串行通信，必须要利用相应的接口，该类接口就被称为串行接口。

MCS-51 系列单片机内的串行接口是一个可编程的全双工串行通信接口，通过软件编程，既可作为通用异步接收和发送器 UART（通用异步收发器），也可作为同步移位寄存器。其帧格式可有 8 位、10 位或 11 位，并可以设置多种不同的波特率。

5.4.1 串行口的结构

结构框图如图 5.16 所示。

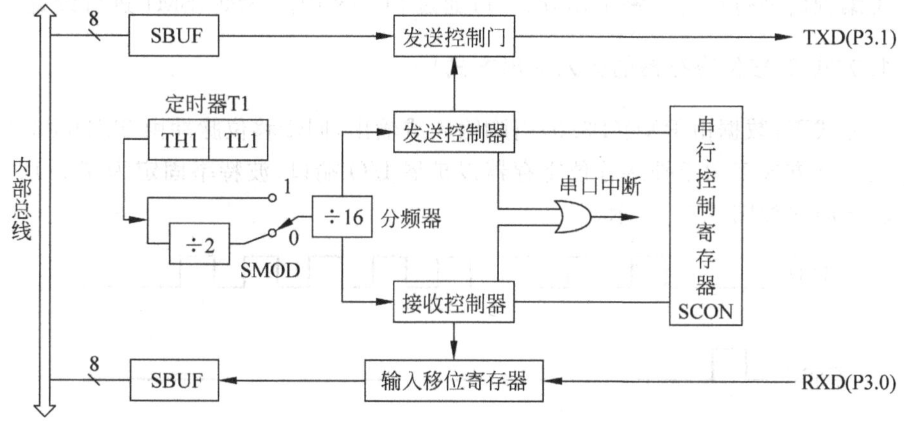

图 5.16 串行接口结构框图

MCS-51 单片机中串行接口主要由数据发送（接收）缓冲寄存器 SBUF、发送控制器、控制门、接收控制器、输入移位寄存器和中断部分组成，其内部还有一个串行控制寄存器 SCON 和一个波特率发生器（由 T1 及分频器组成），如图 5.16 所示。

缓冲器 SBUF 是一个专用的特殊功能寄存器，它包括发送寄存器和接收寄存器，以便能以全双工方式进行通信。它们共用同一字节地址 99H，发送缓冲器只能写入，不能读出；接收缓冲器只能读出，不能写入。串行发送与接收的速率与移位时钟同步，定时器 T1 及分频器作为串行通信的波特率发生器，提供串行发送或接收的移位时钟。移位时钟的速率即波特率。

在进行通信时，MCS- 51 单片机通过引脚 RXD（P3.0，串行数据接收端）和引脚 TXD（P3.1，串行数据发送端）与外界通信。接收时，为了避免在接收到第二帧数据之前，CPU 未及时响应接收器的前一帧中断请求把前一帧数据读走，而造成两帧数据重叠的错误，因此采用双缓冲结构，即通过引脚 RXD 将外界的串行输入数据先逐位进入输入移位寄存器，然后再送入接收 SBUF。发送时，因为 CPU 是主动的，不会产生写重叠问题，则不需要双缓冲器结构，以保持最大传送速率，因此，仅用了 SBUF 一个缓冲器。

串行口的发送和接收都是以特殊功能寄存器 SBUF 的名称进行读或写的，当向 SBUF 发“写”命令时(MOV SBUF,A)，即向发送缓冲器 SBUF 装载并开始由 TXD 引脚向外发送一帧数据，发送完后便使发送中断标志 TI=1；在串行口接收中断标志 RI(SCON.0)=0 的条件下，置允许接收位 REN(SCON.4)=1，就会启动接收过程，一帧数据进入输入移位寄存器，并装载到接收 SBUF 中，同时使 RI=1。执行读 SBUF 的命令(MOV A,SBUF)，则可以由接收缓冲器 SBUF 取出信息并通过内部总线送 CPU。

5.4.2 串行口的工作方式

可编程的串行口有 4 种工作方式，可通过 SCON 中的 SM0、SM1 进行设置。

1. 方式 0(移位寄存器的输入输出方式)

该方式下，数据由 RXD(P3.0)引脚输入或输出，同步移位脉冲由 TXD(P3.1)引脚输出。该方式多用于外接移位寄存器以扩展 I/O 端口，波特率固定为 $f_{osc}/12$。其输入输出时序如图 5.17 所示。

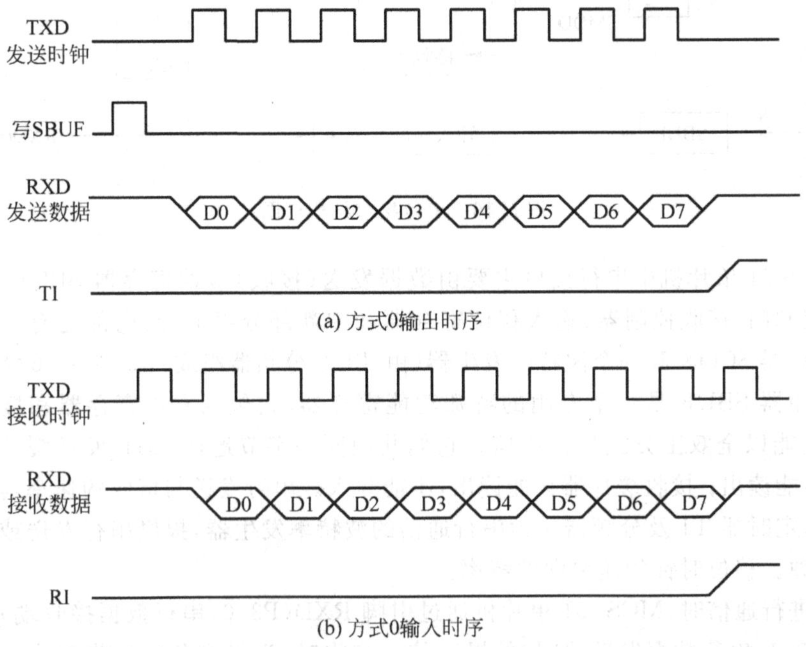

图 5.17 方式 0 输入输出时序

发送时，串行口相当于一个并入串出移位寄存器。在 TI=0 的前提下，对缓冲器 SBUF 写入一个数据时，就启动了串行口的发送，通过移位寄存器将写入到 SBUF 的 8 位数据以 $f_{osc}/12$ 的固定波特率，按由低到高的顺序，逐位从 RXD 引脚输出。此时，TXD 引脚输出频率为 $f_{osc}/12$ 的同步移位脉冲。当 8 位数据发送完后，中断标志 TI 自动置 1。如要再发送下一字节数据，则必须用软件将 TI 清 0。

接收时，串行口相当于一个串入并出移位寄存器。当 REN＝1 且 RI＝0 时，便启动串行口接收。此时，RXD 引脚为串行输入引脚，TXD 仍为同步脉冲移位输出端。当接收完 8 位数据后，由硬件自动将中断标志 RI 置 1。如要再接收数据，则必须用软件将 RI 清 0。

该方式下，必须使 SCON 寄存器中的 SM2 位为 0。

2. 方式 1(波特率可变 10 位异步通信方式)

该方式为标准的异步通信方式，其通信格式为：起始位 1 位，数据位 8 位，停止位 1 位。且工作在全双工方式下，以 TXD 为串行数据的发送端，RXD 为串行数据的接收端，波特率由定时器 T1 的溢出率和 SMOD 位的状态确定。其输入输出时序如图 5.18 所示。

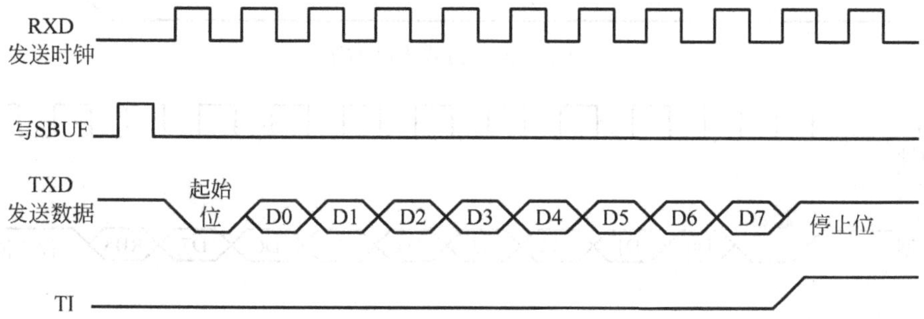

(a) 方式1输出时序

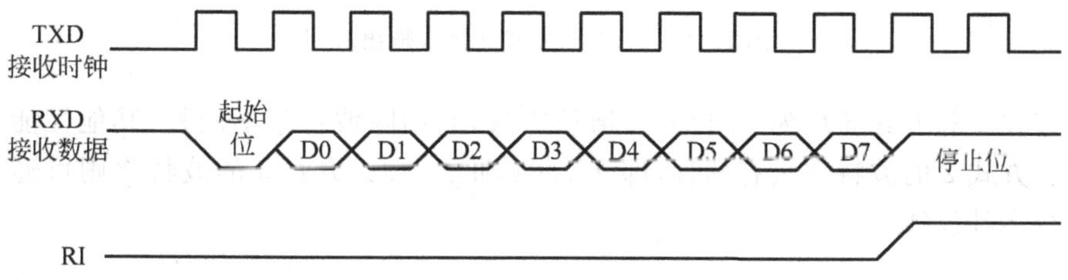

(b) 方式1输入时序

图 5.18　方式 1 输入输出时序

一条写 SBUF 的指令，即可启动其发送过程。在发送移位时钟(由波特率确定)的同步下，首先由 TXD 引脚送出起始位，然后依次送出 8 位数据位，最后送出停止位。当这样的 10 位数据(即一帧数据)发送完后，中断标志 TI 被置 1。

在允许接收时，当 RXD 引脚输入电平发生负跳变，则说明起始位有效，从而启动一次接收过程。当 8 位数据接收完，并检测到高电平停止位后，即把接收到的 8 位数据装入接收 SBUF，第 9 位(停止位)进入 RB8，中断标志 RI 被置 1。

3. 方式2、3(11位异步通信方式)

方式2和方式3的操作过程与方式1基本相同,其输入输出时序如图5.19所示。它们的主要区别在于方式2和方式3有第9位数据,该位数据的主要作用是用作数据的奇偶校验位,或在多机通信中作为地址/数据的特征位,该位数据保存在RB8(接收时)或TB8(发送时)中。

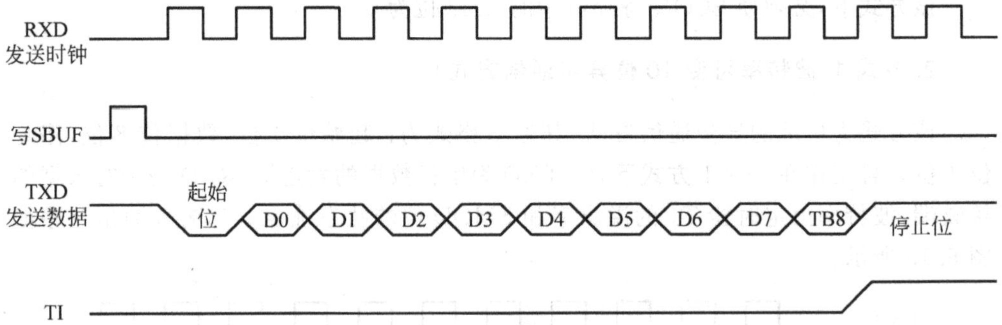

(a) 方式2、方式3输出时序

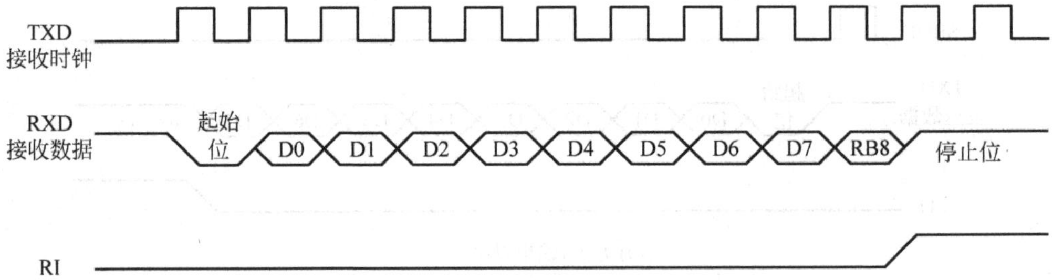

(b) 方式2、方式3输入时序

图5.19　方式2、方式3输入输出时序

方式2和方式3均为11位异步通信方式,它们除波特率不同外,其他性能完全相同。方式2的波特率只有两种,即$f_{osc}/64$和$f_{osc}/32$,方式3的波特率则可通过编程进行多种设置。

5.4.3　串行口的使用

要使用51单片机内部的串行口就必须对相关寄存器、参数进行预置,该过程也称为对其进行初始化。

1. 与串行口有关的特殊功能寄存器

(1) SBUF

如前所述,SBUF为串行口接收/发送数据缓冲器(其映像字节地址为99H)。接收数据时，它是一个串入并出移位寄存器，执行一条读 SBUF 的指令，可读得接收到的 8 位数据；发送数据时，它是一个并入串出移位寄存器，由指令写入 SBUF 的数据将转换为串行数据发送出去。通过 SBUF 寄存器可实现对串行数据的输入输出操作。

(2) SCON

SCON 是串行口控制寄存器，专门用以设定串行口的工作方式、接收/发送控制以及相关标志的状态。其格式及各位功能如下：

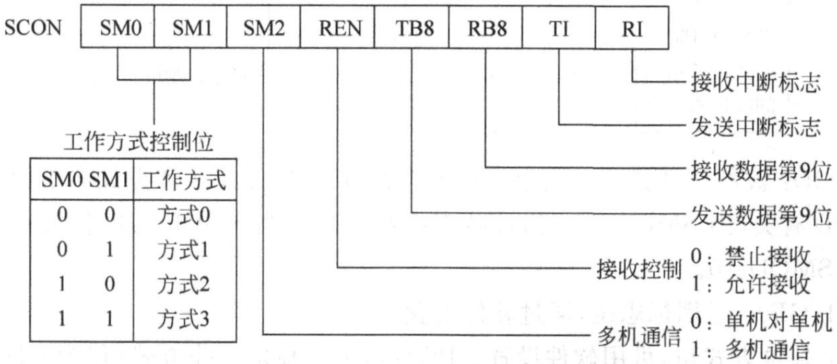

SM2：多机通信控制位，主要用于方式 2 和方式 3。当接收机的 SM2＝1 时，可以利用收到的第 9 位数据即 RB8 的状态决定是否将 RI 置 1，以及是否将接收到的数据存入 SBUF。当 SM2＝0 时，不论收到的第 9 位数据即 RB8 的状态如何，均可以使收到的数据进入 SBUF 并置位 RI。通过控制 SM2，可以实现多机通信。在方式 0 时，SM2 必须是 0。

REN：允许串行接收位，通过软件可将其置 1 或清 0。REN＝1，启动串行口接收数据；REN＝0，禁止串行口接收数据。

TB8：用于方式 2 或方式 3 中存放发送数据的第 9 位，用软件设置其状态。

RB8：用于方式 2 或方式 3 中存放接收到的数据第 9 位。在方式 1 时，若 SM2＝0，则 RB8 接收到的是停止位。

TI：发送中断标志位。方式 0 下，当串行发送完第 8 位数据，或在其他方式下，串行发送停止位的开始时，由硬件将 TI 置 1，并向 CPU 提出中断请求。在中断服务程序中，可用软件将该标志清 0，为下次中断的到来做准备。

RI：接收中断标志位。方式 0 下，当串行接收第 8 位数据结束时，或在其他方式下，串行接收到停止位的一半时，由硬件将 RI 置 1，并向 CPU 提出中断请求。该标志也必须是在中断服务程序中，用软件将其清 0，为下次中断的到来做准备。

SCON 寄存器的内容可在任何时候通过指令来改变，但改变的内容只能在下一条指令的第一个周期才有效。在进行串行通信时，如通过指令改变了 SCON 寄存器中 TB8 的状态，但此时串行发送已开始进行，那么 TB8 送出去的仍是原有的值而不是新值。

(3) PCON

PCON 是电源控制寄存器(其映像字节地址为 87H)。它主要是为 CHMOS 型单片机的电源控制而设置的专用寄存器。与串行口初始化编程相关的只有最高位,其格式及各位作用如下:

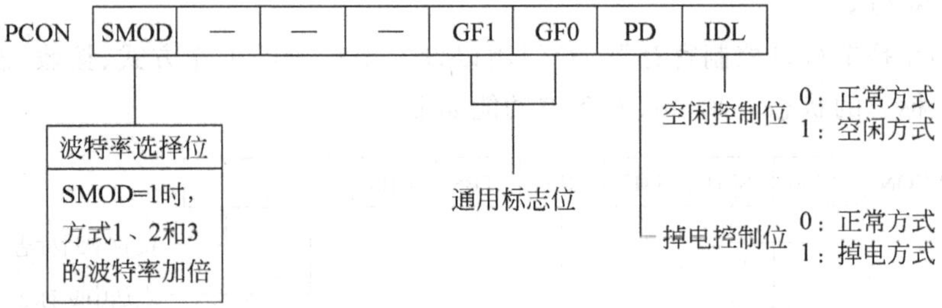

SMOD: 波特率选择位。当串行口工作在方式 1、方式 2 和方式 3 下时,波特率与 SMOD 有关,当 SMOD=1 时,波特率提高一倍。当 SMOD=0 时,波特率不变。复位时,SMOD=0。

GF1、GF0: 通用标志位,通过软件设置。

PD: 掉电方式位,可用软件设置。PD=1,进入掉电工作方式(仅为 CHMOS 器件所用)。

IDL: 待机方式,可用软件设置。IDL=1,进入待机工作方式(仅为 CHMOS 器件所用)。

2. 串行口波特率的选择

不同的工作方式,其波特率的取值也各异。各种方式下波特率的计算方法如下:

① 方式 0 下,波特率$=\frac{f_{osc}}{12}$,$f_{osc}=6\sim12\text{MHz}$;

② 方式 2 下,波特率$=\frac{2^{SMOD}}{64}\times f_{osc}$,即有$\frac{1}{64}f_{osc}$和$\frac{1}{32}f_{osc}$两种;

③ 方式 1、3 下,其波特率为非固定值,可由编程设置,其计算方法如下:

$$\text{方式 1、3 波特率}=\frac{2^{SMOD}}{32}\times\text{定时器 T1 的溢出率}$$

式中,SMOD 为 PCON 的最高位,可通过软件设置;定时器 T1 溢出率是单位时间秒内的溢出次数,即溢出频率。有:

$$\text{T1 的溢出率}=\frac{1}{\text{T1 定时时间间隔(s)}}$$

此时的定时器 T1 一般选为工作方式 2,即有自动刷新计数初值的 8 位定时器功能,可不中断。有:

$$\text{T1 定时时间间隔}=\frac{12}{f_{osc}}(2^8-N),N\text{ 为 T1 的时间常数}$$

故：

$$T1\ 的溢出率=\frac{f_{osc}}{12\times(2^8-N)}$$

$$波特率=2^{SMOD}\frac{f_{osc}}{32\times12\times(2^8-N)}$$

根据给定的波特率，可以计算 T1 的计数初值 N。

3. 串行通信结束的查询与中断

串行通信中，要想实现此时是否可以接收数据或继续发送数据的操作，均可通过查询方式或中断方式来完成。

(1) 查询方式

方式 1 和方式 3 查询方式的发送/接收流程图分别如图 5.20(a)、(b)所示。

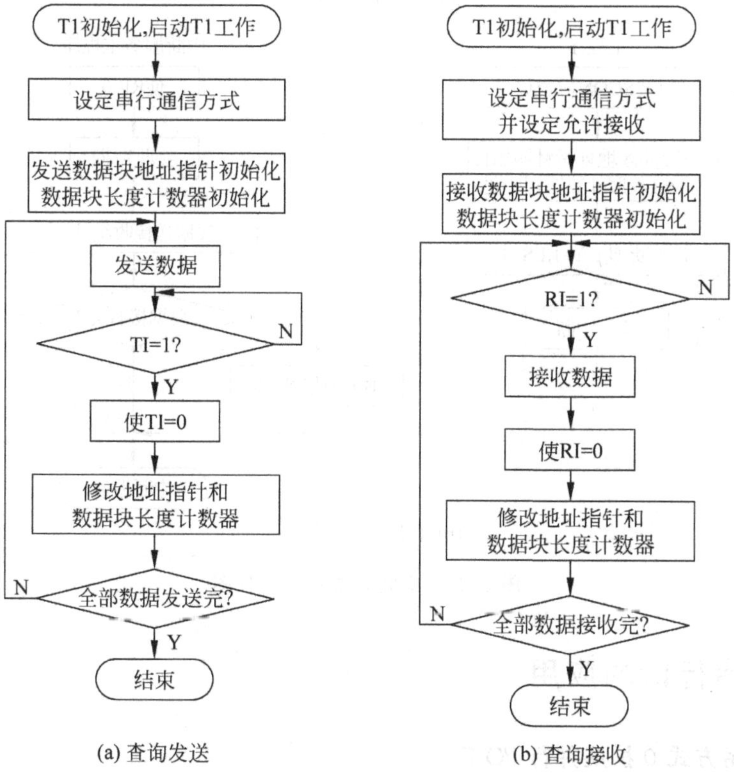

图 5.20　查询方式程序流程图

(2) 中断方式

中断方式下，对 T1 和 SCON 的初始化与查询方式下相同，但需增加中断逻辑初始化部分，即：要置位 EA(CPU 中断允许)，置位 ES(允许串行中断)，中断方式的发送和接收的流程如图 5.21(a)和(b)所示。

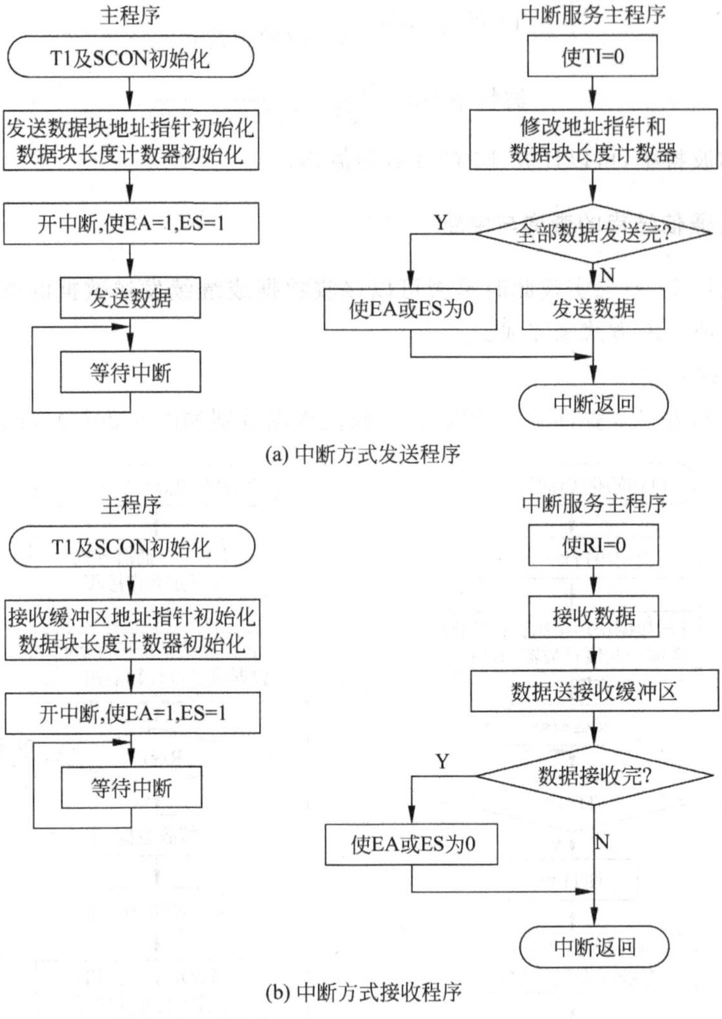

图 5.21　中断方式程序流程图

5.4.4　串行口的应用

1. 利用方式 0 扩展并行 I/O 口

MCS-51 单片机的串行口工作在方式 0 时可外扩并行 I/O 口,其方法为:

① 外接一个串入并出的移位寄存器,可扩展一个并行输出口;

② 外接一个并入串出的移位寄存器,可扩展一个并行输入口。利用移位寄存器来扩展并行口,电路简单,其扩展个数受传输速率的制约。

例 5.11　利用 51 单片机的串行口外接 74LS164 扩展 8 位并行输出口。如图 5.22 所示,8 位并行输出口的各位分别接一个发光二极管,要求发光二极管按从左到右的顺序,以一定的时间间隔依次循环发光,试编程实现。

74LS164 是一个 8 位的串行输入、并行输出移位寄存器，其输入端 A、B 与 RXD 引脚相连，以实现数据的串行输入操作；移位时钟信号端 CLK 与 TXD 相连，以实现将 RXD 引脚输出的数据(低位在前)逐位移入 74LS164。另用一条 I/O 信号线控制 74LS164 的 CLR 复位信号端，当 CLR 为 0 时，74LS164 输出固定为 0，CLR 为 1 时，74LS164 工作。

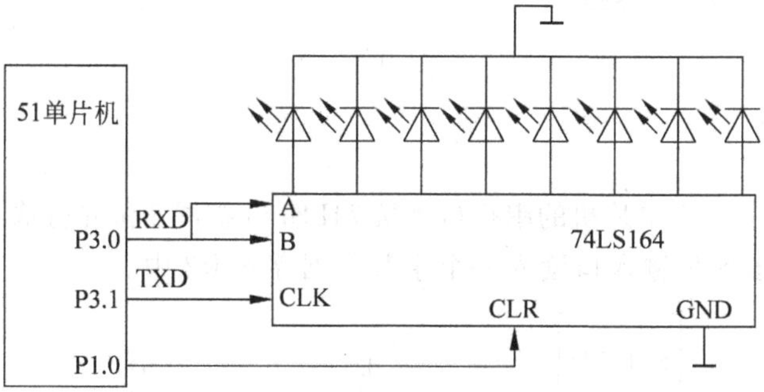

图 5.22 利用串行口扩展输出口

设数据串行发送采用查询方式，定时时间利用延时子程序 DELAY 来实现。能实现该功能的汇编语言源程序如下：

```
        ORG     0000H
        LJMP    MAIN
        ORG     2000H
MAIN:   CLR     P1.0            ；对 74LS164 清 0
        MOV     SCON,＃00H      ；设定串行口工作在方式 0
        SETB    P1.0            ；允许数据串行移位
        MOV     A,＃80H         ；预置发光二极管初态
BACK1:MOV       SBUF,A          ；启动串行口发送
BACK2:JNB       TI,BACK2        ；等待一帧发送结束
        CLR     TI              ；清发送中断标志
        LCALL   DELAY           ；延时一段时间
        RR      A               ；为发光二极管的下一次显示做准备
        SJMP    BACK1
```

C51 参考程序如下：

```
#include  "reg51.h"
sbit  P1_0 = P1^0;

//void delay(void);
void  main(){
      unsigned char  led;
      P1_0 = 0;
      SCON = 0;
      P1_0 = 1;
      led = 0x80;
```

```
    while(1){
        SBUF = led;
        while(!TI);
        TI = 0;
//      delay();
        led = led >> 1;
        if(led == 0){
            led = 0x80;
        }
    };
    return;
}
```

例 5.12 利用 51 单片机的串行口外接 74LS165 扩展 8 位并行输入口。如图 5.23 所示,要求通过该 8 位输入口读入一个字节数据存入 R2 中。

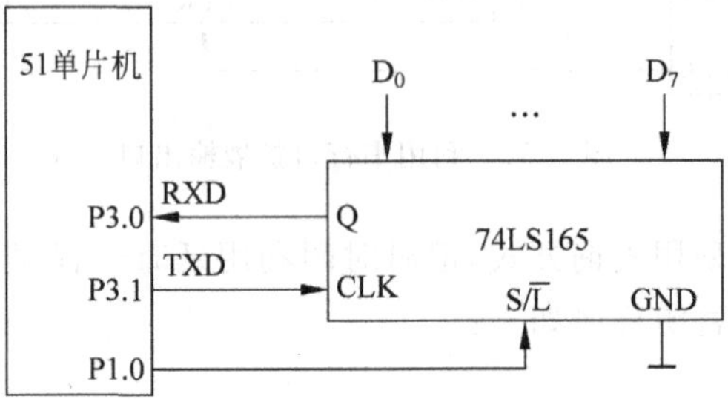

图 5.23 利用串行口扩展输入口

74LS165 是一个 8 位的并行输入、串行输出移位寄存器,它的串行输出数据与 RXD 相连,作为串行口的数据输入,移位时钟由串行口的 TXD 提供。单片机的 P1.0 与 74LS165 的 $S/\overline{L}$ 相连,作为 74LS165 的接收与控制端。$S/\overline{L}=0$ 时,74LS165 为送入并行数据。$S/\overline{L}=1$ 时,允许 74LS165 串行移位输出数据。

实现题目要求的汇编语言源程序如下:

```
        ORG     0000H
        LJMP    MAIN
        ORG     2000H
MAIN:   CLR     P1.0            ;允许并行置入数据
        SETB    P1.0            ;允许串行移位
BACK:   MOV     SCON,#10H       ;设串行口方式 0 并启动接收
BACK1:  JNB     RI,BACK1        ;等待接收一帧数据
        CLR     RI              ;清接收中断标志
        MOV     A,SBUF          ;读取缓冲器接收的数据
        MOV     R2,A            ;存结果
        SJMP    $
```

C51 参考程序如下:

```
#include "reg51.h"
sbit P1_0 = P1^0;
```

```
void  main(){
      volatile unsigned char led;
      P1_0 = 0;
      P1_0 = 1;
      SCON = 0x10;
      while(!RI);
      RI = 0;
      led = SBUF;
      while(1);
      return;
}
```

如需要接收多个数据，则程序应返回到 BACK1 处循环执行。

2. 利用方式 1 实现点对点的异步通信

点对点的异步通信也称双机通信，用于单片机与单片机之间的信息交换，也常用于单片机与通用微机间的信息交换。如果通信间的两个单片机应用系统相距很近，则可将它们的串口直接相连，以实现双机通信，如图 5.24 所示。

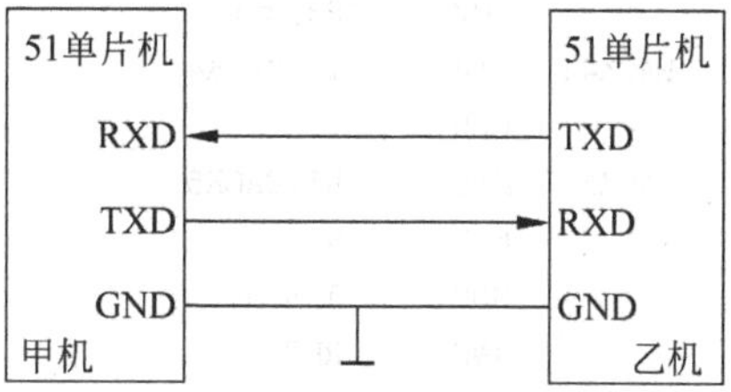

图 5.24　双机异步通信连接图

图 5.24 电路简单，但不适合远距离传送，进行远距离通信时，在两机之间应接相应的通信接口电路，这里只是利用它来学习双机通信时，其接收与发送程序的编制方法。

例 5.13　编程将甲机片内 RAM 50H～5FH 单元中的数据向乙机发送，在发送之前将数据块长度 N 发送给乙机，当发送完 N 字节后，再发送一个累加校验和。乙机接收数据进行累加和校验，如果和发送方的累加和一致，发送数据“00”，表示接收正确，如果不一致，发数据 FFH，甲机再重发，乙机接收的数据存入片内 70H～7FH 单元中。设波特率为 2400，f_{osc}=6MHz，试编程实现。

解：(1) 串行口按方式 1 允许接收

(2) 定时器 T1 按方式 2 工作，若取 SMOD=0，则由公式

$$\text{波特率}=2^{SMOD}\times\frac{f_{osc}}{32\times12\times(2^8-N)}$$

有：

$$N=256-(6\times10^6)/(2400\times384)=249.49$$

故：计数初值为 F9H。

(3) R2 设为数据块长度寄存器，计数 16 字节，R3 设为累加和寄存器

甲机发送程序如下：

```
TRT:    MOV     TMOD, #20H        ; 设定时器 1 工作在方式 2
        MOV     TH1, #0F9H        ; 设定时器 1 的初值
        MOV     TL1, #0F9H
```

```
        SETB    TR1             ;启动定时器 1
        MOV     SCON,#50H       ;串行口初始化为方式 1,允许接收
RPT:    MOV     R0,#50H
        MOV     R2,#10H         ;长度寄存器初始化
        MOV     R3,#00H         ;校验和寄存器初始化
        MOV     SBUF,R2         ;发送长度
BACK1:  JNB     TI,BACK1        ;等待发送
        CLR     TI
BACK2:  MOV     A,@R0           ;读取数据
        MOV     SBUF,A          ;发送数据
        ADD     A,R3
        MOV     R3,A            ;形成累加和送 R3
        INC     R0
BACK3:  JNB     TI,BACK3        ;等待发送
        CLR     TI
        DJNZ    R2,BACK2        ;数据未发送完,继续
        MOV     SBUF,R3         ;发校验码
        MOV     R3,#0
BACK4:  JNB     TI,BACK4        ;等待发送
        CLR     TI
BACK5:  JNB     RI,BACK5        ;等待乙机回答
        CLR     RI
        MOV     A,SBUF
        JNZ     RPT             ;发送有错则重发
        RET                     ;发送正确则返回
```

C51 参考程序:

```
#include "reg51.h"
void main(){
    volatile unsigned char rev;
    unsigned char *pt,chk,len;
    TMOD = 0x20;
    TH1 = 0xF9;
    TL1 = 0xF9;
    TR1 = 1;
    SCON = 0x50;
    do{ pt = 0x50;
        len = 0x10;
        chk = 0;
        SBUF = len;
        while(!TI);
        TI = 0;
        do{ SBUF = *pt;
            chk = chk + *pt;
            pt++;
            while(!TI);
            TI = 0;
            len--;
```

```
        }while(len>0);
        SBUF = chk;
        while(!TI);
        TI = 0;
        while(!RI);
        RI = 0;
        rev = SBUF;
    }while(rev!= 0);
    return;
}
```

乙机接收程序如下：

接收程序的通信约定同发送程序。

```
RSU:   MOV    TMOD,#20H      ;定时器 1 初始化
       MOV    TH1,#0F9H
       MOV    TL1,#0F9H
       SETB   TR1
       MOV    SCON,#50H
BACK:  MOV    R0,#70H
BACK1: JNB    RI,BACK 1      ;等待接收完毕
       CLR    RI
       MOV    A,SBUF         ;接收发送长度
       MOV    R2,A
       MOV    R3,#00H        ;累加和寄存器初始化
BACK2: JNB    RI,BACK 2      ;等待接收完毕
       CLR    RI
       MOV    A,SBUF         ;接收数据
       MOV    @R0,A          ;存数据
       INC    R0
       ADD    A,R3
       MOV    R3,A           ;形成累加和送 R3
       DJNZ   R2,BACK 2      ;数据未接收完,继续
BACK3: JNB    RI,BACK3       ;等待接收校验码
       CLR    RI
       MOV    A,SBUF
       XRL    A,R3           ;比较校验码
       MOV    R3,#00H
       JZ     BACK5
       MOV    SBUF,#0FFH     ;出错送 0FFH
BACK4: JNB    TI,BACK4
       CLR    TI
       AJMP   BACK           ;重新接收
BACK5: MOV    SBUF,#00H      ;正确回送 00H
BACK6: JNB    TI,BACK6       ;发送完返回
       CLR    TI
       RET
```

C51 参考程序如下：

```
#include  "reg51.h"
void  main(){
     volatile unsigned char  rev;
     unsigned char  *pt,chk,len;
     bit  stat;
     TMOD = 0x20;
     TH1 = 0xF9;
     TL1 = 0xF9;
     TR1 = 1;
     SCON = 0x50;
     do{ pt = 0x70;
         while(!RI);
         RI = 0;
         rev = SBUF;
         len = rev;
         chk = 0;
         do{
              while(!RI);
              RI = 0;
              rev = SBUF;
              *pt = rev;
              pt++;
              chk = chk + rev;
              len--;
         }while(len>0);
         while(!RI);
         RI = 0;
         rev = SBUF;
         if(rev == chk){
              SBUF = 0;
         }
         else{
              SBUF = 0xFF;
         }
         while(!TI);
         TI = 0;
     }while(rev!= chk);
     return;
}
```

3. 方式 2、方式 3 与多机通信

(1) 多机通信原理

串行口控制寄存器 SCON 中的 SM2 位为方式 2、方式 3 的多机通信控制位。在多机通信中起着非常重要的作用。一个典型的多机通信系统硬件连接如图 5.25 所示。

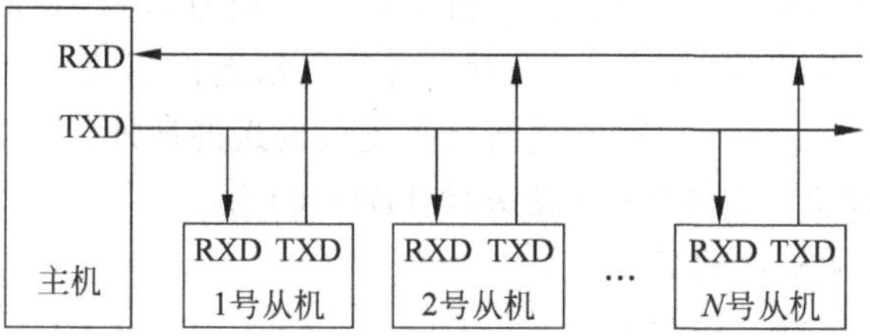

图 5.25　多机通信系统的硬件连接

当串行口以方式 2、方式 3 发送时，数据的第 9 位是可编程位，即可以通过程序改变 TB8 的状态，以区分当前所发送的是地址还是数据(TB8＝1，发送地址，TB8＝0，发送数据，发送方发送的第 9 位 TB8，将被接收方的第 9 位，即 RB8 所接收)。接收时，如果接收机的 SM2＝1，则只有接收到的 RB8＝1(即传送的是地址)，才能激活 RI，接收数据才有效。如果接收机的 SM2＝0，则无论接收到的 RB8 的状态如何，均能激活 RI，接收到的数据有效。利用串行口方式 2、方式 3 的这个特点便可以实现多机通信。

图 5.25 为一主多从结构的多机通信系统，该结构中，主、从机应设置成相同的方式，使用相同的波特率。其工作通信过程为：

① 主机发出要求与之通信的从机地址信号(如 00H、01H…)，且使 TB8＝1(即发送地址信号时第 9 位为 1)。

② 将所有从机的 SM2 都置为 1，使所有从机均能接收到主机发送来的地址信号，且将接收到的第 9 位的状态送入从机的 RB8，使 RB8＝1。

③ 所有从机均满足 SM2＝1、RB8＝1 的条件，均能激活 RI，均能进入各自的中断服务程序，在各从机的中断服务程序中进行主机发出的地址信号是否与本从机号相同的判断，相同的从机，设置其 SM2 为 0，同时将本站地址发回主机作为应答；不相符的从机，其 SM2 保持为 1。

④ 主机发出需传送的数据。并使 TB8＝0(即发送数据帧的第 9 位为 0)。

⑤ 所有从机均接收到该数据帧，其第 9 位进入 RB8，即 RB8＝0。对于地址号与主机发出的地址不相符的那些从机，由于其 SM2＝1，而接收到的第 9 位使它们的 RB8 都为 0，因此都不能激活 RI，使得接收到的数据自然丢失。

⑥ 由于地址号与主机发出的地址相同的那台从机 SM2＝0，这就使得不管接收到的第 9 位为何值，都能激活 RI，接收到的数据有效。

通过以上 6 步，便可完成主机与从机的一对一通信。当主机需与其他从机联系时，则正与主机通信的这台从机应恢复 SM2＝1，主机可再发出地址帧寻址其他从机。

(2) 多机通信协议

多机通信时，主、从机双方都应符合一定的规范，因此需要人为地制订一些协议，这些协议是主、从机双方共同遵守的规定。为叙述方便，此处仅给出几条不太完善的协议作一示范：

- 系统中允许接有255台从机，从机地址号分别为00H～FEH。
- 地址FFH(发送时TB8＝1)是对所有从机都起作用的命令。命令所有从机，恢复到SM2＝1状态，准备重新接收主机发送的地址。
- 主机发送的控制命令代码(发送时TB8＝0)为：
  00H：要求从机接收数据块。
  01H：要求从机发送数据块。
- 从机状态字格式为：

D7							D0
ERR	0	0	0	0	0	TRDY	RRDY

其中，如果ERR＝1，表示从机接收到非法命令；TRDY＝1，表示从机发送准备就绪；RRDY＝1，表示从机接收准备就绪。

(3) 应用程序

设在图5.25的多机通信系统中，接有255台从机，从机地址号分别为00H～FEH，要求设计出相关主、从机通信程序。

主机的通信程序采用子程序的形式给出。要进行串行通信，只要在主程序中设置好子程序的入口参数，调用通信子程序即可。从机通信程序则以串行口中断服务程序的形式给出，从机接收和发送的准备工作在主程序中进行。因此，若从机未做好准备工作，则从中断服务程序中返回，在主程序中等待做好准备。主、从机都采用串行口方式3。定时器初始化程序略去。

主机串行通信程序

主机通信子程序流程图如图5.26所示。其入口参数为：

R2：被寻址从机地址

R3：主机命令

R4：数据块长度

R0：主机发送数据块首地址

R1：主机接收数据块首地址

主机串行通信子程序(CXTX)如下：

```
CXTX:   MOV   SCON,#0D8H    ;置串口为方式3,SM2 = 0,TB8 = 1,REN = 1
BACK1:  MOV   A,R2          ;发送被寻址的从机地址
        MOV   SBUF,A
BACK2:  JNB   RI,BACK2      ;等待从机答应
        CLR   RI
        MOV   A,SBUF        ;取从机应答地址
        XRL   A,R2          ;核对地址
        JZ    BACK4         ;相符转BACK4
BACK3:  MOV   SBUF,#0FFH    ;不相符,命令从机重新接收地址信号
        SETB  TB8           ;置发送地址标志
        SJMP  BACK1         ;重发地址
```

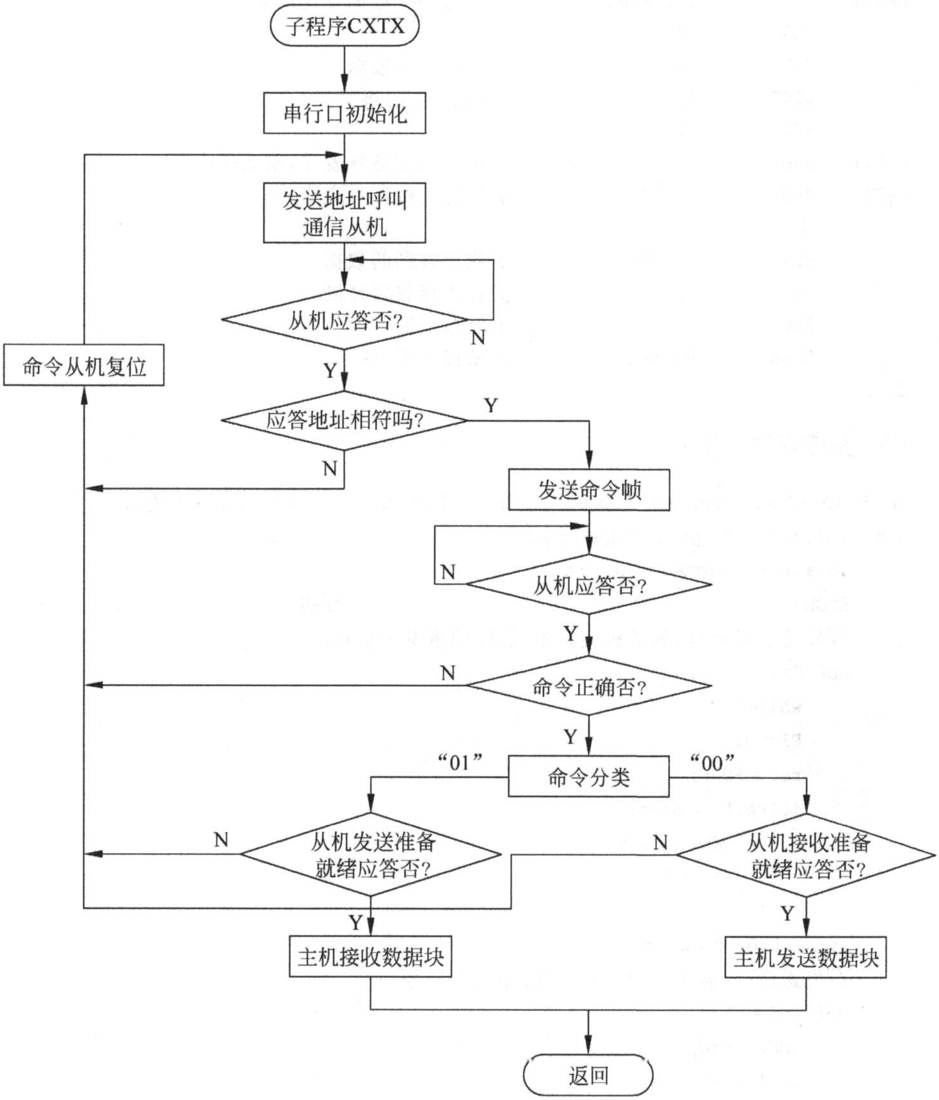

图 5.26　主机通信子程序流程图

```
BACK4:  CLR     TB8             ; 准备发送命令
        MOV     SBUF,R3         ; 送出命令
BACK5:  JNB     RI,BACK5        ; 等待从机答应
        CLR     RI
        MOV     A,SBUF          ; 读取从机应答信号,即从机状态字
        JNB     ACC.7. BACK6    ; 查看从机状态,判断其接收主机命令正确否
        SJMP    BACK4           ; 接收命令不正确,则重发
BACK6:  CJNE    R3,#00H,BACK9   ; 若命令从机发送数据则转 BACK9
        JNB     ACC.0,BACK4     ; 从机未准备好接收,重新联络
        CLR     TI
BACK7:  MOV     SBUF,@R0        ; 主机发送数据
```

```
BACK8:  JNB     TI,BACK8        ; 等待一帧数据发送结束
        CLR     TI
        INC     R0              ; 指向下一数据
        DJNZ    R4,BACK7        ; 未发送完,继续
        SJMP    EXIT
BACK9:  JNB     ACC.1,BACK4     ; 从机未准备好发送,重新联络
BACK10: JNB     RI,BACK10       ; 等待主机接收完毕
        CLR     RI
        MOV     A,SBUF          ; 取出收到的数据
        MOV     @R1,A           ; 存入接收缓冲区
        INC     R1              ; 修改指针
        DJNZ    R4,BACK10       ; 未接收完,继续
EXIT:   RET
```

C51参考程序如下：

```
void  CXTX(unsigned char submac,unsigned char cmd,unsigned char * sndpt,
unsigned char * revpt,unsigned char len){
    volatile unsigned char  rev;
    SCON = 0xD8;                                    //初始化
    //发送子机地址,若子机应答不正确,则重发子机地址
    do{ SBUF = submac;
        while(!RI);
        RI = 0;
        rev = SBUF;
        if(rev!= submac){
            SBUF = 0xFF;
            TB8 = 1;
        }
    }while(rev!= submac);
    //发送命令,若子机应答不正确,则重发命令
    do{ TB8 = 0;
        SBUF = cmd;
        while(!RI);
        RI = 0;
        rev = SBUF;
        if(cmd == 0x0){
            rev = rev & 0x80;
            if(rev == 0x80){
                break;  }
        }
        else{
            rev = rev & 0x82;
            if(rev == 0x82){
                break;  }
        }
    }while(1);
```

```
        if(cmd == 0x0){                                        //主机发送数据
            TI = 0;
            do{ SBUF = * sndpt;
                while(!TI);
                TI = 0;
                sndpt ++ ;
                len -- ;
            }while(len > 0);
        }
        else{                                                  //主机接收数据
            do{
                while(!RI);
                RI = 0;
                rev = SBUF;
                * revpt = rev;
                revpt ++ ;
                len -- ;
            }while(len > 0);
        }
        return;
    }
```

主机通信子程序的调用

如果要求 05H 号从机接收主机数据块，数据块存放在 30H～3FH 单元中。之后，要求 06H 号从机发送数据，主机将接收到的数据块存放在 40H～4FH 单元中。给出相应的入口参数，调用主机串行通信子程序 CXTX 即可。能实现该功能的主程序如下：

```
        MOV     TMOD, # 20H      ; 定时器 1,设为方式 2
        MOV     TL1, # 0E8H
        MOV     TH1, # 0E8H
        SETB    TR1              ; 启动定时器 1
        MOV     SP, # 60H        ; 初始堆栈指针
        MOV     R2, # 05H        ; 从机地址
        MOV     R3, # 00H        ; 命令从机接收
        MOV     R4, # 10H        ; 置字节计数器
        MOV     R0, # 30H        ; 置发送缓冲区指针
        LCALL   CXTX
        MOV     R2, # 06H        ; 从机地址
        MOV     R3, # 01H        ; 命令从机发送
        MOV     R4, # 10H        ; 置字节计数器
        MOV     R1, # 40H        ; 置接收缓冲区指针
        LCALL   CXTX
LOOP:   SJMP    LOOP
```

C51参考程序如下：

```
#include  "reg51.h"
void  CXTX(unsigned char submac,unsigned char cmd,unsigned char * sndpt,
          unsigned char * revpt,unsigned char len);
unsigned char  sndbuf[16] _at_ 0x30;
unsigned char  revbuf[16] _at_ 0x40;
void  main(){
     unsigned char  submac,cmd,len;
     TMOD = 0x20;
     TL1 = 0xE8;
     TH1 = 0xE8;
     TR1 = 1;
     submac = 0x05;
     cmd = 0x0;
     len = 0x10;
     CXTX(submac,cmd,sndbuf,revbuf,len);
     submac = 0x06;
     cmd = 0x01;
     len = 0x10;
     CXTX(submac,cmd,sndbuf,revbuf,len);
     return;
}
```

从机程序设计

从机串行通信采用中断控制启动，即当从机收到主机发送的地址后，便提出串行口中断请求，CPU响应中断即进入中断服务程序。对于从机的串行口、定时器以及中断系统初始化都在主程序中完成。而与主机的通信则在中断服务程序中完成。图5.27为从机通信程序流程图。中断服务程序中的ADRS为本机地址，并用F0=1表示从机发送准备好；用PSW.1=1表示从机接收准备好。使用工作寄存器1区(08H～0FH单元)。

从机主程序：

```
        MOV     TMOD,#20H       ; 设置定时器1为方式2
        MOV     TL1,#0E8H
        MOV     TH1,#0E8H
        SETB    TR1             ; 启动定时器1
        MOV     SP,#60H         ; 置堆栈指针
        MOV     SCON,#0F0H      ; 置串行口为方式3,SM2=1,允许接收
        MOV     08H,#40H        ; R0指向接收数据缓冲区首址
        MOV     09H,#30H        ; R1指向发送数据缓冲区首址
        MOV     0AH,#10H        ; R2为发送或接收字节数
        SETB    F0              ; 发送准备好标志
        SETB    PSW.1           ; 接收准备好标志
        SETB    ES              ; 允许串行口中断
        SETB    EA              ; 开中断
LOOP:   SJMP    LOOP            ; 等待中断
```

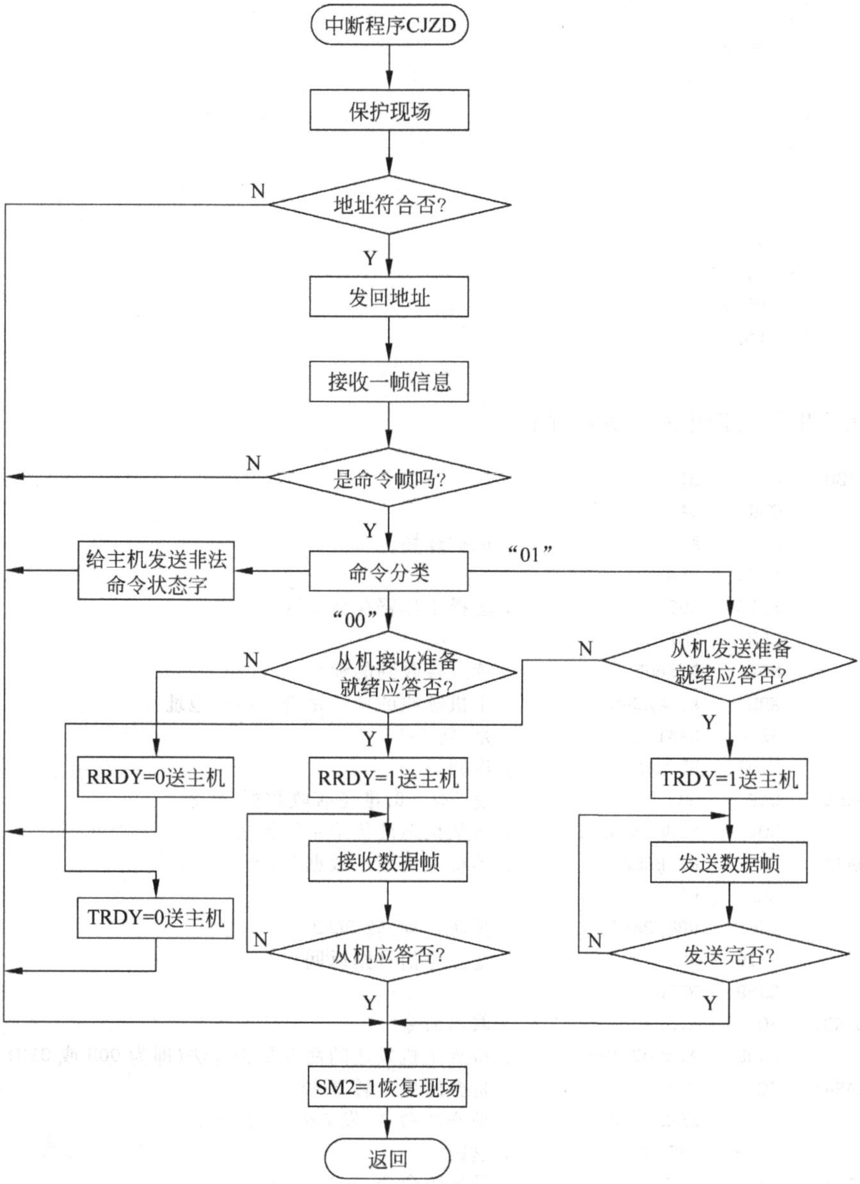

图 5.27　从机通信程序流程图

C51 参考程序如下：

```
#include  "reg51.h"
sbit  PSW_1 = 0xD1;
void  main(){
      unsigned char *sndpt, *revpt,len;
      TMOD = 0x20;
      TL1 = 0xE8;
      TH1 = 0xE8;
```

```
    TR1 = 1;
    SCON = 0xF0;
    revpt = 0x40;
    sndpt = 0x30;
    len = 0x10;
    F0 = 1;
    PSW_1 = 1;
    ES = 1;
    EA = 1;
    while(1);
    return;
}
```

从机串行通信中断服务程序:

```
CJZD:   CLR     RI
        CLR     EA
        PUSH    A                   ; 保护现场
        PUSH    PSW
        SETB    RS0                 ; 选择工作寄存器 1 区
        CLR     RS1
        MOV     A,SBUF              ; 读入接收到的地址
        XRL     A,#ADRS             ; 主机呼叫的地址是否为本机地址
        JZ      BAK1                ; 是,转 BAK1
        SJMP    RETURN              ; 返回
BAK1:   CLR     SM2                 ; 使 SM2 = 0,准备接收数据/命令
        MOV     SBUF,#ADRS          ; 将从机地址传给主机供核对
BAK2:   JNB     RI,BAK2             ; 等待主机发送数据/命令
        CLR     RI
        JNB     RB8,BAK3            ; 是命令帧,转 BAK3
        SETB    SM2                 ; 是复位信号则返回
        SJMP    RETURN
BAK3:   MOV     A,SBUF              ; 取出命令
        CJNE    A,#02,BAK4          ; 检查主机发送的命令是否合法(即为 00H 或 01H)
BAK4:   JC      BAK5                ; 是合法命令转 BAK5
        MOV     SBUF,#80H           ; 是非法命令,发 ERR = 1 状态字
        SJMP    RETURN              ; 返回
BAK5:   JZ      BAK9                ; 是接收命令,转接收模块
BAK6:   JB      F0,BAK7             ; 发送准备就绪、转 BAK7
        MOV     SBUF,#00H           ; 未准备好,发 TRDY = 0 状态字
        SJMP    RETURN              ; 返回
BAK7:   CLR     TI
        MOV     SBUF,#02H           ; 发 TRDY = 1 状态字
        CLR     F0
BAK8:   JNB     TI,BAK8             ; 等待发送完毕
        CLR     TI
        MOV     SBUF,@R1            ; 发送一个数据
        INC     R1                  ; 指向下一个待发送数据位置
        DJNZ    R2,BAK8             ; 未发送完,继续
```

```
        SETB    SM2             ; 发送完,置位 SM2,为下一次发送做准备
        SJMP    RETURN          ; 返回
BAK9:   JB      PSW.1,BAK10     ; 接收准备就绪,转 BAK10
        MOV     SBUF,#00H       ; 未准备好,发 RRDY = 0 状态字
        SJMP    RETURN          ; 返回
BAK10:  MOV     SBUF,#01H       ; RRDY = 1 状态字
        CLR     PSW.1
BAK11:  JNB     RI,BAK11        ; 接收一个数据
        CLR     RI
        MOV     @R0,SBUF        ; 存入存储器
        INC     R0              ; 修改接收数据指针
        DJNZ    R2,BAK11        ; 未完,继续
        SETB    SM2             ; 接收结束,置位 SM2
RETURN: POP     PSW             ; 恢复现场,返回
        POP     A
        RETI
```

C51 参考程序如下：

```
 #include  "reg51.h"
unsigned char ADRS, revbuf[20],sndbuf[20],len;
sbit  PSW_1 = 0xd1;
void  CJZD(void) interrupt 4{
     volatile unsigned char  rev;
     unsigned char  *revpt = revbuf,  *sndpt = sndbuf;
     RI = 0;
     EA = 0;
     //从机接收地址,判断是否为本机地址,若不是就返回
     rev = SBUF;
     if(rev!= ADRS){
         return;
     }
     else{             //是本机地址,则从机向主机发送应答信号后,等待主机发送命令
         SM2 = 0;
         SBUF = ADRS;
         while(!RI);
         RI = 0;
         //若主机发来的命令是复位信号,就返回
         if(RB8){
             SM2 = 1;
             return;
         }
         rev = SBUF;
         //若接收到非法命令,则发送 ERR = 1 的命令字后返回
         if(rev > 0x01){
             SM2 = 1;
             SBUF = 0x80;
             return;
         }
         if(rev == 0x0){             //命令为从机接收数据
```

```
            if(PSW_1 == 0){            //若从机未准备好,则发送 RRDY = 0 的状态字后返回
                SBUF = 0x0;
                return;
            }
            //若从机准备好,则发送 RRDY = 1 的状态字
            SBUF = 0x01;
            PSW_1 = 0;
            //从机接收数据,然后返回
            do{
                while(!RI);
                RI = 0;
                rev = SBUF;
                *revpt = rev;
                revpt++;
                len--;
            }while(len>0);
            SM2 = 1;
            return;
        }
        else{                          //命令为从机发送数据
            if(F0 == 0){               //若从机未准备好,则发送 TRDY = 0 的状态字后返回
                SBUF = 0x0;
                return;
            }
            //从机准备好,则发送 TRDY = 1 的状态字
            TI = 0;
            SBUF = 0x02;
            F0 = 0;
            //从机发送数据,然后返回
            do{
                while(!TI);
                TI = 0;
                SBUF = *sndpt;
                sndpt++;
                len--;
            }while(len>0);
            SM2 = 1;
            return;
        }
    }
}
```

习题

5.1 MCS-51 内部有几个并行 I/O 端口?各端口的内部结构有何异同?说明各端口功能。

5.2 在对 MCS-51 内部 I/O 端口的读有几种方法?对 I/O 端口进行读操作时应注意什么?

5.3　简述 MCS-51 内部定时器的工作原理。

5.4　MCS-51 内部定时器有几种工作方式？简述各种工作方式的主要特点，并说明如何选择与设定。

5.5　MCS-51 内部定时器的启动方式有几种？简述其启动过程。

5.6　已知某 51 单片机的系统振荡频率为 12MHz，利用 P1.4 每隔 1ms 输出一个 100μs 的负脉冲，请编程实现。

5.7　利用 MCS-51 内部定时器测试某脉冲串的频率，请设计。设该单片机系统的振荡频率为 6MHz。

5.8　什么叫中断？什么叫中断源？

5.9　基本型的 51 系列单片机有几个中断源？各自对应的中断向量是多少？

5.10　MCS-51 的中断服务程序可否存储在程序存储空间的任意区域？若可以，如何实现？

5.11　MCS-51 单片机响应中断的条件是什么？

5.12　IP 寄存器与 IE 寄存器的主要功能是什么？什么情况下会操作 IP 寄存器？什么情况下会操作 IE 寄存器？

5.13　MCS-51 的中断优先级有几级？在同级中断中，各中断源的优先级顺序是如何排列的？

5.14　电路示意图如图 5.28 所示，如需图中发光二极管 LED 以 1s 的频率闪烁，请编程实现。要求 1s 的定时时间到由中断方式实现。

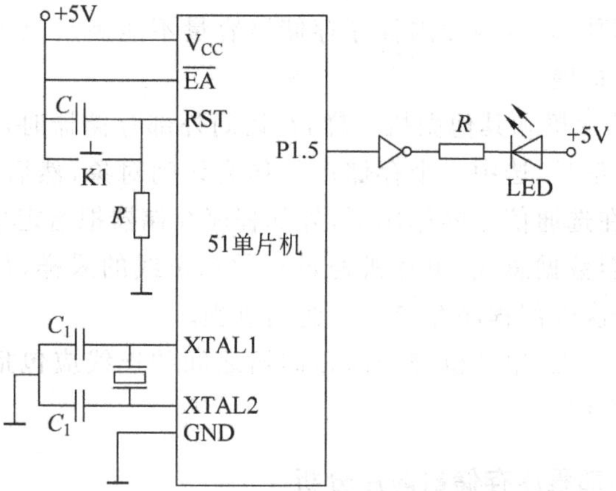

图 5.28　习题 5.14 图

5.15　简述 MCS-51 串行口发送和接收数据的过程。

5.16　MCS-51 的串行口有几种工作方式？什么方式下可实现多机通信？

5.17　设 51 单片机串行口以方式 2 进行数据通信，采用偶校验方式，设波特率为 2400bit/s，请编程实现。

5.18　利用 51 单片机的串口可扩展外部并行 I/O 接口吗？如能，怎样实现？

第6章 MCS-51系列单片机的扩展技术

MCS-51系列的单片机，在一块芯片上集成了计算机的基本部分，从功能上已经满足一些应用场合的要求。但是，由于芯片结构及引脚的关系，其在片硬件资源很有限，虽能满足一些最小应用系统的要求，但对于一些较复杂的控制系统，则不能完全满足其系统要求，此时便需在片外对存储器及I/O接口等做相应的扩展，以弥补片内硬件资源的不足。

6.1 外部存储器的扩展技术

6.1.1 外部程序存储器的扩展技术

MCS-51系列的单片机有ROM型、EPROM型和无ROM型芯片，不管使用哪种芯片，当片内程序存储器容量不能满足应用系统要求时，均需进行系统扩展。

51单片机和其他微机一样，在访问外部存储器时，首先通过地址总线给出地址信号，选中一个存储单元作为访问对象，然后由控制总线发出选通信号，在选通信号的作用下，外部程序存储器把给定单元的内容(指令或常数)送至数据总线，单片机通过对数据总线的采样，得到该单元的内容，以完成一次外部程序存储器的访问过程。

由此可见，单片机与外部存储器之间的连线应包括地址总线、数据总线、控制总线。

1. 外部程序存储器时序分析

在51单片机中，如需进行系统扩展，所需的16条地址线分别由P2口和P0口提供，8条数据信号线由P0口提供。P0口是地址/数据复用总线，分时传送低8位地址和数据，由地址锁存允许信号ALE控制地址传送，外部程序存储器读选通信号$\overline{PSEN}$控制它的数据传送，单片机访问外部程序存储器的时序如图6.1所示。

从图6.1可看出，一个机器周期由6个S状态组成；1个S状态包含2个P相位；1个P相位持续一个振荡周期。

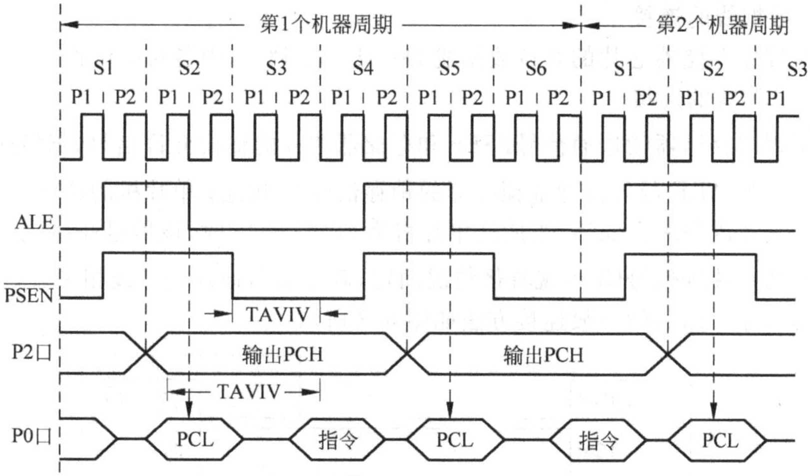

图 6.1 外部程序存储器访问时序

51 单片机访问外部程序存储器的时序分析如下：

① 由图 6.1 可见，访问外部程序存储器某单元的时间从 S2 状态开始，即：S2P1 一开始单片机通过 P2 口及 P0 口送出地址信号 A0～A15(程序计数器 PC 的内容)。地址信号高 8 位 A8～A15 由 P2 口输出，地址有效时间持续到 S4 状态；地址信号低 8 位 A0～A7 由 P0 口输出，且仅在 S2 状态内保持有效，为了保证外部程序存储器在被访问过程中其输入的地址信号保持不变，故由 P0 口送出的低 8 位地址信号必须外加锁存器锁存后，才能送至外部程序存储器。在地址锁存允许信号 ALE 下跳时，P0 口送出的低 8 位地址信号在 P0 口上已经稳定，所以可用 ALE 的这个有效沿将 A0～A7 装入外部地址锁存器内。

② S3P1 开始时刻，外部程序存储器读选通信号$\overline{\text{PSEN}}$开始有效，选通外部程序存储器，即通知外部程序存储器把给定单元的内容送至 P0 口。

③ 当$\overline{\text{PSEN}}$有效后，延时 TPLIV 时间，存储器才将数据送至 P0 口。在$\overline{\text{PSEN}}$上跳前，单片机对 P0 口采样，读取外部程序存储器送至 P0 口的内容，完成一次外部程序存储器访问过程。

由此可见，一个访问过程仅需 3 个 S 状态，而一个机器周期有 6 个 S 状态，故可访问两次程序存储器，读得两个指令字节。大部分的 51 系列单片机指令为单、双字节指令，其执行时间只需要一个机器周期。如果是单字节，第二次读出的字节被丢弃，程序计数器 PC 不增量。

2. 外部程序存储器的连接方法

外部程序存储器芯片与单片机的连接主要有以下几方面：

(1) 地址线的连接

外部程序存储器芯片的低 8 位地址线 A0～A7 与 P0 口经锁存后的输出相连；高 8 位地址线 A8～A15 与 P2 口中各位对应相连。

(2) 数据线的连接

外部程序存储器芯片的8位数据线D0～D7与P0口中各对应位相连。

(3) 控制线的连接

外部程序存储器读选通信号$\overline{PSEN}$和存储器芯片的输出允许信号$\overline{OE}$相连；地址锁存允许信号ALE与外部地址锁存器的锁存信号$\overline{G}$相连；单片机的$\overline{EA}$信号的连接取决于有无片内程序存储器，当所选单片机为8031/8032时，该信号应接地；外部程序存储器芯片片选信号$\overline{CE}$可视具体情况而定，其连接与地址信号线相关。

外部程序存储器的一般连接方法如图6.2所示。

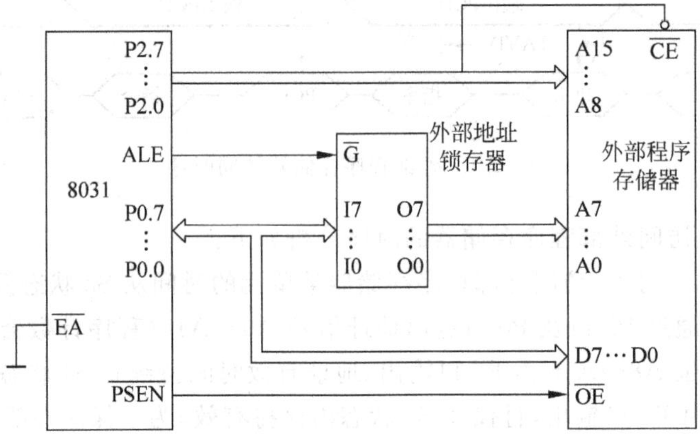

图6.2 外部程序存储器的一般连接方法

由图6.1可知，单片机总是在$\overline{PSEN}$的上升沿前采样P0口，而不管外部程序存储器是否已经把给定单元的指令字节送至P0口。所以，被选用的外部程序存储器必须要有足够高的工作速度才能与单片机匹配。

3. 外部程序存储器的扩展

能够作为片外程序存储器的芯片主要有EPROM存储器和E^2PROM存储器。

(1) 常见的EPROM存储器及扩展电路

常见的EPROM芯片有2732、2764、27128、27256、27512等，其引脚分布如图6.3所示。在实际的外部程序存储器扩展中，除了解各种型号芯片的引脚外，还应考虑时间上的匹配及其他相关技术指标，以达到最佳组合效果。表6.1给出了常见EPROM的主要应用参数。

表6.1 常见EPROM芯片的应用参数

应用参数	芯片型号				
	2732	2764	27128	27256	27512
容量/KB	4	8	16	32	64
读出时间/ns	100～300	100～200	100～300	100～300	100～300
电源/V	5(1±10%)	5(1±10%)	5(1±10%)	5(1±10%)	5(1±10%)
工作温度/℃	0～70	0～70	0～70	0～70	0～70

	27512	27256	27128	2764
1	A15	V_{PP}	V_{PP}	V_{PP}
2	A12	A12	A12	A12
3	A7	A7	A7	A7
4	A6	A6	A6	A6
5	A5	A5	A5	A5
6	A4	A4	A4	A4
7	A3	A3	A3	A3
8	A2	A2	A2	A2
9	A1	A1	A1	A1
10	A0	A0	A0	A0
11	O0	O0	O0	O0
12	O1	O1	O1	O1
13	O2	O2	O2	O2
14	GND	GND	GND	GND

2732			
1	A7	V_{CC}	24
2	A6	A8	23
3	A5	A9	22
4	A4	A11	21
5	A3	OE/V_{PP}	20
6	A2	A10	19
7	A1	CE	18
8	A0	O7	17
9	O0	O6	16
10	O1	O5	15
11	O2	O4	14
12	GND	O3	13

2764	27128	27256	27512	
V_{CC}	V_{CC}	V_{CC}	V_{CC}	28
PGM	PGM	A14	A14	27
NC	A13	A13	A13	26
A8	A8	A8	A8	25
A9	A9	A9	A9	24
A11	A11	A11	A11	23
OE	OE	OE	OE/V_{PP}	22
A10	A10	A10	A10	21
CE	CE	CE	CE	20
O7	O7	O7	O7	19
O6	O6	O6	O6	18
O5	O5	O5	O5	17
O4	O4	O4	O4	16
O3	O3	O3	O3	15

图 6.3　几种 EPROM 芯片的引脚定义

2764 是一种容量为 8KB 的 EPROM，为 28 线双列直插式封装芯片，其相关参数见表 6.1，引脚配置见图 6.3。当选用 2764 作为 51 系列单片机外部程序存储器时，其相应的扩展电路可按图 6.4 进行设计。

图 6.4 中，74LS373 是一种带有输出三态电路的 8D 锁存器，扩展电路中用作外部地址锁存器。电路中，74LS373 的引脚 $\overline{OE}$ 接地，三态电路打开，使之处于数据输出状态，74LS373 的 G 和 D0～D7 分别接至单片机的 ALE 和 P0 口，用以锁存自 P0 口送出的低 8 位地址信号。74LS373 的 G＝1 时（ALE 高电平持续期间），输出 Q0～Q7 随其输入 D0～D7 的状态变化，即 P0 口送出的低 8 位地址信号一旦输出，就能“映射”到 2764 的地址输入 A0～A7 上。G 端的状态由“1”变“0”时（ALE 下跳），低 8 位地址被锁存。2764 的高 5 位地址 A8～A12 直接与 P2 端口线 P2.0～P2.4 相连，因 P2 口具有锁存功能，故无须加锁存器。

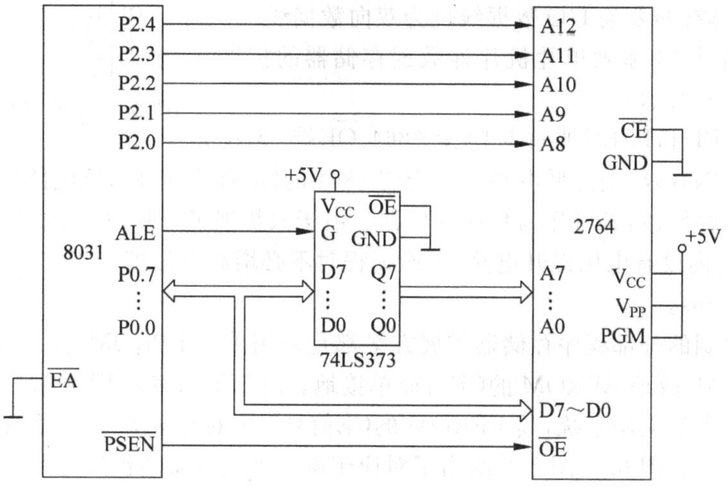

图 6.4　2764 的扩展电路

2764 的输出允许信号$\overline{OE}$由 8031 的$\overline{PSEN}$控制。由于只扩展了一片 2764，因此 2764 的片选端$\overline{CE}$可直接接地。

由于单片机选用的 8031，而 8031 无片内程序存储器，故引脚$\overline{EA}$应接地。

单片机扩展 27128、27256、27512 等 EPROM 的方法与图 6.4 相同，差别仅在于不同的芯片存储容量的大小不同，因而使用高 8 位地址的 P2 端口线的条数各不相同。扩展 8KB 的 EPROM 2764 时，只需使用 5 条高位地址线 A8～A12，而扩展 27128(16KB)或 27256(32KB)时，分别需要 6 条(A8～A13)和 7 条(A8～A14)高位地址线。

对 EPROM 的写入需有一定条件，要求在引脚加编程电压，且不同芯片编程电压不同，从＋15～＋25V 不等，同时要求在 PGM 引脚加一定脉宽的编程脉冲。在写入前还要用紫外线擦除器进行擦除，通常用专用编程器完成写入操作。单片机扩展的 EPROM 工作于读状态，对于有 V_{PP} 和 PGM 引脚的 EPROM，这两个引脚应接 V_{CC}，具体情况请查集成电路手册。

实际应用中，在选用 EPROM 芯片作为单片机外部程序存储器时，除了容量的考虑外，还必须注意所选芯片与单片机之间的时序是否匹配等问题。

(2) E^2PROM 存储器及扩展电路

E^2PROM 是一电擦除可编程的只读存储器，其主要特点是：能在线修改存储单元内容，并能在断电情况下保持修改结果；既具有 ROM 的非易失性的特点，又能像 RAM 一样随机进行读/写。目前，E^2PROM 在智能仪器仪表、智能终端、自动控制装置等应用领域仍应用广泛。

E^2PROM 的使用非常简单方便。不用紫外线擦除，在单一＋5V 电压下写入的新数据即覆盖了旧的数据。常用的 E^2PROM 有 2817A、2864 等。下面以 2864 为例说明 E^2PROM 和单片机的连接方法。图 6.5 为 2864 的引脚配置。图中 2864 的引脚与 2764 兼容，其不同的是由于 2864 是可读/写存储器，故有$\overline{WE}$即写选通信号，所具有的 8 条 I/O 数据线也为双向数据线。

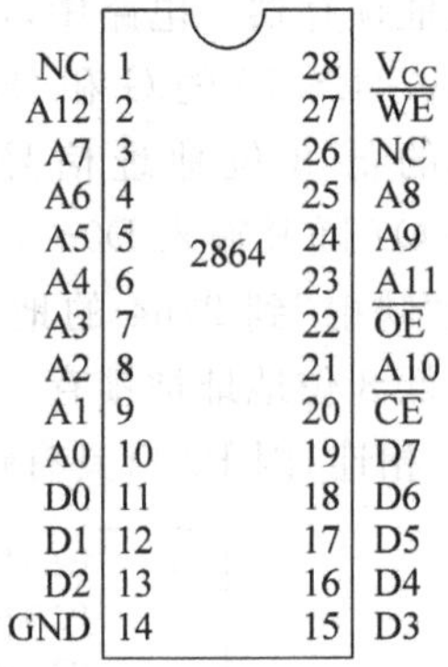

图 6.5 2864 的引脚配置

2864 作为 51 系列单片机片外数据存储器的扩展电路如图 6.6 所示。

图中，$\overline{RD}$和$\overline{PSEN}$通过与门接 2864 $\overline{OE}$端，无论$\overline{RD}$还是$\overline{PSEN}$有效(变为低电平)，均会使 2864 的$\overline{OE}$有效，因此，该电路中的 2864 既可作为数据存储器，又可作为程序存储器。由于只扩展了一片，片选端方接地。

2864 片内设有电压提升电路，因而编程时不必增高电压即可工作。编程写入时间为 10～20ms。

以上提到的外部程序存储器扩展方案都是采用单片 EPROM 芯片，因片外只有一片 EPROM，故该 EPROM 的$\overline{CE}$可简单接地。对于拟用多片 EPROM 芯片构成外部程序存储器的应用系统，其 EPROM 的$\overline{CE}$信号有两种处理方法，一种是线选法，另一种是译码法。图 6.7、图 6.8 给出了对应于两种处理方法的扩展电路(以多片 2764 的扩展为例)。

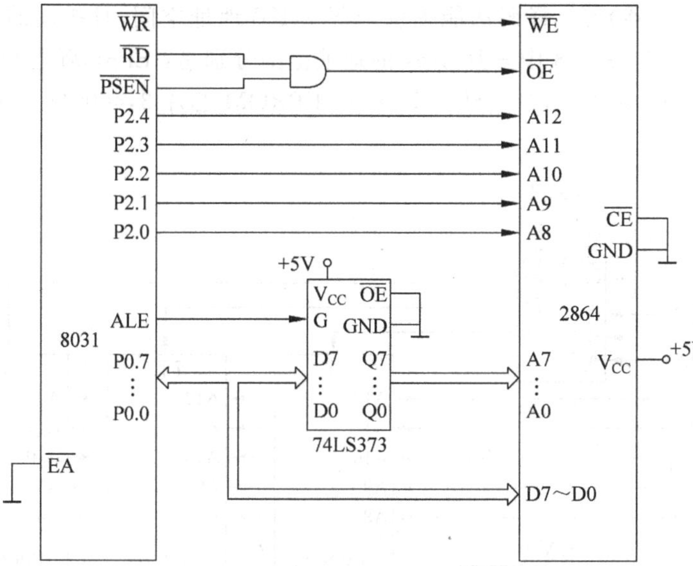

图 6.6　2864 E²PROM 扩展电路

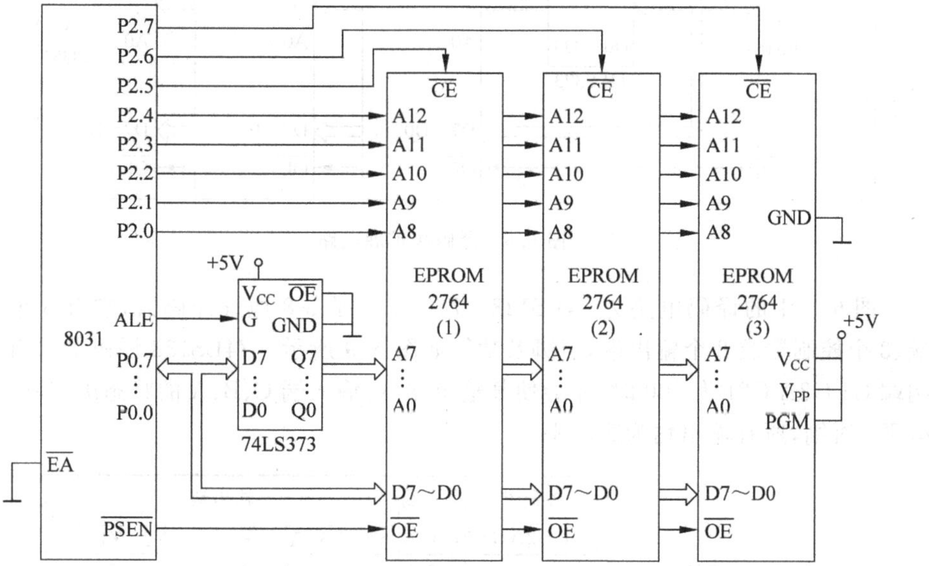

图 6.7　线选法扩展电路

所谓线选法，就是把单根高位地址线直接加在存储器芯片的$\overline{CE}$端。线选法的优点是连接简单，不必附加逻辑，但扩展的存储芯片地址不连续，且具有地址重叠区。如图 6.7 中的 EPROM 芯片 3，在 P2.7=0 时选中，其地址范围是 6000H～7FFFH；EPROM 芯片 2，在 P2.6=0 时选中，其地址范围是 A000H～BFFFH；EPROM 芯片 1 在 P2.5=0 时选中，其地址范围是 C000H～DFFFH。

译码法要附加译码电路，常用译码电路有 74LS138(3-8 地址译码器)、74LS139

(双2-4地址译码器)等。译码法能提供全部64KB地址空间,且扩展的存储器芯片地址是连续的。如图6.8中三片2764的地址范围分别是:EPROM芯片1,0000H～1FFFH;EPROM芯片2,2000H～3FFFH;EPROM芯片3,4000H～5FFFH,其余的地址待用。

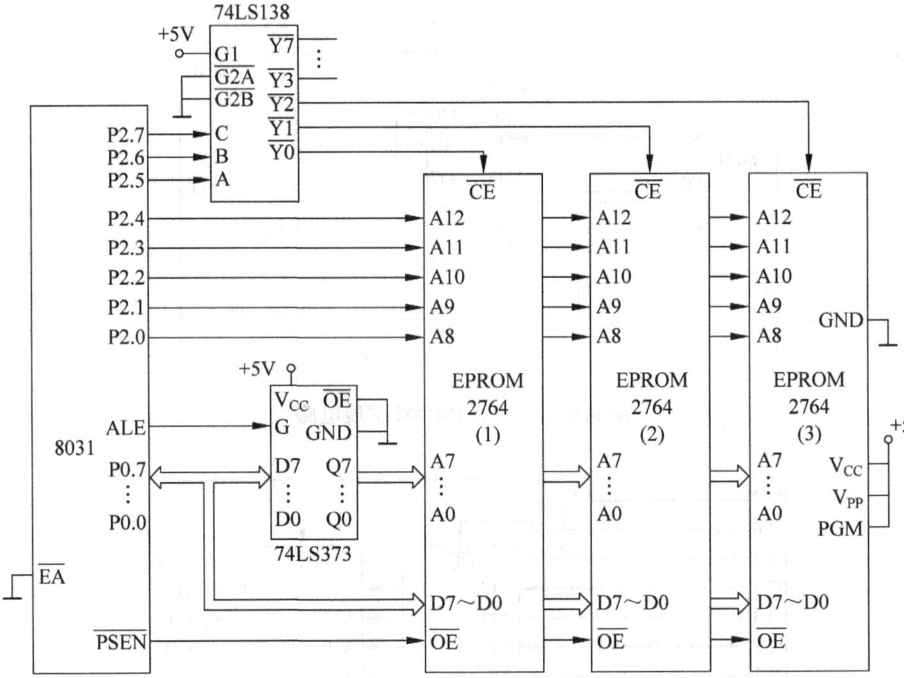

图6.8　译码法扩展电路

图6.8中的译码电路为74LS138。74LS138是3-8地址译码器,它有3个输入端、3个控制端及8个输出端,引脚及功能如图6.9所示。74LS138译码器只有当控制端G1 $\overline{G2A}$ $\overline{G2B}$为100时,才会使某输出端(由输入端C、B、A的状态决定)输出低电平;否则,所有输出均为高电平。

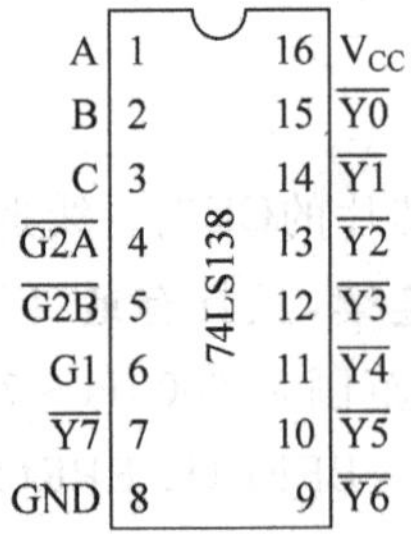

控制端			输入端	输出端							
G1	$\overline{G2A}$	$\overline{G2B}$	C B A	$\overline{Y7}$	$\overline{Y6}$	$\overline{Y5}$	$\overline{Y4}$	$\overline{Y3}$	$\overline{Y2}$	$\overline{Y1}$	$\overline{Y0}$
1	0	0	0 0 0	1	1	1	1	1	1	1	0
			0 0 1	1	1	1	1	1	1	0	1
			0 1 0	1	1	1	1	1	0	1	1
			0 1 1	1	1	1	1	0	1	1	1
			1 0 0	1	1	1	0	1	1	1	1
			1 0 1	1	1	0	1	1	1	1	1
			1 1 0	1	0	1	1	1	1	1	1
			1 1 1	0	1	1	1	1	1	1	1

图6.9　74LS138引脚及功能图

6.1.2 外部数据存储器的扩展技术

MCS-51 系列单片机片内数据存储器非常有限，实际应用常需进行片外扩展。片外可扩展的最大容量为 64KB。MCS-51 系列单片机允许直接扩展的外部数据存储器容量为 64KB。由于 51 系列单片机扩展的片外 I/O 口和外部数据存储器统一编址（即把片外 I/O 口的数据寄存器当作外部数据存储器的一个单元，在指令系统及接口上不加区别），所以，对于需要在片外扩展 I/O 口的应用系统来说，允许直接扩展的外部数据存储器容量则不足 64KB。

1. 外部数据存储器时序分析

MCS-51 系列单片机设置专门指令 MOVX 访问外部数据存储器。单片机在执行 MOVX 指令时，产生的外部数据存储器访问时序如图 6.10、图 6.11 所示。

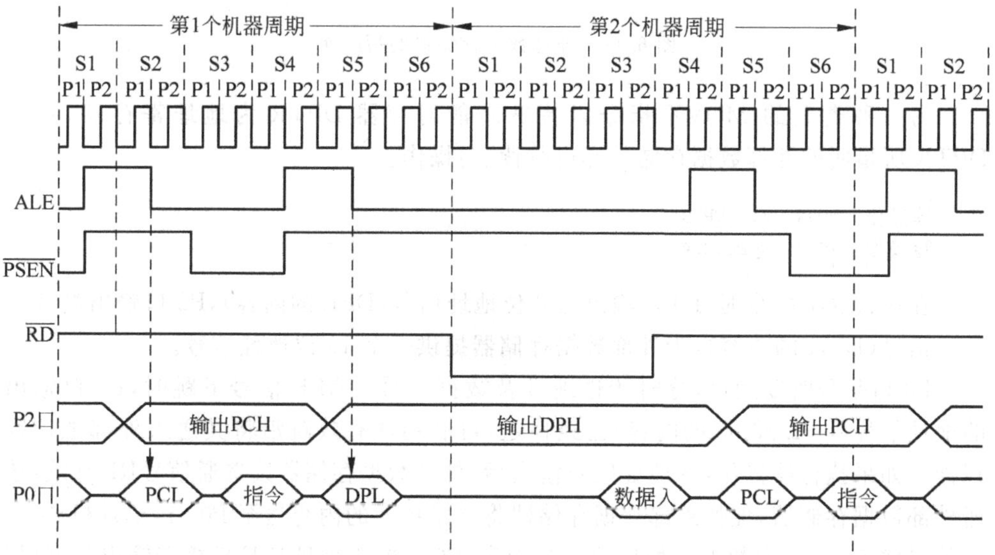

图 6.10　外部数据存储器的读周期

MOVX 指令有两种类型，均采用间接寻址的方法访问外部数据存储器，区别在于它们为外部数据存储器提供 8 位间接地址还是提供 16 位间接地址。

一种类型的 MOVX 指令以寄存器 R0 或 R1 为地址寄存器，对由 R0 或 R1 所指明的外部数据存储单元进行读、写操作。

```
读操作　MOVX　A,@Ri
写操作　MOVX　@Ri,A　　　　; i= 0,1
```

执行这类指令时，寄存器 R0 或 R1 的内容由 P0 口输出，为外部数据存储器提供一个 8 位地址，P2 口保持原状态不变，高 8 位地址由 P2 提供。

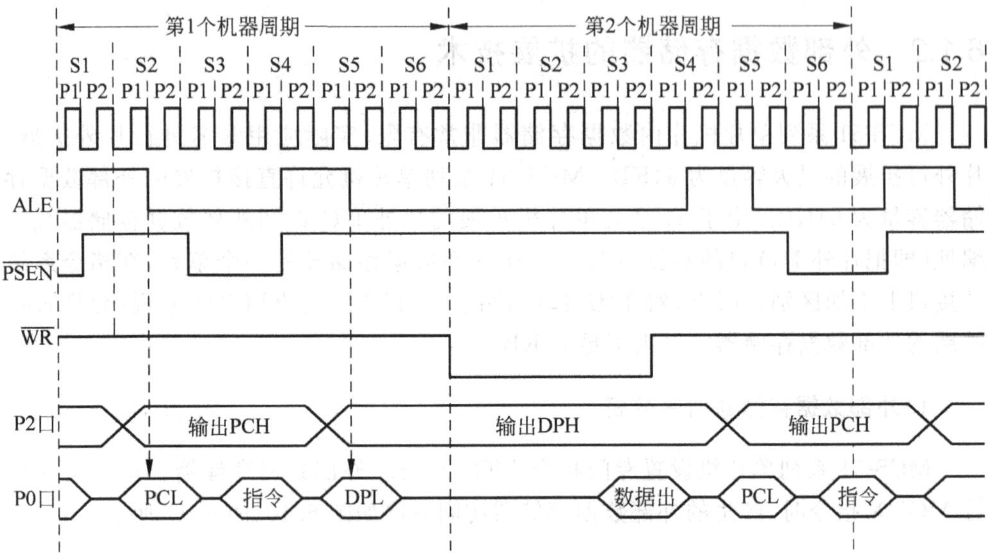

图 6.11　外部数据存储器的写周期

另一种类型的 MOVX 指令以特殊功能寄存器 DPTR 为地址寄存器，对由 DPTR 所指明的外部数据存储单元进行读、写操作。

```
读操作　MOVX　A,@DPTR
写操作　MOVX　@DPTR,A
```

在执行这类指令时，P0 口输出低 8 位地址信号(DPL 的内容)，P2 口输出高 8 位地址信号(DPH 的内容)，为外部数据存储器提供一个 16 位地址信号。

P0 口是分时复用口，分时传送地址及数据信号。ALE 信号下跳时，P0 口输出的地址信号(DPL 或 R*i* 的内容)已经稳定，可利用此有效跳沿将其送入外部地址锁存器。如果执行读操作，在地址信号输出后，外部数据存储器读选通信号 $\overline{RD}$ 有效，选通外部数据存储器，促使外部数据存储器将指定单元的内容送至 P0 口，单片机 $\overline{RD}$ 上跳前采样 P0 口获取数据。如果执行写操作，P0 口输出地址信号后接着输出数据(累加器 A 的内容)，当外部数据存储器写选通信号 $\overline{WR}$ 有效后，将 P0 口输出的数据信号写入外部数据存储器指定单元。

2. 外部数据存储器的连接方法

外部数据存储器与单片机的连接同外部程序存储器一样，也需考虑地址总线、数据总线和控制总线三方面的问题。由外部数据存储器的时序分析图可见，访问外部数据存储器的操作与从外部程序存储器取指令的过程基本相同，只是前者有读有写，而后者只有读而无写；前者用 $\overline{RD}$ 或 $\overline{WR}$ 选通，而后者用 $\overline{PSEN}$ 选通。因此，不难得出 MCS-51 单片机和外部数据存储器的连接方法与 MCS-51 单片机和外部程序存储器的连接方法基本相同，其不同仅在于选通信号的不同。MCS-51 单片机和外部数据存储器的连接方法如图 6.12 所示。

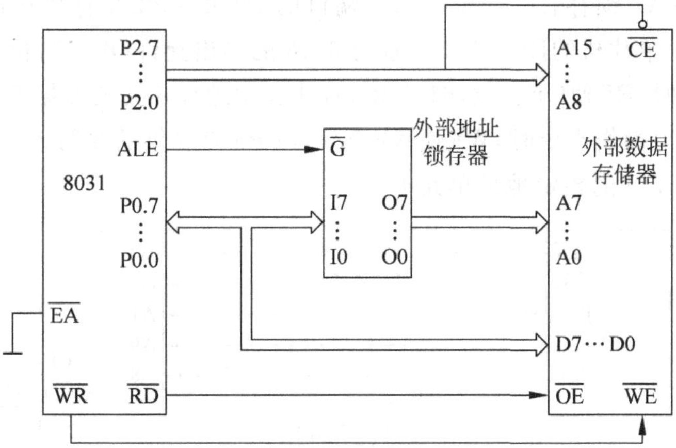

图 6.12　外部数据存储器的一般连接方法

3. 外部数据存储器的扩展

常用外部数据存储器有静态存储器(SRAM)及动态存储器(DRAM)。动态存储器集成度高但速度较慢,在 MCS-51 单片机扩展中用得较少;静态存储器速度较快且扩展电路简单,故 MCS-51 单片机数据存储器的扩展中多采用静态存储器 SRAM。在此将只讨论静态存储器的扩展方法。

MCS-51 单片机应用系统中,用于静态数据存储器 RAM 芯片的有 6116 和 6264 等多种。下面以 6116 与 6264 芯片为例介绍数据存储器的扩展方法。

(1) 6116 静态 RAM 及扩展电路

6116 是一种容量为 2KB 的静态 RAM 芯片。单一＋5V 供电,额定功耗 160mW,典型存取时间 200ns。芯片采用双列直插式封装,其引脚配置如图 6.13(a) 所示。

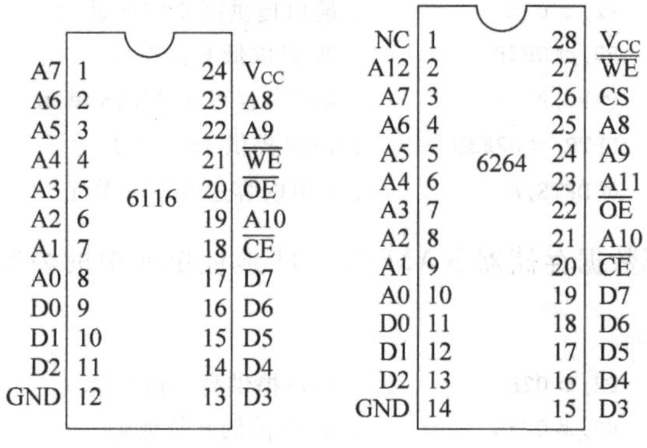

(a) 6116引脚配置　(b) 6264引脚配置

图 6.13　常用数据存储器的引脚

6116 的扩展电路如图 6.14 所示。由图 6.14 可见，由 ALE 把 P0 端口输出的低 8 位地址 A0～A7 锁存在 74LS373，P2 端口的 P2.0～P2.2 直接输出高 3 位地址 A8～A10，由于单片机的 $\overline{RD}$ 和 $\overline{WR}$ 分别与 6116 的输出允许 $\overline{OE}$ 和写信号 $\overline{WE}$ 相连，执行读操作指令时，$\overline{RD}$ 使 $\overline{OE}$ 有效，6116 RAM 中指定地址单元的数据经 D0～D7 从 P0 口读入。执行写操作指令时，$\overline{WR}$ 使 $\overline{WE}$ 有效，由 P0 口提供的要写入 RAM 的数据经 D0～D7 写入 6116 的指定地址单元中。

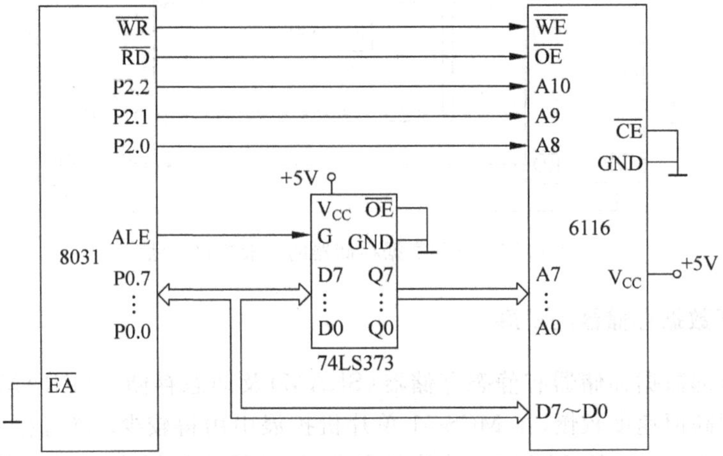

图 6.14　6116 外部数据存储器扩展电路图

图 6.14 中 74LS373 为外部地址锁存器，若系统已扩有外部程序存储器，则可与外部程序存储器共用地址锁存器。6116 的地址为 0000H～07FFH(由于高位地址线未接入电路中，该芯片地址还可为 1000H～17FFH、2000H～27FFH 等)。

两种类型的 MOVX 指令，均可完成外部数据存储器 RAM 的读写操作。例如把累加器 A 的内容写入外部存储器 RAM 的 02F3H 单元中，可有如下两种程序：

```
第一种：  MOV     P2,#02H          ；端口提供高 8 位地址
          MOV     R0,#0F3H         ；R0 提供低 8 位地址
          MOVX    @R0,A            ；A 中内容写入 02F3H 单元
第二种：  MOV     DPTR,#02F3H      ；DPTR 提供 16 位地址
          MOVX    @DPTR,A          ；A 中内容送 02F3H 单元
```

同样地，若需将外部数据存储器 RAM 02F3H 地址单元中的内容读入 A 累加器，其程序可为：

```
第一种：  MOV     P2,#02H          ；端口提供高 8 位地址
          MOV     R0,#0F3H         ；R0 提供低 8 位地址
          MOVX    A,@R0            ；02F3H 单元内容送入 A 中
第二种：  MOV     DPTR,#02F3H      ；DPTR 提供 16 位地址
          MOVX    A,@DPTR          ；02F3H 单元内容送入 A 中
```

(2) 6264 静态 RAM 及扩展电路

6264 是 8KB 的静态 RAM 芯片。单一＋5V 供电，额定功耗 200mW，典型存取时间 200ns。为 28 脚双列直插式封装芯片，其引脚配置如图 6.13(b)所示。

图 6.15 为 6264 的扩展电路图。图中 CS 和 $\overline{CE}$ 引脚均为 6264 的片选信号，由于该扩展电路中只有一片 6264，故可以使它们常有效，即 CS 接＋5V，$\overline{CE}$ 接地。6264 的一组地址为 0000H～1FFFH。

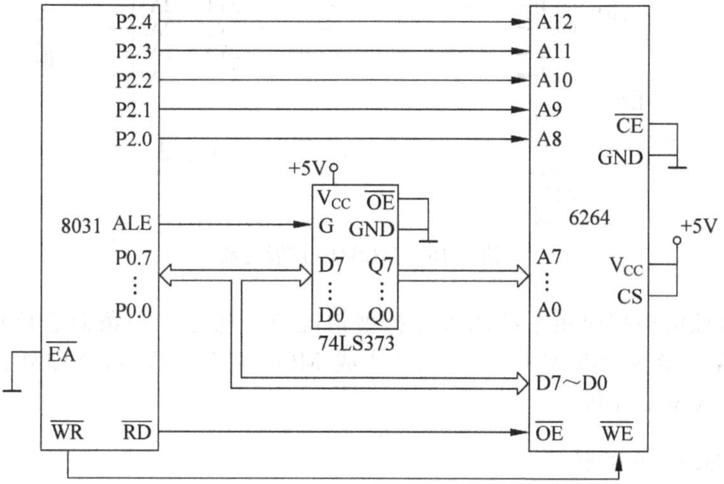

图 6.15　6264 外部数据存储器扩展电路图

外部数据存储器的扩展方法与外部程序存储器的扩展方法类似，区别主要在于选通信号，单片机访问外部数据存储器时，用 $\overline{RD}$、$\overline{WR}$ 作为读、写选通信号。由于单片机用了一个机器周期左右的时间去访问外部数据存储器，所以对选作外部数据存储器的 RAM 芯片，在速度上的要求不高，常用的 RAM 芯片均能与之匹配。

6.2　并行接口的扩展技术

单片机扩展的 I/O 接口，从功能上看可以分为两种基本类型：简单 I/O 口和可编程 I/O 口。前者功能单一，多用于简单外设的数据输入输出，如数字显示器的控制、一组开关的状态输入等。后者功能丰富，应用范围很广，但芯片价格相对较贵。

如 6.1.2 节所述，MCS-51 系列单片机扩展的片外 I/O 口和外部数据存储器统一编址，采用相同的控制信号、相同的寻址方式和相同的指令，因此外部 I/O 口的扩展与外部数据存储器的扩展在方法上基本相同。

6.2.1　简单输入输出口的扩展

1. 74LS244 的扩展

74LS244 是一种双 4 位三态门电路，其内部有两个 4 位的三态缓冲器，一个是

1A1～1A4(输入端)、1Y1～1Y4(输出端)、$\overline{1G}$(输出允许端),另一个是2A1～2A4(输入端)、2Y1～2Y4(输出端)、$\overline{2G}$(输出允许端),将$\overline{1G}$、$\overline{2G}$短接,并作用于同一控制信号,可作为一个最简单的8位输入接口,其相应的扩展电路如图6.16所示。

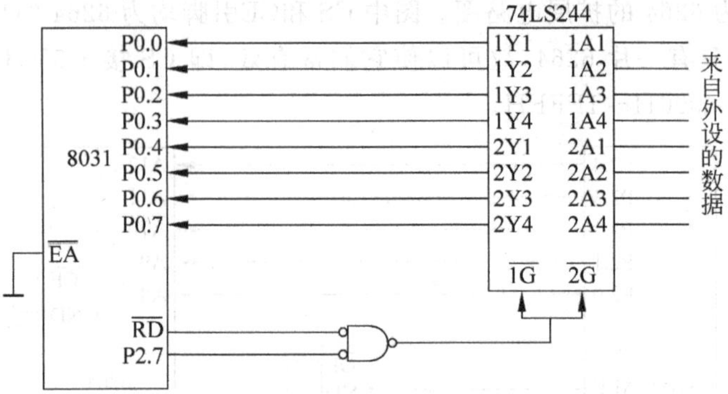

图6.16 74LS244扩展电路

它的地址可根据应用系统的外部扩展情况统一考虑。一条向着该地址的外部数据存储器读指令(MOVX A,@DPTR或MOVX A,@Ri),可使外设数据通过74LS244输入至单片机。

2. 74LS273的扩展

74LS273是一种能实现8位二进制数据锁存的8D锁存器,CLK是它的选通脉冲输入端,用于将输入端D0～D7上数据选通送入锁存器。CLK引脚出现上升沿时,输入端D0～D7的数据信号被传送到输出端Q0～Q7,即输入数据被锁存于锁存器之中。

74LS273可以扩展为一个单片机最简单的输出接口,其相应的扩展电路如图6.17所示。一条向着它的外部数据存储器写指令(MOVX @DPTR,A或MOVX @Ri,A),能将数据由单片机送至外设(数据被74LS273锁存)。

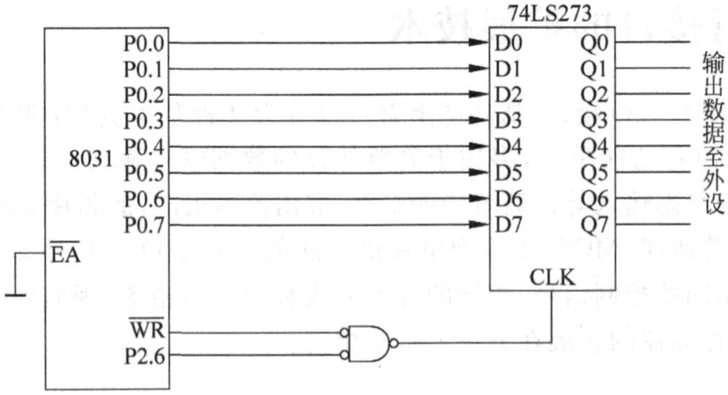

图6.17 74LS273扩展电路

注:由于"国标"规定的图形逻辑符号过于复杂,不便于在教学过程中使用,所以书中采用了特定外形的图形逻辑符号。这种图形符号简单而直观,比较适合在教学过程中使用。

6.2.2　可编程并行输入输出口 8255 的扩展

MCS-51 系列单片机在总线结构上与 Intel 80x86 系列微处理器相同，因此，Intel 80x86 系列的许多并行输入输出器件均可直接与 MCS-51 系列单片机接口，而无须附加逻辑。

1. 8255A 的内部结构及引脚功能

(1) 内部结构

可编程并行输入输出接口芯片(8255A)内含 A、B、C 三个 8 位的输入输出数据端口，A、B 两组控制电路，读/写控制逻辑电路以及数据总线缓冲器，其内部结构与引脚配置如图 6.18、图 6.19 所示。

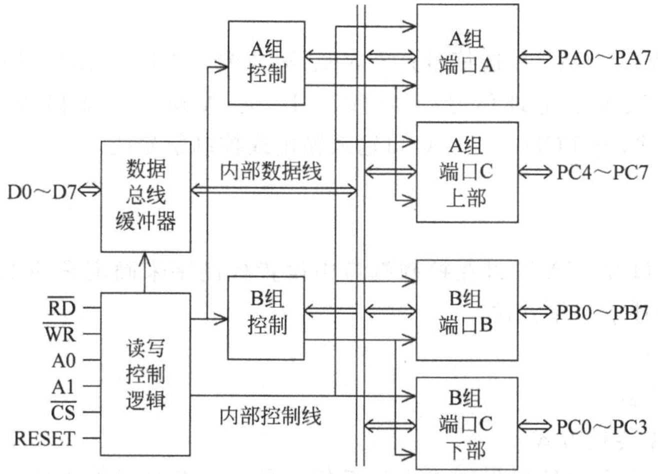

图 6.18　8255A 的内部结构

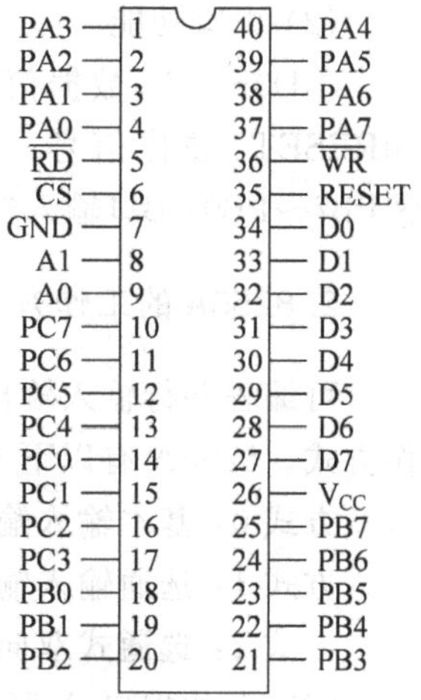

图 6.19　8255A 的引脚配置

A、B 两组控制电路一方面接收来自芯片内部总线上的控制字，另一方面接收来自读/写控制逻辑电路的读/写命令，因而由它们来确定三组端口的工作方式和读/写操作。A 组控制电路控制端口 A(PA0～PA7)和端口 C 高 4 位(PC7～PC4)的工作方式和读/写操作。B 组控制电路控制端口 B(PB0～PB7)和端口 C 低 4 位(PC3～PC0)的工作方式和读/写操作。

数据总线缓冲器负责管理 8255A 的数据传送过程，即接收$\overline{CS}$(片选信号)和来自系统总线的信号 A0、A1(地址信号)，以及控制总线的信号 RESET(复位信号)、$\overline{WR}$(写信号)、$\overline{RD}$(读信号)，并将这些信号组合后得到对 A 组及 B 组控制电路的控制命令。8255A 各控制信号与端口的操作关系如表 6.2 所示。

表 6.2 8255A 控制信号与端口信号传送的 I/O 操作关系

$\overline{CS}$	A1	A0	$\overline{WR}$	$\overline{RD}$	数据传送说明	
0	0	0	1	0	从端口 A 送数据到数据总线(D0～D7)	输入
0	0	1	1	0	从端口 B 送数据到数据总线(D0～D7)	
0	1	0	1	0	从端口 C 送数据到数据总线(D0～D7)	
0	0	0	0	1	从数据总线送数据到端口 A	输出
0	0	1	0	1	从数据总线送数据到端口 B	
0	1	0	0	1	从数据总线送数据到端口 C	
0	1	1	0	1	当 D7＝1,数据总线向控制寄存器写入控制字；当 D7＝0,数据总线输入的数据作为端口 C 的置位/复位命令	
1	×	×	×	×	D7～D0 进入高阻状态	禁止
0	1	1	1	0	非法信号组合	
0	×	×	1	1	D7～D0 进入高阻状态	

(2) 引脚功能

①D0～D7：数据信号线；②$\overline{CS}$：片选信号；③$\overline{WR}$：写信号；④$\overline{RD}$：读信号；⑤RESET：复位信号；⑥A1、A0：地址信号；⑦PA7～PA0：A 口输入输出线；⑧PB7～PB0：B口输入输出线；⑨PC7～PC0：C 口输入输出或控制信号线。

2. 8255A 的工作方式

可编程并行输入输出接口 8255A 通过在控制端口中设置控制字来确定它的工作方式。8255A 有以下三种基本工作方式：

方式 0：基本输入输出方式。

方式 1：选通输入输出方式。

方式 2：选通式双向数据传送方式。

8255A 的端口 A 可以工作在三种工作方式中的任何一种；端口 B 只能工作在方式 0 或方式 1；端口 C 只能工作于方式 0 下,且常常配合端口 A 和端口 B 工作,为这两个端口的输入输出操作提供控制信号和状态信号。

方式 0：基本输入输出方式。该方式下 A 口、B 口和 C 口均可用于传送数据,各端口是输入还是输出由方式选择字来设置。该方式适应于以无条件传送方式完成 CPU 与外设间的数据传送。

方式 1：选通输入输出方式。该方式下,只有 A 口和 B 口可用于数据传送,C 口的部分引脚作为固定的专用选通信号,且 A 口和 B 口无论输入或输出都有数据锁存功能。A 口和 B 口是否工作于方式 1 可通过方式选择字来设置。这种方式常用于查询传送和中断传送。

• 选通输入方式。

端口 A 和端口 B 工作于方式 1 的输入方式时,均有 3 条联络信号线$\overline{STB}$、IBF 和 INTR,芯片内还有 1 条内部控制线 INTE。端口联络信号线的功能如下。

$\overline{\mathrm{STB}}$(strobe)：选通信号，低电平有效。该信号是由外设给 8255A 的选通信号，表示外设数据已准备好，当$\overline{\mathrm{STB}}$变为低时，数据锁存至 8255A 的 A 口或 B 口的输入锁存器。

IBF(input buffer full)：输入缓冲器满信号，高电平有效。该信号是 8255A 给外设的回答信号。有效时，表示数据已锁存在输入锁存器。它在$\overline{\mathrm{STB}}$为低电平时有效，CPU 执行输入指令，即$\overline{\mathrm{RD}}$信号由低变为高时使其失效。

INTR(interrupt request)：中断请求信号，高电平有效。数据锁存后，即当$\overline{\mathrm{STB}}$为高、IBF 为高且有 INTE 为 1 即允许中断，则 8255A 向 CPU 发出中断请求。

INTE 为 8255A 的中断允许信号，使它为 1 由 PC4(A 口)或 PC2(B 口)的位操作来实现。方式 1 中，PC4 或 PC2 的位操作只影响 INTE 的状态，而不影响 PC4 或 PC2 引脚的状态。

- 选通输出方式。

端口 A 和端口 B 工作于方式 1 的输出方式时，也有 3 条联络信号线$\overline{\mathrm{ACK}}$、$\overline{\mathrm{OBF}}$和 INTR，芯片内仍有 1 条内部控制线 INTE，端口联络信号线的功能如下。

$\overline{\mathrm{OBF}}$(output buffer full)：输出缓冲器满信号，低电平有效。它是 8255A 输出给外设的一个控制信号，有效时，表示 CPU 已将数据输出至 8255A，并锁存在相应的端口上。CPU 执行 OUT 指令产生的$\overline{\mathrm{WR}}$信号的上升沿使其有效，由$\overline{\mathrm{ACK}}$有效使其失效。

$\overline{\mathrm{ACK}}$(acknowledge)：响应信号，低电平有效。它是外设对 8255A 发出的$\overline{\mathrm{OBF}}$的响应信号，表明 8255A 的端口数据已被外设接收。

INTR(interrupt request)：中断请求信号，高电平有效。当外设将数据取走后，即$\overline{\mathrm{OBF}}$为高、$\overline{\mathrm{ACK}}$为高且有 INTE 为 1 时，发出中断请求。

在选通输出方式下，端口 A 的 INTEA 对应 PC6，端口 B 的 INTEB 对应 PC2。

方式 2：选通式双向数据输入输出方式。该方式下，A 口为双向输入输出口，C 口的 PC3～PC7 作为专用选通信号线。方式 2 仅适应于端口 A，该方式下，外设可以通过端口 A 的 8 位数据线，向 CPU 发送数据，也可以接收来自 CPU 的数据。方式 2 的数据传送可用查询或中断实现，输入和输出的数据都被 8255A 锁存。

端口 A 工作在方式 2 下的引脚和时序如图 6.20 所示。

该方式下各选通信号的功能与方式 1 相仿，不同的是：$\overline{\mathrm{ACK}}$信号并非如方式 1 那样，为外设已取走端口数据的一个响应信号，而是外设用以启动端口输出三态缓冲器的一个信号。即：方式 1 的输出和方式 2 的输出略有差异，对于方式 1，CPU 一旦将数据写入端口输出锁存器，数据也就出现在端口 I/O 线上了；而对于方式 2，CPU 写入端口的数据并不出现在端口 I/O 线上，只有当外设发出取数的命令($\overline{\mathrm{ACK}}$有效)时，数据才会出现在端口 I/O 线上，否则，端口 I/O 线呈高阻状态。

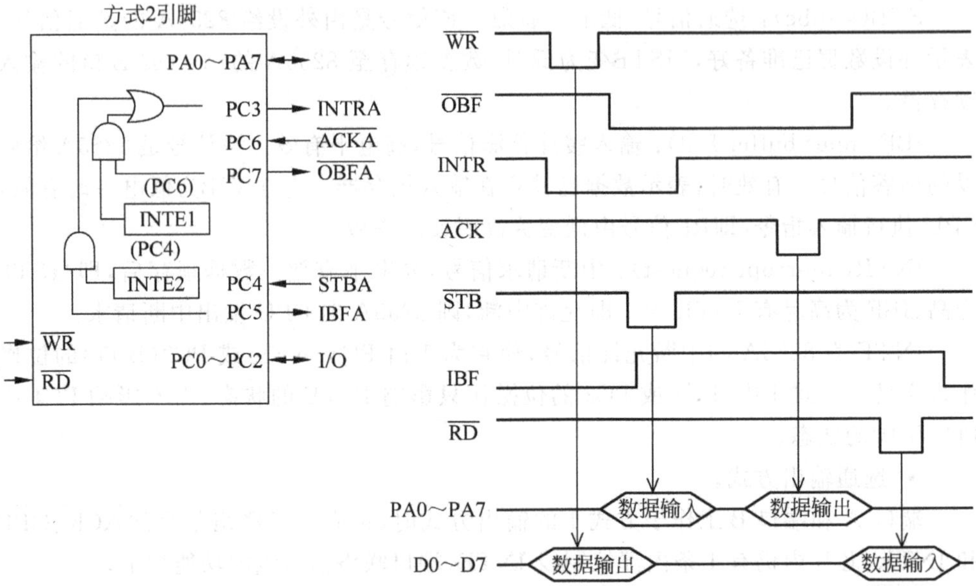

图 6.20 方式 2 双向的引脚和时序

在端口 A、B 定义为方式 1、2 时，端口 C 各位的功能见表 6.3。

表 6.3 端口 C 各位功能分配

	方式 1(A、B 口)		方式 2
	输入	输出	仅 A 口
PC0	INTRB	INTRB	I/O
PC1	IBFB	$\overline{OBFB}$	I/O
PC2	$\overline{STBB}$	$\overline{ACKB}$	I/O
PC3	INTRA	INTRA	INTRA
PC4	$\overline{STBA}$	I/O	$\overline{STBA}$
PC5	IBFA	I/O	IBFA
PC6	I/O	$\overline{ACKA}$	$\overline{ACKA}$
PC7	I/O	$\overline{OBFA}$	$\overline{OBFA}$

在端口 A、B 方式选择的很多组合中，并未将 C 口的所有位均用于传送选通信号，剩余的各位仍可起 I/O 作用。

3. 8255A 的扩展电路

8255A 的扩展电路如图 6.21 所示。电路中 8255A 没有考虑与单片机可能扩展的数据存储器，以及其他 I/O 的统一编址问题，只要 P2.7 为 0，芯片即可被选中，因此它的一组地址分别是 0000H～0003H。向着这些地址的 MOVX 指令即可访问它们。8255A 的 PC3(INTRA)以及 PC0(INTRB)经或非门接至 8031 的 INT0，使 8031 能以中断方式与 8255A 进行数据交换。在 8031 的 INT0 中断服务程序中，读取端口 C 的状态字，可区分是端口 A 还是端口 B 引起的中断。在不需要中断的场合，可取消这一附加逻辑。

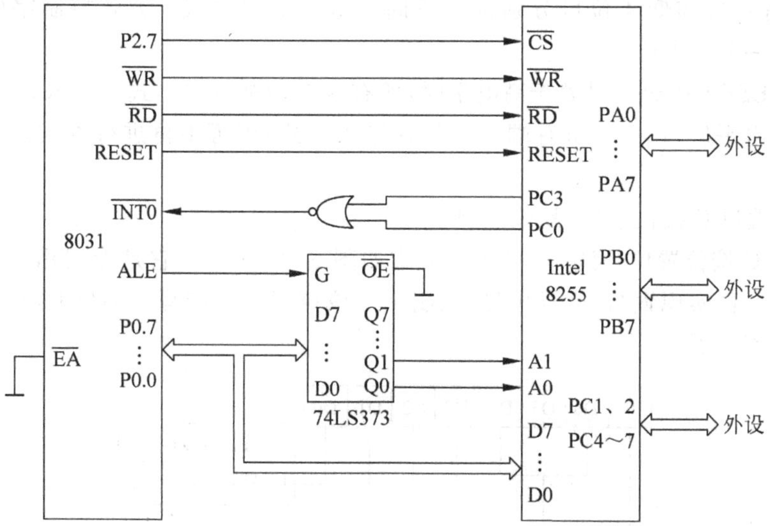

图 6.21 8255A 的扩展电路

4. 8255A 的编程

使用 8255A 时，首先要由 CPU 对 8255A 写入控制命令字，对其进行初始化。8255A 的控制命令字有两个，即方式选择控制字和端口 C 按位置位/复位控制字，这两个控制字共用一个端口地址。8255A 的各种工作方式都要由控制命令字来设定，该设置过程称为“初始化”。

(1) 方式选择控制字

方式选择控制字的格式如图 6.22 所示。该控制字可以分别规定端口 A 和端口 B 的工作方式，端口 C 分上、下两部分，随端口 A 和端口 B 的工作方式定义。

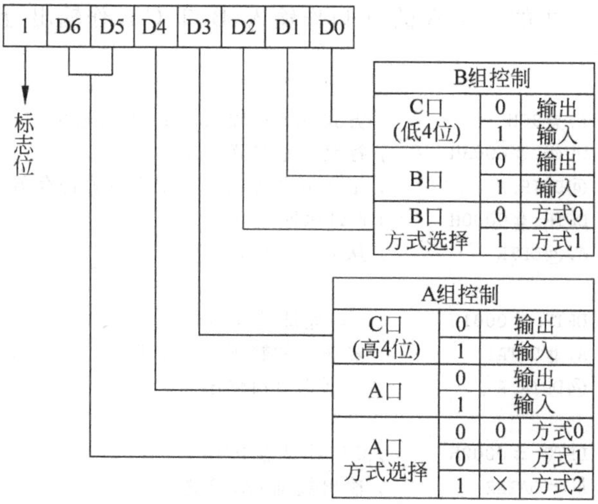

图 6.22 方式选择控制字格式

对于端口 A 和端口 B 而言，在设定工作方式时，应以 8 位为一个整体来进行，而端口 C 高 4 位和低 4 位可分别选择不同的输入输出方式。方式控制字的最高位 D7=1 是一个标志位。

当 RESET 引脚信号处于高电平时，所有端口均被置成方式 0 输入；当 RESET 恢复为低电平后，若仍让所有端口工作在输入方式，则可不再进行方式选择控制字设置。

(2) 端口 C 按位置位/复位控制字

端口 C 按位置位/复位控制字的格式如图 6.23 所示。它是专门用于对端口 C 中的任何一位实现置“1”或置“0”的控制字。该控制字不能写入端口 C，只能且必须写入控制寄存器。

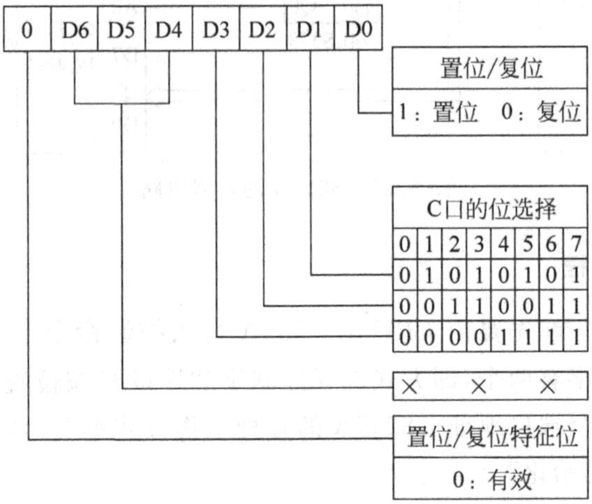

图 6.23 端口 C 置位/复位控制字

(3) 编程举例

若规定图 6.21 中的 8255A 的 A 口作输入，B 口、C 口作输出，且均工作在方式 0 下，相应程序段有：

```
MOV     A,#90H          ;方式 0,A 口输入,B 口、C 口输出
MOV     DPTR,#0003H     ;控制口地址送 DPTR
MOVX    @DPTR,A         ;工作方式控制字送工作方式寄存器
MOV     DPTR,#0000H     ;A 口地址送 DPTR
MOVX    A,@DPTR         ;从 A 口读数据
 ⋮
MOV     DPTR,#0001H     ;B 口地址送 DPTR
MOV     A,#DATA1        ;要输出的数据 DATA1 送 A
MOVX    @DPTR,A         ;数据送 B 口输出
 ⋮
MOV     DPTR,#0002H     ;C 口地址送 DPTR
MOV     A,#DATA2        ;输出数据 DATA2 送 A
MOVX    @DPTR,A         ;数据送 C 口输出
```

若假定 8255A 端口 C 中的第 4 位 PC3=1,第 5 位 PC4=0,其相应的程序段有：

```
MOV     DPTR,#0003H     ;控制口地址送 DPTR
MOV     A,#07H          ;使 PC3 = 1 的控制字 07 送 A
MOVX    @DPTR,A         ;控制字送入控制寄存器,PC3 = 1
MOV     A,#08H          ;使 PC4 = 0 的控制字 08 送 A
MOVX    @DPTR,A         ;控制字送入控制寄存器,PC4 = 0
```

6.2.3　可编程并行输入输出口 8155 的扩展

1. 8155 的内部结构及引脚功能

Intel 8155 是一种多功能的可编程常用外围接口芯片,其在片资源包括：256×8 位静态 RAM,两个 8 位、1 个 6 位的并行 I/O 口以及一个 14 位的可编程定时/计数器。芯片采用 40 线双列直插式封装,其内部结构框图及引脚配置如图 6.24 所示。

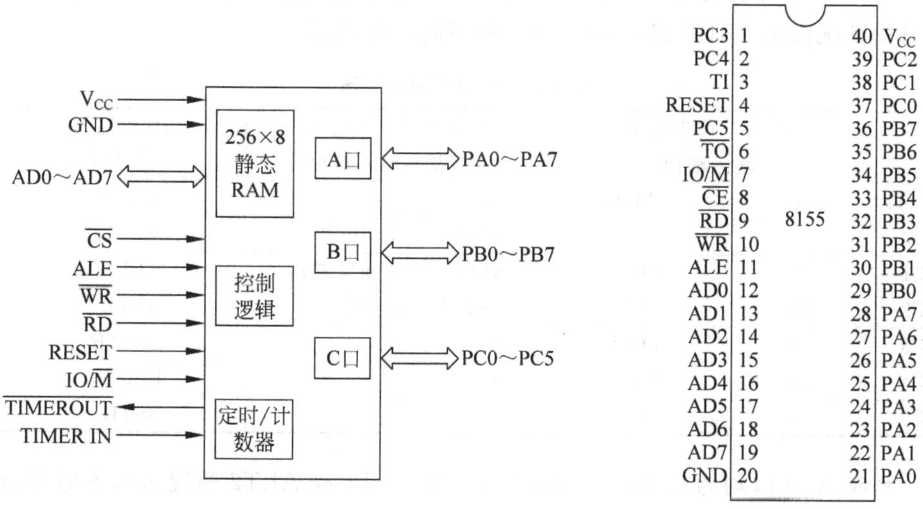

(a) 8155内部结构　　(b) 8155引脚配置

图 6.24　8155 的内部结构及引脚配置

8155 的引脚功能为：

- AD0～AD7：三态地址/数据复用总线,分时传送地址、数据信息。
- $\overline{CS}$：片选信号,低电平有效。
- $\overline{WR}$：写信号,低电平有效。
- $\overline{RD}$：读信号,低电平有效。
- ALE：地址锁存允许信号。8155 片内有地址锁存器,该信号的下降沿将 AD0～AD7 上的地址以及 IO/$\overline{M}$、$\overline{CS}$上的状态锁存至片内。
- RESET：复位信号,高电平有效,复位时,8155 总清零,各 I/O 口定义为输入方式。

- IO/$\overline{M}$：I/O 接口与 RAM 选择信号。
- PA0～PA7：A 口 I/O 数据传送线。
- PB0～PB7：B 口 I/O 数据传送线。
- PC0～PC5：C 口 I/O 数据传送或控制信号线。
- TI：14 位定时/计数器的输入端。
- TO：14 位定时/计数器的输出端。
- V_{CC}、GND：+5V 电源和地。

2. 8155 片内各功能模块简介

(1) 片内静态 RAM

该静态 RAM 为 256×8 位，最大存取时间为 400ns。

(2) I/O

I/O 部分由端口 A、B、C 以及命令/状态寄存器(C/S)组成。

端口 A、B 可设定为基本输入输出方式和选通输入输出方式，端口 C 要视端口 A、B 的情况而定。8155 的端口 C 有 4 种不同功能，见表 6.4。

表 6.4 C 口控制分配表

	A、B 口均为基本输入输出		A 口选通输入输出 B 口基本输入输出	A、B 口均为选通输入输出
PC 口	ALT1	ALT2	ALT3	ALT4
PC0	IN	OUT	AINTR(A 口中断)	AINTR
PC1	IN	OUT	ABF(A 口缓冲器满)	ABF
PC2	IN	OUT	ASTB(A 口选通)	ASTB
PC3	IN	OUT	OUT	BINTR
PC4	IN	OUT	OUT	BBF
PC5	IN	OUT	OUT	BSTB

对应 A、B 口均为基本输入输出方式(即 ALT1 或 ALT2 情况下)，不需要选通信号，此时 A 口、B 口、C 口分别用作无条件输入或输出口；当 A 口工作在选通输入输出，B 口工作在基本输入输出方式(即 ALT3)时，C 口的 PC0～PC2 用于传送选通信号，余下的 PC3～PC5 以输出方式工作；当 A、B 口均工作在选通输入输出方式(即 ALT4)时，C 口全部用于传送选通信号。

(3) 8155 的控制字、状态字

8155 的控制逻辑部件中设置了一个控制命令寄存器和一个状态标志寄存器。8155 的工作方式由控制命令寄存器编程确定，控制命令寄存器是一个 8 位的只写寄存器，其格式如下：

7	6	5	4	3	2	1	0
TM2	TM1	IEB	IEA	PC2	PC1	PB	PA

各位的含义如下：

- PA：定义 A 口的数据传送方向。PA=0，输入方式；PA=1，输出方式。
- PB：定义 B 口的数据传送方向。PB=0，输入方式；PB=1，输出方式。
- PC2、PC1：定义 C 口的工作方式。

当 PC2、PC1 为 00、11(选 ALT1、ALT2)时，C 口工作在基本的输入输出方式，此时 A、B 口也必是工作在基本的输入输出方式。

当 PC2、PC1 为 01(选 ALT3)时，A 口工作在选通的输入输出方式，B 口工作在基本的输入输出方式。

当 PC2、PC1 为 10(选 ALT4)时，A 口、B 口均工作在选通的输入输出方式。

- IEA：A 口的中断允许/禁止。当 A 口工作在选通的输入输出方式时，该位=1，允许端口 A 中断；该位=0，则禁止 A 口中断。
- IEB：B 口的中断允许/禁止。当 B 口工作在选通的输入输出方式时，该位=1，允许端口 B 中断；该位=0，则禁止 B 口中断。
- TM2、TM1：用于定时/计数器部分。

8155 内部的状态标志寄存器，主要用于反映端口的工作状态。它是一个 7 位的只读寄存器，各位含义如下：

7	6	5	4	3	2	1	0
×	TIMER	INTEB	BFB	INTRB	INTEA	BFA	INTRA

- INTE：端口中断允许与禁止状态标志，INTE=1，允许中断；INTE=0，禁止中断。
- BF：端口缓冲器满/空状态标志，BF=1，缓冲器满；BF=0，缓冲器空。
- INTR：端口中断请求状态标志，INTR=1，有中断请求；INTR=0，无中断请求。
- TIMER：定时/计数器中断请求标志，TIMER=1，有定时器溢出中断；TIMER=0，表示读状态字后或复位后。

(4) 定时/计数器

8155 片内的定时/计数器由一个 14 位的减法计数器和一个 16 位方式、长度寄存器构成。

14 位的减法计数器对输入引脚 TIMER IN 上的输入脉冲(时钟脉冲/反映外部事件发生次数的计数脉冲)进行减 1 计数，减 1 回零时，在 $\overline{\text{TIMEROUT}}$ 引脚上输出一个矩形波或脉冲信号，完成定时/计数任务。

16 位的方式、长度寄存器专门用于存放定时/计数器的输出方式及计数长度，其格式如下：

15	14	13	12	11	10	9	8	7	6	5	4	3	2	1	0
M2	M1	T13	T12	T11	T10	T9	T8	T7	T6	T5	T4	T3	T2	T1	T0

其中，0～13 位计数长度，可赋予 02H～3FFFH 间的任何值；14、15 位是方式选择位，可用来定义定时/计数器的 4 种输出方式。4 种不同的输出方式下，$\overline{\text{TIMEROUT}}$ 上

的输出波形不同,如图 6.25 所示。

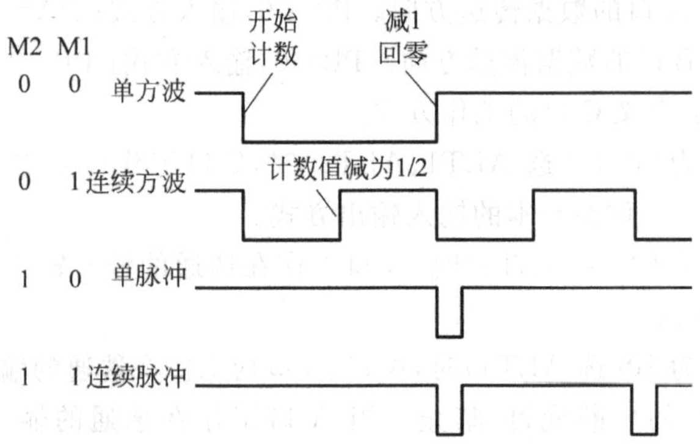

图 6.25 TIMEROUT波形

在计数长度值为奇数时,连续方波的前半周期(高电平)比后半周期(低电平)长一个计数脉冲周期。

控制命令字中的第 6、7 位(即 TM1、TM2 位)用于启动、停止定时/计数器工作,共有 4 种选择方式,见表 6.5。

表 6.5 计数器工作方式选择表

TM2	TM1	说 明
0	0	不影响定时/计数器
0	1	停止计数
1	0	计满后停止工作
1	1	启动：装入方式和长度后立即启动

在计数器工作过程中也可根据实际情况改变输出方式及计数长度,此时只需将需改变的输出方式或长度值送入方式、长度寄存器中,同时向定时/计数器发一条启动命令即可。

(5) I/O 部分及定时器部分寻址

I/O 及定时/计数器地址分配见表 6.6,表中×为无关位。

表 6.6 I/O 及定时/计数器地址分配表

输入地址 ($\overline{CE}$=0,IO/$\overline{M}$=1)								选中对象
AD7	AD6	AD5	AD4	AD3	AD2	AD1	AD0	
×	×	×	×	×	0	0	0	命令/状态寄存器
×	×	×	×	×	0	0	1	端口 A
×	×	×	×	×	0	1	0	端口 B
×	×	×	×	×	0	1	1	端口 C
×	×	×	×	×	1	0	0	方式、长度寄存器低 8 位
×	×	×	×	×	1	0	1	方式、长度寄存器高 8 位

3. 8155 的扩展

8155 扩展电路如图 6.26 所示。图中 8031 的 P0 口与 8155 的 AD0～AD7 相连，既可转送地址，也可转送数据、命令。8155 的 $\overline{CE}$ 端接 P2.6，IO/$\overline{M}$ 端接 P2.5。当 P2.6=0、P2.5=1 时，访问 8155 的 I/O 端口。当 P2.6=0、P2.5=0 时，则访问 8155 的 RAM。由此可得到该 8155 各端口的地址为(假设未出现在该电路中的其余高位地址信号状态为 1)：

- RAM 地址：9F00H～9FFFH。
- I/O 端口地址：BF00H(命令状态口)、BF01H(A 口)、BF02H(B 口)、BF03H(C 口)、BF04H(定时器低 8 位)、BF05H(定时器高 8 位)。

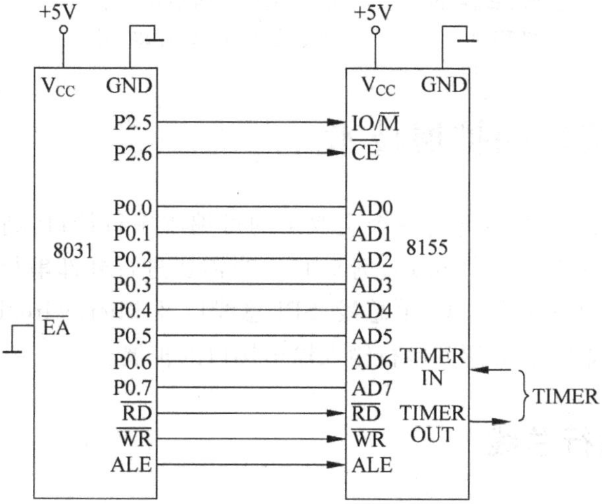

图 6.26　8155 扩展电路

由于 8155 片内含有地址锁存器，能够在 ALE 的下降沿把 8031 送来的地址信号、IO/$\overline{M}$ 选择信号以及 $\overline{CE}$ 锁存起来，故扩展电路中不需增加外部地址锁存器。

在需要以中断方式与 8031 进行数据交换的场合，可类似于图 6.21 所示的 8255A 扩展电路那样，将 PC0(端口 A 中断请求)及 PC3(端口 B 中断请求)经或非门电路接至 8031 的外部中断 $\overline{INT0}$ 或 $\overline{INT1}$。

4. 8155 初始化编程

如图 6.26 所示，设 A 口为基本输入输出方式，B 口、C 口为基本输入方式，将定时器作为方波发生器，对输入脉冲 20 分频，则初始化程序如下：

```
START:  MOV     DPTR, #0BF04H       ; 指向定时器的方式、长度寄存器低 8 位
        MOV     A, #14H             ; 计数值 = 14H(20 分频)
        MOVX    @DPTR, A            ; 计数值装入方式、长度寄存器低 8 位
        INC     DPTR                ; 指向定时器方式、长度寄存器高 8 位
        MOV     A, #40H             ; 设定输出为方波
```

```
MOVX    @DPTR,A               ;装入方式、长度寄存器高8位定时器
MOV     DPTR,#0BF00H          ;送命令寄存器地址
MOV     A,#0C1H               ;命令字的设定
MOVX    @DPTR,A               ;确定A、B、C口工作方式启动定时器
RET
```

如读8155RAM的50H单元内容,有:

```
MOV     DPTR,#9F50H          ;指向8155 RAM 50H单元
MOVX    A,@DPTR              ;8155 RAM 50H单元内容读入到A中
```

如将立即数9CH写入8155 RAM的70H单元,有:

```
MOV     A,#9CH          ;A←9CH
MOV     DPTR,#9F70H     ;指向8155 RAM 70H单元
MOVX    @DPTR,A         ;数据写入8155的RAM中
```

6.3 串行接口的扩展技术

MCS-51系列单片机内部有一个全双工的可编程串行接口,利用它可扩展出相应的并行输入输出接口(如例5.10、例5.11),当需要进行外部串行输入输出接口扩展时,可利用串行扩展总线I^2C、单总线、SPI总线以及Microwire/PLUS等来实现。本节仅以I^2C总线为例,介绍其串行输入输出接口的扩展。

6.3.1 I^2C串行总线

1. 概述

I^2C总线是Philips公司推出的一种串行总线,主要用于IC器件之间的二线制同步通信,它通过两根线(串行时钟线SCL和串行数据线SDA)便能实现总线上各器件的同步数据传送。I^2C总线可以极为方便地构成多机系统和外围器件扩展系统。其总线的基本结构如图6.27所示。

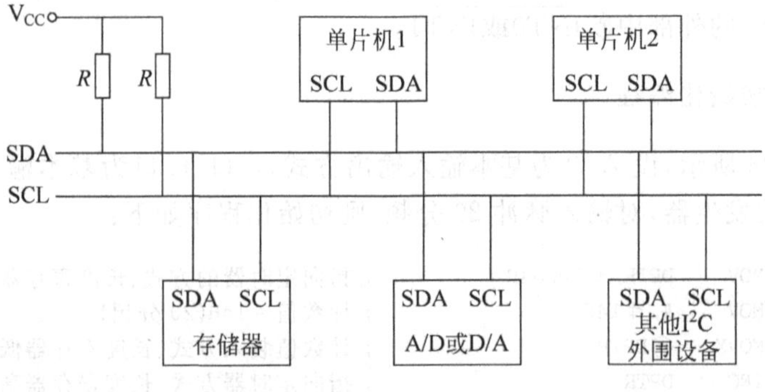

图6.27 I^2C总线的基本结构

由图 6.27 可见，I^2C 总线是一个多主机总线，即总线上可以有一个或多个主机，总线运行由主机控制。在多主机系统中，可能同时有几个主机希望利用总线传送数据，为了避免混乱，I^2C 总线需通过总线仲裁器的仲裁，将总线的使用权分配给某台主机使用。

I^2C 总线接口为开漏或开集电极输出，需加上拉电阻。连接到 I^2C 总线上的所有单片机、外围器件都有一个唯一的地址。利用 I^2C 总线进行传输的过程中，所有状态都将生成相对应的状态码，系统中的主机则根据这些状态码自动地进行总线管理。用户只要在程序中装入标准处理模块，根据数据操作要求完成 I^2C 总线的初始化，启动 I^2C 总线就能自动完成规定的数据传送操作。

目前不少的单片机内部集成了 I^2C 总线接口，如 MCS-51 系列单片机 8XC550、8XC552、8XC652、8XC654、8XC751、8XC752 等，用户无须另外设计接口，使用非常方便。对于内部没有集成 I^2C 总线接口的低价位单片机，可以通过软件实现 I^2C 总线通信规程。

2. I^2C 总线的数据传送规则

利用 I^2C 总线完成数据传送的基本规则为：

① I^2C 总线运用主/从双向通信方式实现设备间的数据传送。I^2C 总线的时钟线 SCL 和数据线 SDA 均为双向传输线。通信中由主设备（如图 6.27 中的单片机）掌握总线的使用权，并产生串行时钟信号及起始和停止条件。主设备和从设备均可工作于接收与发送状态。但无论是主设备，还是从设备，接收一个字节后必须发出一个确认信号 ACK。

② 在 SCL 保持高电平期间，SDA 线上的电平出现由高到低的变化时为起始信号，并启动 I^2C 总线工作；此时，若 SDA 线上的电平出现由低到高的变化，为停止信号，并停止 I^2C 总线的数据传送。

③ 数据位的有效性。在 I^2C 总线上，每一位数据位的传送都与时钟脉冲相对应，逻辑“0”和逻辑“1”的信号电平取决于相应电源 V_{CC} 的电压。I^2C 总线进行数据传送时，在 SCL 为高电平期间，SDA 线上的数据必须保持稳定，否则会被误认为是起始条件或停止条件；SCL 为低电平期间，SDA 线上的电平状态才允许发生变化。

④ I^2C 总线传送的格式为：首先送起始位，然后由主设备送出寻址字节，以选择从设备并控制总线传送的方向，最后传送数据。I^2C 总线上传送的每一个数据均为 8 位，数据传送字节数没有限制。但每传送 1 字节后，接收端都必须发一位应答信号 ACK（低电平为应答信号 ACK，高电平为非应答信号 $\overline{ACK}$），发送方确认后，再发下一数据。每一数据都是先发高位，再发低位，在全部数据传送结束后主设备发送停止信号。

对于片内有 I^2C 接口的单片机，上述数据传送规则可通过对相关的特殊功能寄存器操作完成，对于内部无 I^2C 接口的单片机则可通过软件模拟完成。

6.3.2 51单片机与I^2C总线器件的接口

目前,已有许多厂家生产出了多种串行接口器件,如E^2PROM、A/D转换器、D/A转换器、LED及LCD驱动器、日历时钟电路等。其中,带I^2C总线接口的E^2PROM是单片机应用系统中应用较广泛的一类I^2C存储器器件。其优点是体积小、功耗低、占用I/O口线少,性能价格比高。本节主要介绍MCS-51与带I^2C总线接口的E^2PROM的接口方法。

带I^2C总线接口的E^2PROM中,较为常用的有Philips公司的PCF8582、ATMEL公司的AT24C系列和NS公司的NM24C系列等。现以AT24C系列为例进行简要介绍。

1. AT24C系列E^2PROM的内部结构及特点

AT24C系列的E^2PROM,具有单电源供电,工作电压范围宽(1.8～5.5V);低功耗CMOS技术[100kHz(2.5V)和400kHz(5V)兼容],自定时写周期(包含自动擦除)、硬件写保护等特点。存储容量据具体型号而异,见表6.7。

表6.7 AT24C系列中各型号对应的存储容量表

型　号	容　量	型　号	容　量
AT24C01	128B(128×8)	AT24C08	1KB(1K×8)
AT24C02	256B(256×8)	AT24C16	2KB(2K×8)
AT24C04	512B(512×8)		

AT24C系列E^2PROM的内部结构及引脚如图6.28所示。各引脚功能为:

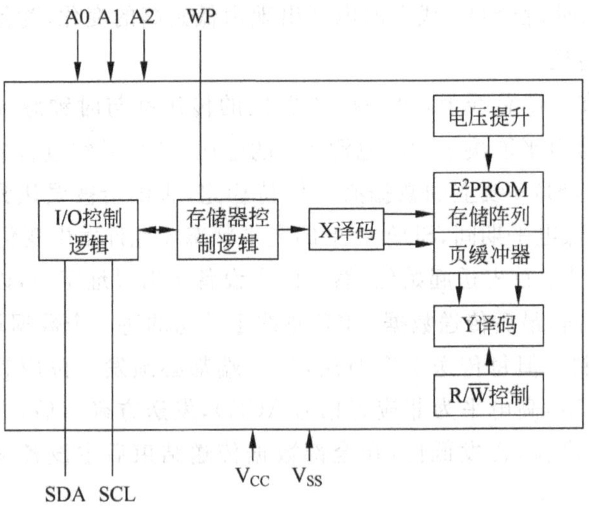

(a) 内部结构

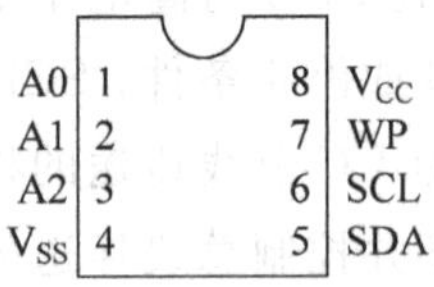

(b) 引脚图

图6.28 AT24C系列E^2PROM的内部结构及引脚图

① SCL：串行时钟端。

② SDA：串行数据/地址端；由于 SDA 为漏极开路端，故需接上拉电阻到 V_{CC}。

③ WP：写保护，当 WP 为高电平时，存储器只读；当 WP 为低电平时，存储器可读可写。

④ A0、A1、A2：片选或块选信号。

⑤ V_{CC}、V_{SS}：电源和地。

2. 接口技术

MCS-51 单片机与 AT24C 串行 E^2PROM 的接口电路连接示意图如图 6.29 所示。图中，P1.6 与 AT24C 的 SCL 引脚相连，提供 AT24C 所需的时钟信号；P1.7 与 AT24C 的 SDA 相连，以实现数据的传送任务；在系统中有多片 AT24C 时，A2、A1、A0 与高和低电平相连，实现器件地址的设置。由于图 6.29 中只有一片 AT24C，故可以直接接地，此时器件地址为"000"；WP 为 E^2PROM 的写保护信号，高电平有效，按图 6.29 的接法，该 AT24C 为只读状态。

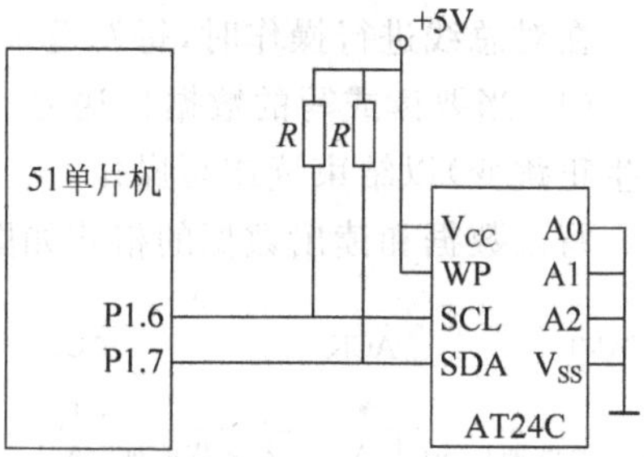

图 6.29 AT24C 系列 E^2PROM 与 MCS-51 单片机的接口电路

3. 读写操作原理

下面简介 AT24C02 的读写操作原理。在 AT24C02 E^2PROM 的读写过程中，必须先确定待操作器件的地址，AT24C02 E^2PROM 器件地址的固定部分为 1010，A2、A1、A0 三个引脚的不同状态可确定 3 位编码，由此形成的 7 位编码即为该器件的地址码，其格式如下，其中 $R/\overline{W}$ 为数据传送方向。

1	0	1	0	A2	A1	A0	$R/\overline{W}$

主机需对器件进行读写操作时，其操作过程如下：

(1) 发送起始信号 S(SCL 高电平时，SDA 产生负跳变)。

(2) 发送该器件的 7 位地址码和写方向位"0"(如此次操作为对当前地址的读操作，则写方向位应为"1")，发送完后释放 SDA，并在 SCL 线上产生第 9 个时钟信号，这会触发被选中的存储器器件在确认是自己的地址后，通过将 SDA 置为低电平来表示对接收到的地址的确认，单片机收到该确认信号后便可进行数据的传送。如果接收方没能将 SDA 置为低电平，主机就会中断传输，而采取适当的错误处理措施。

(3) 读写操作。

① 读操作：读操作有两种主要的操作方式，即对当前地址和指定起始地址的读操作。

- 对当前地址的数据读操作。在主机收到目标器件的确认信号(SDL 为低)后，逐个读取数据。数据地址按当前存储器地址指针逐个递增。当最后一个字节数据读完后，主机返回"确认非"(SDA 为高)信号。

- 对指定起始地址的数据读操作。在主机收到目标器件的确认信号后,发出1字节的存储区首地址,待被确认后,主机要重复一次起始信号并发出器件地址和读方向位("1"),收到器件的接收确认后,就可以读出数据字节。当最后1字节数据读完后,主机应返回以"非确认"信号。

② 写操作:写操作有两种基本方式,即字节写和页写。

- 字节写。在主机收到目标器件的确认信号后,将依次发送1字节的存储区首地址和待存储的1字节数据。
- 页写。在主机收到目标器件的确认信号后,将发送1字节的存储区首地址,然后逐个发送各数据字节。

在对总线进行操作时,每发送1字节后都要等待接收方的确认。

(4) 当要读或写的数据传送完后,主机应发出结束信号P(SCL高电平时,SDA产生正跳变)以结束读或写操作。

写入数据和读出数据的格式如图6.30所示。

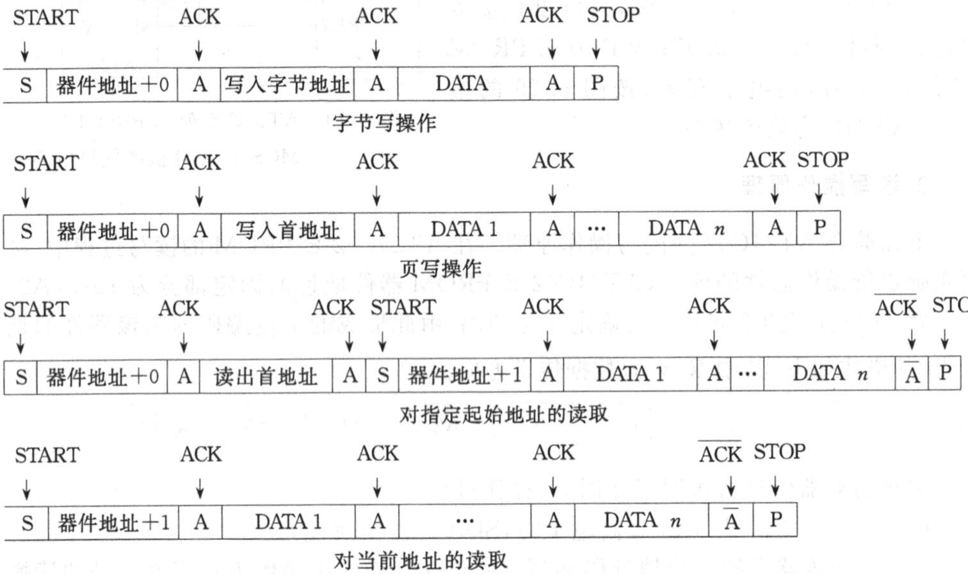

图 6.30 数据写入及读取格式

若待操作器件容量超过256字节,由于1字节的地址位只能寻址256字节的数据。此时,器件地址(A2、A1、A0)将作为页地址(占用的引脚地址线悬空)。

其他 I^2C 总线器件的扩展可参见有关资料。

6.3.3 串行 E^2PROM 与51单片机接口实例

如前所述,MCS-51单片机与AT24C的连接如图6.29所示。如需图6.29中的存储器AT24C为可读/写状态,则WP不能接高电平,即禁用硬件写保护。由此,

图 6.31 给出了 AT24C04 与 51 单片机的另一种连接示意图。

例：如图 6.31 所示，欲将 51 单片机内部 RAM 30H～37H 存放的 8 字节数据依次写入 AT24C04 存储器的 50H～57H 单元，为检查写入效果，再将 AT24C04 的 50H～57H 单元的内容读出依次显示在 LED0～LED7 上，试编程实现。

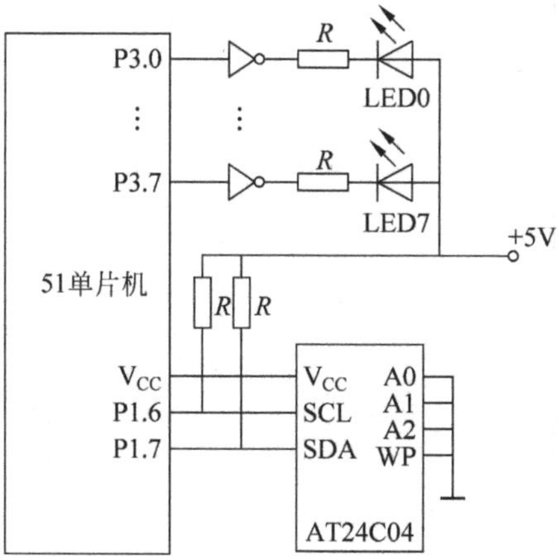

图 6.31　51 单片机与 AT24C04 的连接示意图

读/写流程图分别如图 6.32、图 6.33 所示。

程序清单如下：

```
        DAT     EQU 62H
        DATA    EQU 63H
        MWR     EQU 2FH
        ORG     0000H
        LJMP    MAIN
        ORG     0100H
MAIN:   MOV     SP,#64H         ;设置堆栈指针
        MOV     MWR,#50H        ;被写器件的地址存于 MWR
        MOV     DAT,#09H        ;设待发字节数
        MOV     DATA,#0A0H      ;写控制字节 10100000B 存于 DATA
        LCALL   WRITE           ;调写 E²PROM 子程序
        MOV     R6,#02H
DL0:    MOV     R7,#0FAH        ;延时等待内部烧写完成(内部写周期)
DL1:    NOP
        NOP
        DJNZ    R7,DL1
        DJNZ    R6,DL0          ;读出 E²PROM 内容,并将读出数据送 LED0～LED7 显示
        MOV     DAT,08H         ;设置待读字节数
        LCALL   START           ;发起始条件
        MOV     A,0A0H
        LCALL   WRB             ;发送写控制命令
        LCALL   CACK            ;检查 ACK
        JB      F0,END          ;无 ACK,结束本次传输
```

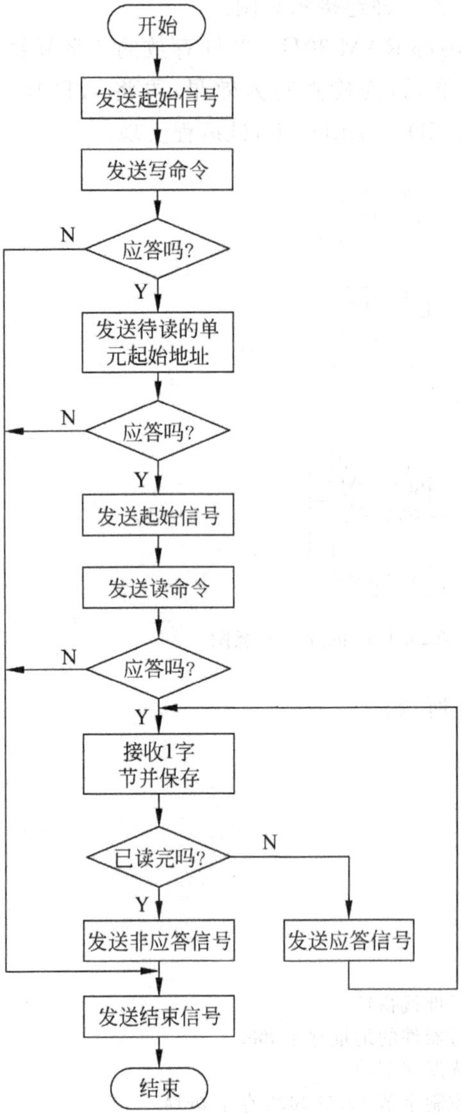

图 6.32　读流程图

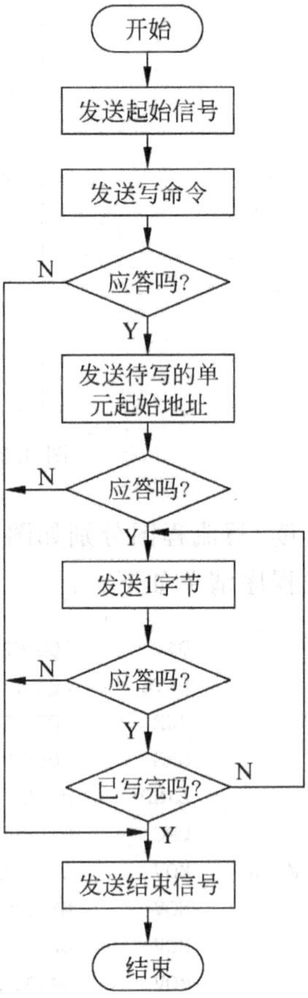

图 6.33　写流程图

```
        MOV     A,#50H
        LCALL   WRB             ;发送待读单元的起始地址
        LCALL   CACK            ;检查 ACK
        JB      F0,RDEND        ;无 ACK,结束本次传输
        LCALL   START           ;重新发起始条件
        MOV     A,0A1H
        LCALL   WRB             ;发送读控制命令
        LCALL   CACK            ;检查 ACK
        JB      F0,RDEND        ;无 ACK,结束本次传输
BACK:   LCALL RDB               ;读 1 字节
```

```
         MOV     P3,A          ; 送读入数据至 LED0～LED7
         DJNZ    DAT,ACK       ; 未全读完,转 ACK
         LCALL   MNACK         ; 已读完所有字节,发ACK
RDEND:   LCALL   STOP          ; 发停止条件
         SJMP    BACK1
ACK:     LCALL   MACK          ; 发 ACK
         LJMP    BACK          ; 继续接收
BACK1:   LJMP    MAIN

WRITE:   PUSH    PSW           ; 保护现场
WRITE1:  MOV     PSW,#08H      ; 选用工作寄存器组 1
         LCALL   START         ; 发起始条件
         MOV     A,DATA        ; 写控制命令
         CALL    WRB           ; 发送写控制命令
         CALL    CACK          ; 检查接收方的确认信息
         JB      F0,WREND      ; 无应答位,结束传输
         MOV     R0,#MWR       ; 有应答位,继而发数据,第一个数据为首址
         MOV     R5,DAT        ; R5 存读数据字节数
WRDA:    MOV     A,@R0         ; 读 1 字节数据
         LCALL   WRB           ; 发送此字节
         LCALL   CACK          ; 检查 ACK
         JB      F0,WREND      ; 无 ACK,结束传输
         INC     R0            ; 调整指针
         DJNZ    R5,WRDA       ; 尚未发完 n 字节,继续
WREND:   LCALL   STOP          ; 全部数据发完,停止
         POP     PSW           ; 恢复现场
         RET                   ; 返回
         ; 发起始条件
START:   SETB    SDA
         SETB    SCL
         NOP
         NOP
         CLR     SDA
         NOP
         NOP
         CLR     SCL
         RET
         ; 发送停止条件 STOP
STOP:    CLR     SDA
         SETB    SCL
         NOP
         NOP
         SETB    SDA
         NOP
         NOP
         CLR     SCL
         RET
         ; 发送应答位 ACK
```

```
MACK:   CLR     SDA
        SETB    SCL
        NOP
        NOP
        CLR     SCL
        SETB    SDA
        RET
        ; 发送非应答位ACK
MNACK:  SETB    SDA
        SETB    SCL
        NOP
        NOP
        CLR     SCL
        CLR     SDA
        RET
        ; 应答位检查子程序
CACK:   SETB SDA                ; SDA 作为输入
        SETB SCL                ; 第 9 个时钟脉冲开始
        NOP
        MOV     C,SDA           ; 读 SDA 线
        MOV     F0,C            ; 转存入 F0 中
        CLR     SCL             ; 时钟脉冲结束
        NOP
        RET
        ; 字节数据发送子程序
WRB:    MOV     R7,#8           ; 位计数器初值
WLP:    RLC     A               ; 欲发送位移入 C 中
        JC      WR1             ; 此位为 1,转 WR1
        CLR     SDA             ; 此位为 0,发送 0
        SETB    SCL             ; 时钟脉冲变为高电平
        NOP                     ; 延时
        NOP
        CLR     SCL             ; 时钟脉冲变为低电平
        DJNZ    R7,WLP          ; 未发完 8 位,转 WLP
        RET                     ; 8 位已发完,返回
WR1:    SETB    SDA             ; 此位为 1,发送 1
        SETB    SCL             ; 时钟脉冲变高电平
        NOP
        NOP                     ; 延时
        CLR     SCL             ; 时钟脉冲变低电平
        CLR     SDA
        DJNZ    R7,WLP
        RET
        ; 字节数据接收子程序
RDB:    MOV     R7,#8           ; R7 存放位计数器初值
RLP:    SETB    SDA             ; SDA 输入
        SETB    SCL             ; SCL 脉冲开始
        MOV     C,SDA           ; 读 SDA 线
```

```
        MOV     A,R2            ; 取回暂存结果
        RLC     A               ; 移入新接收位
        MOV     R2,A            ; 暂存入 R2
        CLR     SCL             ; SCL 脉冲结束
        DJNZ    R7,RLP          ; 未读完 8 位,转 RLP
        RET                     ; 8 位读完,返回
```

C51 参考程序如下:

```
#include  "reg51.h"
sbit  SDA = P1^6;
sbit  SCL = P1^7;
#define  WR  0xa0
#define  RD  0xa1
#define  NUM  8
#define  BEGADDR  0x50
void  dly(unsigned char );
unsigned char  wrbyte(unsigned char cmd,unsigned char addr,unsigned char var);
unsigned char  rdbytes(unsigned char cmd,unsigned char addr,unsigned char  * revpt,
unsigned char len);
unsigned char  buf[8] _at_ 0x30;
void  main(){
    unsigned char  chkbuf[8],i,rtn;
    //写 E²PROM
    for(i = 0;i < NUM;i ++ ){
        rtn = wrbyte(WR,BEGADDR + i,buf[i]);         //写 1 字节
        if(rtn == 1)                                 //若写失败,就不继续写入
        {  break;
        }
    }
    //若写成功,则读 E²PROM,并将读出的数值送 LED 显示
    rtn = rdbytes(RD,BEGADDR,chkbuf,NUM);
    if(rtn == 0){                                    //若读成功,则送 LED 显示
        for(i = 0;i < NUM;i ++ ){
          P3 = chkbuf[i];
          dly(300);
        }
    }
    return;
}
void dly(unsigned char time){
    do{  time -- ;
    }while(time > 0);
    return;
}
//发送起始信号
void  sndinf_beg(void){
    SDA = 1;
    SCL = 1;
```

```
    dly(2);
    SDA = 0;
    dly(2);
    SCL = 0;
    return;
}
//发送结束信号
void sndinf_end(void){
    SDA = 0;
    SCL = 1;
    dly(2);
    SDA = 1;
    dly(2);
    SCL = 0;
    return;
}
//发送应答信号
void sndinf_ack(void){
    SDA = 0;
    SCL = 1;
    dly(2);
    SCL = 0;
    SDA = 1;
    return;
}
//发送非应答信号
void sndinf_nack(void){
    SDA = 1;
    SCL = 1;
    dly(2);
    SCL = 0;
    SDA = 0;
    return;
}
//发送1字节的数据
void snddata(unsigned char  var){
    unsigned char  i,mask;
    mask = 0x80;
    for(i = 0;i < 8;i ++ ){
        SCL = 0;
        if(var & mask){
            SDA = 1;
        }
        else{
            SDA = 0;
        }
        SCL = 1;
        dly(2);
```

```
        mask = mask >> 1;
    }
    return;
}
//接收 1 字节的数据
unsigned char  revdata(void){
    unsigned char  rtn,i;
    volatile unsigned char  bstat;
    rtn = 0;
    for(i = 0;i < 8;i ++ ){
        SCL = 0;
        dly(2);
        SCL = 1;
        bstat = SDA;
        rtn = rtn | bstat;
        rtn = rtn << 1;
    }
    return  rtn;
}
//接收信息——返回值为 1,则接收非应答信号;为 0,接收应答信号
unsigned char  revinf(void){
    volatile unsigned char  rtn;
    unsigned char i = 0;
    SCL = 1;
    dly(2);
    rtn = SDA;
    return rtn;
}
//向 E²PROM 指定地址写入 1 字节的数据
//返回值为 1,则写入失败;为 0,写入成功
unsigned char  wrbyte(unsigned char cmd,unsigned char addr,unsigned char var){
    unsigned char  rtn,temp;
    rtn = 1;
    sndinf_beg();                                   //发送起始信号
    snddata(cmd);                                   //发送写命令
    temp = revinf();                                //接收子器件返回的信号
    if(temp == 0){                                  //接收到应答信号
        snddata(addr);                              //发送待写入单元的地址
        temp = revinf();
        if(temp == 0){                              //接收到应答信号
            snddata(var);                           //发送数据
            temp = revinf();
            if(temp == 0){
                rtn = 0;
            }
        }
    }
    sndinf_end();                                   //发送结束信号
```

```
    return  rtn;
}
//从 E²PROM 指定地址开始读入多字节的数据
//返回值为 1,则失败;为 0, 成功
unsigned char  rdbytes(unsigned char cmd, unsigned char addr, unsigned char  * revpt,
unsigned char len){
    unsigned char  rtn, stat;
    sndinf_beg();                              //发送起始信号
    snddata(cmd & 0xfe);                       //发送写命令
    stat = revinf();
    if(stat == 0){
        snddata(addr);                         //发送待读入单元的起始地址
        stat = revinf();
        if(stat == 0){
            sndinf_beg();                      //发送起始信号
            snddata(cmd);                      //发送读命令
            stat = revinf();
            if(stat == 0){
                do{  * revpt = revdata();      //接收数据
                    revpt ++;
                    len -- ;
                    if(len > 0){               //还要继续读,就发应答信号
                        sndinf_ack();
                    }
                    else{                      //已经读完,发送非应答信号
                        sndinf_nack();
                        rtn = 0;
                    }
                }while(len > 0);
            }
        }
    }
    sndinf_end();                              //发送结束信号
    return  rtn;
}
```

习题

6.1 简述 MCS-51 系列单片机访问片外程序存储器与数据存储器的异同点。

6.2 在 MCS-51 系列单片机扩展系统中,程序存储器与数据存储器共用 16 条地址信号线和 8 条数据信号线,在片外存储器的实际操作中这两类信号线会发生冲突吗? 为什么?

6.3 MCS-51 系列单片机与扩展的外部存储器相连时,为什么低 8 位地址信号须通过地址锁存器锁存,而高 8 位地址信号无须经过地址锁存器?

6.4 利用地址译码器 74LS138 设计一个译码电路,分别选中 8 片 2764,并给出

各个芯片的地址范围。

6.5　什么情况下单片机系统会进行 I/O 口扩展?

6.6　8155 芯片内部有哪几个主要部分?其主要功能是什么?

6.7　试指出并行 I/O 口 8255 与 8155 内部结构的异同点。

6.8　若某系统需扩展一片 8155,此时 8155 的引脚 $\overline{RD}$ 可与 51 单片机的引脚 $\overline{PSEN}$ 相连吗?为什么?

6.9　某 8051 单片机系统中,需扩展一片 2764、一片 6264、一片 8155、一片 74LS244、一片 74LS273,请画出相应的系统扩展硬件连接图,并给出各个芯片的地址范围。

6.10　I^2C 总线有几条信号线实现与总线上器件的数据传送?分别是什么信号线?

6.11　利用 I^2C 总线进行数据传送时,其数据传送的基本规则是什么?

6.12　当 I^2C 总线上挂有一个以上的器件时,如何实现与其中某一个器件的数据传送?

第7章 单片机应用系统接口技术

7.1 键盘和显示器接口技术

7.1.1 LED接口技术

1. LED显示器

LED显示器由8个发光二极管组成，其7个长条形的发光管排列成“日”字形，而点形的发光管作为小数点安排在显示器的右下角(如图7.1(a)所示)，能显示数字0～9及部分英文字母。LED显示器具有显示清晰、亮度高、使用电压低、寿命长、成本低的特点，因此常被选为单片机应用系统中的人机界面。

LED显示器有两种类型：一种是8个发光二极管的阴极全相连，称为共阴极LED显示器，如图7.1(b)所示；另一种是8个发光二极管的阳极全相连，称为共阳极LED显示器，如图7.1(c)所示。

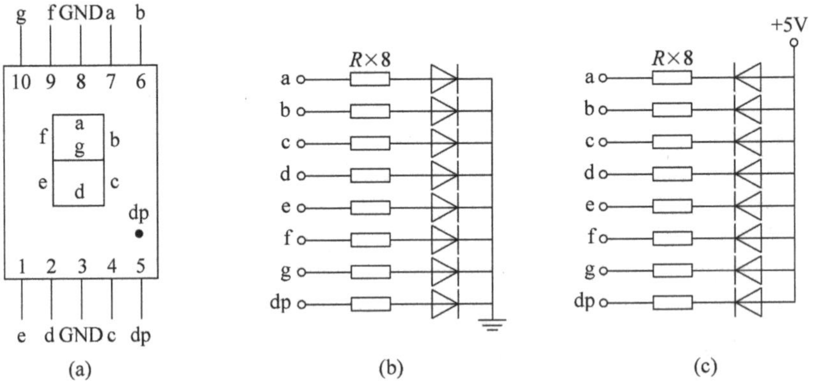

图7.1 LED显示器结构原理图

共阴和共阳结构的LED显示器的笔画段排列相同，当需要显示某字符时，仅需把相应笔画段的发光二极管点亮即可。8个笔画段a、b、c、d、e、 f、g、dp 正好可用 1 字节(8 位)的各位 D7、D6、D5、D4、D3、D2、D1、D0 来控制，于是用 8 位二进制码就可以表示欲显示字符的字形代码。例如，对于共阴极 LED 显示器，当公共阴极接地(为零电平)，阳极 dpgfedcba 各段为 01110011 时，显示器显示“P”字符，即对于共阴极 LED 显示器，“P”字符的字形码是 73H；如果是共阳极 LED 显示器，公共阳极接高电平，显示“P”字符的字形代码则为 10001100(8CH)。

2. 静态显示接口技术

在单片机应用系统中，LED 显示器常用两种接口方式，即静态显示和动态显示接口方式。静态显示接口电路如图 7.2 所示。每一个 LED 显示器用一个锁存器锁存字形代码，这样，单片机只需把要显示的字形代码发送到对应的锁存器即可，需显示新的数据时，再发送新的字形码。这种接口方式的优点是 CPU 的开销小、显示稳定，缺点是使用的电路芯片较多。

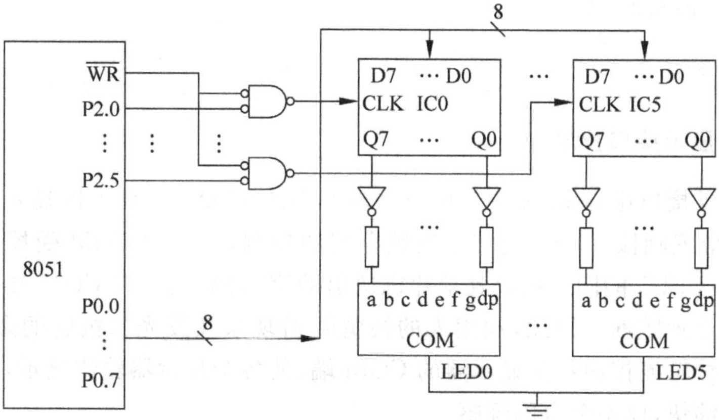

图 7.2　静态显示接口电路图

设待显示的数据已分别放在显示缓冲区 60H～65H 共 6 个单元中，分别对应显示在共阴极显示器 LED0～LED5 上；锁存器 IC0～IC5 的地址分别为 FE00H、FD00H、FB00H、F700H、EF00H、DF00H。显示参考子程序如下：

```
DISP:  MOV    R0,#00H          ;锁存器地址初始
       MOV    R2,#06H          ;显示 6 位数
       MOV    P2,#0FEH         ;指向 LED0
       MOV    R1,#60H          ;显示缓冲区地址初始
       MOV    DPTR,#SEGTAB     ;指向字形表的入口地址
LOOP:  MOV    A,@R1            ;取待显示数据
       MOVC   A,@A+DPTR        ;查表获取字形码
       MOVX   @R0,A            ;送显示
       MOV    A,P2
       RL     A
       MOV    P2,A             ;锁存器地址修改
       INC    R1               ;显示缓冲区地址修改
```

```
        DJNZ    R2,LOOP              ; 直到6个数据全显示完
        RET
                                     ; 字形表
        SEGTAB DB 03H,9FH,27H,0DH,99H,49H,41H,1FH,01H,09H,0FFH
                                     ; 0 1 2 3 4 5 6 7 8 9 消隐码
```

测试用主程序如下：

```
          ORG 0000H
          AJMP START
          ORG 30H
START:    MOV SP, #6FH
          MOV 65H, #0
          MOV 64H, #1
          MOV 63H, #2
          MOV 62H, #3
          MOV 61H, #4
          MOV 60H, #5
          LCALL DISP
          SJMP $
```

3. 动态显示接口技术

动态显示接口电路如图 7.3 所示。在该接口电路中，共阴极显示器 LED0～LED5 的 8 个笔画段 a～dp 受字形码锁存器的控制，公共端 COM 受控于位选锁存器。LED0～LED5 能同时接收到单片机送出的字形码，但只有 COM 端为低电平的显示器才会显示数据。因此，利用人的视觉暂留现象及发光二极管的余晖效应，采用分时的办法轮流控制各个显示器的 COM 端，使各个显示器轮流显示，只要轮流显示的速度足够快，就不会有闪烁感。

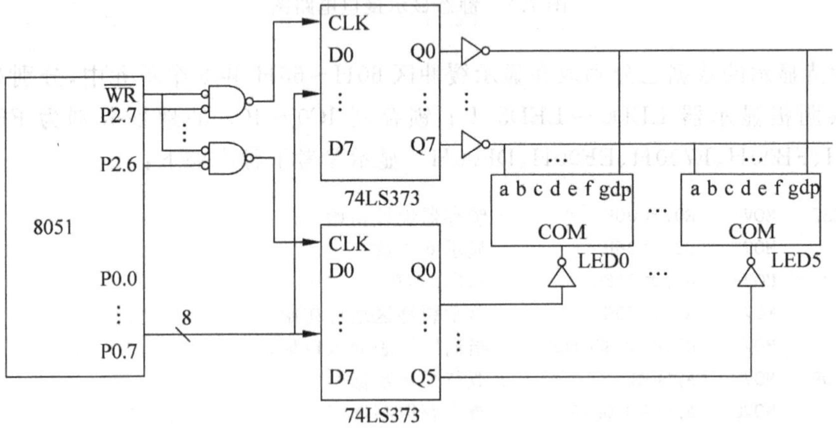

图 7.3　动态显示接口电路图

设待显示的数据已分别放在显示缓冲区 DISPBUFF 起始的连续 6 个单元中，分别对应 LED0～LED5；字形码锁存器的地址为 7FFFH，位选锁存器的地址为

BFFFH。显示参考子程序如下：

```
PORT1     EQU  7FFFH             ; 字形码锁存器地址
PORT2     EQU  BFFFH             ; 位选锁存器地址
          ORG  30H
MAIN:     MOV  SP, #6FH          ; 设置堆栈
          MOV  DPTR, #PORT2      ; 指向位选锁存器
          MOV  A, #00H           ; 显示器全熄灭
          MOVX @DPTR, A
LOOP:     LCALL DISP             ; 调用显示程序
          AJMP LOOP

DISP:     PUSH ACC               ; ACC 入栈
          PUSH PSW               ; PSW 入栈
          MOV R1, #DISPBUFF      ; 指向显示缓冲区
          MOV R2, #01H           ; 给出位选信号
          MOV R3, #06H           ; 循环次数初始
LOOP1:    MOV A, @R1             ; 取一个待显示数
          MOV DPTR, #DISPTAB     ; 字形表首地址
          MOVC A, @A + DPTR      ; 转换为字形码
          MOV DPTR, #PORT1       ; 指向字形码锁存器
          MOVX @DPTR, A          ; 送字形码
          MOV A, R2
          MOV DPTR, #PORT2       ; 指向位选锁存器
          MOVX @DPTR, A          ; 送位选信号
          RL A                   ; 指向下一位
          MOV R2, A
          LCALL DELAY            ; 延时 1ms
          INC R1                 ; 指向下一个待显数据
          DJNZ R3, LOOP1         ; 直至 6 位数据显示完
          POP PSW
          POP ACC
          RET
DELAY:    PUSH PSW               ; 延时 1ms
          SETB RS0
          MOV R7, #50
D1:       MOV R6, #10
D2:       DJNZ R6, $
          DJNZ R7, D1
          POP PSW
          RET
DISPTAB:  DB 03H, 9FH, 27H, 0DH, 99H, 49H, 41H, 1FH, 01H, 09H, 0FFH
                                 ; 0 1 2 3 4 5 6 7 8 9 消隐码
          END
```

7.1.2 LCD 接口技术

1. LCD 显示器

液晶显示器(Liquid Crystal Display, LCD)具有工作电压低、功耗小、寿命长、体

积小、重量轻等优点,广泛应用于手机、照相机、计算机、智能仪器仪表等产品中。按显示方式分类,LCD可分为3类,即段式LCD、点阵字符式LCD和点阵图形式LCD。段式LCD只能显示简单字符;点阵字符式LCD可显示较复杂的文字信息;点阵图形式LCD不仅可以显示数字、字符和汉字,还能画出简单图形,能够实现丰富多样的显示效果。

在LCD中,对于自带汉字字库的点阵图形式LCD,显示时只需要向LCD显示模块写入汉字的字库编号即可显示指定的汉字。例如,台湾矽创电子公司生产的128×64的点阵图形式LCDST7920芯片,内置8192个16×16点阵的汉字和128个8×16点阵的ASCII码字符。对于不带汉字字库的点阵图形式LCD,如128×64的点阵图形式LCD显示模块WGM12864B,就需要执行程序向LCD显示模块按字节写入汉字的点阵编码(即字模),才能达到显示汉字的目的。

获取汉字点阵编码的过程也称为取模。目前,提取字模的软件较多(如zimo3就是一种使用较方便的汉字取模软件),读者可根据实际情况进行选择。取模的方法很多,如按方向可分为横向和纵向,横向取模又分为左高右低和左低右高两种;纵向取模又分为上高下低和上低下高两种。现以汉字"单"为例说明获取汉字字模的基本方法。图7.4为16×16的汉字"单"的点阵图形,若按纵向上低下高对图7.4中的汉字"单"取模,其基本步骤为:

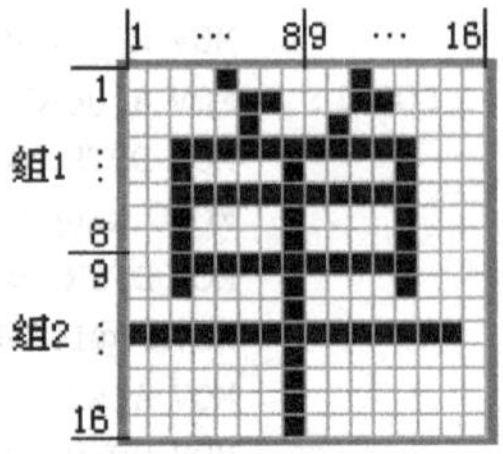

图7.4 汉字"单"取模

① 将图7.4分为上、下两组,分别称为组1和组2,组1由图7.4中的第1~8行组成,组2由第9~16行组成。

② 由于每组均有16列,故每组应有16字节,按从左到右的顺序依次获取相应字节数据。

③ 每字节数据都按上低下高的方式得到,点阵图形中黑色部分为"1",否则为"0",则图7.4中1组的前3字节数据(即1~3列)的二进制数分别为00000000、00000000、11111000。

④ 将所得数据按组1、组2的顺序依次排列即可得到待显汉字所对应的字模。

按以上步骤,得到汉字"单"的32字节字模数据为Hz_dan[]={0x00,0x00,0xF8,0x28,0x29,0x2E,0x2A,0xF8,0x28,0x2C,0x2B,0x2A,0xF8,0x00,0x00,0x00,0x08,0x08,0x0B,0x09,0x09,0x09,0x09,0xFF,0x08,0x09,0x09,0x09,0x0B,0x08,0x08,0x00}。

2. 接口技术

目前,点阵图形式LCD在实际嵌入式系统中应用较多,可选择的厂家和型号繁多。下面以WGM12864B点阵图形式LCD显示模块为例,简单介绍LCD接口技术。

(1) WGM12864B的内部结构及引脚功能

WGM12864B为128×64的点阵图形式LCD显示模块,其结构框图如图7.5所示。

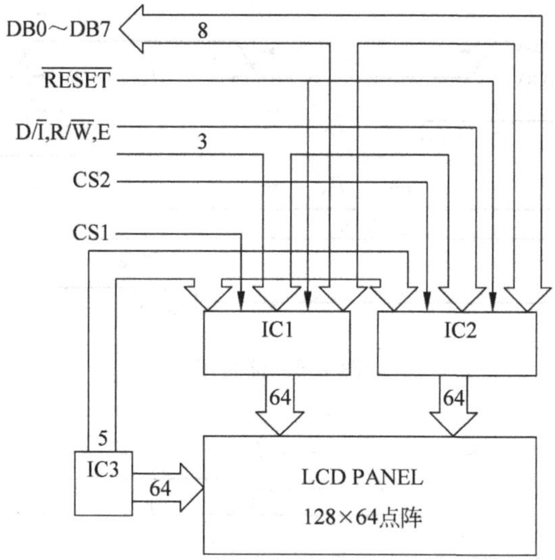

图 7.5 WGM12864B 芯片结构框图

图 7.5 中 LCD PANEL 为显示面板，它有 64 行，每行有 128 个液晶点。行驱动器 IC3 以及列驱动器 IC1 和 IC2 分别实现行列驱动功能。内部的显示缓冲区 DDRAM 用于存放要显示的字符或图形的点阵数据。

下面介绍其引脚功能。

① DB0～DB7：数据总线，用于实现数据或指令传送。

② $\overline{\text{RESET}}$：复位信号，低电平有效。

③ CS1、CS2：片选信号，分别实现对 IC3 与 IC1 共同驱动的 64×64 点阵的片选控制和 IC3 与 IC2 共同驱动的 64×64 点阵的片选控制。

④ R/$\overline{\text{W}}$：读/写控制信号，该信号为高电平时是读操作，为低电平时是写操作。

⑤ D/$\overline{\text{I}}$：数据/指令控制信号，该信号为高电平说明数据总线上传输的是待显数据，为低电平说明传输的是指令。

⑥ E：使能信号，写操作时该信号的下降沿锁存数据；读操作时，只有当该信号为高电平才能将显示缓冲区 DDRAM 中的数据读出，并送上数据总线。

读写操作的引脚状态见表 7.1。其读写时序如图 7.6、图 7.7 所示。读写时序参数见表 7.2。

表 7.1 读写操作引脚状态

操　　作	R/$\overline{\text{W}}$	D/$\overline{\text{I}}$	E
读指令	1	0	1
写指令	0	0	↓
读显示缓冲区数据	1	1	1
写显示缓冲区数据	0	1	↓

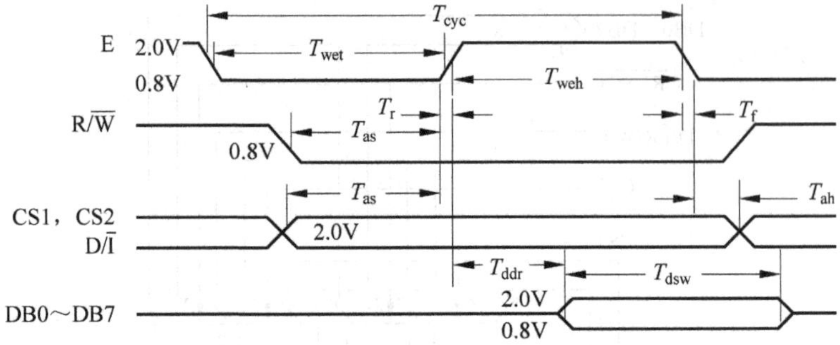

图 7.6　读时序

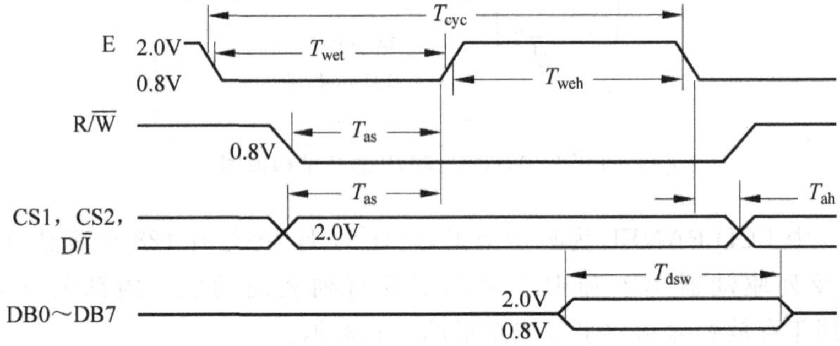

图 7.7　写时序

表 7.2　读写时序参数

名　　称	符　　号	最小值/ns	最大值/ns
E 周期时间	T_{cyc}	1000	—
E 高电平宽度	T_{weh}	450	—
E 低电平宽度	T_{wet}	450	—
E 上升时间	T_r	—	25
E 下降时间	T_f	—	25
地址建立时间	T_{as}	140	—
地址保持时间	T_{ah}	10	—
数据建立时间	T_{dsw}	200	—
数据延迟时间	T_{ddr}	—	320

由于单片机时钟频率较低，而 LCD 控制器的时序要求一般为几百纳秒，所以通常单片机执行一条输入输出指令的时间就可以满足时序要求，也可以根据需要添加几条空操作指令。

(2) 接口技术

WGM12864B 点阵图形式 LCD 与 51 系列单片机的接口如图 7.8 所示。

(3) 显示原理

LCD 指令中有开显示指令和关显示指令，LCD 显示与否受控于这个软件控制的开关，需要显示时向 LCD 模块写入开显示指令即可显示，也可通过指令关闭 LCD 显示。因此，实际应用中只需将待显示的内容写入显示缓冲区 DDRAM 后，打开显示开关即可。

显示缓冲区的地址与内容的关系如图 7.9 所示，DDRAM 中每字节的内容按纵向上低下高显示在 LCD 屏幕上。行地址 X 被称为页地址，Y 地址计数器具有自加 1 功能，每次读写数据后 Y 地址计数器会自动加 1，指向下一个 DDRAM 单元。

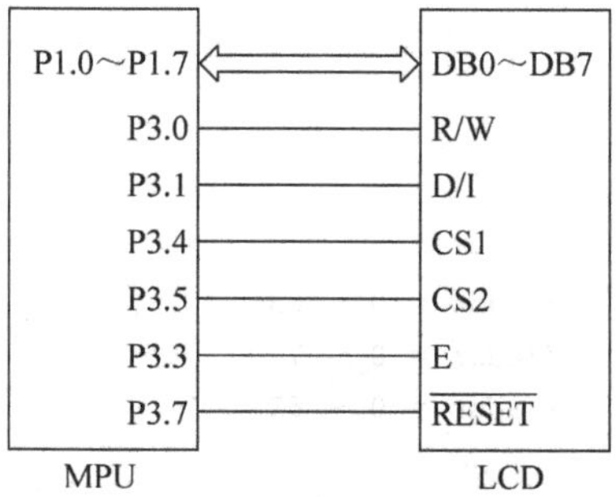

图 7.8　LCD 接口示意图

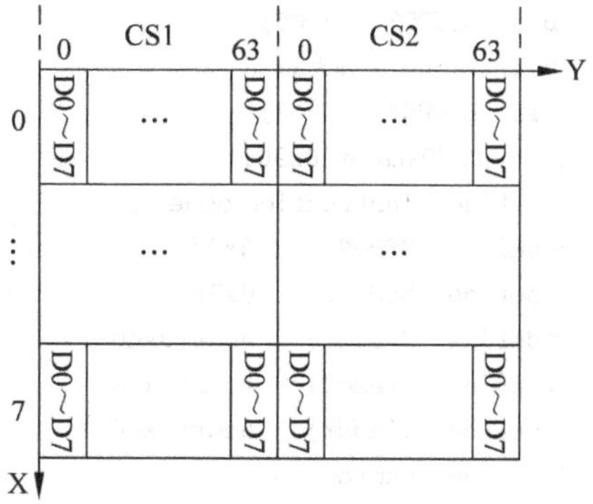

图 7.9　DDRAM 地址示意图

显示时，可通过指令控制显示器从 DDRAM 的哪一列开始显示，该显示位置称为 Z 地址。起始行地址可以是 0～63 中的任意一行。通过修改 Z 地址可以产生上下滚屏的效果。写指令操作时引脚 $R/\overline{W}=0$，$D/\overline{I}=0$，常用指令码见表 7.3。读指令操作时引脚 $R/\overline{W}=1$，$D/\overline{I}=0$，可读出 LCD 控制器的状态，D7 位为 BUSY，D5 位为 ON/OFF，D4 位为 RST。

表 7.3　LCD 显示器常用指令码

D7	D6	D5	D4	D3	D2	D1	D0	功能描述
0	0	1	1	1	1	1	1	开显示
0	0	1	1	1	1	1	0	关显示
1	1	设置显示起始列(0～63)						指定显示屏从 DDRAM 哪一列开始显示，即设置 Z 地址
1	0	1	1	1	(0～7)			设置页地址，即 X 地址
0	1	(0～63)						设置列地址，即 Y 地址

例 7.1　设 LCD 芯片与 51 系列单片机的接口示意如图 7.8 所示，编程实现在 LCD 上显示汉字“单”。

在文件 lcd.c 中实现了控制 LCD 显示的相关程序设计。程序中将对 LCD 写指令和写显示数据定义为宏。在头文件 lcd.h 中只声明了主程序中用到的函数，在此声明了 Lcd1_wrhz()和 Lcd1_display()。由于汉字字库需占用大量存储空间，并且字库数据是固定不变的，所以将汉字字库定义为 code 类型，存放于程序存储区中。通常在上电复位后，为避免屏幕上显示乱码，应将显示缓冲区全部清零，之后再写入待显内容，此处为了简化程序，省略了清除显示缓冲区的程序段。能实现题目要求的程序清单如下。

文件 lcd. c

```
#include  "SST89x5x4.h"
//define  pin
sbit  LcdRW = P3^0;
sbit  LcdDI = P3^1;
sbit  LcdCS1 = P3^4;
sbit  LcdCS2 = P3^5;
sbit  LcdEN = P3^3;
sbit  LcdRST = P3^7;
sfr  LcdData = 0x90;
//define  instruction code
#define  DSPON      0x3f
#define  DSPOFF     0x3e
#define  Z(addr)    addr|0xc0                  //addr = 0 ~ 63
#define  X(addr)    addr|0xb8                  //addr = 0 ~ 7
#define  Y(addr)    addr|0x40                  //addr = 0 ~ 63
//define  macro
#define  Lcd1_wrinsr(lcdcode){\
     LcdRW = 0; \
     LcdDI = 0; \
     LcdCS1 = 0; \
     LcdData = lcdcode; \
      LcdEN = 1;  \
      LcdEN = 0;  \
     LcdCS1 = 1; \
}
#define  Lcd1_wrram(ramdata){\
     LcdRW = 0; \
     LcdDI = 1; \
     LcdCS1 = 0; \
     LcdData = ramdata; \
      LcdEN = 1;  \
      LcdEN = 0;  \
     LcdCS1 = 1; \
}
void  delay(unsigned char  t){
    for(;t>0;t--);
    return;
}
bit  Lcd1_busy(void){
    volatile bit  busy;
     LcdData = 0xff;
    LcdRW = 1;
    LcdDI = 0;
    LcdCS1 = 0;
     LcdEN = 1;
```

```
    busy = (LcdData&0x80);
     LcdEN = 0;
    LcdCS1 = 1;
    return(busy);
}
//write hz to chip1, x = 0～6, y = 0～48, if succeed, return value 1, 0 otherwise
bit  Lcd1_wrhz(unsigned char x, unsigned char y, unsigned char * phz){
    unsigned char i,j;
    if(Lcd1_busy()){
         delay(10);
         if(Lcd1_busy())  return 0;
     }
     Lcd1_wrinsr(X(x));
     if(Lcd1_busy()){
         delay(10);
          if(Lcd1_busy())  return 0;
     }
     Lcd1_wrinsr(Y(y));
     for(j = 0;j < 16;j ++ ){
          if(Lcd1_busy()){
             delay(10);
              if(Lcd1_busy())  return 0;
          }
          Lcd1_wrram( * phz);
           phz ++ ;
     }
    if(Lcd1_busy()){
         delay(10);
          if(Lcd1_busy())  return 0;
     }
     Lcd1_wrinsr(X(x + 1));
     if(Lcd1_busy()){
         delay(10);
          if(Lcd1_busy())  return 0;
     }
     Lcd1_wrinsr(Y(y));
     for(i = 0;i < 16;i ++ ){
         if(Lcd1_busy()){
             delay(10);
              if(Lcd1_busy())  return 0;
         }
         Lcd1_wrram( * phz);
          phz ++ ;
     }
     return(1);
}
bit  Lcd1_display(bit  on){
    if(Lcd1_busy()){
```

```
        delay(10);
         if(Lcd1_busy())   return 0;
    }
    if(on == 1){Lcd1_wrinsr(DSPON);
    }
    else{Lcd1_wrinsr(DSPOFF);
    }
    return(1);
}
```

文件 lcd.h

```
#ifndef  _LCD_H_
#define  _LCD_H_
//return 1 means succeed, return 0 means failure for the following functions
extern bit  Lcd1_wrhz(unsigned char x, unsigned char y, unsigned char * phz);
extern bit  Lcd1_display(bit  on);  // on = 1 mean display, on = 0 mean not display
#endif
#include  "lcd.h"
```

文件 main.c

```
//HZZK
unsigned char code  Hz_dan[] = {0x00,0x00,0xF8,0x28,0x29,0x2E,0x2A,0xF8,0x28,0x2C,
0x2B,0x2A,0xF8,0x00,0x00,0x00,0x08,0x08,0x0B,0x09,0x09,0x09,0x09,0xFF,0x08,0x09,
0x09,0x09,0x0B,0x08,0x08,0x00};
void main(){
    bit  rtn;
    rtn = Lcd1_wrhz(2,8,Hz_dan);
     if(rtn){
         Lcd1_display(1);
     }else{
         Lcd1_display(0);
     }
agn:
     goto  agn;
}
```

7.1.3 键盘接口技术

键盘是一种常用的输入设备,它由阵列式排列的开关构成,一个按键实际上是一个开关元件。根据结构原理按键可分为触点式和无触点式两类:机械式开关、导电橡胶式开关等是触点式的;电气式按键、磁感应按键等是无触点式的。前者造价低,后者寿命长。根据按键的接口原理可分为编码键盘与非编码键盘两类,编码键盘包括检测键闭合及产生相应键代码的一些必要硬件,以及消除键抖动的有关电路。非编码键盘没有这样一些硬件电路,检测键闭合、消除键抖动及产生相应键代号是软件在少量硬件支持下完成的。因此,两种键盘的优缺点是很明显的,前者硬件稍多,后者花费的处理时间较多。随着硬件成本的下降,编码键盘的应用将更为普遍。

1. 非编码键盘

(1) 独立式按键

如果单片机应用系统中只需要几个功能键,可采用独立式按键结构。

独立式按键直接用 I/O 线构成单个按键电路,其特点是每个按键单独占用一条 I/O 线,每个按键的工作不会影响其他 I/O 线的状态。独立式按键的典型应用如图 7.10 所示。

独立式按键电路配置灵活,软件结构简单,但每个按键必须占用一条 I/O 线,因此,在按键较多时,I/O 线浪费较大,不宜采用。

图 7.10 中按键输入低电平有效,上拉电阻保证按键断开时,I/O 线有确定的高电平。当 I/O 线内部有上拉电阻时,外部电路可不接上拉电阻。

独立式按键的软件常采用查询式结构。先逐位查询每条 I/O 线的输入状态,如果某一条 I/O 线为低电平,则可确认该 I/O 线所连接的按键已按下,然后再转向该键的功能处理程序。

(2) 矩阵式键盘

如果单片机应用系统中按键较多,通常采用矩阵式(也称行列式)键盘。

矩阵式键盘由行线和列线组成,其结构如图 7.11 所示。在矩阵式键盘中,每条水平线和垂直线在交叉处不直接连通,而是通过一个按键加以连接。这样,一个端口(如 P1 口)就可以管理 4×4=16 个按键,比用独立式按键方式管理的按键数量多出了一倍,且线数越多,两种方式的区别越明显,比如再多加一条线就可以构成 20 个键的键盘,而用独立式按键方式则只能多管理一个键。由此可见,在需要的按键数量比较多时,采用矩阵法来做键盘是合理的。

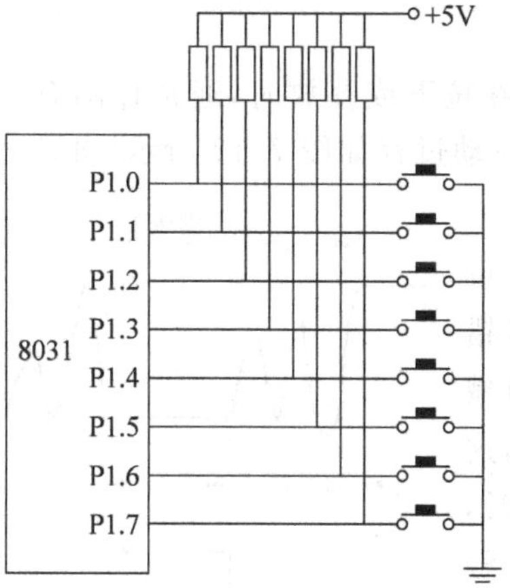

图 7.10　独立式按键电路图

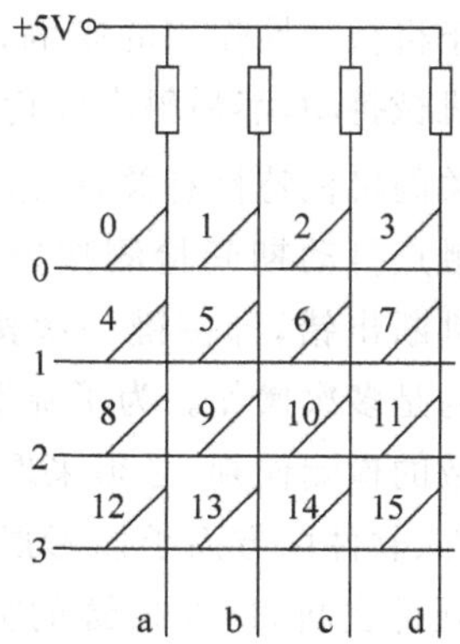

图 7.11　矩阵式键盘结构示意图

矩阵式键盘中,行线(0、1、2、3)、列线(a、b、c、d)分别连接到按键开关的两端,列线通过上拉电阻接到+5V上。无键按下时,列线处于高电平状态;当有键按下时,行、列线导通,列线电平将由与它相连的行线电平决定,将行线、列线信号配合起来作适当处理,可唯一确定闭合键所在的位置。

下面介绍矩阵式键盘的管理。

① 按键的识别。

识别按键最常用的方法是行扫描法,其基本思想是:

第一步,行开放,判断键盘中有无键按下。将全部行线0～3置为低电平,然后检测列线的状态。只要有一列的电平为低,则表示键盘中有键被按下,且闭合的键就在低电平列线与4根行线交叉处的4个按键之中。若所有列线均为高电平,则键盘中无键按下。

第二步,逐行扫描,判断闭合键所在的确切位置。在确认有键按下后,即可进入确定具体闭合键的过程。其方法是:依次将行线置为低电平,即在置某根行线为低电平时,其他行线为高电平。检测各列线的电平状态,若某列为低,则该列线与置为低电平的行线交叉处的按键就是闭合的按键。

② 键盘的编码。

在识别到按键的具体位置后,需要进一步知道它是什么键,以便让系统转移到该按键的处理程序中执行相应功能。因此,需要对矩阵式键盘上的各个按键进行编码,让编码与按键一一对应,这个编码称为键特征值。

根据按键所在行和列的信息唯一确定其编码的方法有多种,下面给出其中一种方法。把扫描各按键按下时的行线状态作为高4位,列线状态作为低4位拼成1字节,这样可形成唯一确定的按键编码。如图7.11中的6号键,它被按下时,输出的行线状态是1011B,输入的列线状态是1101B,其特征值应为10111101B。这种编码对于不同行的键离散性较大,可事先把所有按键的特征值按顺序保存在一张键特征值表中,某个键按下时,利用其特征值查表找到键的代号,进而转入相应的键处理程序。

③ 去抖动。

由于机械弹性作用的影响,机械式按键在按下或释放时,通常伴随有一定时间的触点机械抖动,然后触点才稳定下来。其抖动过程如图7.12所示,抖动时间的长短与开关的机械特性有关,一般为5～10ms。

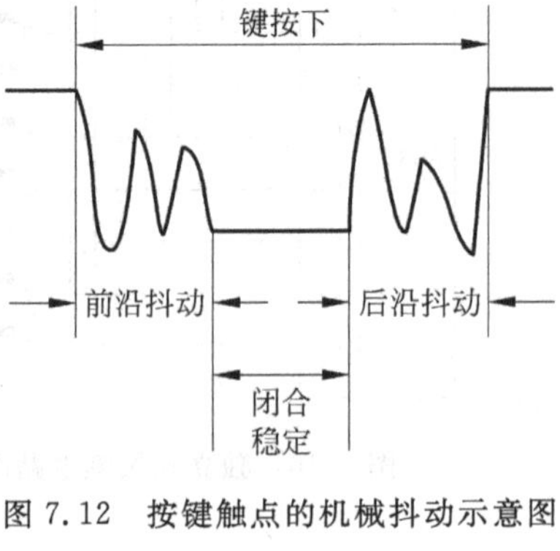

图7.12 按键触点的机械抖动示意图

在触点抖动期间检测按键的通断状态,可能导致判断出错,即按键一次按下或释放被错误地认为是多次操作。为了克服按键触点机械抖动所致的检测误判,必须采取去抖动措施,这可从硬件、软件两方面予以考虑。在键较少时,可采用硬件去抖,即在按键的输出端加R-S触发器(双稳态触发器)或单稳态触发器构成去抖动电路;当键较多时,采用软件去抖,其措施是：在检测到有按键按下时，执行一个 10ms 左右(具体时间应根据所使用的按键进行调整)的延时程序后，若该键仍保持闭合状态的电平，则可以确认该键处于闭合状态；同理，在检测到该键释放后，采用相同的方法进行确认，从而可消除抖动的影响。

④ 键盘管理程序的内容：

- 判别有无键按下。
- 键盘扫描取得闭合键的行、列信息，去抖动。
- 根据键的行、列信息得到键特征值。
- 根据键特征值查表得到键代号。
- 判断闭合键是否释放，如果没释放，则继续等待；如果释放，去抖动。
- 根据键代号转去执行该键的处理程序。

下面介绍 CPU 对键盘的扫描方式。

CPU 对键盘的扫描有 3 种方式：编程扫描、定时扫描和中断扫描。不同的系统可以选取不同的方式，但原则是既要保证 CPU 能及时响应按键操作，又不要过多占用 CPU 的工作时间。

① 编程扫描方式。

编程扫描方式是在 CPU 完成其他工作的空余时间调用键盘扫描子程序来响应键盘输入的要求。在执行各个键功能程序时，CPU 不再响应键盘上的输入要求，直到 CPU 重新扫描键盘为止。

② 定时扫描方式。

定时扫描方式是每隔一段时间对键盘扫描一次，它利用单片机内部的定时器实现定时(例如 10ms)，当定时时间到就产生定时器溢出中断，CPU 响应中断后对键盘进行扫描，并在有键按下时识别出该键，再执行该键的功能程序。

③ 中断扫描方式。

采用上述两种键盘扫描方式时，无论是否按键，CPU 都要定时扫描键盘，而单片机应用系统工作时，并非经常需要键盘输入，因此 CPU 经常处丁空扫描状态，为提高 CPU 工作效率，可采用中断扫描工作方式。

图 7.13 是一种简易的利用中断方式工作的键盘接口电路，键盘的列线与 P1 口的高 4 位相连，键盘的行线与 P1 口的低 4 位相连。因此，P1.4～P1.7 是输入线，P1.0～P1.3 是输出线。图中的四输入与门用于产生按键中断，其输入端与各列线相连，再通过上拉电阻接至＋5V 电源，输出端接至 8051 的外部中断输入端 $\overline{INT0}$。具体工作过程如下：当键盘无键按下时，与门各输入端均为高电平，保持输出端为高电平；当有键按下时，$\overline{INT0}$端为低电平，向 CPU 申请中断，若 CPU 开放外部中断，则会响应中断请求，转去执行键盘扫描子程序，并识别键号。

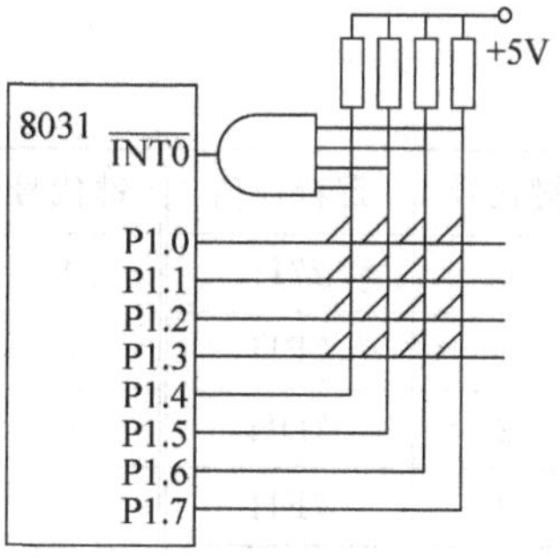

图 7.13　中断扫描键盘电路图

(3) 矩阵式键盘接口技术

例 7.2 用 8031 单片机的 P1 口作键盘 I/O 口，将图 7.11 中键盘的列线 a、b、c、d 分别接到 P1 口的低 4 位 P1.3～P1.0，键盘的行线 0、1、2、3 分别接到 P1 口的高 4 位 P1.7～P1.4，如图 7.14 所示。列线 P1.0～P1.3 分别有 4 个上拉电阻接到正电源＋5V，并把 P1.0～P1.3 设置为输入线，行线 P1.4～P1.7 设置为输出线。试编写键盘扫描程序，将按下键的键代号保存到 KEYNUM 单元中。

根据分析得到键盘扫描程序的流程图如图 7.15 所示。按前述形成键特征值的方法，得到各个按键的键特征值如表 7.4 所示。假设键特征值表存放在程序存储器中 KEYTAB 开始的一片空间中，按下键的特征值存放到 KEYVALUE 单元中，最终形成的键代号存放到 KEYNUM 单元中。

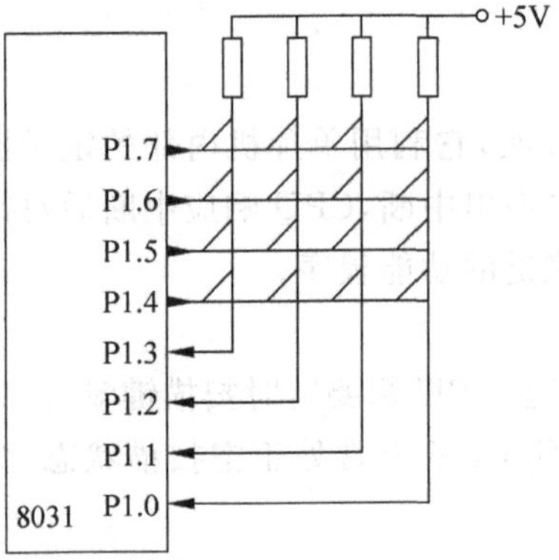

图 7.14 例 7.2 键盘的接口电路图

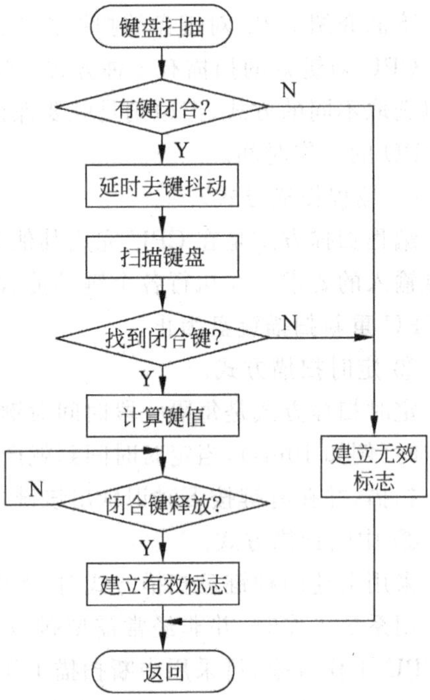

图 7.15 例 7.2 程序流程图

表 7.4 键特征值表

键代号	键特征值	键代号	键特征值	键代号	键特征值	键代号	键特征值
0	77H	4	B7H	8	D7H	12	E7H
1	7BH	5	BBH	9	DBH	13	EBH
2	7DH	6	BDH	10	DDH	14	EDH
3	7FH	7	BFH	11	DFH	15	EFH

参考程序如下：

```
SCAN:     MOV     P1,#0FH              ;行开放
          MOV     A,P1                 ;读列线状态
          ANL     A,#0FH
          CJNE    A,#0FH,BACK1         ;有键按下转 BACK1
          SJMP    BACK3                ;没有键按下转 BACK3
BACK1:    ACALL   D20MS                ;延时去抖动
          MOV     A,#0EFH              ;行线初始化,P1.4 为 0
BACK2:    MOV     R1,A                 ;暂存行线状态
          MOV     P1,A                 ;输出行线状态
          MOV     A,P1                 ;读入列线状态
          ANL     A,#0FH
          CJNE    A,#0FH,KEYCODE       ;找到按键,转 KEYCODE
          MOV     A,R1
          SETB    C
          RLC     A                    ;改变行线状态
          JC      BACK2                ;4 行没有扫描完,继续
BACK3:    MOV     R0,#00H              ;没有找到按键,置无效标志
          RET                          ;返回
KEYCODE:  XCH     A,R1
          ANL     A,0F0H
          ORL     A,R1                 ;A 中得到键特征值
          MOV     KEYVALUE,A
          MOV     DPTR,#KEYTAB
          MOV     A,#0FFH
          MOV     R3,A
BACK4:    INC     R3
          MOV     A,R3
          MOVC    A,@A+DPTR            ;取出一个键特征值
          CJNE    A,KEYVALUE,BACK4     ;没有找到,继续
          MOV     KEYNUM,R3            ;找到,R3 中即是键代号
     RET
```

例 7.3　图 7.16 是一个 4×8 矩阵键盘电路，由图可知，选用 8155 扩展 I/O 芯片构成键盘与单片机的接口。试编制键盘扫描程序。

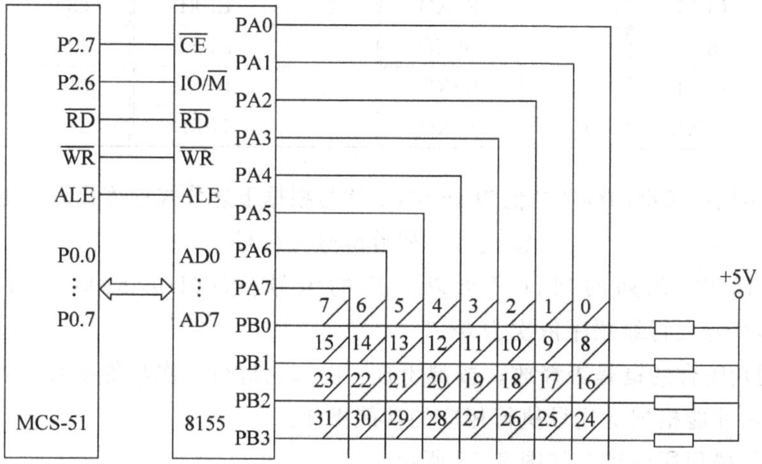

图 7.16　8155 扩展 I/O 口构成的矩阵键盘接口电路图

从图 7.16 中可看出,8155 B 口的低 4 位接列线,A 口接 8 条行线,二者均为低电平有效。8155 的 $IO/\overline{M}$与 P2.6 相连,$\overline{CE}$与 P2.7 相连,$\overline{WR}$、$\overline{RD}$分别与单片机的$\overline{WR}$、$\overline{RD}$相连。由此可确定 8155 的几个端口地址为(设 P2 未用的线规定为 0):

命令/状态口: 4000H
A 口: 4001H
B 口: 4002H
C 口: 4003H

图 7.16 中,A 口为基本输出口,B 口为基本输入口,因此方式命令控制字应设置为 02H。在编程扫描方式下,键盘扫描子程序应完成如下功能:

① 判断有无键按下。其方法为:A 口输出全为 0,读 B 口状态,若 PB0~PB3 全为 1,则说明无键按下;若不全为 1,则说明有键按下。

② 消除按键抖动的影响。其方法为:在判断有键按下后,用软件延时的方法延时 10ms,再判断键盘状态,如果仍为有键按下状态,则认为有一个按键按下;否则,当作按键抖动来处理。

③ 确定按键位置,求出键代号。根据前述键盘扫描法,进行逐行置 0 扫描。图 7.16 中,32 个键的键特征值如下(键特征值由 4 位十六进制数码组成,前两位是行信号的值,即 A 口数据;后两位是列信号的值,即 B 口数据,X 表示任意值),如表 7.5 所示。

表 7.5 键特征值表

键代号	键特征值	键代号	键特征值	键代号	键特征值	键代号	键特征值
0	FEXE	8	FEXD	16	FEXB	24	FEX7
1	FDXE	9	FDXD	17	FDXB	25	FDX7
2	FBXE	10	FBXD	18	FBXB	26	FBX7
3	F7XE	11	F7XD	19	F7XB	27	F7X7
4	EFXE	12	EFXD	20	EFXB	28	EFX7
5	DFXE	13	DFXD	21	DFXB	29	DFX7
6	BFXE	14	BFXD	22	BFXB	30	BFX7
7	7FXE	15	7FXD	23	7FXB	31	7FX7

由于本例中按键的键特征值为 16 位,键代号根据下述公式计算比查表更为快捷:

键代号=列首键号+行号

图 7.16 中,每列的列首可给以固定的编号 0(00H),8(08H),16(10H),24(18H),行号按行线顺序依次为 0~7。

④ 判别闭合的键是否释放。按键闭合一次只能进行一次功能操作,因此需要等按键释放后才能根据键代号执行相应的功能操作。

键盘扫描程序流程图如图 7.17 所示。

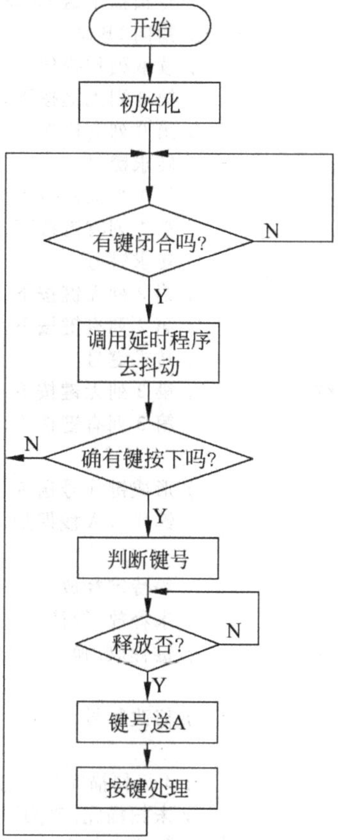

图 7.17　键盘扫描程序流程图

按照上述思路可编制键盘扫描源程序，程序结束时按下键的键代号保存在累加器 A 中。参考程序如下：

```
KEYPRG:  MOV    DPTR,#4000H       ;8155 控制口地址送 DPTR
         MOV    A,#02H            ;设置 8155 工作方式字
         MOVX   @DPTR,A           ;设置 PA 口输出,PB 口输入
         MOV    SP,#40H           ;堆栈指针置初值
         CLR    A                 ;累加器清零
KEY1:    ACALL  KEYSUB            ;调按键查询子程序判是否有键按下
         JNZ    KEY2              ;有键按下转移
         AJMP   KEY1              ;继续查询按键
KEY2:    ACALL  DELAY20ms         ;键盘去抖延时
         ACALL  KEYSUB            ;再次判断是否有键按下
         JNZ    KEY3              ;有键按下转移
         AJMP   KEY1              ;无按键,误读,继续查询按键
KEY3:    MOV    R3,#0FEH          ;首行扫描字送 R3
         MOV    R4,#00H           ;首行号送 R4
KEY4:    MOV    DPTR,#4001H       ;PA 口地址送 DPTR,开始行扫描
         MOV    A,R3
```

```
        MOVX    @DPTR,A         ;行扫描字送PA口
        INC     DPTR            ;指向PB口
        MOVX    A,@DPTR         ;读取列扫描值
        JB      ACC.0,L1        ;第0列无键按下,转查第1列
        MOV     A,#00H          ;第0列有键按下,列首键代号送A
        AJMP    LK              ;转求键号
L1:     JB      ACC.1,L2        ;第1列无键按下,转查第2列
        MOV     A,#08H          ;第1列有键按下,列首键代号送A
        AJMP    LK              ;转求键号
L2:     JB      ACC.2,L3        ;第2列无键按下,转查第3列
        MOV     A,#10H          ;第2列有键按下,列首键代号送A
        AJMP    LK              ;转求键号
L3:     JB      ACC.3,NEXT      ;第3列无键按下,转查下一行
        MOV     A,#18H          ;第3列有键按下,列首键代号送A
        AJMP    LK
LK:     ADD     A,R4            ;形成键代号送A
        PUSH    ACC             ;键代号入栈保护
K4:     ACALL   DELAY20ms
        ACALL   KEYSUB          ;等待键释放
        JNZ     K4              ;未释放,等待
        POP     ACC             ;键释放,弹栈送A
        RET
NEXT:   INC     R4              ;修改行号
        MOV     A,R3
        JNB     ACC.3,KEY1      ;4行扫描完返回按键查询状态
        RL      A               ;未扫描完,改为下行扫描字
        MOV     R3,A            ;扫描字暂存R3
        AJMP    KEY4            ;转行扫描程序
;按键查询子程序
KEYSUB: MOV     DPTR,#4001H     ;置8155PA口地址
        MOV     A,#00H
        MOVX    @DPTR,A         ;全扫描字#00H送PA口
        INC     DPTR            ;指向PB口
        MOVX    A,@DPTR         ;读入PB口状态
        CPL     A               ;变正逻辑,高电平表示有键按下
        ANL     A,#0FH          ;屏蔽高4位
        RET                     ;返回,A≠0表示有键按下
```

例 7.4 键盘、显示器接口电路举例。

在单片机应用系统中,键盘和显示器往往会同时使用,为节省I/O线,可将键盘和显示器接口电路设计在一起,构成实用的键盘、显示电路。图7.18是用8155并行扩展I/O口构成的典型键盘、显示器接口电路。

由图7.18可知,八段LED显示器采用共阴极数码管,8155的B口用作数码管段选口;A口用作数码管位选口,同时它还用作键盘行信号输出口;C口用作键盘列信号输入口,当其选用4根口线时,可构成4×8键盘,选用6根口线时,可构成6×8键盘。LED显示器采用动态显示软件译码,键盘采用逐行扫描查询工作方式,LED

显示器的驱动采用 74LS373 总线驱动器。

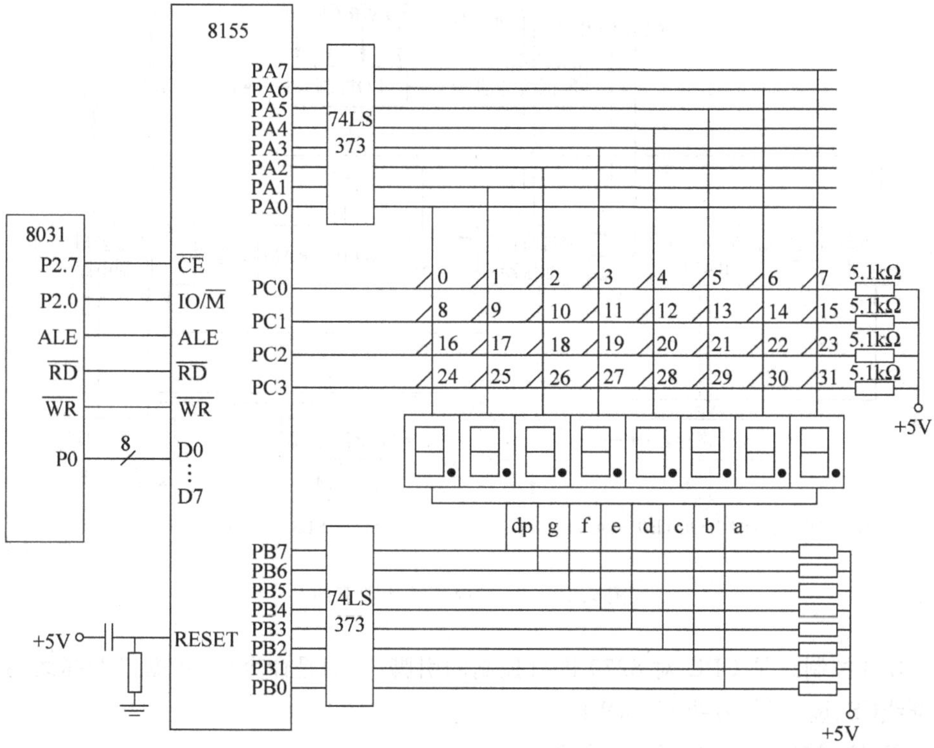

图 7.18　8155 构成的键盘、显示器接口电路图

由于键盘与显示器共用一个接口电路，在软件设计中应综合考虑键盘查询与动态显示，通常可将键盘扫描程序中的去抖动延时子程序用显示子程序代替。

键盘、显示器共用一个接口电路的设计方法除上述方案外，还可采用专用的键盘/显示器接口芯片——INTEL 8279。

2. 编码键盘

能构成编码键盘的接口电路很多，下面讨论用可编程键盘/显示器接口芯片——INTEL 8279 构成编码键盘的方法。INTEL 8279 既具有按键处理功能，又具有自动显示功能，可代替 CPU 完成键盘和显示器的控制，在单片机系统中应用很广泛。

(1) 8279 的内部结构和工作原理

8279 的内部结构框图如图 7.19 所示，内部有双重功能的 8×8＝64B RAM，键盘控制部分可管理 8×8＝64 个按键或 8×8 阵列方式的传感器，能自动消抖并能对多键同时按下提供保护。显示 RAM 容量为 16×8，即显示器最大配置可达 16 位 LED 数码显示。

① 数据缓冲器及 I/O 控制。

数据缓冲器是双向缓冲器，连接内外总线，用于传送 CPU 与 8279 之间的命令或数据，对应的引脚为数据线 D0～D7。

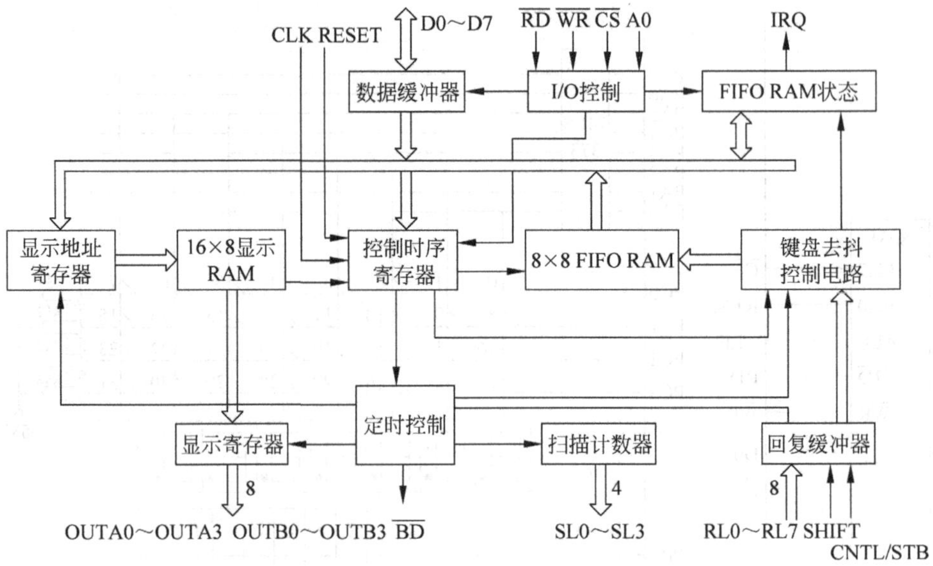

图 7.19 8279 内部结构示意图

I/O 控制线是 CPU 对 8279 进行控制的引脚，它们是命令口/数据口选择线 A0、片选线$\overline{CS}$、读、写信号线$\overline{RD}$和$\overline{WR}$。

② 控制时序寄存器及定时控制。

控制时序寄存器接收键盘及显示工作方式控制字，以及其他操作方式控制字，通过译码电路产生相应的信号，完成对应的控制功能。有关的引脚为时钟输入端 CLK，复位端 RESET。

定时控制电路由一个 5 位的基本计数器组成，计数初值 N 可为 2～31 的数，由软件编程设置，将外部时钟 CLK 分频得到内部所需的 100kHz 时钟，为键盘提供适当的扫描频率和显示扫描时间。与其相关的引脚是显示熄灭控制端$\overline{BD}$。

③ 扫描计数器。

扫描计数器提供键盘和显示器的扫描信号。它有两种工作方式，在编码方式下，计数器做二进制计数，4 位计数状态从扫描线 SL0～SL3 输出，经外部译码器译码后，为键盘和显示器提供扫描信号。在译码方式下，扫描计数器的最低两位译码后，从 SL0～SL3 输出，提供了 4 选 1 的扫描译码。与其相关的引脚是扫描线 SL0～SL3。

④ 回复缓冲器、键盘去抖控制电路。

在键盘工作方式中，回复线作为行列式键盘的列输入线，相应的列输入信号称为回复信号，由回复缓冲器缓冲并锁存。在逐行扫描时，回复线用来搜寻每一行中闭合的键，当某一键闭合时，去抖电路被置位，延时等待 10ms 后，再检查该键是否仍处在闭合状态，如未闭合，则当作干扰信号不予处理；如闭合，则将该键的地址和附加的移位、控制状态一起形成键盘数据送入 8279 内部的 FIFO(先进先出)存储器。

键盘数据格式如下：

D7	D6	D5　D4　D3	D2　D1　D0
控制	移位	扫描	回复

控制和移位(D7、D6)的状态由两个独立的附加开关决定，而扫描(D5、D4、D3)和回复(D2、D1、D0)则是被按键置位的数据。它们是根据扫描计数器及回复信号而确定的行/列编码。

在传感器开关状态矩阵方式中，回复线的内容直接被送往相应的传感器 RAM(即 FIFO RAM)。在选通输入方式工作时，回复线的内容在 CNTL/STB 线的脉冲上升沿被送入 FIFO RAM。

与其相关的引脚是回复线 RL0～RL7，控制/选通线 CNTL/STB。

⑤ 8×8 FIFO RAM。

8×8 FIFO RAM 具有双重功能。在键盘选通工作方式时，它是 FIFO RAM，其输入输出遵循先入先出的原则，此时 FIFO 状态寄存器用来存放 FIFO 的工作状态，如 RAM 是满还是空，其中存有多少数据，操作是否出错等。当 FIFO 存储器中有数据时，状态逻辑将产生有效的 IRQ 信号，向 CPU 申请中断。

在传感器矩阵方式工作时，这个存储器用作传感器存储器，它存放着传感器矩阵中的每一个传感器状态。在此方式中，若检索出传感器的变化，IRQ 信号变为高电平，向 CPU 申请中断。

与其相关的引脚是中断请求线 IRQ。

⑥ 显示 RAM 和显示地址寄存器。

显示 RAM 用来存储显示数据，容量为 16×8 位。在显示过程中，存储的显示数据轮流从显示寄存器输出。显示寄存器分位 A、B 两组，OUTA0～OUTA3 和 OUTB0～OUTB3，它们既可单独送数，也可组成一个 8 位(A 组为高 4 位，B 组为低 4 位)的数据。显示寄存器的输出与显示扫描配合，不断从显示 RAM 中读出显示数据，同时轮流驱动被选中的显示器件，以达到多路复用的目的，使显示器件呈稳定显示状态。与其相关的引脚是数据显示线 OUTA0～OUTA3 和 OUTB0～OUTB3。

显示地址寄存器用来寄存由 CPU 进行读/写显示 RAM 的地址，它可以由命令设定，也可以设置成每次读出或写入后自动递增。

(2) 8279 的引脚及其功能

8279 采用 40 引脚双列直插封装，其引脚排列如图 7.20 所示。

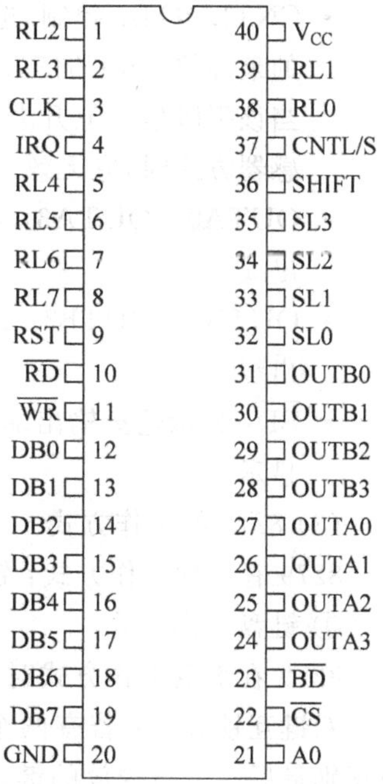

图 7.20　8279 引脚示意图

① 数据线。

- D0～D7：双向三态数据线。在接口电路中与系统数据总线相连，用以传送CPU与8279之间的数据和命令。

② 地址线。

- $\overline{CS}$：片选输入端，低电平有效。
- A0：命令口/数据口选择端，A0＝1时，对应命令字及状态字地址，CPU写入8279的数据为命令字，从8279读出的数据为状态字；A0＝0时，为片内数据地址，CPU读、写的均为数据。故8279芯片占用两个端口地址。

③ 控制线。

- CLK：系统时钟输入端。
- RESET：系统复位输入端，高电平有效，此时8279被置为16个字符显示，左端输入；编码扫描键盘按双键锁定工作；程序时钟前置分频器被置为31。
- $\overline{RD}$、$\overline{WR}$：读、写信号输入端，低电平有效。
- IRQ：中断请求输出端，高电平有效。
- SL0～SL3：扫描输出端，用于扫描键盘和显示器。可编程设定为编码(4选1)或译码输出(16选1)。
- RL0～RL7：回复线，是键盘或传感器矩阵的列信号输入端。
- SHIFT：移位信号输入端，高电平有效。它是8279键盘数据的次高位(D6)的状态，通常用作键盘上、下挡功能键。在传感器和选通方式中，SHIFT无效。
- CNTL/STB：控制/选通输入端，高电平有效。在键盘工作方式时，键盘数据的最高位(D7)的信号输入到该引脚，通常用作控制键；在选通输入方式时，当该引脚信号上升沿到时，把RL0～RL7的数据存入FIFO RAM中；在传感器方式时，它无效。
- OUTA0～OUTA3：A组显示信号输出端，通常作为显示信号的高4位输出线。
- OUTB0～OUTB3：B组显示信号输出端，通常作为显示信号的低4位输出线。
- $\overline{BD}$：显示熄灭输出端，低电平有效。它在数字切换显示或使用熄灭命令时关显示。

(3) 8279的工作方式

8279有三种工作方式：键盘工作方式、显示器工作方式和传感器矩阵方式。

① 键盘工作方式。

8279在键盘工作方式时，可设置为双键互锁方式和N键巡回方式。

双键互锁方式：若有两个或多个键同时按下时，不管按键先后顺序如何，8279只识别最后一个被释放的键，并把键值送入FIFO RAM中。

N键巡回方式：多个键同时按下时，8279扫描键盘，根据按键先后顺序依次将键值送入 FIFO RAM 中，这些按下的键均可被识别。

② 显示器工作方式。

8279 的显示器工作方式又可分为左端送入和右端送入方式。

显示数据只要写入显示 RAM，则可由显示器显示出来，因此显示数据写入显示 RAM 的顺序，决定了显示的次序。左端送入方式即显示位置从显示器最左端 1 位(最高位)开始，以后显示的字符逐个向右顺序排列；右端送入方式即显示位置从显示器最右端 1 位(最低位)开始，已显示的字符逐个向左移位。但无论左右送入，后输入的总是显示在最右边。

③ 传感器矩阵工作方式。

传感器矩阵工作方式是把传感器的开关状态送入传感器 RAM 中。当 CPU 对传感器阵列扫描时，一旦检测到某个传感器状态发生变化，就发出中断请求(IRQ 置 1)，中断响应后转入中断处理程序。

(4) 8279 的命令字

8279 的各种工作方式都要通过对命令寄存器的设置来实现。命令寄存器共 8 位，格式如下：

D7	D6	D5	D4	D3	D2	D1	D0
命令类型			命令内容				

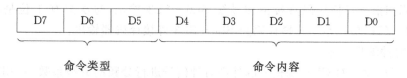

8279 的一条命令由两大部分组成，一部分表征命令类型，为命令特征位，由命令寄存器的高 3 位 D7～D5 确定，这 3 位的状态可组合出 8 种形式，对应 8 种命令。另一部分为命令的具体内容，由 D4～D0 决定。每种特征所代表的命令如表 7.6 所示。

表 7.6　8279 命令特征表

D7 D6 D5	代表的命令类型
0　0　0	键盘/显示方式设置命令
0　0　1	时钟编程命令
0　1　0	读 FIFO/传感器 RAM 命令
0　1　1	读显示器 RAM 命令
1　0　0	写显示命令
1　0　1	显示禁止/熄灭命令
1　1　0	清除命令
1　1　1	结束中断/出错方式设置命令

下面详细说明各种命令中 D4～D0 各位的设置方法，以便确定各种命令字。

① 键盘/显示方式设置命令字。

D4、D3 两位用来设定 4 种显示方式，D2～D0 三位用以设定 8 种键盘/显示扫描方式，分别如表 7.7 和表 7.8 所示。

表 7.7 显示方式

D4 D3	显示方式
0 0	8 个字符显示,左端送入方式
0 1	16 个字符显示,左端送入方式
1 0	8 个字符显示,右端送入方式
1 1	16 个字符显示,右端送入方式

表 7.8 键盘/显示扫描方式

D2 D1 D0	键盘、显示扫描方式
0 0 0	编码扫描键盘,双键锁定
0 0 1	译码扫描键盘,双键锁定
0 1 0	编码扫描键盘,N 键巡回
0 1 1	译码扫描键盘,N 键巡回
1 0 0	编码扫描传感器矩阵
1 0 1	译码扫描传感器矩阵
1 1 0	选通输入,编码显示扫描
1 1 1	选通输入,译码显示扫描

译码扫描指扫描代码直接由扫描线 SL0～SL3 输出,每次只有 1 位是低电平(4 选 1)。编码扫描是指扫描代码经 SL0～SL3 外接译码器输出。

② 时钟编程命令字。

D4～D0 设定对 CLK 端输入的外部时钟信号进行分频的分频系数 N,用以产生 100kHz 的内部时钟,N 的取值为 2～31。若 CLK 输入的时钟频率为 2MHz,则 $N=20$,即 10100B。

有的系统用单片机的 ALE 端接 8279 的 CLK 端,但 ALE 端输出的脉冲频率比 8279 所需工作时钟频率(100kHz)高出很多,通过设置分频系数就可使 8279 得到所需的时钟频率。

③ 读 FIFO 及传感器 RAM 命令字。

D2～D0:8279 中 FIFO 及传感器 RAM 的首地址。

D3:无效位。

D4:RAM 地址自动加 1 标志。D4=1 时,CPU 读完一个数据,RAM 地址自动加 1,准备读下一个单元数据,不必重新设置读 FIFO RAM 命令字;D4=0 时,CPU 读完一个数据,地址不变。

键扫描方式时,读取数据按先进先出的原则读出,与 D4、D2～D0 无关,D0～D4 可为任意值。

④ 读显示 RAM 命令字。

D4 为地址自动加 1 标志,D4=1 每次读数后 RAM 地址自动加 1,D4=0 不加 1。

D3～D0 为显示 RAM 中的存储单元地址。

⑤ 写显示 RAM 命令字。

D4 为地址自动加 1 标志,D4=1,每次写入数据后地址自动加 1;D4=0,地址不加 1。

D3～D0是欲写入的显示RAM存储单元地址，若连续写入，则表示RAM首单元地址。

CPU将显示数据写入显示RAM前，还必须先设置键盘/显示方式设置命令字，若选择8个显示数据从左端输入，键盘设为双键锁定的编码键盘方式，则应设置键盘/显示方式设置命令字为00H。如果每次写入数据后自动加1，且从0地址开始写入，则应设置写显示RAM命令为90H。如果要输入10个字符，则其输入过程如表7.9所示(依次填入方式)。

表7.9 左端送入的送数过程

写入次数	RAM							
	AD0	AD1	AD2	AD3	AD4	AD5	AD6	AD7
第1次	1							
第2次	1	2						
⋮								
第8次	1	2	3	4	5	6	7	8
第9次	9	2	3	4	5	6	7	8
第10次	9	10	3	4	5	6	7	8

如果将上述键盘/显示方式设置命令字设置为10H，则可实现从右端输入。其输入过程如表7.10所示(移位方式)。

表7.10 右端送入的送数过程

写入次数	RAM							
	AD7	AD6	AD5	AD4	AD3	AD2	AD1	AD0
第1次								1
第2次							1	2
⋮								
第8次	1	2	3	4	5	6	7	8
第9次	2	3	4	5	6	7	8	9
第10次	3	4	5	6	7	8	9	10

⑥ 显示禁止写入/消隐命令字。

利用该命令可以控制A、B两组显示器，哪组继续显示，哪组被熄灭。

D3、D2为A、B组显示RAM写入屏蔽位。可控制两组显示寄存器单独送数，当D3=1时，A组显示RAM禁止写入，此时从CPU写入显示器RAM的数据不影响A组显示器的显示，这种情况通常用于双4位显示器。D2的用法与D3相同，可屏蔽B组显示器。

D3：禁止A组显示RAM写入，D3=1，禁止。

D2：禁止B组显示RAM写入，D2=1，禁止。

D1：A组显示熄灭控制。D1=1，熄灭；D1=0，恢复显示。

D0：B组显示熄灭控制。D0=1，熄灭；D0=0，恢复显示。

⑦ 清除命令字。

D0：总清除特征位，D0=1把显示RAM和FIFO全部清除。

D1：D1=1清除FIFO存储器状态，使中断输出线复位，传感器RAM的读出地址清0。

D4～D2：设定清除显示RAM的方式。具体设置如表7.11所示。

表7.11　D4～D2位设定情况

<table>
<tr><th>D4</th><th>D3</th><th>D2</th><th>清除方式</th></tr>
<tr><td rowspan="3">1</td><td>0</td><td>×</td><td>将显示RAM全部清零</td></tr>
<tr><td>1</td><td>0</td><td>将显示RAM置为20H
(A组=0010，B组=0000)</td></tr>
<tr><td>1</td><td>1</td><td>将显示RAM置为FFH</td></tr>
<tr><td>0</td><td colspan="3">不清除(若D0=1，D3、D2仍有效)</td></tr>
</table>

⑧ 结束中断/出错方式设置命令字。

D4=1时(其D3～D0位为任意状态)有两种不同作用。

第一，在传感器工作方式，用此命令使IRQ变低，结束传感器RAM的中断请求，并允许对RAM进一步写入。

因为在传感器工作方式时，每当传感器状态发生变化，扫描电路自动将传感器状态写入传感器RAM，同时发出中断申请，即将IRQ置高电平，并禁止再写入传感器RAM。中断响应后，从传感器RAM读走数据进行中断处理。但中断标志IRQ的撤除分两种情况：若读RAM地址自动加1标志位为"0"，中断响应后IRQ自动变低，撤销中断申请；若读RAM地址自动加1标志位为"1"，中断响应后IRQ不能自动变低，必须通过结束中断命令来撤销中断请求。

第二，在设定为键盘扫描N键巡回方式时作为特定错误方式设置命令。

在键盘扫描N键巡回工作方式，给8279写入结束中断/错误方式命令，则8279将以一种特定的错误方式工作，即在8279消抖周期内，如果发现多个按键同时按下，则将FIFO状态字中错误特征位置"1"，并发出中断请求阻止写入FIFO RAM。

根据上述8种命令可以确定8279的工作方式。在8279初始化时把各种命令送入命令地址口，根据其特征位可以把命令存入相应的命令寄存器，执行程序时8279能自动寻址相应的命令寄存器。各命令的功能如表7.12所示。

表7.12　8279命令功能一览表

<table>
<tr><th>D7　D6　D5</th><th>D4</th><th>D3</th><th>D2</th><th>D1</th><th>D0</th></tr>
<tr><td>命令类型</td><td colspan="5">命令内容</td></tr>
<tr><td rowspan="9">0　0　0
键盘/显示</td><td>0</td><td>0</td><td>0</td><td>0</td><td>0</td></tr>
<tr><td rowspan="3">左端入口</td><td rowspan="3">8字符显示</td><td colspan="2">双键锁定</td><td rowspan="3">内编码扫描</td></tr>
<tr><td>0</td><td>1</td></tr>
<tr><td colspan="2">N键巡回</td></tr>
<tr><td>1</td><td>1</td><td>1</td><td>0</td><td>1</td></tr>
<tr><td rowspan="3">右端入口</td><td rowspan="3">16字符显示</td><td colspan="2">传感器矩阵</td><td rowspan="3">内译码扫描</td></tr>
<tr><td>1</td><td>1</td></tr>
<tr><td colspan="2">选通输入扫描显示</td></tr>
</table>

续表

<table>
<tr><th>D7 D6 D5</th><th>D4</th><th>D3</th><th>D2</th><th>D1</th><th>D0</th></tr>
<tr><td rowspan="2">0 0 1
时钟编程</td><td>X</td><td>X</td><td>X</td><td>X</td><td>X</td></tr>
<tr><td colspan="5">分频系数取值为：2～31</td></tr>
<tr><td rowspan="2">0 1 0
读 FIFO 传感器 RAM</td><td>X</td><td>X</td><td>X</td><td>X</td><td>X</td></tr>
<tr><td>1-地址自加 1
0-地址不变</td><td>(不用)</td><td colspan="3">定 8279 中 FIFO 及传感器 RAM 的首地址
(000～111B 共 8 个单元)</td></tr>
<tr><td rowspan="2">0 1 1
读显示器
RAM 内容</td><td>X</td><td>X</td><td>X</td><td>X</td><td>X</td></tr>
<tr><td>1-地址自加 1
0-地址不变</td><td colspan="4">读显示器 RAM 内容
(0000～1111B 共 16 个单元)</td></tr>
<tr><td rowspan="2">1 0 0
写显示 RAM</td><td>X</td><td>X</td><td>X</td><td>X</td><td>X</td></tr>
<tr><td>1-地址自加 1
0-地址不变</td><td colspan="4">写显示器 RAM
(0000～1111B 共 16 个单元)</td></tr>
<tr><td rowspan="2">1 0 1
显示禁止/熄灭</td><td>X</td><td>1</td><td>1</td><td>1</td><td>1</td></tr>
<tr><td>(不用)</td><td>禁止写 A 组
显示 RAM</td><td>禁止写 B 组
显示 RAM</td><td>A 组熄灭</td><td>B 组熄灭</td></tr>
<tr><td rowspan="10">1 1 0
清除显示
RAM 和 FIFO</td><td>1</td><td>0</td><td>X</td><td>1</td><td>1</td></tr>
<tr><td rowspan="5">允许清除</td><td colspan="2">显示 RAM 全部清为零</td><td rowspan="5">FIFO 呈空状态，中断输出线复位，传感器 RAM 读出地址置 0</td><td rowspan="5">全部清除</td></tr>
<tr><td>1</td><td>0</td></tr>
<tr><td colspan="2">显示 RAM 置为 20H(A 组=0010B,B 组=0000B)</td></tr>
<tr><td>1</td><td>1</td></tr>
<tr><td colspan="2">显示 RAM 置为 FFH</td></tr>
<tr><td>0</td><td>X</td><td>X</td><td>X</td><td>1</td></tr>
<tr><td colspan="5">按 D2、D3 决定的方式清除</td></tr>
<tr><td>0</td><td>X</td><td>X</td><td>X</td><td>0</td></tr>
<tr><td colspan="5">不清除</td></tr>
<tr><td rowspan="2">1 1 1
结束中断/出错
方式设置</td><td>1</td><td>X</td><td>X</td><td>X</td><td>X</td></tr>
<tr><td colspan="5">A. 在传感器方式，用此命令结束传感器 RAM 的中断请求
B. 在键盘扫描 N 键巡回方式，用此命令设置特定错误方式</td></tr>
</table>

(5) 8279 状态格式与状态字

8279 的 FIFO 状态字，主要用于键盘和选通工作方式，以指示数据缓冲器 FIFO RAM 中的字符数和有错误发生，状态字节的读出地址和命令输入地址相同($\overline{CS}=0$，A0=1)。当 A0=1 时，从 8279 命令/状态口地址读出的是状态字。状态字各位意义如下：

D7：D7=1 表示显示无效，此时不能对显示 RAM 写入。

D6：D6=1 表示至少有一个键闭合；在特殊错误方式时有多键同时按下错误。

D5：D5=1 为 FIFO RAM 溢出标志位，当 FIFO RAM 填满时再送入数据则该位置 1。

D4：D4=1 为 FIFO RAM 空标志位，当 FIFO RAM 中无数据时，如 CPU 读

FIFO RAM 则该位置 1。

D3：D3＝1 表示 FIFO RAM 中数据已满。

D2～D0：FIFO RAM 中数据个数。

(6) 8279 的数据输入输出

对 8279 输入数据(如显示数据、键输入数据、传感器矩阵数据等)时，要选择数据输入输出口地址。8279 的数据输入输出口地址由 $\overline{CS}$＝0、A0＝0 确定。

① 键盘扫描方式数据输入格式。

在键盘扫描方式中，8279 中按键的输入数据按下列格式存放：

D7	D6	D5	D4	D3	D2	D1	D0
CNTL	SHIFT	SL2	SL1	SL0	由 RLx 的 x 决定		

CNTL(D7)：控制键 CNTL 的状态位。CNTL 为单独按键，可与其他键连用构成特殊命令。

SHIFT(D6)：控制键 SHIFT 的状态位。SHIFT 为单独按键，用作按键上、下挡控制。

D5、D4、D3：按下键所在的行号，由 SL0～SL2 的状态确定。

D2、D1、D0：按下键所在的列号，由 RL0～RL7 的状态确定。

② 传感器方式及选通方式数据输入格式。

回送线 RL7～RL0 的内容被直接送往相应的 FIFO RAM。输入数据即为 RL7～RL0。数据格式为：

D7	D6	D5	D4	D3	D2	D1	D0
RL7	RL6	RL5	RL4	RL3	RL2	RL1	RL0

(7) 8279 的内部译码与外部译码

8279 的内、外译码由键盘/显示命令字的最低位 D0 选择决定。

D0＝1 选择内部译码，也称为译码方式，SL0～SL3 每时刻只能有一位为低电平。此时 8279 只能接 4 位显示器和 4×8 矩阵式键盘。

D0＝0 选择外部译码，也称为编码方式，SL0～SL3 为计数分频式波形输出，显示方式可外接 4-16 译码器驱动 16 位显示器。键盘方式可接 3-8 译码器，构成 8×8 矩阵式键盘。

(8) 8279 与单片机、键盘/显示器的接口

8279 是一种功能较强的键盘/显示接口电路，可直接与 Intel 公司的各个系列的单片机接口，并外接多种规格的键盘和显示器。图 7.21 是 8051 与 8279 的一般接口框图。图中 8279 外接 8×8 键盘，16 位显示器，由 SL0～SL2 译出键扫描线，由 4-16 译码器对 SL0～SL3 译出显示器的位扫描线。在实际应用中，键盘的大小和显示器的位数可以根据具体需要而定。

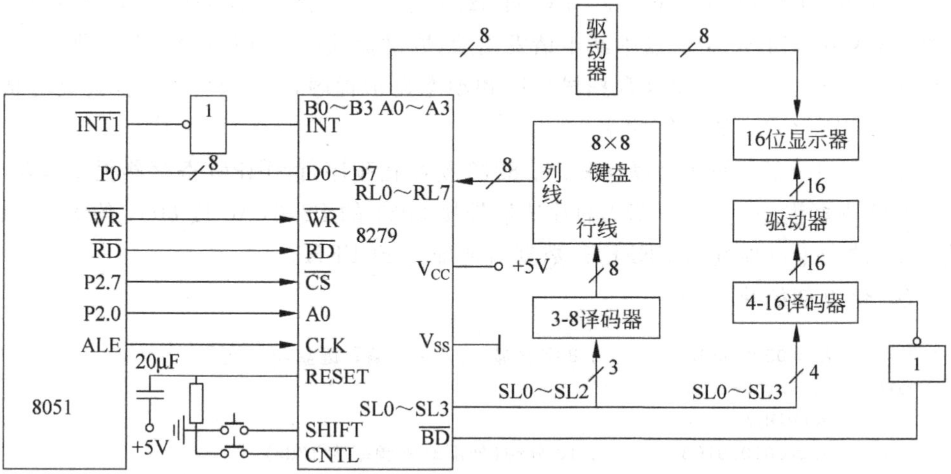

图 7.21　8051 与 8279 的一般接口框图

(9) 8279 的应用

利用键盘、显示专用芯片 8279 能够以较简单的硬件电路和较少的软件开销实现单片机与键盘、LED 显示器的接口。图 7.22 是 8279 的一种具体应用。

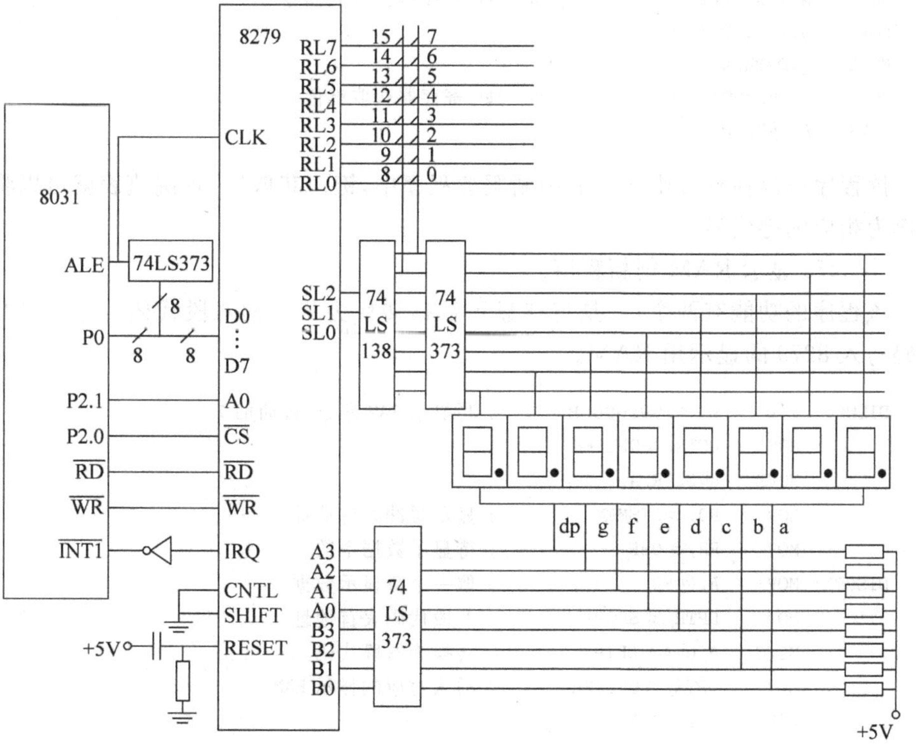

图 7.22　8279 应用电路

采用8279与8031接口,在CPU对8279进行初始化后,只需向8279传输待显示数据(送数),当8279键盘中断申请发出后,取键盘数据识别按键(取数),即可实现按键识别和动态显示。而键盘扫描程序和动态显示程序,全由8279硬件自动完成,这可大大提高CPU的工作效率。

下面给出8279的几个操作程序:8279初始化程序,读FIFO寄存器程序以及显示RAM刷新程序。由于8279的片选信号接8031的P2.0,A0接8031的P2.1,因此8279的命令口地址为FEFFH,数据口地址为FCFFH。

① 8279初始化程序。

```
MOV     A,#0000000B        ; 8字符显示,左入; 编码键盘,2键封锁
MOV     DPTR,#0FEFFH
MOVX    @DPTR,A
MOV     A,#00101010B       ; 10分频(外部时钟频率为1MHz)
MOVX    @DPTR,A
SETB    IT1                ; 边沿触发,中断允许
SETB    EX1
SETB    EA
```

② 读8279 FIFO寄存器程序。

```
MOV     A,#01000000B       ; 读FIFO寄存器首单元命令
MOV     DPTR,#0FEFFH
MOVX    @DPTR,A
MOV     DPTR,#0FCFFH       ; 读FIFO寄存器获取键值
MOVX    A,@DPTR
```

读程序应放在外部中断1的中断服务程序中,键值获取后,查键值表就可以将其转换为相应的键代号。

③ 8279显示RAM刷新程序。

该程序的功能有两个,一是将待显示数据转换为相应的八段代码;二是将八段代码写入8279的显示用RAM。

```
DISUP:  MOV     A,#10010000B       ; 写显示RAM命令,自动加1
        MOV     DPTR,#0FEFFH
        MOVX    @DPTR,A
        MOV     R0,#DISMEM         ; 显示缓冲区首地址
        MOV     R2,#08H            ; 待显示数据个数
DISUP1: MOV     A,@R0              ; 取一个待显示数据
        MOV     DPTR,#SEGPT        ; 八段代码表首地址
        MOVC    A,@A+DPTR          ; 转换为八段代码
        MOV     DPTR,#0FCFFH       ; 写入对应的显示RAM
        MOVX    @DPTR,A
        INC     R0
        DJNZ    R2,DISUP1
        RET
```

在显示缓冲区(8 个单元,首地址为 DISMEM,存放待显示数据)存放内容确定后,调用该子程序,就可以将显示缓冲区内存放的数据转换为对应的八段代码写入 8279 的显示用 RAM,使显示器显示内容更新。

7.2　模数转换

在利用智能仪表和测控系统进行在线动态测量、对物理过程进行监控、对图像语音处理的过程中,涉及的温度、压力、流量、位移、速度、光亮度和声音等参数都是随时间连续变化的模拟量,不仅要先由传感器、变送器变换成标准的电压或电流信号,还需要通过模数转换器(Analog-to-Digital Converter,ADC)将信号转换成单片机能识别和处理的数字量。因此,模数转换器及其接口技术是单片机应用系统设计中的重要环节之一。

7.2.1　模数转换原理

1. 工作原理

ADC 的种类繁多,根据分辨率可分为 4 位、6 位、8 位、10 位、14 位、16 位和 BCD 码 $3\frac{1}{2}$位、$5\frac{1}{2}$位等；根据转换原理不同可分为直接模数转换器和间接模数转换器。所谓直接模数转换器,是把模拟信号直接转换成数字信号,如逐次逼近型、并联比较型等,其中逐次逼近型模数转换器易于用集成工艺实现,且具有较高的分辨率和转换速度,故目前集成化的模数转换(Analog-to-Digital Convert,A/D 转换)芯片采用逐次逼近转换原理的较多；间接模数转换器是先把模拟量转换为中间量之后,再进一步转换为数字量,如电压/时间转换型(积分型)、电压/频率转换型、电压/脉宽转换型等,其中积分型模数转换器电路简单,抗干扰能力强,分辨率高,但转换速度较慢。有的转换器还集成了多路开关、基准电压源、时钟电路、二-十译码器等功能部件,已超出了单一模数转换的功能,使用十分方便。近年来,新发展起来了 Σ-Δ 型和流水线型模数转换器,各种类型的模数转换器各有其优缺点,能满足不同的具体应用要求。低功耗、高速、高分辨率是新型模数转换器的发展方向。

(1) 逐次逼近型 A/D 转换器

逐次逼近型 A/D 转换器的工作原理如图 7.23 所示,它由比较器、数模转换器(Digital-to-Analog Converter,DAC)、逐次逼近寄存器 SAR、逻辑控制和输出缓冲器等部分组成。

具体的工作过程是：当接收到 CPU 发出的“启动转换”信号时,SAR 和输出缓冲器清零,数模转换器的输出也为零。逻辑控制电路首先设定 SAR 中的最高位为“1”,其余位为“0”,该预置数据被送往 D/A 转换器,转换成电压 U_0,U_0 与待转换输入模拟电压 U_X 在比较器中进行比较,若 $U_X>U_0$,说明 SAR 中预置的数据“1”正确,应保留；若 $U_X \leqslant U_0$，则预置的数据"1"应清除。按此方法继续对次高位及后续各位依次进行预置、比较和判断，决定该位是"1"还是"0"，直至确定了 SAR 的最低位为止。这个过程完成后，便发出转换结束信号 EOC。此时 SAR 寄存器中从最高位到最低位都试探过了一遍，最终值便是 A/D 转换的结果。

这种转换的基本特点是：二分搜索，反馈比较，逐次逼近。

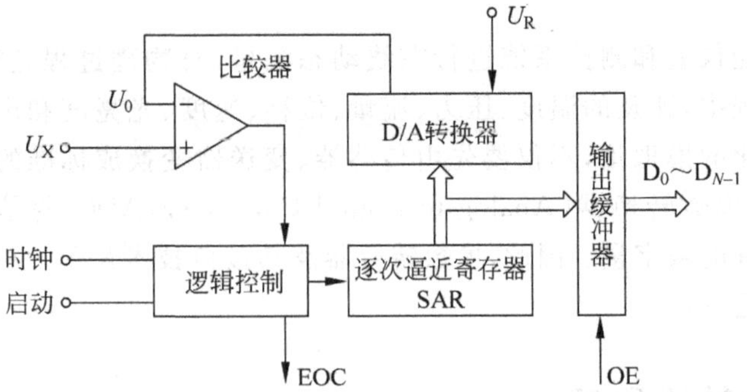

图 7.23 逐次逼近型 A/D 转换器示意图

(2) 双斜积分型 A/D 转换器

双斜积分型 A/D 转换器的工作原理及波形如图 7.24(a)、(b)所示，其转换过程可分为 3 个阶段：

① 休止阶段。逻辑控制电路发出复位指令，将计数器清零，使 K4 闭合，积分器输入输出都为零。

② 工作阶段。又称采样阶段。在 t_1 时刻，逻辑控制电路发出启动指令，使 K4 断开，K1 闭合，积分器开始对输入电压 U_i 积分，同时计数器开始计数。在经过固定时间 T_1 后，停止对输入电压积分，此时计数器计满 N_1 个脉冲，工作阶段结束。

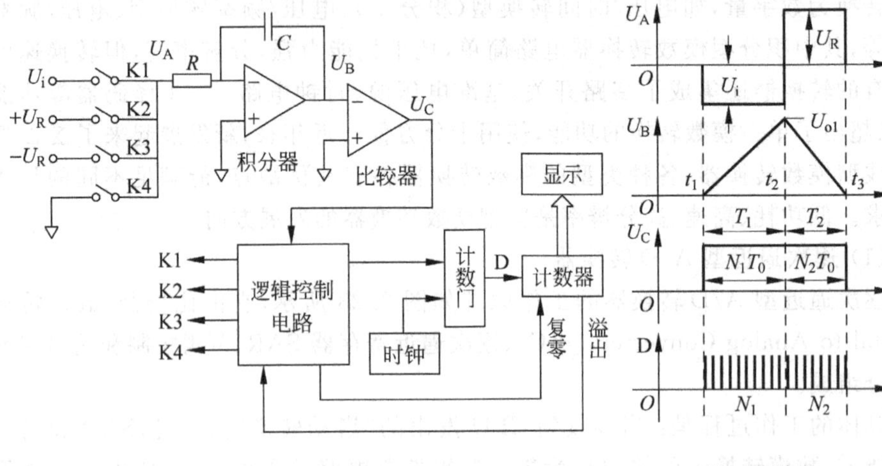

(a) 工作原理　　(b) 工作波形

图 7.24 双斜积分型 A/D 转换器示意图

③ 比较阶段。逻辑控制电路在 t_2 时刻 K1 断开的同时，让与输入电压 U_i 极性相反的基准电压接入积分器。此时 K2(或 K3)闭合，电容 C 开始放电，计数器从零开始计数，当积分器输出电压达到零电平时刻(即 t_3 时刻)，比较器翻转，逻辑控制电路发出计数器停止计数信息及“转换结束”信号，此时计数器的值 N_2 反映了输入电压 U_i 在固定积分时间内的平均值。

这种转换的基础是两个时间：第一个时间是模拟输入电压 U_i 向电容充电的固定时间 T_1；第二个时间是已知参考电压 U_R 放电所需要的时间 T_2。这两个时间值之比等于模拟输入电压与参考电压的比值。

(3) 并行比较型 A/D 转换器

并行比较型 A/D 转换器原理比较直观。图 7.25 给出了一个三位并行比较型 A/D 转换器原理示意图及模数取值对照表。

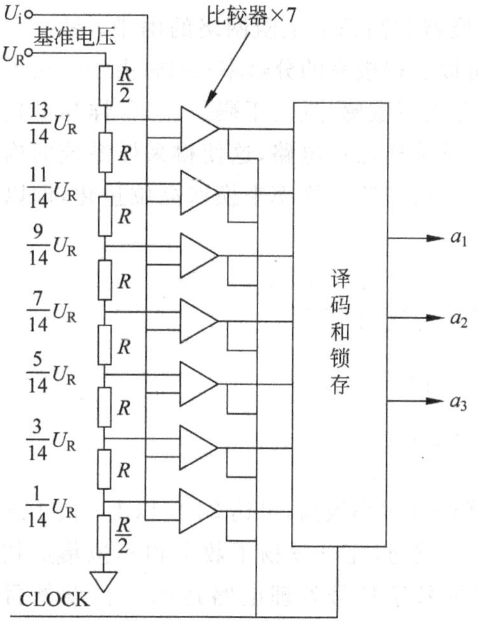

(a) 工作原理

输入电压 U_i	比较器输出	$a_1\,a_2\,a_3$
$0\sim\frac{1}{14}U_R$	0 0 0 0 0 0 0	0 0 0
$\frac{1}{14}U_R\sim\frac{3}{14}U_R$	0 0 0 0 0 0 1	0 0 1
$\frac{3}{14}U_R\sim\frac{5}{14}U_R$	0 0 0 0 0 1 1	0 1 0
$\frac{5}{14}U_R\sim\frac{7}{14}U_R$	0 0 0 0 1 1 1	0 1 1
$\frac{7}{14}U_R\sim\frac{9}{14}U_R$	0 0 0 1 1 1 1	1 0 0
$\frac{9}{14}U_R\sim\frac{11}{14}U_R$	0 0 1 1 1 1 1	1 0 1
$\frac{11}{14}U_R\sim\frac{13}{14}U_R$	0 1 1 1 1 1 1	1 1 0
$\frac{13}{14}U_R\sim U_R$	1 1 1 1 1 1 1	1 1 1

(b) 模数取值对照表

图 7.25　三位并行比较型 A/D 转换器示意图

该 A/D 转换器采用$(2^3-1)=7$ 个比较器，每个比较器的基准电压分别为 $\frac{1}{14}U_R$，$\frac{3}{14}U_R$，…，$\frac{13}{14}U_R$，输入电压 U_i 同时加入到 7 个比较器的输入端，与 7 个基准电压同时进行比较。译码和锁存电路的作用是对 7 个比较器的输出状态进行译码、锁存，输出 3 位二进制数码，从而完成 A/D 转换。

(4) Σ-Δ 型 A/D 转换器

如图 7.26 所示，Σ-Δ 型 A/D 转换器由两部分组成，第一部分为 Σ-Δ 调制器；第二部分为数字抽取滤波器。

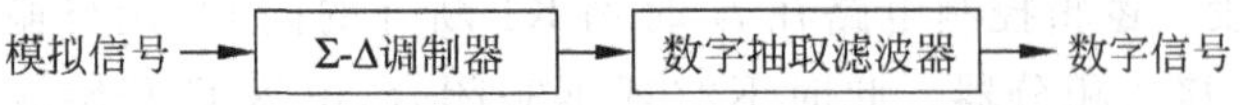

图 7.26 Σ-ΔA/D 转换器组成示意图

Σ-Δ 调制器是核心部分,其结构如图 7.27 所示。它利用积分和反馈电路,以极高的采样频率(信号最高频率的 64～256 倍)对输入模拟信号进行采样,并对两个采样值之间的差值进行低位量化,从而得到用低位数码表示的数字信号,即 Σ-Δ 码;这种高速 Σ-Δ 数字流中包含着大量的高频噪声,还需要送给数字抽取滤波器进行滤波,除去高频噪声和降频,从而得到高分辨率的线性脉冲编码调制的数字信号,该数字信号以奈奎斯特频率(信号最高频率的 2 倍)输出。抽取滤波器实际上相当于一个码型变换器。由于 Σ-Δ 调制器具有极高的采样速率,通常比奈奎斯特采样频率高出许多倍,Σ-ΔA/D 转换器又称为过采样 A/D 转换器。这种类型的 A/D 转换器采用了极低位的量化器,从而避免了制造高位转换器和高精度电阻网络的困难;另一方面,它采用 Σ-Δ 调制技术和数字抽取滤波,可以获得极高的分辨率;同时由于采用了低位量化输出的高分辨率码,对采样值幅度变化不敏感,且由于码位低,采样与量化编码可以同时完成,几乎不花时间,因此不需要采样保持电路,这使得采样系统的构成大为简化。这种增量调制型 ADC 实际上是以高速采样率来换取高位量化,即以速度来换精度。

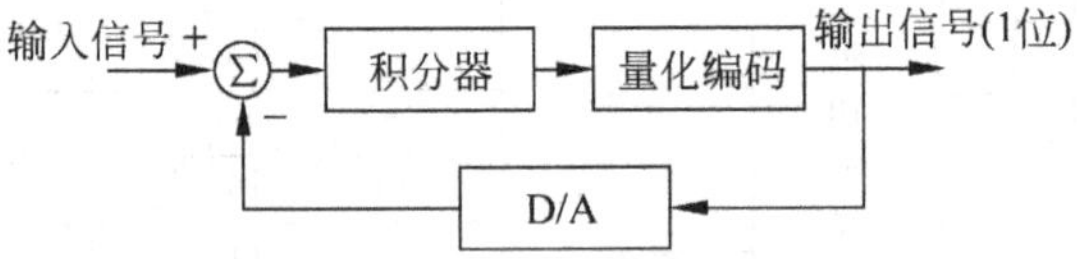

图 7.27 Σ-Δ 调制器结构示意图

Σ-Δ 型 A/D 转换器的主要特点是:转换的分辨率很高,可达 24 位以上;由于采用了过采样调制、噪声成型和数字滤波等关键技巧,充分发扬了数字和模拟集成技术的长处,使用很少的模拟元件和高度复杂的数字信号处理电路达到高精度的目的;模拟电路仅占 5%,大部分是数字电路,并且模拟电路对元件的匹配性要求不高,易于用 CMOS 技术实现。但 Σ-Δ 转换方式的采样频率过高,不适合处理高频信号。

2. A/D 转换的主要技术指标

A/D 转换器是将模拟量转换为数字量的器件,这个模拟量泛指电压、电流、电阻、时间等参量,但一般模拟量是指电压。

A/D 转换器常用以下几项技术指标评价其质量水平。

(1) 分辨率

分辨率是衡量 A/D 转换器分辨输入模拟量最小变化程度的技术指标。分辨率通常用数字量的位数 n 表示,如 8 位、12 位、16 位等。分辨率为 n 位,表示它能对满

量程输入的 $1/2^n$ 的增量做出反应，即数字量的最低有效位(LSB)对应的模拟量大小为满量程输入的 $1/2^n$。例如：$n=8$，满量程输入为 5.12V，则 LSB 对应的模拟电压为 $5.12V/2^8=20mV$。

(2) 转换时间

转换时间是指 A/D 转换器完成一次模拟量到数字量转换所需要的时间。

(3) 线性误差

A/D 转换器的理想转换特性(量化特性)应该是线性的，但实际转换特性并非如此。在满量程输入范围内，偏移理想转换特性的最大误差定义为线性误差。线性误差通常用 LSB 的分数表示，如 1/2 LSB 或 ±1 LSB。

逐次逼近式 A/D 转换器的转换时间与转换精度比较适中，转换时间一般在微秒级，转换精度一般在 0.1%上下，适用于一般场合。

双斜积分式 A/D 转换器的核心部件是积分器，因此速度较慢，其转换时间一般在毫秒级或更长。但抗干扰性能强，转换精度可达 0.01%或更高，适于在数字电压表类仪器中采用。

并行式又称闪烁式，由于采用并行比较，转换速率可以达到很高，转换时间可达纳秒级，但抗干扰性能较差，由于工艺限制，其分辨率一般不高于 8 位。这类 A/D 转换器可用于数字示波器等要求转换速度较快的仪器中。

A/D 转换器的分辨率越高，需要的转换时间就越长，转换速度就越低，分辨率与转换速度两者总是相互制约的。因而在发展高分辨率 A/D 转换器的同时要兼顾高速，在发展高速 A/D 转换器的同时要兼顾高分辨率，在此基础上还要考虑功耗、体积、便捷性、多功能、与计算机及通信网络的兼容性以及应用领域的特殊要求等问题。

7.2.2　常用模数转换器及接口技术

常用的模数转换电路及其接口都是集成化的，具有功能强、体积小、可靠性高、误差小、功耗低、连接方便等优点。

1. 常用模数转换器

(1) 8 位 A/D 转换器 ADC0809

ADC0809 是一种带有 8 通道模拟开关的 8 位逐次逼近式 A/D 转换器，转换时间为 100μs 左右，线性误差为 $\pm\frac{1}{2}$LSB，其结构框图及引脚排列如图 7.28 所示。

由图 7.28 可见，ADC0809 由 8 通道模拟开关、地址锁存与译码、8 位 A/D 转换器以及三态输出锁存缓冲器组成。8 路模拟开关允许多路模拟量分时输入，共用 A/D 转换器进行转换。三态输出锁存缓冲器用于锁存 A/D 转换得到的数字量，当 OE 端为高电平时，才可以从三态输出锁存缓冲器读出转换结果。

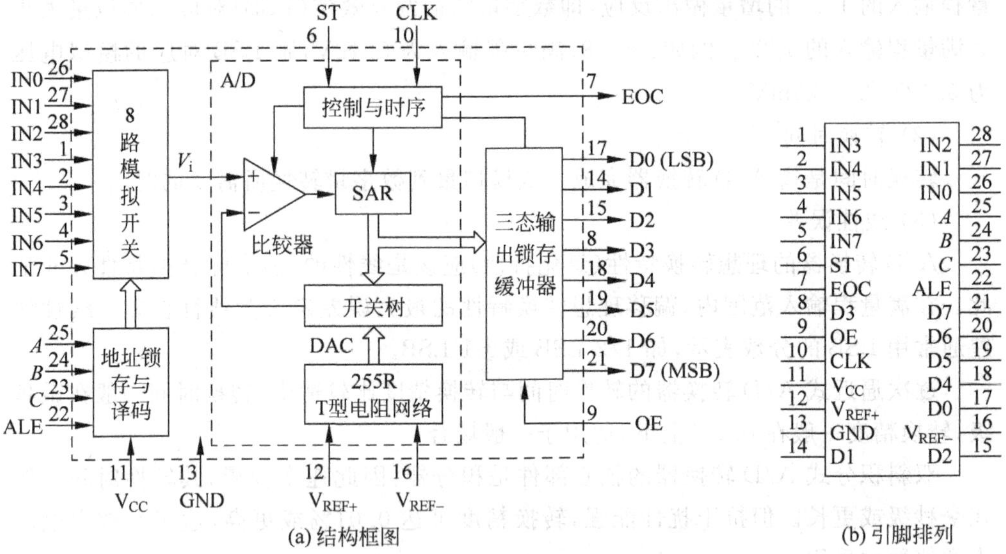

图 7.28 ADC0809 的结构框图及引脚排列

ADC0809 要求输入模拟量为单极性,电压范围是 0～5V,若信号太小,需进行放大；输入的模拟量在转换过程中应该保持不变,若模拟量变化太快,需在输入前增加采样保持电路。

① 8 通道模拟开关及通道选择逻辑。

该部分的功能是实现 8 选 1 操作,通道选择信号 C、B、A 与所有通道之间的关系如表 7.13 所示。

表 7.13 通道选择信号与通道之间的关系

C	B	A	选择的通道
0	0	0	IN0
0	0	1	IN1
0	1	0	IN2
0	1	1	IN3
1	0	0	IN4
1	0	1	IN5
1	1	0	IN6
1	1	1	IN7

通道选择信号 C、B、A 在地址锁存允许信号 ALE(正脉冲有效)的作用下送入地址锁存与译码部件后,通道 i(INi,i=0,1,…,7)上的模拟输入量被选择送至 A/D 转换器。

② 8 位 A/D 转换器。

当 ST 上收到一个启动转换命令(正脉冲)后,8 位 A/D 转换器开始对输入端的信号进行转换，100μs 后转换结束，转换结果 D($D=0\sim2^8-1$)存入三态输出锁存缓冲器，转换结束信号 EOC 由低电平变为高电平，通知 CPU 可以读结果。CPU 可用查询方式(将 EOC 信号接至一条 I/O 线上)或中断方式(EOC 信号作为中断请求信号引入中断逻辑)了解 A/D 转换过程是否结束。

③ 三态输出锁存缓冲器。

用于存放转换结果 D。输出允许信号 OE 为高电平时，D 从 D7～D0 输出；OE 为低电平时，数据输出线 D7～D0 为高阻状态。

ADC0809 的转换时序如图 7.29 所示。

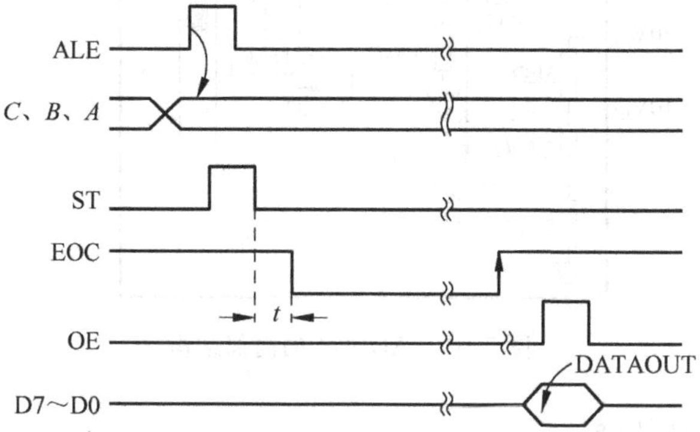

图 7.29　ADC0809 的转换时序示意图

ADC0809 的量化单位 $q=[V_{REF+}-V_{REF-}]/2^8$。通常基准电压 $V_{REF+}=5.12$V，$V_{REF-}=0$V，此时 $q=20$mV，转换结果 $D=V_{IN}(\text{mV})/q(\text{mV})$，如 $V_{IN}=2.5$V 时，$D=125$。

(2) 12 位 A/D 转换器 AD1674

AD1674 是美国 AD 公司推出的一种 12 位带并行微机接口的逐次逼近型快速 A/D 转换芯片，它是 AD574A、AD674A 系列的换代产品。该芯片内部自带采样保持器(SHA)、10V 基准电压源、时钟源以及三态输出缓冲器，因此它可以直接与微处理器相连，不需任何外部电路和时钟信号即可完成 A/D 转换功能，与原有同系列的 AD574A/674A 相比，其引脚、应用特性等各方面功能完全兼容，在性能方面比其前代产品优秀，主要表现在以下几个方面：

- AD1674 的转换速度快，仅为 10μs，而 AD574A 为 25μs，AD674A 为 15μs。
- 芯片自带采样保持器，可直接与被转换的模拟信号相连。
- AD1674 内部结构更加紧凑，集成度更高，工作性能(尤其是高低温稳定性)也更好，而且可以使设计板面积大大减小，因而可降低成本并提高系统的可靠性。

AD1674 的内部结构如图 7.30 所示。

① AD1674 的基本参数。

- 带有内部采样保持的 12 位逐次逼近型模/数转换器。
- 采样频率为 100kHz。

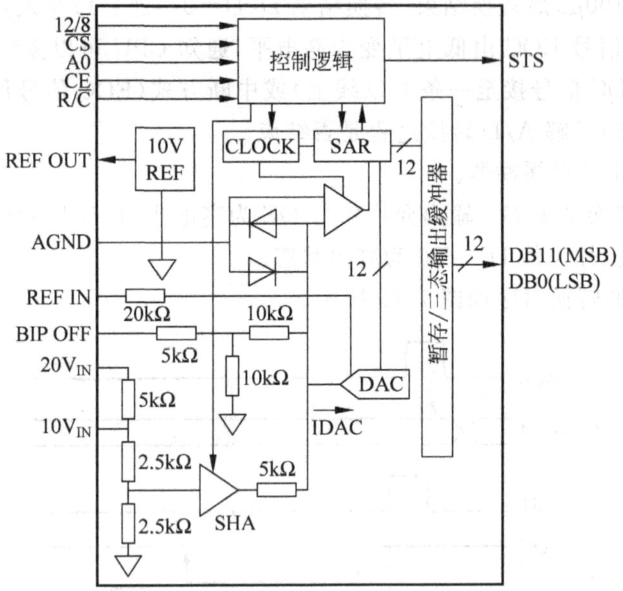

图 7.30 AD1674 的内部结构

- 转换时间为 10μs。
- 具有±1/2 LSB 的积分非线性(INL)以及 12 位无漏码的差分非线性(DNL)。
- 满量程校准误差为 0.125%。
- 内有+10V 基准电源,也可使用外部基准源。
- 4 种单极性或双极性电压输入范围分别为±5V,±10V,0~10V 和 0~20V。
- 数据可并行输出,采用 8/12 位可选微处理器总线接口。
- 内部带有防静电保护装置(ESD),放电耐压值可达 4000V。
- 采用双电源供电:模拟部分为±12V/±15V,数字部分为+5V。
- 使用温度范围:

  AD1674J/K 为 0~70℃(C 级);

  AD1674A/B 为-40~85℃(I 级);

  AD1674T 为-55~125℃(M 级)。
- 采用 28 脚密封陶瓷 DIP 或 SOIC 封装形式。
- 功耗低,仅为 385mW。

② 内部结构及引脚说明。

AD1674 的引脚排列如图 7.31 所示。按功能可分为逻辑控制引脚、并行数据输出引脚、模拟信号输入引脚和供电电源引脚 4 种类型。

- 逻辑控制引脚:

  CE:操作使能端。输入为高时,芯片开始进行转换/读结果操作。

  $\overline{CS}$:片选信号输入端。

  R/$\overline{C}$:读/转换状态输入端。在全控模式下,高电平时为读结果状态;低电平

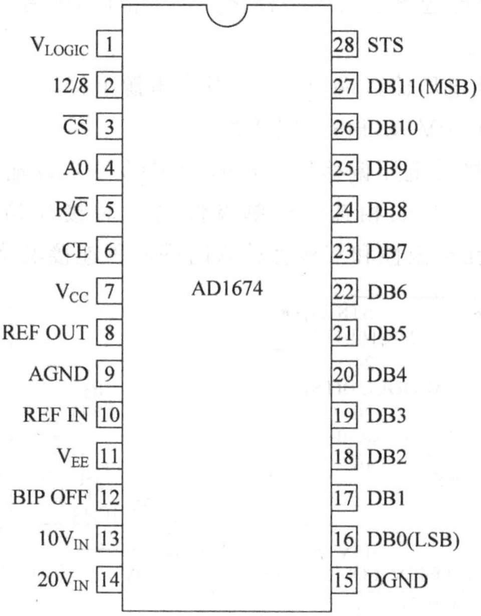

图 7.31　AD1674 的引脚排列

时为启动转换状态；在独立模式下，该输入信号的下降沿时开始转换。

STS：转换状态输出端。输出为高时表明转换正在进行；输出为低时表明转换结束。

12/$\overline{8}$：数据输出位选择输入端。当该端输入为低时，转换结果以 8 位为一组，分两次输出；当该端输入为高时，转换结果按 12 位一次输出。

A0：位寻址/短周期转换选择输入端。在启动转换时，若 A0 为低，则进行 12 位数据转换；若 A0 为高，则进行 8 位数据转换；在读结果时，R/$\overline{C}$=1 且 12/$\overline{8}$=0 时，若 A0 为低，则在高 8 位(DB4～DB11)作数据输出；若 A0 为高，则在 DB0～DB3 作数据输出，DB4～DB7 置零。而 DB8～DB11 无效。

- 并行数据输出引脚：

DB 11～DB8：在 12 位输出格式下，输出数据的高 4 位；在 8 位输出格式下，A0 为低时输出数据的高 4 位，A0 为高时无效。

DB7～DB4：在 12 位输出格式下，输出数据的中 4 位；在 8 位输出格式下，A0 为低时输出数据的中 4 位，A0 为高时置零。

DB3～DB0：在 12 位输出格式下，输出数据的低 4 位；在 8 位输出格式下，A0 为高时输出数据的低 4 位，A0 为低时无效。

- 模拟信号输入引脚：

$10V_{IN}$：10V 范围输入端，包括 0～10V 单极性输入或±5V 双极性输入。

$20V_{IN}$：20V 范围输入端，包括 0～20V 单极性输入或±10V 双极性输入。

应注意的是,如果已选择了其中一种作为输入范围,则另一种不能再连接。

- 供电电源引脚:

REF IN:基准电压输入端,在10V基准电源上接50Ω电阻后连于此端。

REF OUT:+10V基准电压输出端。

BIP OFF:双极性电压偏移量调整端,该端在双极性输入时可通过50Ω电阻与REF OUT端相连;在单极性输入时接模拟地。图7.32给出了AD1674在单极性和双极性输入时的两种连接电路。

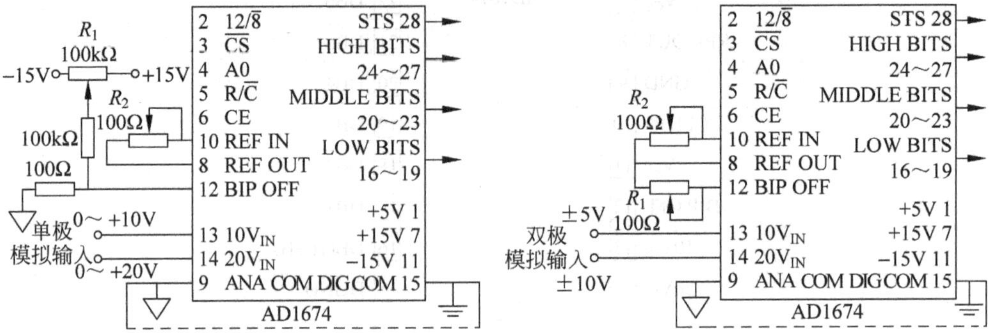

图7.32 AD1674的单极性和双极性输入连接电路

V_{CC}:+12V/+15V模拟供电输入。

V_{EE}:−12V/−15V模拟供电输入。

VLOGIC:+5V逻辑供电输入。

AGND/DGND:模拟/数字接地端。

表7.14给出了AD1674的控制逻辑真值表。

表7.14 AD1674控制逻辑真值表

CE	$\overline{CS}$	$R/\overline{C}$	$12/\overline{8}$	A0	执行操作
0	×	×	×	×	无操作
×	1	×	×	×	无操作
1	0	0	×	0	启动12位数据转换
1	0	0	×	1	启动8位数据转换
1	0	1	1	×	允许12位并行输出
1	0	1	0	0	允许高8位并行输出
1	0	1	0	1	允许低4位并行输出

③ 工作时序。

AD1674的工作模式可分为全控(full control)模式和独立(stand alone)模式,在这两种模式下,工作时序是相同的。独立模式主要用于具有专门输入端系统,因而不需要有全总线的接口能力。而采用全控工作模式则有利于与CPU进行总线连接。

图7.33、图7.34分别是AD1674在全控工作模式下的转换启动时序和读操作时序。图7.33和图7.34中的参数见表7.15。转换启动时,在CE和$\overline{CS}$有效之前,

$R/\overline{C}$必须为低，如果 $R/\overline{C}$为高，则立即进行读操作，这会造成系统总线的冲突。一旦转换开始，STS 立即为高，系统将不再执行转换开始命令，直到这次转换周期结束。数据输出缓冲器将比 STS 提前 0.6μs 变低，且在整个转换期间内不导通。

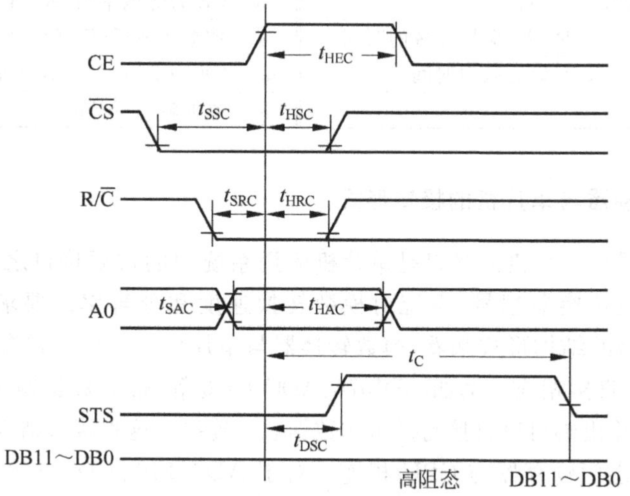

图 7.33　AD1674 的转换启动时序

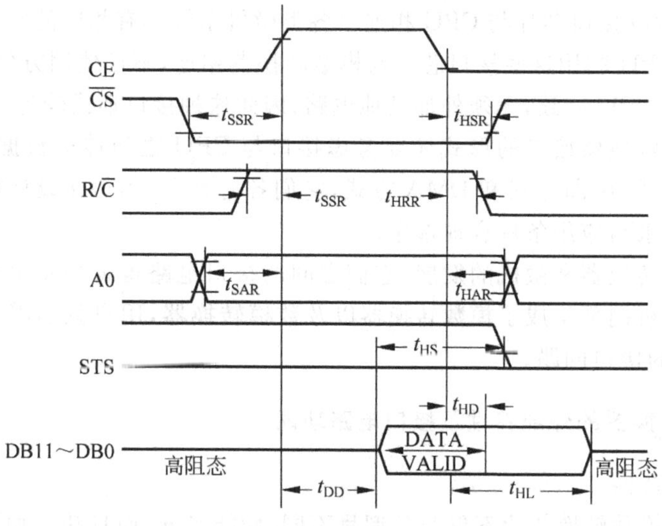

图 7.34　AD1674 的读操作时序

表 7.15　AD1674 读写时序参数表

符号	名　　称	符号	名　　称
t_{HEC}	CE 脉宽时间	t_{SSR}	$\overline{CS}$到 CE 的建立时间
t_{SSC}	$\overline{CS}$到 CE 的建立时间	t_{HSR}	CE 为低电平后，$\overline{CS}$保持有效的时间
t_{HSC}	在 CE 为高电平时，$\overline{CS}$保持低电平的时间	t_{SRR}	$R/\overline{C}$到 CE 的建立时间
t_{SRC}	$R/\overline{C}$到 CE 的建立时间	t_{HRR}	CE 为低电平后，$R/\overline{C}$保持高电平的时间

续表

符号	名　称	符号	名　称
t_{HRC}	在 CE 为高电平时,$R/\overline{C}$保持低电平的时间	t_{SAR}	A0 到 CE 的建立时间
t_{SAC}	A0 到 CE 的建立时间	t_{HAR}	CE 为低电平后,A0 保持有效的时间
t_{HAC}	在 CE 为高电平时,A0 保持有效的时间	t_{HS}	数据有效后,STS 保持高电平的时间
t_{DSC}	CE 有效到 STS 有效的延迟时间	t_{HD}	CE 为低电平后,数据保持有效的时间
t_C	转换时间	t_{HL}	数据输出保持时间

2. 模数转换器与单片机的接口形式

模数转换器与单片机的接口是单片机应用系统中的重要接口之一,其接口形式随所使用的模数转换器型号、系统对模数转换速度和分辨率的要求不同而有所差异。从接口电路的结构形式来看,模数转换器与单片机的接口方式有如下3种形式:

① 与 CPU 直接相连。例如 AD1674、ADC08016 等,带有数据输出寄存器和三态门,它们的数据输出端可以直接与微机的数据总线连接。这种接口结构简单,成本低。

② 利用三态门锁存器与 CPU 相连。对于 ADC1210、AD570 等,需外接三态门锁存器后,才能与 CPU 相连。此外,当模数转换器的分辨率大于 CPU 的数据总线宽度时,数据要分两次传送,也要采用这种连接方式。

③ 利用 I/O 接口芯片与 CPU 相连。各类微机系统都有相应的并行 I/O 接口芯片与之配套,CPU 利用这些接口芯片与模数转换器相连,不仅使用方便,而且时序关系和电平均与 CPU 一致,无须外加其他电路,因此这种接口形式较为广泛。

确定模数转换器接口的形式还要考虑接口与 CPU 之间传送数据的方式,一般有程序查询方式、中断方式和 DMA 方式,它们各有特点,用户在设计接口时应根据系统的技术要求与应用条件合理选用。

随着模数转换器和微机的发展,它们之间的接口电路也将会发生变化。例如一些高档单片微机内部集成了模数转换器以及数模转换器,用户就不需要考虑模数转换器与 CPU 的接口问题。

3. 模数转换器的外部特性及接口电路功能

(1) 外部特性

各厂家的模数转换芯片不仅产品型号不同,性能各异,而且功能相同的引脚命名也各不相同,但从使用的角度来看,任何一种模数转换芯片一般都具有以下关键信号。

转换启动信号:它是由 CPU 向模数转换器发出的一种控制信号,该信号有效,模数转换立即开始。

转换结束信号:转换完毕后由模数转换器发出的一种状态信号,它可以申请中断或 DMA 传送,或提供给 CPU 做查询用。

模拟量输入信号:来自被转换的对象,有单通道输入与多通道输入之分。

数字量输出信号:模数转换器将数字量送给 CPU 的数据信号线。数据线的条数代表了模数转换器的分辨率。

有的 ADC 还有时钟输入信号和模拟输入通道选择信号，这些输入输出线对于不同的 ADC 有差异。因此，在选择和使用模数转换芯片时，除了要满足系统的转换速度和分辨率要求之外，还要注意以下几点 ADC 的连接特性：

① 模数转换芯片的转换启动信号是用电位启动还是用脉冲启动。对那些要求用电位启动的模数转换芯片，如 AD570 要求用低电平启动，在转换过程中必须一直保持低电平；如果在转换过程结束之前将启动信号撤销，就会中止转换过程，得到错误的转换结果。

② 芯片内部是否带三态门输出锁存器。若有，则输出线可与 CPU 的数据线直接相连；若无，则需外加锁存器。

③ 输出数字量的形式是二进制还是 BCD 码。MC14433 就是 BCD 码输出，故可直接送到显示器进行十进制数字显示。

(2) 模数转换器接口电路的功能

模数转换器接口电路的功能可以归纳为以下几个方面：

① 接收转换启动信号。模数转换器的转换何时开始，是由 CPU 控制的，所以模数接口的首要任务是接收 CPU 发出的“转换启动”控制信号，使 ADC 开始转换。

② 取回“转换结束”状态信号。转换完毕，ADC 产生转换结束信号，这个状态信号可作为查询的依据，也可利用它来产生“中断请求”或“DMA 请求”。

③ 读取转换的数据。当得到“转换结束”信号后，在 CPU 控制下，用查询或中断方式将数据读入内存，或在 DMAC 控制下，直接读入内存。

④ 进行通道寻址。对有多个模拟量输入通道的系统，要分别选用各模拟量输入端，以引入模拟量；对单通道模拟量输入，则不需要通道寻址。模拟量输入通道的编号可以代码的形式从数据线上发出的，也可以从地址线上发出。

⑤ 发采样保持器的控制信号。进行高速信号的模数转换时，一般还需要设置采样保持器，故接口电路要对采样保持器发送控制信号，以进行采样或保持操作。

4. 模数转换器接口电路设计

(1) AD1674 与单片机的接口设计

① 要求。

采用 AD1674 作为 A/D 转换器，进行 12 位模数转换，转换结果分两次输出，以左对齐方式存放在首地址为 90H 的片内数据存储区。共采集 64 个数据，ADC 与 CPU 之间采用中断方式交换数据。

② 分析。

AD1674 是具有三态输出缓冲器的 A/D 转换器，可以作 12 位转换，也可作 8 位转换。当它作 12 位转换器时，引脚 $12/\overline{8}$ 用来控制输出位数，$12/\overline{8}=1$，一次输出 12 位；$12/\overline{8}=0$，一次输出 8 位，即 12 位分两次输出。若采用“左对齐”的数据格式，则先输出高 8 位，后输出低 4 位（末尾 4 位自动补 0）。AD1674 引脚有 5 条控制线

(CE、$\overline{CS}$、R/$\overline{C}$、12/$\overline{8}$、A0)和1条状态线(STS),其中$\overline{CS}$、CE和R/$\overline{C}$控制启动转换和数据输出。这5条控制信号线的电平状态与AD1674所产生的操作对应关系如表7.12所示。

从以上分析可知,AD1674内部有三态输出锁存器,故数据输出线可直接与单片机相连,将AD1674的12条输出数据线的高8位接到系统总线的D0～D7,而把低4位接到数据总线的高4位,以实现左对齐。要求分两次传送,故将12/$\overline{8}$接数字地。

③ 设计。

AD1674与单片机的连接如图7.35所示。图中AD1674数据口的低4位地址为89H,高8位口地址为88H。AD1674直接挂到CPU总线上,A/D转换输出数据分成高8位和低4位两次并行输出,A0控制选通地址分两次读取。A/D转换结果的输出采取中断方式,利用A/D的转换结束信号STS向CPU发中断申请。在读取数据时需保证A0的稳定。

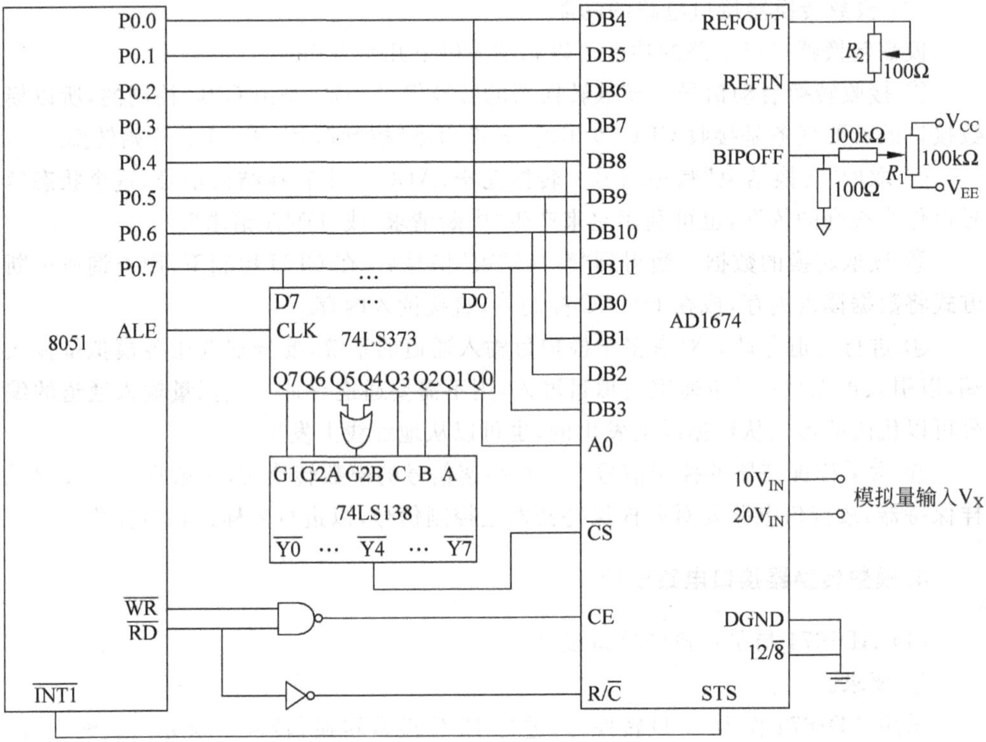

图7.35 AD1674与单片机的接口电路图

主程序启动A/D转换程序段:

```
ORG     0000H
        LJMP      STAT
ORG     0013H
        LJMP      ADEND
ORG     2000H
```

```
STAT:  SETB    IT1              ; 外部中断 1 为下降沿有效
       SETB  EA                 ; CPU 开放中断
       SETB    EX1              ; 允许外部中断 1 中断
       MOV   R1, #88H
       MOVX    @R1,A            ; 启动 A/D 转换
       MOV   CNTDATA, #40H      ; CNTDATA 单元存放采集数据个数
       MOV   R0, #90H           ; R0 指向数据存放区域首单元
       SJMP    $
```

A/D 转换结束中断服务程序：

```
ORG     4000H
ADEND: MOV      R1, #88H
       MOVX     A, @R1              ; 读高 8 位数据
       MOV      @R0, A              ; 保存高 8 位数据
       INC      R1
       INC      R0
       MOVX     A, @R1              ; 读低 4 位数据
       ANL      A, #0F0H
       MOV      @R0, A              ; 保存低 4 位数据
       INC      R0
       DJNZ     CNTDATA, BACK1      ; 60 个数据未采集完,转 BACK1
       SJMP     BACK2               ; 采集完则返回
BACK1: MOV      R1, #88H
       MOVX     @R1, A              ; 又一次启动 A/D 转换
BACK2: RETI
```

(2) ADC0809 与单片机的接口设计

如图 7.36 所示，从 ADC0809 的通道 IN3 输入 0～5V 的模拟量，通过 ADC0809 转换成数字量在数码管上以十进制形式显示出来。ADC0809 的 V_{REF} 接＋5V 电压。

① 硬件连接。

- P1 端口的 P1.0～P1.7 连接到“动态数码显示”区域中的 a b c d e f g dp 端，作为数码管的段选择信号。
- P2 端口的 P2.0～P2.7 连接到“动态数码显示”区域中的 S1～S8 端，作为数码管的位选择信号。
- P0 端口的 P0.0～P0.7 连接到“模数转换模块”区域中的 D0～D7 端，A/D 转换完毕的数据输入到单片机的 P0 端口。
- “模数转换模块”区域中的 V_{REF} 端连接到“电源模块”区域中的 V_{CC} 端。
- “模数转换模块”区域中的 A、B、C 端连接到“单片机系统”区域中的 P3.4～P3.6 端。
- “模数转换模块”区域中的 ST 端连接到“单片机系统”区域中的 P3.0 端。
- “模数转换模块”区域中的 OE 端连接到“单片机系统”区域中的 P3.1 端。

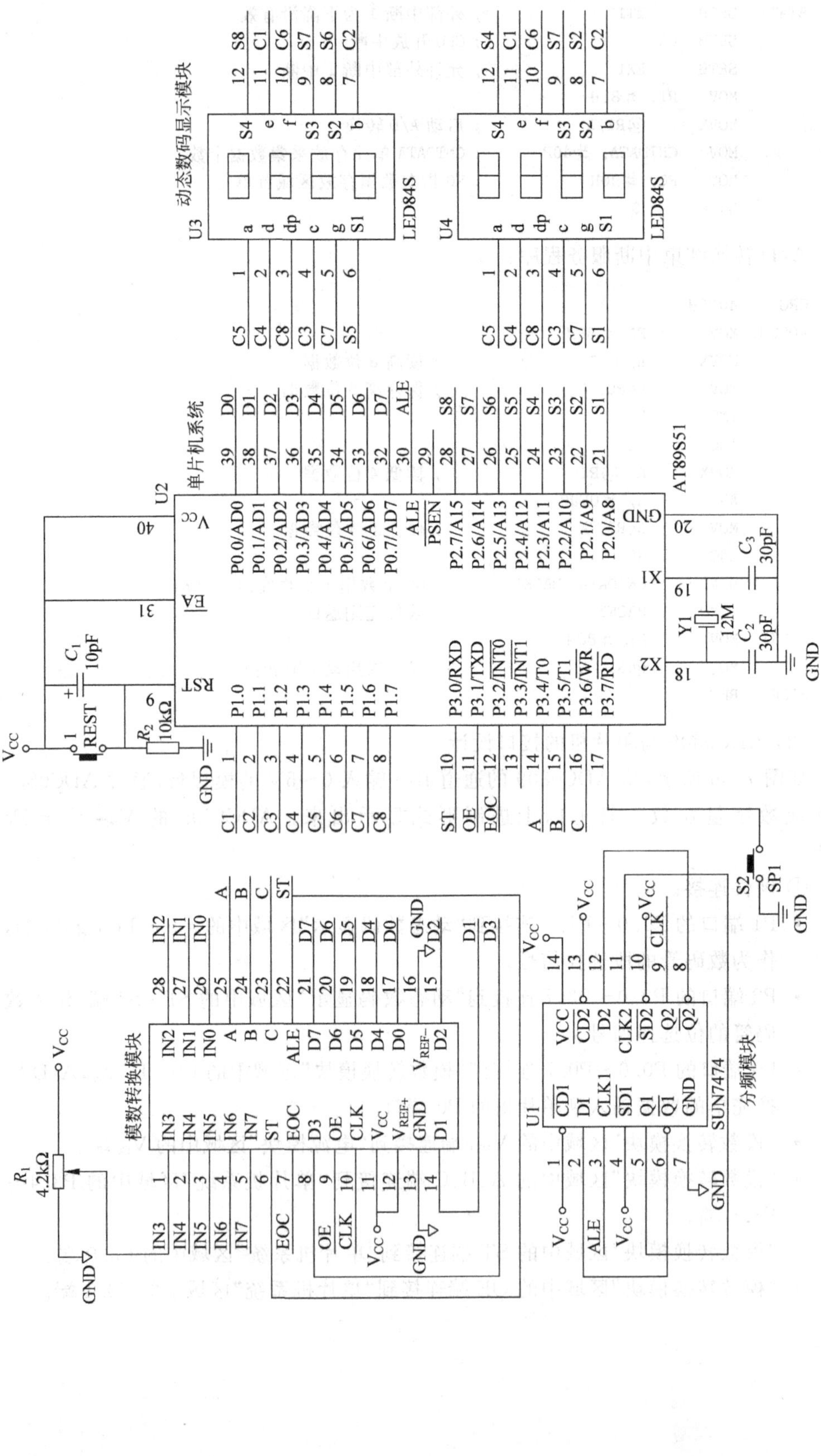

图 7.36 ADC0809 与单片机的接口电路图

- “模数转换模块”区域中的 EOC 端连接到“单片机系统”区域中的 P3.2 端。
- “模数转换模块”区域中的 CLK 端连接到“分频模块”区域中的 Q2 端。
- “分频模块”区域中的 CLK1 端连接到“单片机系统”区域中的 ALE 端。
- “模数转换模块”区域中的 IN3 端连接到“三路可调压模块”区域中的 VR1 端。

② 软件设计。

- 进行 A/D 转换时，通过查询 EOC 信号检测 A/D 转换是否完毕，若完毕，则把数据通过 P0 端口读入，经过数据处理之后在数码管上显示。
- 进行 A/D 转换之前，启动转换的方法是：

```
CBA = 011                                ; 选择第三通道
ST = 0, ST = 1, ST = 0                   ; 产生启动转换的正脉冲信号
```

- 参考汇编源程序：

```
       DPCNT  EQU    31H                  ; DPCNT 用于存放待显示位的序号
       GDATA  EQU    32H                  ; GDATA 用于存放 A/D 转换后的数字量
       DPBUF  EQU    33H                  ; DPBUF 开始 8 个单元作显示缓冲区，存放待显
                                          ; 示内容
       ST     BIT    P3.0                 ; 转换启动信号
       OE     BIT    P3.1                 ; 输出允许信号
       EOC    BIT    P3.2                 ; 转换结束信号

       ORG    00H
       LJMP   START                       ; 跳转到主程序入口
       ORG    0BH
       LJMP   T0X                         ; 跳转到定时器 T0 溢出中断服务程序入口
       ORG    30H
START: MOV    DPCNT, #00H                 ; 待显位序号初始化
       MOV    R7, #5
       MOV    A, #10
       MOV    R0, #DPBUF                  ; R0 指向显示缓冲区首单元
LOP:   MOV    @R0,A
       INC    R0
       DJNZ   R7,LOP                      ; 低 5 位数码管显示内容初始化
       MOV    @R0, #00H
       INC    R0
       MOV    @R0, #00H
       INC    R0
       MOV    @R0, #00H                   ; 高 3 位数码管显示内容初始化
       MOV    TMOD, #01H                  ; 定时器 T0 工作在方式 1，定时功能
       MOV    TH0, #(65536 - 1000)/256
       MOV    TL0, #(65536 - 1000) MOD 256; 送 T0 的计数初值，完成定时 1ms
       SETB   TR0                         ; T0 运行控制位置 1，启动 T0
       SETB   ET0                         ; T0 溢出中断允许位置 1
       SETB   EA                          ; 中断允许控制位置 1，开放中断
WT:    CLR    ST                          ; 转换启动信号清零
       SETB   ST                          ; 转换启动信号置 1
```

```
        CLR   ST                         ; 在 P3.0 上形成一个正脉冲,启动 A/D 转换
WAIT:   JNB   EOC,WAIT                   ; 查询 EOC 信号,若为 0,转换未结束,继续等待
        SETB  OE                         ; 转换结束,将输出允许信号置为有效
        MOV   GDATA,P0                   ; 从 P0 口读入转换结果到 GDATA 单元
        CLR   OE                         ; 将输出允许信号置为无效
        MOV   R0,#DPBUF+7
        MOV   A,GDATA
        MOV   B,#100
        DIV   AB
        MOV   @R0,A                      ; 得到转换后数字量的百位,存入显示缓冲区
        MOV   A,B
        MOV   B,#10
        DIV   AB
        DEC   R0
        MOV   34H,A                      ; 得到转换后数字量的十位,存入显示缓冲区
        DEC   R0
        MOV   35H,B                      ; 得到转换后数字量的个位,存入显示缓冲区
        SJMP  WT
T0X:    NOP
        MOV   TH0,#(65536-4000)/256      ; 重新送入 T0 的计数初值,启动定时
        MOV   TL0,#(65536-4000) MOD 256
        MOV   DPTR,#DPCD                 ; DPTR 指向段代码表的首地址
        MOV   A,DPCNT
        ADD   A,#DPBUF
        MOV   R0,A
        MOV   A,@R0                      ; 取得当前待显示的内容
        MOVC  A,@A+DPTR                  ; 查表得到对应的段代码
        MOV   P1,A                       ; 段代码送 P1 口
        MOV   DPTR,#DPBT
        MOV   A,DPCNT
        MOVC  A,@A+DPTR                  ; 取得当前的位信号
        MOV   P2,A                       ; 位信号送 P2 口
        INC   DPCNT                      ; 位序号加 1,指向下一位
        MOV   A,DPCNT
        CJNE  A,#8,NEXT                  ; 比较 8 位都扫描完一遍了吗?若没有,则直接返回
        MOV   DPCNT,#00H                 ; 8 位都扫描完了一遍,位序号初始化
NEXT:   RETI
DPCD:   DB 3FH,06H,5BH,4FH,66H           ; 段代码表
        DB 6DH,7DH,07H,7FH,6FH,00H
DPBT:   DB 0FEH,0FDH,0FBH,0F7H           ; 位信号表
        DB 0EFH,0DFH,0BFH,07FH
        END
```

• C 语言源程序:

```
#include <AT89X52.H>
unsigned char code dispbitcode[] = {0xFE,0xFD,0xFB,0xF7,0xEF,0xDF,0xBF,0x7F};
unsigned char code dispcode[] = {0x3F, 0x06, 0x5B, 0x4F, 0x66, 0x6D, 0x7D, 0x07, 0x7F, 0x6F,
0x00};
unsigned char dispbuf[8] = {10,10,10,10,10,0,0,0};
unsigned char dispcount;
```

```
sbit ST = P3^0;
sbit OE = P3^1;
sbit EOC = P3^2;
unsigned char channel = 0xBC;//IN3
unsigned char getdata;

void main(void)
{
TMOD = 0x01;
TH0 = (65536 - 4000)/256;
TL0 = (65536 - 4000) % 256;
TR0 = 1;
ET0 = 1;
EA = 1;

P3 = channel;

while(1)
{
ST = 0;
ST = 1;
ST = 0;
while(EOC == 0);
OE = 1;
getdata = P0;
OE = 0;
dispbuf[2] = getdata/100;
getdata = getdata % 10;
dispbuf[1] = getdata/10;
dispbuf[0] = getdata % 10;
}
}

void t0(void) interrupt 1 using 0
{
TH0 = (65536 - 4000)/256;
TL0 = (65536 - 4000) % 256;
P1 = dispcode[dispbuf[dispcount]];
P2 = dispbitcode[dispcount];
dispcount ++ ;
if(dispcount == 8)
{
dispcount = 0;
}
}
```

7.3 数模转换

计算机对模拟设备(如控制电动调节阀、模拟调速系统、模拟记录仪等)进行控制时,需要将计算机输出的数字信号通过数模转换器转换成外设能接收的相应的模拟信号。

D/A转换接口的设计主要是根据系统的要求,选用合适的D/A转换芯片,配置外围电路及器件,实现数字量到模拟量的转换。这也是单片机应用系统中典型的接口技术。

7.3.1 数模转换原理

DAC是一种把二进制数字信号转换为模拟信号(电压或电流)的电路。DAC品种繁多,根据转换原理的不同,可分为权电阻DAC、T型电阻DAC、倒T型电阻DAC、变形权电阻DAC、电容DAC和权电流DAC等。各种DAC的电路一般都由基准电源、解码网络、运算放大器和缓冲寄存器等部件组成。不同DAC的差别主要表现在采用不同的解码网络,其名称正是得于各自不同的解码网络特征。其中T型和倒T型电阻解码网络的DAC,因其使用的电阻网络阻值种类很少,只有R和2R两种,在集成DAC产品的设计制造中格外受到青睐,它们具有简单、直观,转换速度快,转换误差小等优点。

1. D/A转换器工作原理

(1) 权电阻型D/A转换器

电路如图7.37所示,权电阻型D/A转换器由参考电压V_{REF}、n个权电阻、n个单刀双掷模拟开关以及求和运算放大器组成。每一个开关对应一个权电阻,其倒向由相应的二进制位控制:“1”接运放;“0”接地。

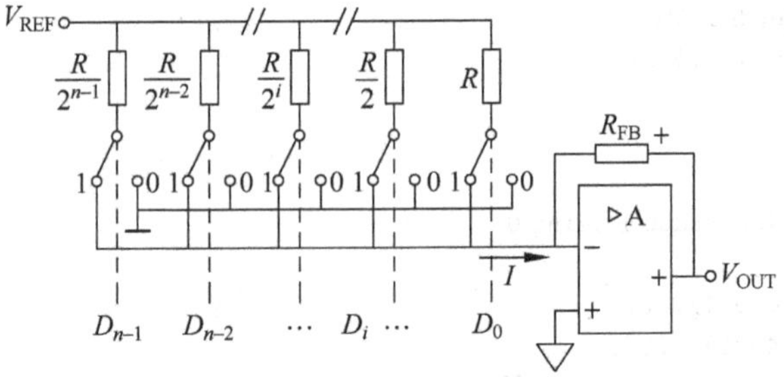

图7.37 权电阻型D/A转换器

可以求得输入到运放的电流为

$$I=\sum_{i=0}^{n-1}D_i\frac{V_{REF}}{\frac{R}{2^i}}=\frac{V_{REF}}{R}\sum_{i=0}^{n-1}D_i2^i,\quad D_i\in(0,1)$$

输出电压为

$$V_{OUT}=-I\,R_{FB}$$

(2) R-2R网络型D/A转换器

电路如图7.38所示,R-2R网络型D/A转换器主要由参考电压V_{REF}、R-2R T型电阻网络、n个模拟开关$Si(i=1,\cdots,n)$和求和运算放大器N组成。

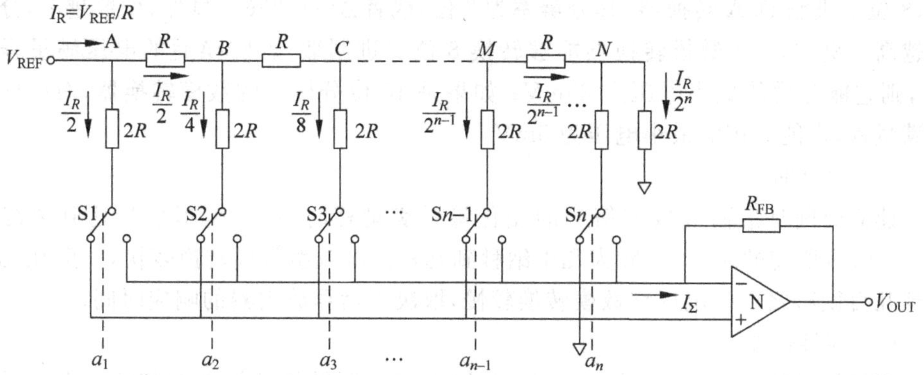

图 7.38　R-2R 网络型 D/A 转换器

图 7.38 中电子开关 S1～Sn 分别受输入数字量 a_1～a_n 控制，$a_i=1$ 时，Si 切换到右端(虚地)；$a_i=0$ 时，Si 切换到左端(地)，不论哪一端，切换电压不变，切换的仅仅是电流。不过，只有 Si 切换到右端，才能给运算放大器输入端提供电流。因此，电阻网络中各 2R 支路下端的电位相同(为零)，上端各节点(A、B、C、…)向右的分支电阻均为 2R，则各节点的电压依次按 1/2 系数进行分配，相应各支路的电流也按 1/2 系数进行分配。当满量程输入一个 n 位二进制数时，流入运放的电流为

$$I=\frac{V_{REF}}{2R}+\frac{V_{REF}}{4R}+\cdots+\frac{V_{REF}}{2^nR}$$

$$=\frac{V_{REF}}{R}\left(\frac{1}{2}+\frac{1}{2^2}+\frac{1}{2^3}+\cdots+\frac{1}{2^n}\right)$$

当 $R_{FB}=R$ 时，相应的输出电压为

$$V_{OUT}=-IR=-\frac{V_{REF}}{2^n}(2^{n-1}+\cdots+2^1+2^0)$$

由于数字信号 $a_i(i=1,\cdots,n)$ 只有 1 或 0 的情形，故 D/A 转换器的输出电压 V_{OUT} 与输入二进制数 a_1～a_n 或二进制数字量 D 的关系式为

$$V_{OUT}=-\frac{V_{REF}}{2^n}(a_n2^{n-1}+\cdots+a_22^1+a_12^0)$$

$$=-V_{REF}\frac{D}{2^n}$$

由上式可见，输出电压除了与输入的二进制数有关外，还与运算放大器的反馈电阻 R_{FB}、基准电压 V_{REF} 有关。

2. D/A 转换器的主要技术指标

(1) 分辨率

分辨率是指当输入数字量发生单位数码变化，即最低有效位 LSB 产生一次变化时，输出模拟量产生的变化。分辨率 Δ 与数字量输入的位数 n 呈下列关系：

$$\Delta=V_{REF}/2^n$$

实际使用中，表示分辨率高低的更常用方法是用输入数字量的位数表示。例

如,8位二进制D/A转换器,其分辨率为8位,或者Δ=1/256。显然,位数越多,分辨率越高。例如,一个数模转换器能够转换8位二进制数,若转换后的电压满量程是5V,则它能分辨的最小电压为20mV;如果是10位分辨率的数模转换器,对同样电压满量程,它能分辨的最小电压为5mV。

(2) 建立时间

建立时间是指输入数字信号的变化量是满量程时,输出模拟信号达到离终值±1/2 LSB所需的时间,一般为几十纳秒到几秒。电流型数模转换较快,一般在几纳秒到几百微秒之内。电压型数模转换较慢,取决于运算放大器的响应时间。

(3) 线性误差

理想转换特性(量化特性)应该是线性的,但实际转换特性并非如此。在满量程输入范围内,偏离理想转换特性的最大误差定义为线性误差。线性误差常用LSB的分数表示,如±1/2LSB或±1LSB。如果分辨率为8位,线性误差为±1/2LSB,则它的精度是±(1/2)(1/256)=±1/512。

3. 数模转换器的输入输出特性

以下几个方面能表示一个数模转换器的输入输出特性。

(1) 输入缓冲能力

数模转换器是否带有三态输入缓冲器或锁存器保存输入数字量,这对不能长时间在数据总线上保持数据的微机系统十分重要。

(2) 输入数据的宽度

数模转换器有8位、10位、12位、14位、16位之分。当数模转换器的位数大于微机系统数据总线的宽度时,需要分两次输入数字量。

(3) 输出方式

输出方式指数模转换器的输出是电流型还是电压型。对电流输出型,其电流在几毫安到十几毫安;对电压输出型,其电压一般为5~10V,有些高电压型可为24~30V。若需将电流输出转换成电压输出,应采用运算放大器进行转换。对电压型分为单极性输出和双极性输出两种方式,对一些需要正负电压控制的设备,就要用双极性数模转换器,或在输出电路中采取措施,使输出电压有极性变化。

(4) 输入码制

一般单极性输出的数模转换器只能接收二进制码或BCD码,双极性输出的数模转换器只能接收偏移二进制码或补码。

7.3.2 常用数模转换器及接口技术

1. 8位D/A转换器DAC0832

(1) DAC0832结构及引脚功能

DAC0832是8位双缓冲D/A转换器,其结构如图7.39所示,它的主要组成部分有：由 R-$2R$ 电阻网络构成的 8 位 D/A 转换器、两个 8 位寄存器和相应的选通控制逻辑。片内带有数据锁存器，可与微机直接接口。

DAC0832 的引脚排列如图 7.40 所示，各个引脚功能见表 7.16。

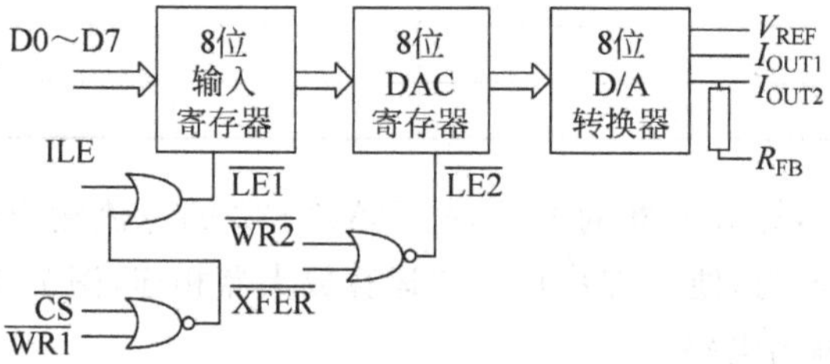

图 7.39　DAC0832 内部结构图

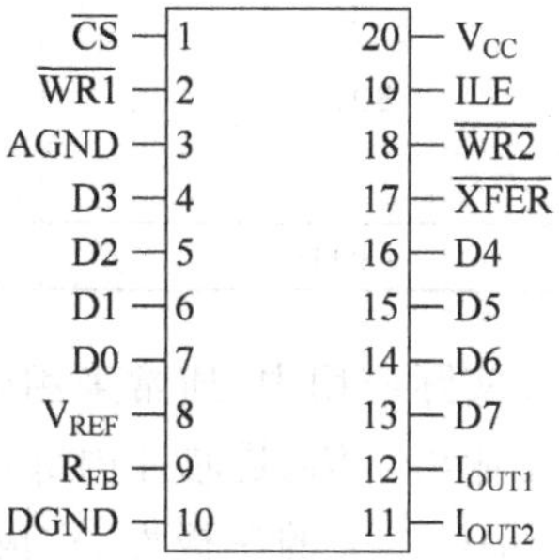

图 7.40　DAC0832 引脚图

表 7.16　DAC0832 引脚功能

符号	引脚线	功能	符号	引脚线	功　能
D0～D7	7～4，16～13	数据输入线	ILE	19	数据允许，高电平有效
R_{FB}	9	反馈信号输入	$\overline{CS}$	1	输入寄存器选择，低电平有效
I_{OUT1}，I_{OUT2}	12，11	电流输出	$\overline{WR1}$	2	输入寄存器写选通，低电平有效
V_{REF}	8	基准电源输入	$\overline{WR2}$	18	DAC 寄存器写选通，低电平有效
V_{CC}	20	电源输入	$\overline{XFER}$	17	DAC 寄存器选择，低电平有效
AGND	3	数字信号地	DGND	10	数字地

当 ILE 为高电平，$\overline{CS}$为低电平，$\overline{WR1}$为低电平时，$\overline{LE1}$为高电平，8 位输入寄存器的状态随数据输入线状态变化；当 ILE 为低电平，且$\overline{CS}$或$\overline{WR1}$任何一个为高电平时，$\overline{LE1}$为低电平，$\overline{LE1}$由高到低的下跳沿将数据线上的信息存入 8 位输入寄存器。

当$\overline{XFER}$为低电平，$\overline{WR2}$为低电平时，$\overline{LE2}$为高电平，DAC 寄存器的输入与 8 位输入寄存器的输出状态一致；当$\overline{XFER}$为高电平，或$\overline{WR2}$为高电平时，$\overline{LE2}$为低电平，$\overline{LE2}$由高到低的下跳沿将 8 位输入寄存器的信息存入 DAC 寄存器，并立即进行 D/A 转换。数据送入 DAC 寄存器后 1μs(建立时间)，I_{OUT1} 和 I_{OUT2} 稳定。

DI7～DI0 是 DAC0832 的数字信号输入端；I_{OUT1} 和 I_{OUT2} 是它的模拟电流输出端，DAC0832 的输出是电流信号。在许多系统中，通常需要 D/A 转换器输出电压信号，电流和电压信号之间的转换可由运算放大器实现。$I_{OUT1}+I_{OUT2}=$常数 C，I_{OUT1} 和 I_{OUT2} 与输入数字 D 之间的关系如表 7.17 所示。

表 7.17 I_{OUT1} 和 I_{OUT2} 与输入数字 D 之间的关系

输入数字 D	I_{OUT1}	I_{OUT2}
00H	0	C
⋮		
80H	$\frac{1}{2}C$	$\frac{1}{2}C$
⋮		
FFH	C	0

在实际应用中,通常采用外加运算放大器的方法,把 DAC0832 的电流输出转换为电压输出。R_{FB}是芯片内部反馈电阻,便于芯片直接与运算放大器相连,图 7.41 示出了 DAC0832 的单极性、双极性输出电路。

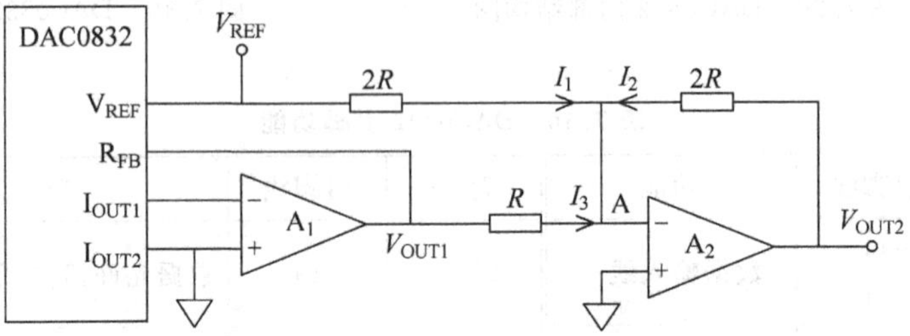

图 7.41 DAC0832 的单极性、双极性输出

图中 V_{OUT1} 为单极性输出,且有:

$$V_{OUT1} = -V_{REF}\frac{D}{2^8}$$

式中,D 为输入数字量;V_{REF} 为 0832 的基准电压(−10～+10V);V_{OUT2} 为双极性输出。由图 7.41 可知:

$$\begin{aligned} V_{OUT2} &= -\frac{2R}{2R}V_{REF} + \frac{2R}{R}V_{OUT1} \\ &= V_{REF}\left(\frac{D}{2^7} - 1\right) \\ &= V_{REF}\frac{D-2^7}{2^7} \end{aligned}$$

式中,D 从 $0 \sim 2^8 - 1$;V_{OUT2} 从 $-V_{REF} \sim +V_{REF}\frac{2^7-1}{2^7}$。

DAC0832 转换器的主要技术指标为:

- 电流建立时间　1μs
- 单电源　+5～+15V
- V_{REF} 输入端电压　±25 V
- 功率耗散　200 mW
- 最大电源电压 V_{DD}　17V

(2) DAC0832 的工作方式

DAC0832 有如下 3 种工作方式：

① 单缓冲方式：此方式适用于只有一路模拟量输出或几路模拟量非同步输出的情形。该方式控制 8 位输入寄存器和 DAC 寄存器同时接收数据，或者只有 8 位输入寄存器接收数据，而 DAC 寄存器接为直通方式。

② 双缓冲方式：此方式用于控制多个 DAC0832 同时输出模拟量的情形。其方法是先分别使各个 DAC0832 的 8 位输入寄存器接收数据，再控制这些 DAC0832 同时把数据传送到 DAC 寄存器，以实现多个 D/A 转换同步输出。

③ 直通方式：此方式用于连续反馈控制线路中。其方法是数据不通过缓冲器，即引脚$\overline{WR1}$、$\overline{WR2}$、$\overline{XFER}$、$\overline{CS}$均接地，ILE 接高电平。此时必须通过 I/O 接口与 CPU 连接，以使 CPU 与 D/A 转换相匹配。

一般情况下把$\overline{XFER}$和$\overline{WR2}$接地(此时 DAC 寄存器直通)，ILE 接＋5V，总线上的 I/O 端口写信号作为$\overline{WR1}$，接地址译码信号作为$\overline{CS}$信号，使 DAC0832 接为单缓冲形式，数据 D 写入输入寄存器即可改变其模拟输出。在要求多个 D/A 同步工作(多个模拟输出同时改变)时，才将 DAC0832 接为双缓冲，此时，$\overline{XFER}$、$\overline{WR2}$分别受地址译码信号、I/O 端口信号驱动。

2. 12 位 D/A 转换器 DAC1208/1209/1210

图 7.42 是 DAC1210 的结构图，其原理和引脚与 DAC0832 基本相同，不同之处仅在于：输入寄存器和 DAC 寄存器均为 12 位，数据输入线为 12 条。输入寄存器由高 8 位输入寄存器和低 4 位输入寄存器两个寄存器构成，BYTE1/ $\overline{BYTE2}$为高电平时，选中高 8 位输入寄存器，否则只选中低 4 位输入寄存器。

一个 12 位的待转换数 D 必须在输入级装配好后，才能送至 DAC 寄存器，所以，DAC1210 与只有 8 条数据线的 CPU 接口时，应接为双缓冲形式。

3. 12 位串行 D/A 转换器 AD7543

AD7543 是 12 位串行 D/A 转换芯片，属于特殊用途 D/A 转换器，它与并行 D/A 接口芯片有很大不同，使用该芯片构成的系统具有接线简单、使用方便、控制灵活的特点，具有较好的应用前景和开发价值。

AD7543 为 16 引脚双列直插式封装，其内部结构如图 7.43 所示。

AD7543 的逻辑电路由 12 位串行输入并行输出移位寄存器(A)和 12 位 DAC 输入寄存器(B)以及 12 位 DAC 单元组成。在选通输入信号的前沿或后沿(可由用户选择)定时地把 SRI 引脚上的串行数据装入寄存器 A，一旦寄存器 A 装满，在加载脉冲的控制下，寄存器 A 的数据便装入寄存器 B，并进行 D/A 转换。

AD7543 的引脚功能见表 7.18。出现在 AD7543 的 SRI 引脚上的串行数据在 STB1、STB2 和 STB4 的上升沿或 STB3 的下降沿作用下，定时地移到移位寄存器 A 中，寄存器 A 和 B 控制输入端所要求的各种信号的逻辑关系如表 7.19 所示。

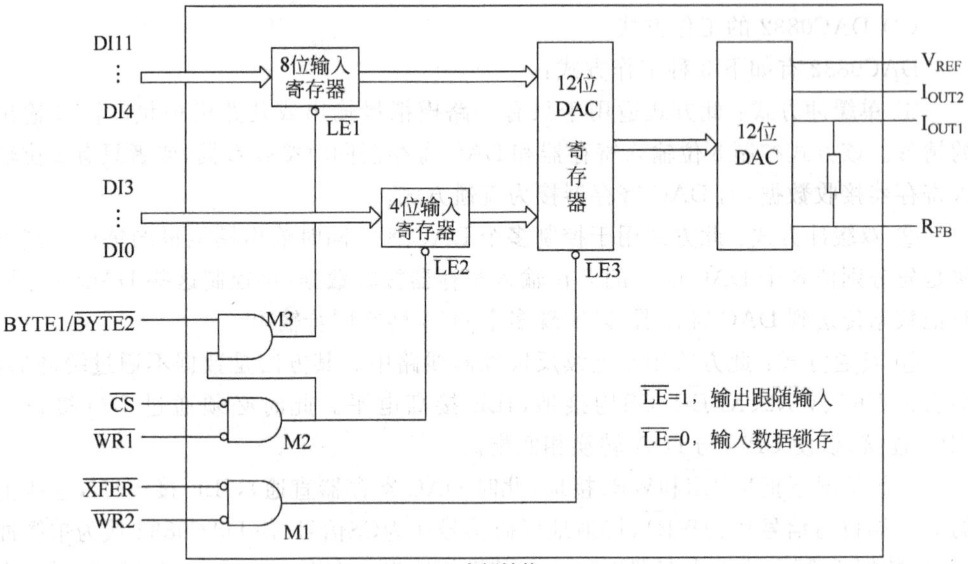

(a) 内部结构

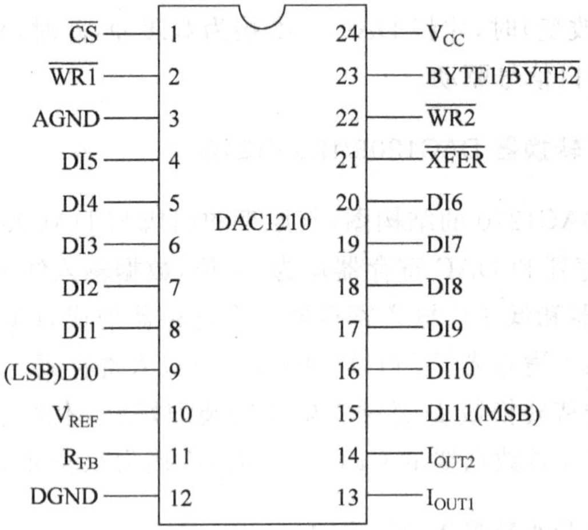

(b) 引脚排列

图 7.42　DAC1210 的内部结构及引脚排列示意图

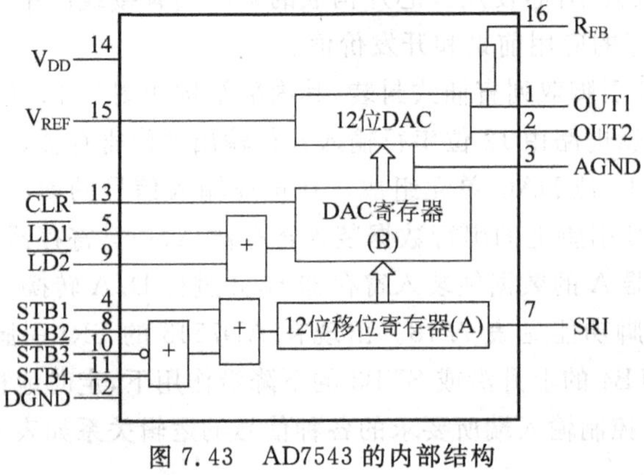

图 7.43　AD7543 的内部结构

表 7.18　AD7543 的引脚功能

引　　脚	功　　能	引　　脚	功　　能
OUT1、OUT2	DAC 电流输出引脚	SRI	串行输入端
STB1、STB2、$\overline{\text{STB3}}$、STB4	寄存器 A 选通输入	$\overline{\text{LD1}}$、$\overline{\text{LD2}}$	寄存器 B 选通输入
V_{DD}	电源	$\overline{\text{CLR}}$	寄存器 B 清除端
V_{REF}	基准电压输入	R_{FB}	DAC 反馈输入
AGND	模拟地	DGND	数字地

表 7.19　AD7543 中各种信号的逻辑关系表

AD7543 逻辑输入							AD7543 操作
寄存器 A 控制输入				寄存器 B 控制输入			
STB1	STB2	$\overline{\text{STB3}}$	STB4	$\overline{\text{LD1}}$	$\overline{\text{LD2}}$	$\overline{\text{CLR}}$	
↑	0	1	0	×	×	×	在 SRI 输入的数据移入寄存器 A
0	↑	1	0	×	×	×	
0	0	↓	1	×	×	×	注：↑上升沿
0	0	1	↑	×	×	×	↓下降沿
×	×	×	1				寄存器 A 无操作
×	×	0	×				
×	1	×	×				
1	×	×	×				
				×	×	0	清除寄存器 B
				×	1	1	寄存器 B 无操作
				1	×	1	寄存器 B 无操作
				0	0	1	寄存器 A 内容装载到 B

AD7543 的主要特性如下：

- 分辨率为 12 位。
- 线性误差为±1/2LSB。
- 接正或负选通进行串行加载。
- 用非同步清除输入使其初始化。
- 低功耗，最大为 40mW。

4. 数模转换器与微处理器的接口方法

(1) 接口的任务

由于 CPU 的输出数据在数据总线上出现的时间很短暂，一般只有几个时钟周期，因此，数模转换器接口的主要任务是要解决 CPU 与数模转换器之间的数据缓冲问题。另外，当 CPU 的数据总线宽度与数模转换器的分辨率不一致时，需要分两次送数。CPU 向数模转换器传送数字量时，不必查询数模转换器的状态是否准备好，只要两次传送数据之间的间隔不小于数模转换器的转换时间，就都能得到正确的结果。因此,CPU 对数模转换器的数据传送是一种无条件传送。

(2) 接口的形式

数模转换器的种类繁多,型号各异,速度与精度差别很大,它们与微机连接时的基本接口形式有 3 种:直接与 CPU 相连,利用外加三态缓冲器或数据寄存器与 CPU 相连,利用并行接口芯片与 CPU 相连。选用哪一种形式取决于数模转换器内部是否有三态门输入锁存器,若有,可采用第一种接口形式直接与 CPU 连接;若无,则采取第二种或第三种接口形式,利用外加锁存器来保护 CPU 的输出数据。

5. D/A 转换器与单片机的接口

数模转换器的应用领域十分广泛,例如,利用数模转换器输出模拟量与输入数字量成比例的关系,若改变输入数字量的变化规律,则能产生各种各样的模拟电流(或电压)输出,实现千变万化的控制规律,下面举例说明其应用。

(1) 利用 D/A 转换器作函数波形发生器

① 要求:通过数模转换器——DAC0832 产生任意波形,如矩形波、三角波、梯形波、正弦波以及锯齿波等。

② 分析:根据数模转换器数字量输入与模拟量输出的对应关系,在单片机的控制下,送入按某一函数变化规律的数字量,即可获得相应的函数波形。

③ 硬件设计。

由图 7.44 可以看出,DAC0832 采用的是双缓冲工作、双极性输出的接线方式,输入寄存器的地址为 FEH,DAC 寄存器的地址为 FFH。

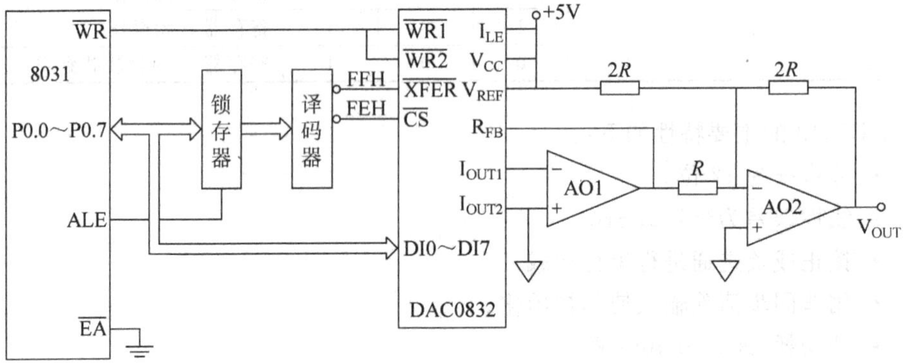

图 7.44 DAC0832 与单片机的接口电路

④ 产生锯齿波的程序段。

若把 DAC0832 的输出端接到示波器的 Y 轴输入,运行下列程序,则可在示波器上看到如图 7.45(a)所示的连续锯齿波波形。

```
ORG     0200H
LOOP1:  MOV     A,#80H          ;转换初值
LOOP:   MOV     R0,#0FEH        ;输入寄存器地址
```

```
        MOVX    @R0,A            ; 转换数据送输入寄存器
        INC     R0               ; 产生 DAC 寄存器地址
        MOVX    @R0,A            ; 数据送入 DAC 寄存器并进行 D/A 转换
        DEC A                    ; 转换值减少
        NOP                      ; 延时
        NOP
        NOP
        CJNE    A,#0FFH,LOOP     ; -5V 是否输出?未输出,程序循环
        SJMP    LOOP1            ; -5V 已输出,返回转换初值
        END
```

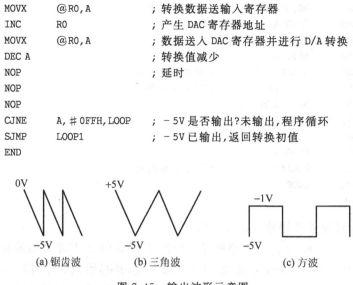

(a) 锯齿波 (b) 三角波 (c) 方波

图 7.45 输出波形示意图

⑤ 产生三角波的程序段。

若把 DAC0832 的输出端接到示波器的 Y 轴输入,运行下列程序,则可在示波器上看到如图 7.45(b)所示的连续的三角波波形。

```
ORG     0100H
        MOV     A,#0FFH          ; 转换初值
DOWN:   MOV     R0,#0FEH         ; 输入寄存器地址
        MOVX    @R0,A            ; 线性下降段,转换数据送输入寄存器
        INC     R0               ; 产生 DAC 寄存器地址
        MOVX    @R0,A            ; 数据送入 DAC 寄存器并进行 D/A 转换
        DEC     A                ; 转换值减少
        JNZ     DOWN
UP:     MOV     R0,#0FEH         ; 线性上升段
        MOVX    @R0,A
        INC     R0
        MOVX    @R0,A
        INC     A
        JNZ     UP
        MOV     A,#0FEH
        SJMP    DOWN
        END
```

⑥ 产生方波的程序段。

若把 DAC0832 的输出端接到示波器的 Y 轴输入,运行下列程序,则可在示波器上看到如图 7.45(c)所示的连续的方波波形。

```
ORG     0300H
LOOP:   MOV     A,#66H
```

```
MOV     R0,#0FEH        ;置上限电平
MOVX    @R0,A
INC     R0
MOVX    @R0,A
ACALL   DELAY           ;形成方波顶宽
MOV     A,#00H          ;置下限电平
MOV     R0,#0FEH
MOVX    @R0,A
INC     R0
MOVX    @R0,A
ACALL   DELAY           ;形成方波底宽
SJMP    LOOP
END
```

(2) D/A 转换器双缓冲工作方式的应用

图 7.46 给出了应用于 X-Y 绘图仪中的两片 DAC0832 与单片机的接口电路图。设 8031 内部 RAM 中有两个长度为 30H 的数据块,其起始地址分别为 20H 和 60H,请根据图 7.46 编写程序,能把 20H 和 60H 中的数据分别从 DAC0832(1)和 DAC0832(2)输出,X-Y 绘图仪可根据所给数据绘制出一条曲线。

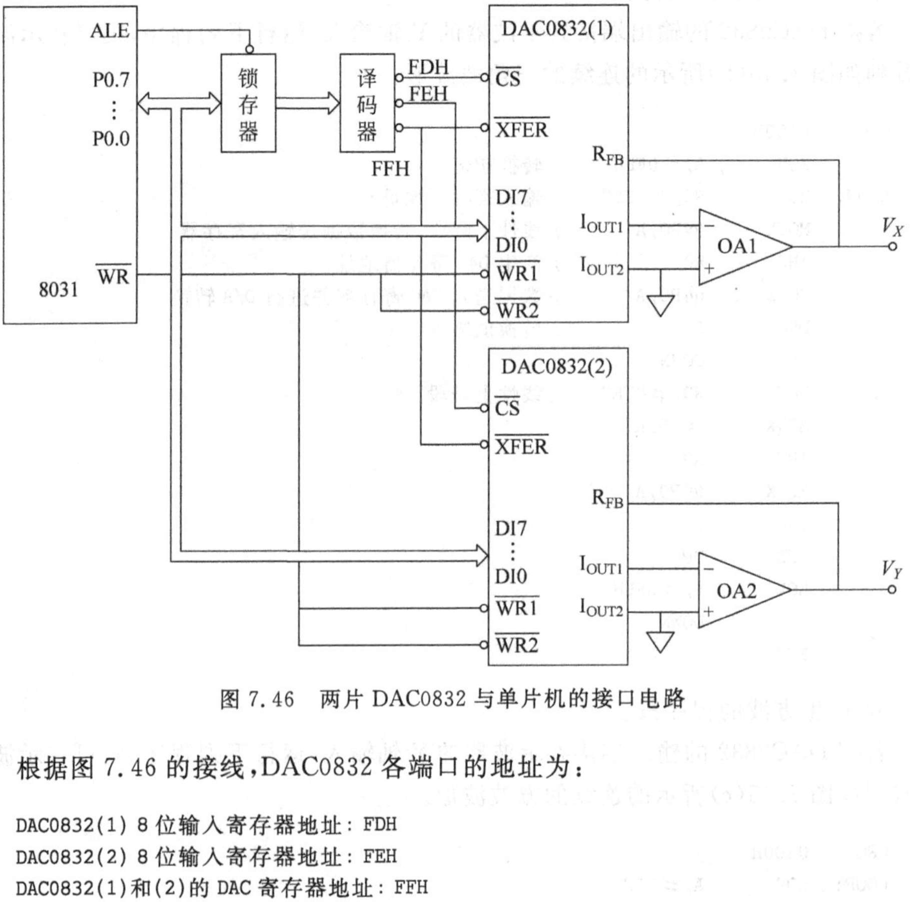

图 7.46 两片 DAC0832 与单片机的接口电路

根据图 7.46 的接线,DAC0832 各端口的地址为:

DAC0832(1) 8 位输入寄存器地址: FDH
DAC0832(2) 8 位输入寄存器地址: FEH
DAC0832(1)和(2)的 DAC 寄存器地址: FFH

设 R1 指向 60H 单元；R0 指向 20H 单元，并同时作为两个 DAC0832 的端口地址指针；R7 存放数据块长度。

```
ORG     0000H
        MOV     R7,#30H      ;数据块长度
        MOV     R1,#60H
        MOV     R0,#20H
LOOP:   MOV     A,R0
        PUSH    A            ;保存 20H 单元地址
        MOV     A,@R0        ;取 20H 单元中的数据
        MOV     R0,#0FDH     ;指向 DAC0832(1)的数字量输入寄存器
        MOVX    @R0,A        ;取 20H 单元中的数据送 DAC0832(1)
        INC     R0
        MOV     A,@R1        ;取 60H 单元中的数据
        INC     R1           ;修改 60H 单元地址指针
        MOVX    @R0,A        ;取 60H 单元中的数据送 DAC0832(2)
        INC     R0
        MOVX    @R0,A        ;启动两片 DAC0832 同时进行转换
        POP     A            ;恢复 20H 单元地址
        INC     A            ;修改 20H 单元地址指针
        MOV     R0,A
        DJNZ    R7,LOOP      ;数据未传送完,继续
        END
```

(3) 12 位 D/A 转换器 DAC1210 与单片机的接口

设内部 RAM 的 20H 和 21H 单元内存放一个 12 位数字量(20H 单元中为低 4 位,21H 单元中为高 8 位),试根据图 7.47 编写出对它们进行 D/A 转换的程序。

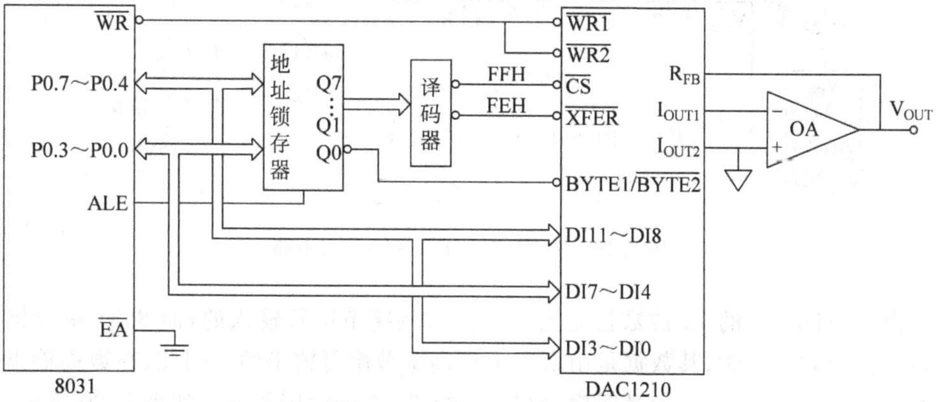

图 7.47　DAC1210 与单片机的接口电路

```
ORG     1000H
MOV     R0,#0FFH     ;8 位输入寄存器地址
MOV     R1,#21H
MOV     A,@R1        ;高 8 位数字量送 A
MOVX    @R0,A        ;高 8 位数字量送 8 位输入寄存器
```

```
DEC     R0
DEC     R1
MOV     A,@R1          ；低4位数字量送A
SWAP    A              ；A中高低4位互换
MOVX    @R0,A          ；低4位数字量送4位输入寄存器
DEC     R0
MOVX    @R0,A          ；启动D/A转换
END
```

(4) 12位串行D/A转换器AD7543与单片机的接口

实现AD7543与单片机的连接有两种方法，其一是基于字节操作，利用串行通信接口实现；其二是基于位操作，利用普通输入输出口线实现。两种实现方法对D/A转换芯片的转换速度、工作以及数据传输的波特率等技术指标的要求各不相同。下面具体说明这两种实现的方法。

① AD7543与单片机串行通信接口的连接。

图7.48是8031的串行口与AD7543相连的接口电路，8031的串行口选用方式0(移位寄存器方式)，其TXD端移位脉冲的负跳变将RXD输出的位数据移入AD7543，利用P1.0产生加载脉冲，由于是低电平有效，从而将AD7543移位寄存器A中的内容输入到寄存器B中，并启动D/A转换，单片机复位端接AD7543的消除$\overline{CLR}$端，以实现系统的同步。

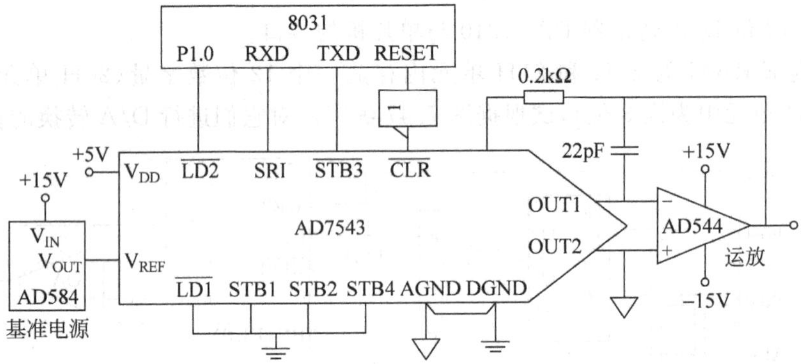

图7.48　AD7543与单片机的接口电路

由于AD7543的12位数据是由高字节至低字节串行输入的，而8031单片机串行口工作于方式0时，其数据是由低字节至高字节串行输出的。因此，在数据输出之前必须重新装配，并改变发送顺序，以适应AD7543的时序要求。如表7.20所示，其中数据缓冲区DBH为高字节存储单元，DBL为数据低8位存储单元。

表7.20　数据格式变换

	(DBH)								(DBL)							
变换前	0	0	0	0	D11	D10	D9	D8	D7	D6	D5	D4	D3	D2	D1	D0
变换后	D4	D5	D6	D7	D8	D9	D10	D11	0	0	0	0	D0	D1	D2	D3

改变数据发送顺序的程序如下：

```
OUTDA:  MOV     A,   DBH          ; 取高位
        SWAP                      ; 高 4 位与低 4 位交换
        MOV     DBH,  A
        MOV     A,   DBL          ; 取低位
        ANL     A,   #0F0H        ; 截取高 4 位
        SWAP                      ; 高 4 位与低 4 位交换
        ORL     A,   DBH          ; 合成(DBH) = D11～D4
        LCALL   ASMBB             ; 顺序转换
        MOV     DBH,  A           ; 存结果,(DBH) = D4～D11
        MOV     A,   DBL          ; 取低位
        ANL     A,   #0FH         ; 截取低 4 位
        SWAP                      ; 交换,(A) = D3～D00000
        LCALL   ASMBB             ; 顺序交换
        MOV     DBL,  A           ; 存结果,(A) = 0000D0～D3
        MOV     A,   DBH
        MOV     SBUF,  A          ; 发送高 8 位
        JNB     TI,   $           ; 等待发送完成
        CLR     TI                ; 发送完毕,清标志
        MOV     A,   DBL
        MOV     SBUF,  A          ; 发送低 4 位
        JNB     TI,   $           ; 等待
        CLR     TI                ; 发送完毕
        CLR     P1.0              ; A 寄存器加载到 B 寄存器
        NOP
        SETB    P1.0              ; 恢复
        RET
ASMBB:  MOV     R6,   #00H
        MOV     R7,   #08H
        CLR     C
ALO:    RLC     A
        XCH     A,   R6
        RRC     A
        XCH     A,   R6
        DJNZ    R7,   ALO
        XCH     A,   R6
        RET
```

这种方式的单片机串行通信口与 AD7543 的接口电路，其波特率固定为 CPU 时钟频率的 1/12，如果 CPU 的频率为 6MHz，那么波特率为 50kbps，位周期为 20μs，显然，这种连接方法只能用于高速系统。

② AD7543 与单片机普通输入输出口线的连接。

AD7543 可以用 8031 的 P1 口实现数据传送。这种方法的波特率可调，传输速度由程序控制。电路与图 7.48 相同，仅把 8031 的数据输出端由 RXD 引脚改为 P1.1，将移位脉冲输出端由 TXD 改为 P1.2，P1.0 仍为加载脉冲输出。其程序如下：

```
FS:     MOV    R7,  #04H
        MOV    A,   DBH          ; 数据高4位
        SWAP
LOOP1:  RLC    A
        MOV    P1.0,  C          ; 输出
        LCALL  PULSE             ; 移位脉冲输出
        DJNZ   R7,  LOOP1        ; 4位未完继续
        MOV    R7,  #08H
        MOV    A,   DBL          ; 数据低8位
LOOP2:  RLC    A
        MOV    P1.0,  C          ; 输出
        LCALL  PULSE             ; 移位脉冲输出
        DJNZ   R7,  LOOP2        ; 8位未完继续
        CLR    P1.1              ; 输出加载脉冲
        NOP
        SETB   P1.1
        RET                      ; 传送完毕
PULSE:  SETB   P1.1              ; 输出高电平
        MOV    R3,  #4
PULS1:  DJNZ   R3,  PULS1
        CLR    P1.1              ; 输出低电平
        MOV    R3,  #4
PULS2:  DJNZ   R3,  PULS2
        RET
```

其中FS为AD7543驱动程序，子程序PULSE为移位脉冲形成程序，改变R3的数值可以改变移位脉冲的频率，从而改变串行通信波特率。

(5) 利用单片机构成高精度PWM式12位D/A

在用单片机制作的变送器类和控制器类的仪表中，需要输出1～5V或4～20mA的直流信号时，通常采用专用的D/A芯片。

对于A/D转换输入，通常可以方便地用模拟开关电路将1片A/D转换器扩展成多路输入，而D/A输出则不同，若将1片D/A转换器扩展成多路输出，电路比较复杂。因此，当需要多路D/A输出时，一般采用多片D/A转换器。当输出信号的精度较高时，比如仪器仪表的显示量、自动控制系统中执行器的驱动信号等，D/A芯片的分辨率也将随之增加，在工业仪表中，通常增加到12位。12位D/A的价格较高，而且扩展高分辨率D/A转换器不仅需要占用单片机大量的I/O口线，还要相应扩展接口电路，尤其是在需要隔离的场合，所需的光电耦合器数量与接口线相当，造成元器件数量大大增加，使体积和造价随之升高。如果在单片机控制的仪表里用PWM方式完成D/A输出，将会使成本大大降低。

① 硬件法。

一般12位D/A转换器在手册中给出的精度为±1/2LSB，温度漂移的综合指标在20～50ppm/℃，上述两项指标在0.2级仪表中是可以满足要求的，图7.49中的电路可以达到上述两项指标。

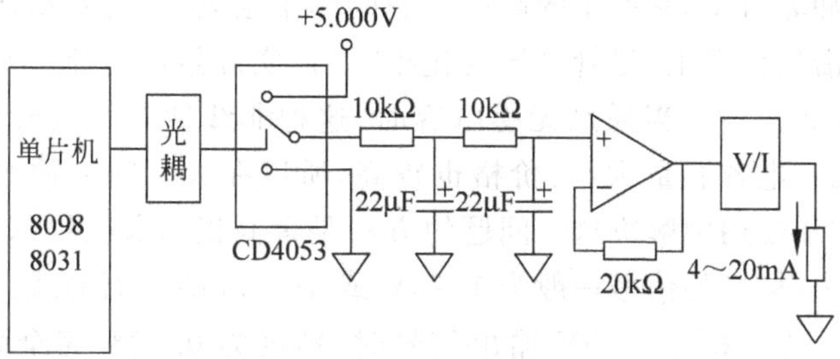

图 7.49　单片机构成 PWM 式 D/A 的电路

图 7.49 中的单片机可用 8098 或 8031 两种常用芯片，V_M 的数值为 5.000V ±2mV，D/A 与单片机必须是电气隔离的。否则数字脉冲电流产生的干扰会影响 D/A 精度，从示波器可以看到高达 50mV 的干扰毛刺电压，因此有必要加光电隔离。经隔离后的脉冲驱动模拟开关 CD4053。CD4053 是三组两触点模拟开关，由 PWM 脉冲控制开关的公共接点使之与 +5.000V 和地接通，在 V_I 得到与单片机输出相一致的 PWM 波形。该波形经两级 RC 滤波后由运放构成的电压跟随器输出 V_O。其中 RC 的时间常数一般取 $RC \geqslant 2T$，这样两级 RC 加起来就会得到纹波小于 3mV 的直流电压，该电路中 $RC=220\text{ms}$，如果想进一步减小纹波，可适当提高 RC 的乘积，但电路的响应速度也会放慢。

PWM 波形示意图如图 7.50 所示。图中的 T 是固定宽度，τ 的宽度是可变的。τ 分为 5000 份，每份 2μs。所以 τ 的最大值 $\tau_{max}=2\times5000=10\,000\mu s$，这就是 T 的宽度。当 $\tau=T$ 时，占空比为 1，$V_O=5.000V$；$\tau=0$ 时，$V_O=0V$。这种脉冲电压经过两级 RC 滤波后得到的电压可由下式表示：$V_O=\frac{\tau}{T}V_M$。V_M 必须是精密电压源。V_O 与占空比成正比，且线性较好。

用运放对 RC 滤波器输出进行缓冲大有益处。它不仅提高了滤波电路带载能力，而且使线性度得到了提高。尽管 RC 滤波器无负载，处在非常理想的条件下工作，但 V_O 并不完全与占空比成正比。经测试，V_O 与理想值有一些误差，如图 7.51 所示。

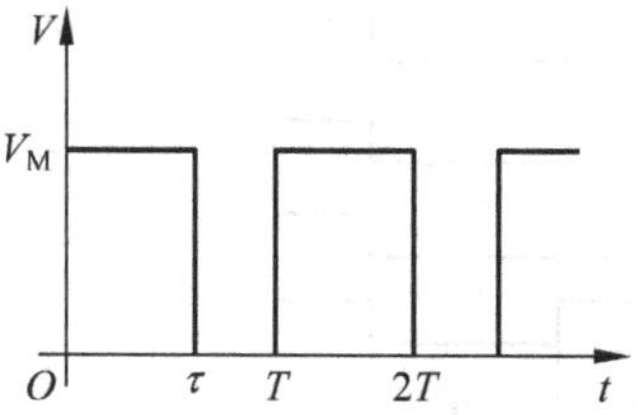

图 7.50　PWM 波形示意图

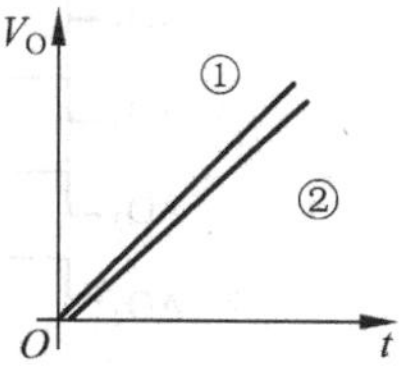

图 7.51　V_O 的理想曲线与实际曲线

图 7.51 中的曲线①表示理想值，曲线②表示实测值。由图中可见，曲线②的根部不太理想。这是因为所使用的电容不是纯电容，其中含有一定的电感。在占空比

极小时,由于脉冲非常窄,它产生的高次谐波的频率很高,电感对高次谐波的感抗较大,因此在脉冲沿的位置上,尽管电压变化很大,但实际给电容充电却很小。这样就在窄脉冲时产生非线性。当采用无感电容时,这种非线性有较大改善,但仍不能完全吻合。由于无感电容容量太小,价格也较高,所以在大时间常数滤波电路中没有实际意义。在实际使用中解决这一问题的方法是舍弃根部非线性部分,只用线性部分,在工业仪表中,标准的信号一般为 1～5V 或 4～20mA。而曲线②的非线性部分在 0.4V 以下,所以当采用 1～5V 输出信号时,精度为 0.03%完全满足 12 位 D/A 要求。

除精度满足要求外,温度特性也必须满足要求。影响温度特性的原因主要是 5V 精密电源和运算放大器的温度特性。为不使价格太高,选用 2DW232 精密稳压二极管,运放的电阻与滤波电阻要匹配且温度系数≤25ppm。运算放大器选择温漂≤10γV/℃的均可,一般廉价低温漂运放都可满足这个指标。

采用上述措施后 D/A 的总温度漂移为 33ppm/℃,满量程的线性度为 0.04%,满量程的温度漂移为 0.033%/10℃,系统响应时间约为 2.2s,输出信号与标准值相差 0.1%时所用的时间为 11s。

② 软件法。

当仪器、仪表对 D/A 转换的速率要求不是很高时,可以应用软件方法,利用单片机定时器产生中断,在中断服务程序中操作单片机的 I/O 口线实现多路 PWM 输出,并经过接口电路的转换,实现模拟量输出。这种方法的优点是:

- 每路 PWM 输出只占用单片机的 1 位数字 I/O 口线,实现 8 路 PWM 输出仅占用单片机 1 个定时器 T0,分辨率可达 16 位,节省了单片机的资源,而且输出各路之间是相互隔离的。
- 可简化接口电路,减小电路板的面积,降低成本。

现以 4 路 PWM 输出为例,介绍这种方法的基本思想。首先将多路 PWM 输出按其占空比的大小进行排序,假设排序之后的波形如图 7.52 所示。这样,波形的周期和占空比可由 5 个不同的时间间隔 $t_1 \sim t_5$ 确定。如果将 $t_1 \sim t_5$ 按要求计算好,放于缓冲区中,由一个定时器顺序产生 5 个时间间隔,并对相应的输出口线进行操作,则可产生所需波形。

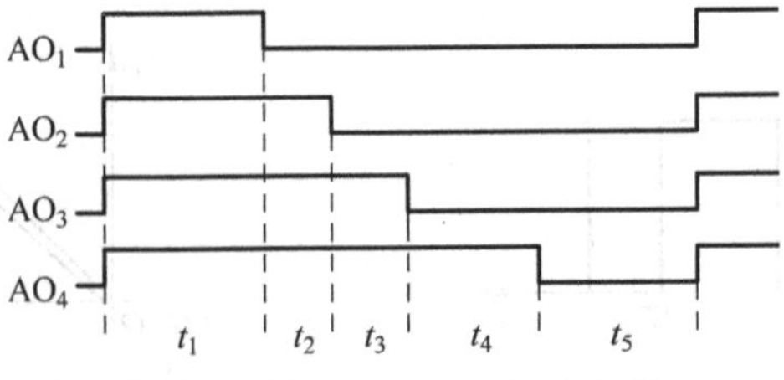

图 7.52 4 路 PWM 波形图

在存储器中设置一个定时缓冲区,如表 7.21 所示,将计算出的时间间隔 $t_1 \sim t_5$ 和每个时间段内对口线的操作码依次存放到该缓冲区中,其中 H_t1 表示 16 位定时器的高 8 位，L_t1 表示 16 位定时器的低 8 位，O_t1 表示口线操作码。缓冲区的大小由时间间隔数确定，在输出 4 路 PWM 信号的情况下，缓冲区的长度为 15 字节。

表 7.21 定时缓冲区存放情况

地址符号	存储内容	含义
ADH_t1	H_t1	16 位定时器定时 t1 时的高 8 位
ADL_t1	L_t1	16 位定时器定时 t1 时的低 8 位
ADO_t1	O_t1	定时 t1 时输出到口线操作码
ADH_t2	H_t2	16 位定时器定时 t2 时的高 8 位
ADL_t2	L_t2	16 位定时器定时 t2 时的低 8 位
ADO_t2	O_t2	定时 t2 时输出到口线操作码
ADH_t3	H_t3	16 位定时器定时 t3 时的高 8 位
ADL_t3	L_t3	16 位定时器定时 t3 时的低 8 位
ADO_t3	O_t3	定时 t3 时输出到口线操作码
ADH_t4	H_t4	16 位定时器定时 t4 时的高 8 位
ADL_t4	L_t4	16 位定时器定时 t4 时的低 8 位
ADO_t4	O_t4	定时 t4 时输出到口线操作码
ADH_t5	H_t5	16 位定时器定时 t5 时的高 8 位
ADL_t5	L_t5	16 位定时器定时 t5 时的低 8 位
ADO_t5	O_t5	定时 t5 时输出到口线操作码

当定时缓冲区设置好之后，所有对单片机输出口线的操作都在定时器中断服务程序中进行，下面是定时器中断服务程序，定时器设置为模式 1，即具有溢出中断功能的 16 位加法计数器，定时中断设为高级中断，单片机时钟为 12MHz 时，定时分辨率为 1μs。

```
        MOV    OUT_PNT,  # ADO_t1          ; 初始化触发指针
         ⋮
OUTPWM: PUSH   ACC                         ; 中断服务程序入口
        MOV    A,  R0
        PUSH   ACC
        PUSH   PSW                         ; 保护现场
        MOV    R0,  OUT_PNT                ; 取触发指针
        INC    R0
        MOV    TH1,  @R0
        INC    R0
        MOV    TL1,  @R0                   ; 将对应的初始值装入定时器
        INC    R0
        MOV    A,  @R0                     ; 取对应的口线操作码
        CJNE   R0,  # ADO_t5,  OUT1        ; 是否指针到缓冲区底部
        ORL    PORT_PWM,  A                ; 是则置 1 所有口线
        MOV    OUT_PNT,  # ADH_t1          ; 并恢复指针
        POP    PSW
        POP    ACC
        MOV    R0,  A
```

```
        POP   ACC                    ; 恢复现场
        RETI                         ; 返回
OUT1:   MOV   OUT_PNT,  R0           ; 否则更新指针
        ANL   PORT_PWM,  A           ; 并清0对应口线
        POP   PSW
        POP   ACC
        MOV   R0,  A
        POP   ACC                    ; 恢复现场
        RETI                         ; 返回
```

中断服务程序比较简短，不论走哪个分支，运行时间均为31μs，当波形周期为216μs时，执行中断服务程序仅需CPU很短的时间。这不会对波形的占空比造成误差，但它限制了t1～t5的最小值为中断服务程序运行时间与中断响应时间之和，即第1路输出变低之后，至少需要35～39μs，第2路输出才能变低。可见波形的正负脉宽最小为35～39μs，当产生多路波形时，如果多路波形的占空比相差小于35～39μs，则除第1路外，其余各路要累积一定的延迟误差。这种误差在输出路数较少时，可忽略；但当输出路数较多时，误差会比较明显，需要做一定的改进。

这种利用单片机口线输出PWM信号，实现D/A转换的技术，不仅能在占用单片机资源较少的情况下，有效解决实际中高分辨率D/A输出问题，而且可以简化接口电路，大幅度地减小接口电路板的面积，降低成本。

7.4 网络通信技术

如5.4节所述，MCS-51系列单片机内部的串行I/O口，可支持多机通信，即实现一个单片机与多个单片机之间的数据通信。但由于传输距离和电平兼容等问题，难以通过单片机内部的串口实现单片机与PC或其他数字设备间的通信。而实际应用中单片机常常需要与PC或其他设备进行数据通信，这就需要通过接口芯片对其进行扩展。

能够实现多机通信的总线标准有多种，常用的有RS-485总线、CAN总线、以太网等。其中，RS-485是工业控制中常用的串行总线，成本低廉，抗干扰性强，且易于实现。德国BOSCH公司最初设计CAN总线是为了满足交通工具中数据通信的需求，具有成本低、实时性高、抗干扰能力强、安装使用方便等特点，也能够很好地满足工业控制系统的要求，因而在工业控制领域中获得了广泛的应用。以太网是目前最流行的局域网通信协议标准，以太网在生活工作环境中的广泛应用推动了它在工业控制领域的应用，工业以太网被认为是应用前景最好的现场总线标准之一。

7.4.1 RS-485

RS-485又称为EIA-485，是从RS-422演变而来的，采用差分信号进行数据传输，与PC中采用的RS-232C相比，RS-485具有更远的传输距离、更高的传输效率以

及更强的抗干扰能力。RS-485 协议只规定了发送端和接收端的电气特性，属于 OSI 7 层协议中的物理层协议。

1. RS-485 及接口芯片

(1) RS-485

RS-485 采用平衡传输(balanced transmission)方式，用两条信号线之间的电压差表示逻辑电平，+2～+6V 表示逻辑“0”，-6～-2V 表示逻辑“1”。理论上最大传输距离为 1200m，传输距离为 1200m 时数据传输率仅为 100kbps。传输距离为 10m 时，数据传输率最大可达 35Mbps。

RS-485 可以实现半双工通信(两线制连接)或全双工通信(四线制连接)。物理介质一般采用双绞线，通常采用总线型网络拓扑结构，可以实现点到点的通信，或多点通信。实际应用中大多采用两线制连接的半双工通信方式。

(2) RS-485 接口芯片

RS-485 接口芯片引脚如图 7.53 所示，图中的 SN75176A 为半双工接口芯片，MAX3491 为全双工接口芯片，其引脚功能描述如下：

① DE(Data Enable)、$\overline{RE}$(Receiver Enable)：分别为数据使能端和接收使能端，只有当使能端有效时，才能实现接口芯片与网络间的数据输出或输入。

② R 和 R0：分别为 SN75176A 芯片和 MAX3491 芯片的数据输入引脚，将从网络接收到的数据传递给单片机。

③ D 和 DI：分别为 SN75176A 芯片和 MAX3491 芯片的数据输出引脚，将单片机送来的数据发送到网络上。

④ A、B、Z、Y：实现接口芯片与网络间的数据传送的引脚，半双工的 SN75176A 芯片通过引脚 A、B 接入网络。全双工的 MAX3491 芯片分别通过引脚 A、B 和 Z、Y 接入网络。

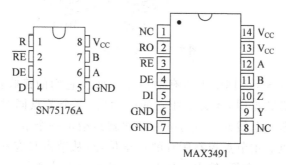

图 7.53　RS-485 接口芯片引脚示意图

2. 接口技术

RS-485 接口芯片与单片机的硬件连接示意图如图 7.54 所示。通过单片机的 I/O 口线将接口芯片的 DE 设置为高电平时，芯片才会把引脚 DI 收到的数据通过

A、B信号线传输到网络上。当芯片引脚$\overline{RE}$被设置为低电平时,芯片才会通过A、B信号线接收网络上传来的数据,并通过引脚RO传递给单片机。半双工通信时,网络中的节点不可能同时收发数据,所以可用一条I/O线控制DE和$\overline{RE}$,为高电平时DE有效,为低电平时$\overline{RE}$有效。

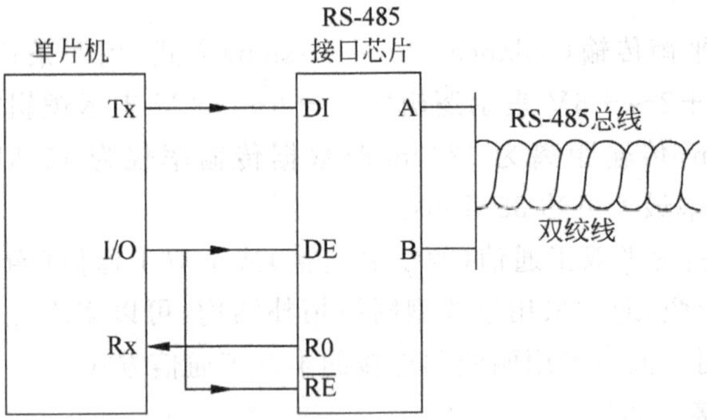

图7.54　RS-485接口芯片与单片机的连接示意图

标准情况下,一个RS-485总线上最多可以挂接32个节点,总线两端需要连接终端电阻,以消除信号在电缆末端发生反射。终端电阻的阻值应与传输电缆的特性阻值相等,RS-485总线的终端电阻通常选择120Ω左右。半双工方式工作时的RS-485网络连接示意图如图7.55所示。

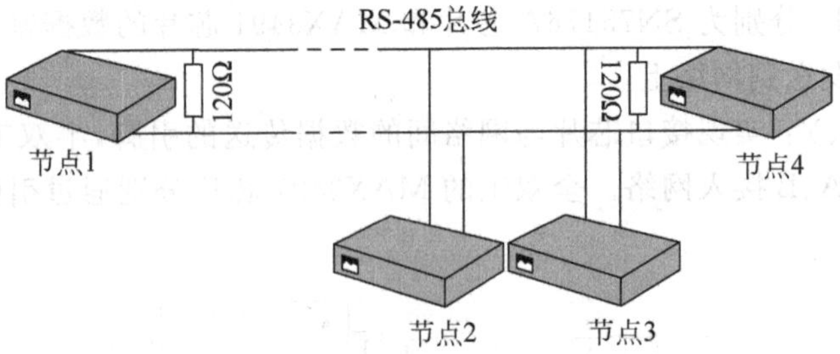

图7.55　RS-485网络

通常情况下,RS-485网络中所有的节点都使能它们的接收器监听网络,只有当一个节点想发送数据时,才会使能它的驱动器,多个节点同时发送数据时就会产生总线冲突。避免总线冲突最简单的方法就是指定一个节点为主节点,其他所有节点均为从节点。主节点控制所有的数据传输,从节点只有在接收到主节点发来的指令后,才能发送数据,缺点是从节点之间不能直接通信,而必须通过一定的算法由主节点来调度和转发,通信速度会受到一定影响。如果RS-485网络中所有节点处于对等地位,就需要用软件实现控制算法,避免总线冲突,因此RS-485适用于实现一个主机带多个从机的网络通信,而不适合于对等的多机通信。

7.4.2 CAN

CAN(controller area network，控制器局域网)总线是一种串行总线。最初 CAN 总线是德国 BOSCH 公司为了满足交通工具(如汽车)中数据通信的需求而设计的。由于 CAN 总线具有成本低、实现简便、实时性强、可靠性高、抗干扰能力强等特点，在工业、交通、医疗等领域得到广泛应用。

1. CAN 总线特点

CAN 总线是一种串行通信协议，CAN 总线规范中只定义了 OSI 7 层网络模型中的物理层和数据链路层，其他更高层由用户根据实际情况定义。常见的基于 CAN 总线的高层协议有 CAL/CANopen、DeviceNet、SDS 等，用户也可以根据需要自己定义高层协议。CAN 协议的 ISO 标准有两个：ISO11898 和 ISO11519-2，其中 ISO11898 针对高速应用，ISO11519-2 针对低速应用。

通信介质可以是双绞线、同轴电缆或光纤，采用总线型网络拓扑结构，最大传输距离可达 10km，此时数据传输率仅为 5kbps，传输距离为 40m 时通信速率最高可达 1Mbps。

CAN 总线的系统配置灵活，可以方便地向网络添加或删除节点。CAN 总线是为消息分配 ID，而不是为节点分配地址。当新增节点只接收消息时，甚至不需要修改网络中其他节点。

CAN 总线具有实时性强的特点。总线仲裁是非破坏性的，所以发生总线冲突时，优先级最高消息的发送节点可以继续完成消息的发送，而不需要延时重发消息。大大提高了总线的利用率，并且能够保证优先级高的消息可以在一定的时间内到达接收方，因此 CAN 总线能够确定网络的最大延迟时间。

CAN 总线能够确保系统中各个节点数据的一致性，支持对等的多机通信，能够实现多播通信。CAN 总线是广播式的通信方式，网络中一个节点发送消息时，总线上所有其他节点都同时接收消息，然后根据消息 ID 进行过滤，决定是否要将消息传递给单片机。通过简单的消息过滤机制，CAN 网络实现了多播功能，并且能够确保系统中各个节点数据的一致性。

CAN 总线是高安全级别的通信协议，具有极高的可靠性，实现了多种错误检测机制。在消息层次，CAN 规范可以检测 3 种错误：CRC 错误、ACK 应答错误和格式错误。在数据位流层次，CAN 规范实现了两种错误检测机制：位错误检测和填充错误检测。通过多种错误检测机制，CAN 总线几乎能够发现所有的全局错误，残余错误率(residual error rate)小于(消息错误率$\times 4.7\times 10^{-11}$)，几乎可以忽略不计，可以认为 CAN 网络能够实现无错的数据传输。

2. CAN 规范中的总线状态

CAN 总线分为“显性”(dominant)和“隐性”(recessive)两种状态。网络中多个节点同时发送不同值时，总线呈“显性”状态，也就是说，“显性”位会覆盖“隐性”位，这是CAN总线非破坏性总线仲裁的基础。

CAN总线使用差分电压传输信号，两条信号线被称为“CANH”和“CANL”，静态时两条信号线均为2.5V左右；输出两端电压差在－500～＋50mV时，总线为“隐性”状态；输出两端电压差在＋1.5～＋3V时，总线为“显性”状态，通常此时的CANH为3.5V左右，而CANL为1.5V左右，图7.56显示了CAN总线信号状态。CAN规范中规定“显性”状态为逻辑0，“隐性”状态为逻辑1。

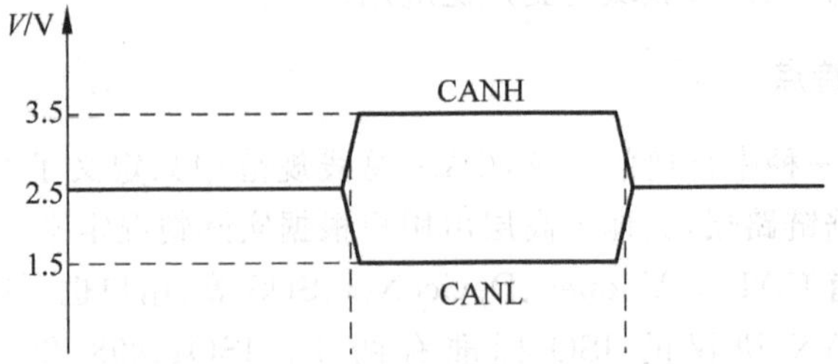

图7.56 CAN总线“隐性”和“显性”状态

3. CAN规范中的帧定义

CAN总线上传输的消息称为“帧”，CAN规范中规定了4种不同类型的帧：

- 数据帧：发送节点发送数据帧，将数据传输给接收节点。
- 远程帧：总线上的一个节点发送远程帧，请求指定ID的数据帧。远程帧的ID就是所请求的数据帧ID，但其他CAN节点不会自动发送所请求的数据帧，需要用户的上层协议来实现。ID相同的远程帧和数据帧发生总线冲突时，数据帧优先级更高。
- 错误帧：总线上的任何节点检测到总线错误就发出错误帧，通知其他节点。
- 过载帧：过载帧用来在连续的数据帧(或远程帧)之间提供额外的延时。

CAN规范有两个版本：CAN 1.2和CAN 2.0，两者之间一个重要的差异就在于帧格式不同，CAN 1.2中规定，帧的ID为11位，称为“标准帧”。CAN 2.0中将帧ID扩展到29位，称为“扩展帧”，并且规定数据帧和远程帧可以使用标准帧及扩展帧两种格式。标准数据帧的格式如图7.57所示，其他类型的帧格式与数据帧相似。

1位	12位		6位		0～8字节	16位		2位		7位
SOF	仲裁域		控制域		数据域	CRC域		ACK域		EOF
	ID (11)	RTR (1)	保留 (2)	数据长度 (4)		CRC序列 (15)	定界符 (1)	SLOT (1)	定界符 (1)	

图7.57 CAN规范的数据帧格式

图7.57中SOF和EOF分别表示帧的开始和结束。SOF由1个“显性”位组成，而EOF由7个连续的“隐性”位组成。

仲裁域由11位的ID和1个远程传输请求位RTR组成。ID的高7位不能全部为“隐性”位，先传输高位，后传输低位。数据帧中的RTR位必须为“显性”位，而远程帧中的RTR位必须为“隐性”位，这样ID相同的数据帧和远程帧发生冲突时，数据帧获得总线访问权。

控制域包含6个位，其中两位为保留位，必须为“显性”，4位表示数据域中的字节数，只能为0～8。

CRC校验域由15位的CRC校验序列和一个“隐性”位的定界符(delimiter)组成。

ACK应答域包含一个应答间隙(ACK SLOT)位和一个“隐性”位的ACK定界符。发送方在ACK域发送两个“隐性”位，接收方成功接收了消息后，就在ACK SLOT周期内发送一个“显性”位，通知发送方接收成功。这样发送方在发送完数据帧时就能知道发送是否成功，不需要接收方发送应答消息，提高了CAN网络的通信效率。

4. 消息ID的优先级

CAN总线网络中的节点没有主从之分。总线空闲时，网络中任何节点都可以发送消息，发生总线冲突时，根据消息的ID值决定总线仲裁结果。发送消息时，首先发送消息的ID，并且节点在发送的同时监听总线的状态，将读回的总线状态与自己发送的位状态做比较，如果两者相同，那么节点就继续发送；如果发送了一个“隐性”位，而监听到一个“显性”位，那么该节点就停止发送，最终优先级最高的消息的发送节点获得总线使用权。由于“显性”状态为逻辑0，所以ID值越小的消息优先级越高。

CAN总线不是为节点分配地址，而是为消息分配ID，一个节点可以发送不同ID的消息。所以实际应用中需要注意，不要让不同节点发送相同ID的消息。

5. CAN规范的错误检测机制

CAN规范可以检测CRC错误、ACK应答错误、格式错误、位错误和填充错误，通过多种错误检测机制，可以认为CAN能够实现无误的数据传输。

CRC错误：接收方接收到数据后计算出的CRC校验码与接收到的CRC序列不同。

ACK应答错误：发送方在ACK SLOT期间监听总线，没有检测到“显性”位时就产生了ACK应答错误，说明没有接收方应答。

格式错误：有固定格式的位域发生错误，如控制域的两个保留位必须为“显性”位。

位错误：发送方在发送的同时监听总线，发送的位与监听到的位不一致。在总线仲裁和ACK SLOT期间，发送“隐性”位，而监听到“显性”位时，不会产生位错误。

填充错误：CAN规范采用了“位填充机制”(bit stuffing)，对一帧数据中的开始域、仲裁域、控制域、数据域和CRC序列都采用了位填充，发送方在连续5个相同的位后面插入一个相反的填充位，接收方接收到6个连续的相同位时就检测到了填充错误，否则接收方会删除掉填充位，得到正确的数据。

6. 接口技术

实际应用中，由CAN控制器在硬件层面上自动完成这些总线仲裁、错误检测，以及出错重发等功能。通过CAN总线构建网络的方法很简单，有些单片机内部集成有 CAN 接口模块,这样只需要外接一个 CAN 驱动器就可以了,那些内部没有集成 CAN 接口的单片机可以采用独立的 CAN 控制芯片。CAN 控制器跟单片机之间的接口方式有多种,常见的有 SPI 接口、I^2C 接口等,例如美国 Microchip 公司生产的独立 CAN 控制芯片 MCP2510 芯片是通过 SPI 接口与微处理器相连。

CAN 控制器提供各种寄存器,通过这些寄存器完成模块初始化、收发消息、报告错误等操作。用户需要编程操作 CAN 控制器,各个厂家的 CAN 控制芯片实现的功能和提供的寄存器有所不同,但基本功能大都类似,如飞利浦公司生产的独立 CAN 控制器 SJA1000 芯片兼容 CAN 2.0 规范,数据传输率可达 1Mbps,支持 11 位和 29 位的 ID,有 13 字节的发送缓冲器,能够存放 1 条待发送的消息,有 64 字节先进先出的接收缓冲器,通过接收过滤器控制接收哪些 ID 的消息。

CAN 规范要求总线末端需要连接 120Ω 的终端电阻,连接方式如图 7.58 所示。由 CAN 总线构成的单一网络中,理论上可以挂接无数个节点,但在实际应用中,节点个数受网络延迟时间要求以及驱动器的驱动能力限制。

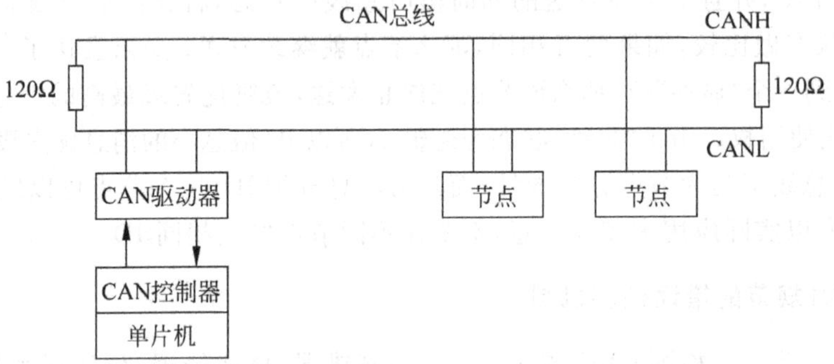

图 7.58 CAN 总线网络

7.4.3 以太网

以太网(ethernet)是 20 世纪 70 年代早期施乐公司 PARC 研究中心开发出来的局域网标准,以太网具有便于实现、管理和维护,实现成本低,网络扩展灵活等特点,是世界上使用最多的局域网标准。2000 年 IEEE 公布的 802.3 标准中包含了 10Mbps、100Mbps 和 1000Mbps 的以太网,2002 年 IEEE 公布了 10Gbps 的以太网标准 802.3ae,而 802.11 是 IEEE 制定的第一个版本的无线以太网标准。由于以太网在局域网中获得了极大成功,大大推动了以太网在工业领域中的应用,工业以太网是目前最流行的现场总线标准之一。

从历史发展来看,以太网经历了 3 个发展阶段:粗缆以太网、细缆以太网,以及采用双绞线或光纤的以太网。

1. 粗缆以太网(thicknet)

最初的以太网采用同轴电缆连接,每根以太网电缆直径约为 0.5in(英寸),因而被称为“粗缆”以太网，802.3 标准中将其称为“10Base-5”以太网。计算机与网络之间通过专门的网络设备——收发器连接，某些收发器要求切割电缆插入一个 T 型头，通过 T 型头连接收发器。主机上提供 15 针 D 型的 AUI 接口，通过 AUI 电缆连接到收发器上，AUI 接口如图 7.59 所示。

图 7.59 AUI 接口

粗缆以太网的最大传输距离为 500m，一个网段上最多连接 100 个节点，总线两端要求连接 50Ω 的终端电阻，可以通过中继器连接多个网段。粗缆以太网拓扑结构如图 7.60 所示。

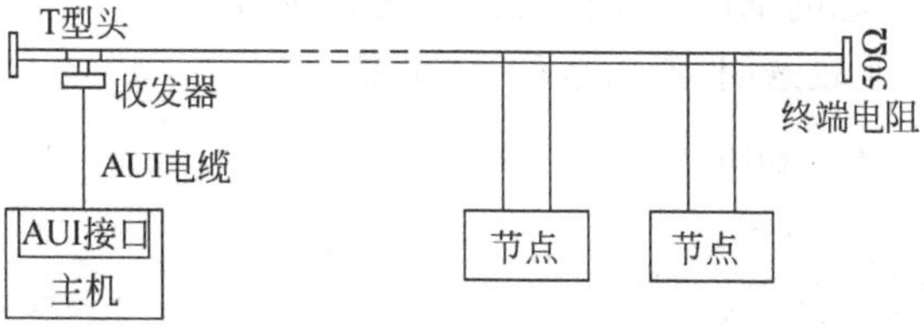

图 7.60 粗缆以太网

2. 细缆以太网(thinnet)

粗缆以太网具有一些固有的缺点，例如成本较高，并且布线困难，线缆很粗，难以弯曲。在没有太多电子干扰的环境中，电缆并不需要具有太好的屏蔽效果，为此工程师们开发了“细缆”以太网，802.3 标准中将其称为“10Base-2”以太网。其收发功能集成在网卡上，不需要独立的收发器，降低了安装成本。

细缆以太网的最大传输距离为 185m。细缆以太网的网卡通过 BNC 接口接入网络，用细同轴电缆直接串接多台计算机，形成网络，因此向网络中添加或删除节点都比较方便。BNC 接头如图 7.61 所示，细缆以太网网络结构如图 7.62 所示。

图 7.61 BNC 接头

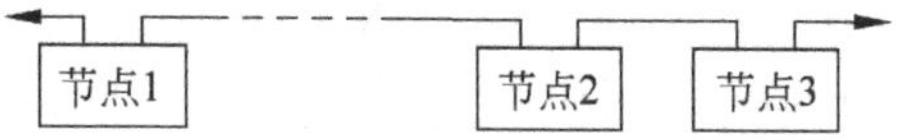

图 7.62 细缆以太网

3. 采用双绞线的以太网

(1) 基本特点

目前以太网常用的物理介质为双绞线，主干网络大多采用光纤，小型局域网中多采用双绞线。双绞线分为非屏蔽的双绞线(Unshielded Twisted-Pair, UTP)和屏蔽的双绞线(Shielded Twisted-Pair, STP)两种，双绞线以太网进一步降低了网络安装费用。采用双绞线作为传输介质的以太网标准很多,其中比较常见有 10Mbps 的 10Base-T、100Mbps 的 100Base-TX 和 1000Mbps 的 1000Base-T(即 1Gbps),3 个标准都支持半双工和全双工通信。

采用双绞线的以太网不再使用总线型拓扑结构,而多采用星型拓扑结构,中心设备是集线器(hub)或交换机(switch)。集线器也就是一个多端口的中继器,将一个端口发来的信息广播给所有其他端口,所以用集线器建立的以太网是共享介质的,并且网络节点之间不能直接通信,而必须通过中心设备,双绞线以太网的网络拓扑结构如图 7.63 所示。

网络节点通过 8 芯的 RJ-45 连接头连接到集线器上,RJ-45 连接头如图 7.64 所示,由于连接头材质比较透明,所以俗称为“水晶头”。

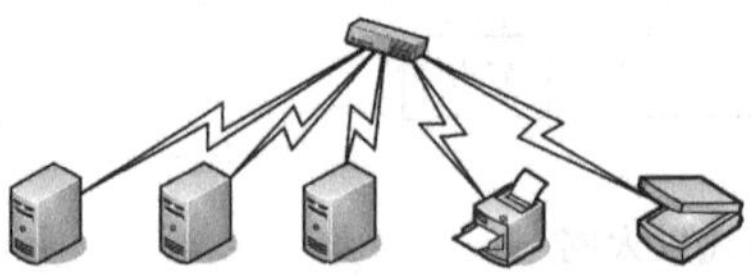

图 7.63 星型拓扑结构的以太网

图 7.64 RJ-45 连接头

(2) RJ-45 连接头信号

表 7.22 说明了 RJ-45 连接头的信号。由于每根信号线是单向通信,通信双方的发送和接收信号线应该交叉连接。然而最初 IEEE 802.3 标准中没有硬性规定应该由线缆交叉互连,还是由网络设备内部实现交叉。IEEE 802.3 标准建议当主机与集线器或交换机相连时,由集线器或交换机内部实现交叉。所以通常情况下,主机与集线器或交换机相连时,线缆采用直通互连;集线器之间、交换机之间或主机之间相连时,线缆应该采用交叉互连。如果在内部实现了交叉的设备,在该设备的接口处必须标识“X”符号。

表 7.22 RJ-45 连接头信号

引 脚	信号名称	用 途	颜 色
1	TX+	发送数据	白/橙色
2	TX−	发送数据	橙色
3	RX+	接收数据	白/绿色
4	NC	未用	蓝色
5	NC	未用	白/蓝色
6	RX−	接收数据	绿色
7	NC	未用	白/棕色
8	NC	未用	棕色

(3) 以太网的帧格式

以太网的基本数据帧格式如图 7.65 所示,有时也将前导和帧头合起来,称为 8 字节的帧头。

前导	帧头	目的地址	源地址	长度/类型	数据	CRC 校验
7	1	6	6	4	46～1500	4

图 7.65　以太网帧定义

以太网定义了 48 位的寻址方式，每个以太网接口设备内部都固化了一个 48 位的以太网地址，不同硬件设备的以太网地址不同，因此以太网地址也称为“硬件地址”或“物理地址”，即所谓的 MAC 地址。由 IEEE 负责管理和分配以太网地址空间。一个数据帧中可以包含 46～1500 字节的数据。

(4) 介质访问控制

以太网采用 CSMA/CD 技术，网络上所有节点都监听网络状态，网络空闲时发送数据，发生冲突时放弃本次发送，等网络空闲后等待一个随机时间后再次尝试发送，直到成功发送数据，或者达到最大尝试次数，向上层网络协议报告发送失败。为了避免多个节点间连续发生冲突使网络阻塞，以太网采用“截断二进制指数退避策略”(truncated binary exponential backoff policy)，即发送方第一次发生冲突时，随机等待时间 t 后，再次尝试发送，第二次发生冲突时，等待时间延长为 $2t$，每次发生冲突，等待时间延长为前一次的 2 倍。这样随着延迟时间的倍增，大大降低了再次发生冲突的概率。

由于集线器会向所有其他端口发送接收到的数据帧，所以以太网卡会接收到网络上传输的所有数据帧，网卡会将接收到数据帧中的目的地址与本机的地址列表相比较，只会将地址相符合的数据帧传递给上层协议，网卡可以接收本机 MAC 地址、组播地址和广播地址的数据帧。

(5) 接口技术

有大量不同接口的以太网控制芯片可供选择，很多芯片都提供有相关的驱动程序可供下载。以太网控制芯片与主机之间可以通过 ISA 总线或 PCI 总线实现连接，如 Cirrus Logic 公司的 CS8900A 芯片提供 ISA 总线接口与主机相连，Realtek 公司生产 RTL8019AS 以太网控制芯片通过 ISA 总线接口与主机相连，ASIX Electronics 公司针对嵌入式网络推出的以太网控制芯片 AX88742 提供 32 位 33MHz 的 PCI 主机接口。有的以太网控制芯片提供类似于 SRAM 一样的接口，如 AX88783、AX88796 等，可与一般的 8/16/32 位微处理器直接相连。接口设计如图 7.66 所示。

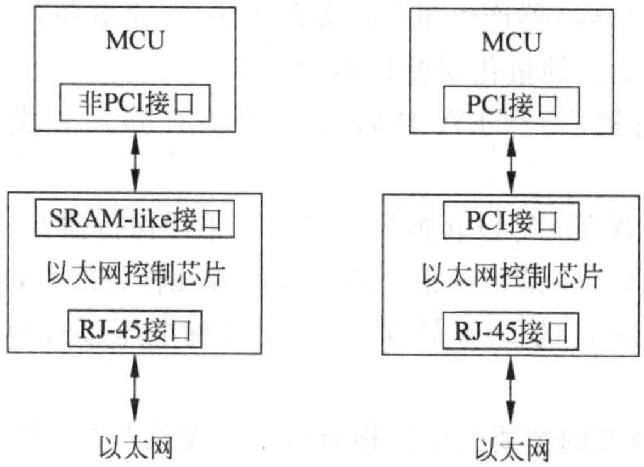

图 7.66　以太网接口示意图

习题

7.1 显示器和键盘在单片机应用系统中的作用是什么?

7.2 LED显示器的显示字符条件是什么?

7.3 LED静态显示方式与动态显示方式有何区别? 各有什么优缺点?

7.4 LED动态显示子程序设计要点是什么?

7.5 按显示方式,LCD分为哪几种? 哪一种显示效果最好?

7.6 按纵向上高下低方式取模,写出汉字“中”的字模。

7.7 一个128×64的点阵LCD,可以显示多少行? 每行多少个汉字?

7.8 修改例7.1,让LCD向上滚动显示汉字“单”。

7.9 为什么要消除按键的机械抖动? 消除按键的机械抖动的方法有哪几种? 原理是什么?

7.10 键盘有哪几种工作方式? 这些工作方式各自的工作原理及特点是什么?

7.11 说明矩阵式键盘中按键按下的识别原理。

7.12 8279中的扫描计数器有两种工作方式,这两种工作方式各应用在什么场合?

7.13 矩阵式键盘的管理软件设计要点是什么?

7.14 设计一个8051外扩键盘和显示器电路,要求扩展8个键,4位LED显示器。

7.15 参照图7.67,要求显示个、十、百3位数,3位数分别存在30H~32H中,请编制程序。

7.16 若行线为P1.0~P1.2,列线为P1.5~P1.7,试画出只有9个按键的行列式键盘输入电路,并编写键盘扫描程序。

7.17 D/A转换器的作用是什么? A/D转换器的作用是什么?

7.18 A/D转换器的主要性能指标有哪些?

7.19 决定ADC0809模拟电压输入路数的引脚有哪几条?

7.20 分析A/D转换器产生量化误差的原因,一个8位的A/D转换器,当输入电压为0~5V时,其最大的量化误差是多少?

7.21 目前应用较广泛的A/D转换器主要有哪几种类型? 它们各有什么特点?

7.22 在什么情况下,A/D转换器前应引入采样保持器?

7.23 判断A/D转换是否结束一般可采用哪几种方式? 每种方式有何特点?

7.24 对于电流输出的D/A转换器,为了得到电压形式的转换结果,应怎样解决这个问题?

7.25 D/A转换器的主要性能指标有哪些? 设某DAC为二进制12位,满量程输出电压为5V,试问它的分辨率是多少?

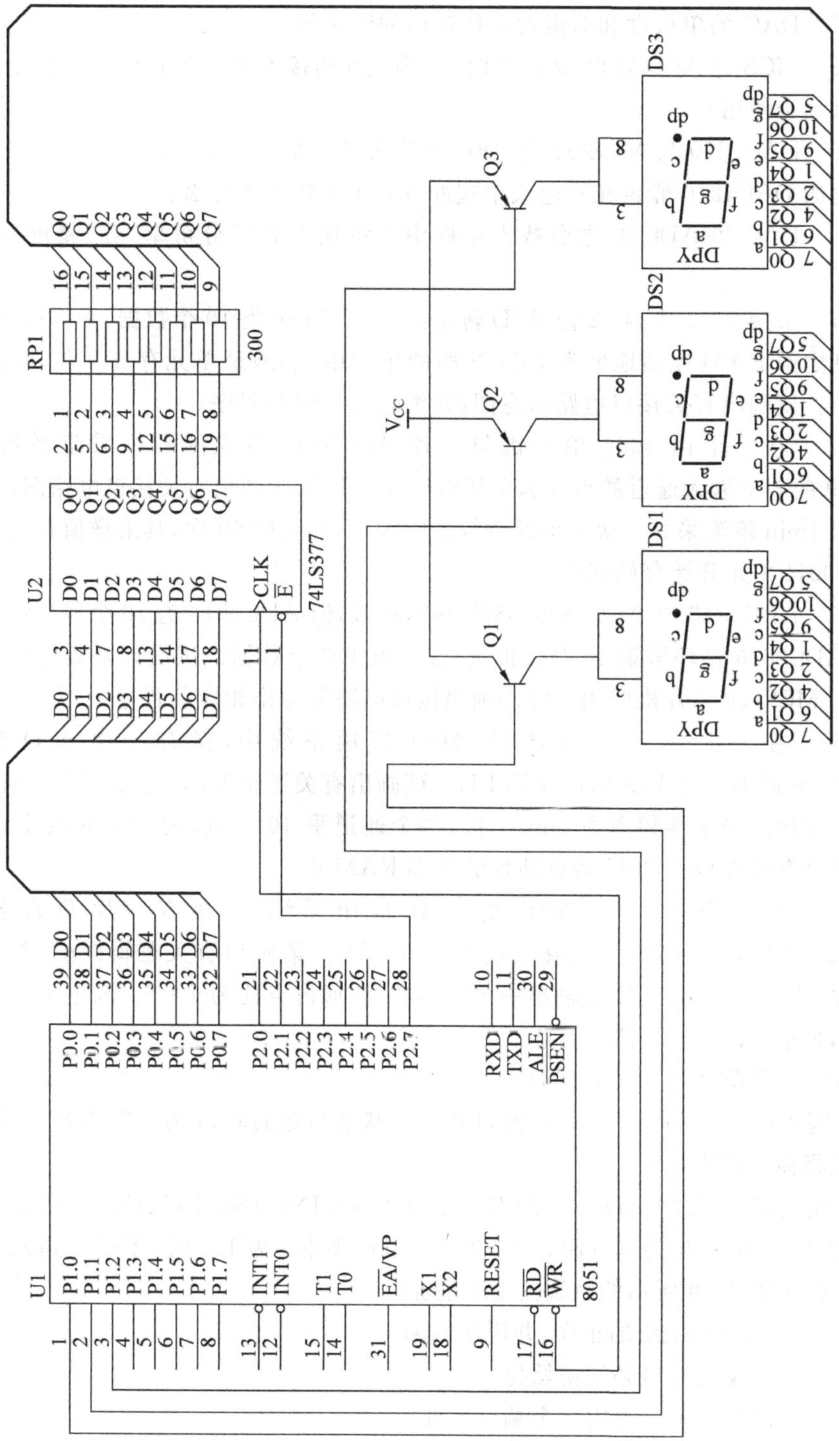

图 7.67　习题 7.15 的示意图

7.26 使用双缓冲工作方式的D/A转换器有什么作用?

7.27 DAC的单极性和双极性电压输出的区别何在?

7.28 MCS-51与DAC0832接口时,有哪三种连接方式?各有什么特点?各适合在什么场合使用?

7.29 DAC1210与MCS-51接口时,为什么必须先送高8位和后送低4位数字量?这时的DAC1210能否在直通或单缓冲方式下工作?为什么?

7.30 DAC和ADC的主要技术指标中,“量化误差”“分辨率”和“精度”有何区别?

7.31 采用8031控制12位A/D转换器AD1674采集10个数据,并将这10个数据送到内部RAM起始地址为40H开始的单元中,偶地址单元存高4位,奇地址存低8位。试画出有关接口电路示意图,并编写出相应的程序。

7.32 在一个由8031单片机与一片ADC0809组成的数据采集系统中,ADC0809的8个输入通道的地址为7FF8H～7FFFH,试画出有关接口电路图,并编写出每隔1min轮流采集一次8个通道数据的程序,共采样50次,其采样值存入片外RAM 2000H单元开始存储区中。

7.33 ADC0816与ADC0808/0809基本相似,但ADC0816为16个模拟输入通道。用ADC0816循环采集16路模拟量,各采集100个数据。试设计采集(查询法)与存储的MCS-51单片机应用系统。画出接口电路并写出相应的程序。

7.34 在一个$f_{osc}=12\text{MHz}$的8031应用系统中,接有一片A/D器件ADC0809,它的地址为FEF8H～FEFFH。试画出有关逻辑框图,并编写定时采样8个通道的程序。设采样频率为2ms一次,每个通道采10个数,把所采的数按0～7通道的顺序存放在以1000H为首地址的外部RAM中。

7.35 在一个$f_{osc}=12\text{MHz}$的8031应用系统中,接有一片D/A器件DAC0832,它的地址为7FFFH,输出电压为0～5V。请画出有关逻辑框图,并编写一个程序,当其运行后0832能输出一个矩形波,波形占空比为1∶5。高电平时电压为2.5V,低电平时为1.25V。

7.36 请根据图7.68回答问题。

(1) 写出图7.68中8279的数据口及命令状态口地址(A0为0时选择数据口,为1时选择命令状态口)。

(2) 说明图7.68中AD0809的IN0、IN1、IN2、IN3、IN4、IN5、IN6、IN7这8个通道的地址(C、B、A位为000时,IN0通道,以此类推,为111时,IN7通道)。

(3) 简述图7.68所示的系统的工作情况。

7.37 判断下列说法的正误,并说明原因。

(1) 使用可编程接口必须初始化。

(2) 一个外部设备只占用一个端口地址。

(3) 状态信息、数据信息、控制信息均可使用同一端口来进行传送。

(4) 并行I/O口适合远距离通信时使用。

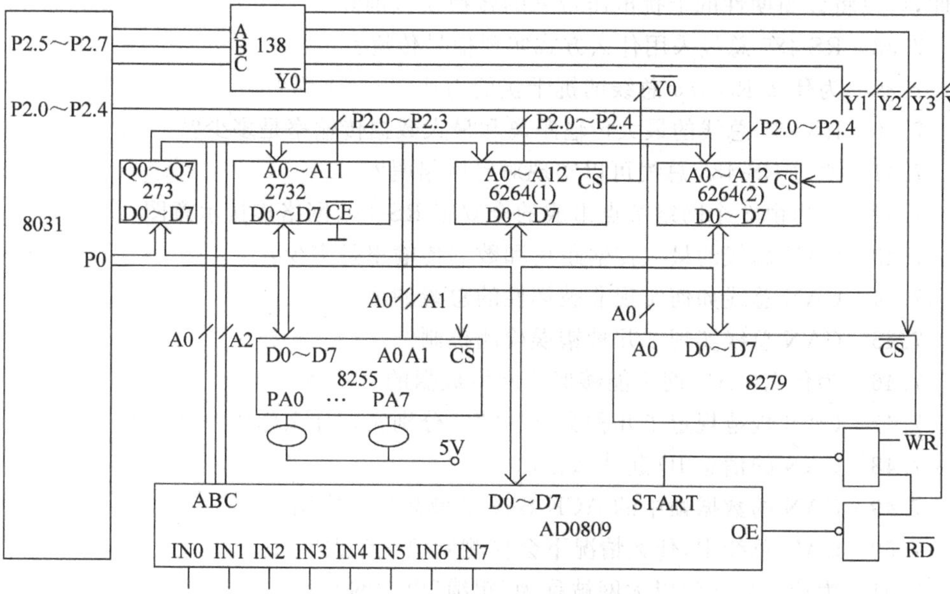

图 7.68　习题 7.36 的示意图

(5) 接口中的端口地址与外部存储器是统一编址的。

(6) 机械式按键在闭合或断开时，通常会产生抖动，可使用硬件或软件的办法去加以消除。

(7) 8279 是一个用于键盘和 LED(LCD)显示器的专用接口芯片。

(8) LED 的字形码是固定不变的。

(9) 多个 LED 采用静态显示方式时，每一位是被逐步循环点亮的。

(10) 为了实现 LED 显示器的动态扫描，必须要提供段控与位控信号。

(11) A/D 或 D/A 芯片只能与单片机的并行 I/O 相连接。

(12) D/A 芯片的分辨率的位数总不能大于 CPU 数据总线的宽度。

(13) 为获得高精度的数模转换，只需要选择高精度的 D/A 芯片即可。

(14) D/A 转换器的分辨率是指最低有效位(LSB)所对应的输出模拟值。

(15) 若 A/D 转换器的分辨率高，其精度也一定高。

(16) 在单片机与微型打印机的接口中，打印机的 BUSY 信号可作为查询信号或中断请求信号使用。

(17) 为给扫描法工作的 8×8 键盘提供接口电路，在接口电路中只需要提供两个输入口和一个输出口。

(18) “转换速度”这一指标仅适用于 A/D 转换器，D/A 转换器不用考虑“转换速度”这一问题。

(19) ADC0809 可以利用“转换结束”信号 EOC 向 8031 发出中断请求。

(20) 输出模拟量的最小变化量称为 A/D 转换器的分辨率。

(21) 对于周期性的干扰电压，可使用双积分的 A/D 转换器，并选择合适的积分元件,可以将该周期性的干扰电压带来的转换误差消除。

7.38 RS-485总线采用什么方式实现信号传输?

7.39 为什么RS-485总线的抗干扰能力比RS-232强?

7.40 RS-485总线的最大传输距离和最大数据传输率是多少?

7.41 通过RS-485总线可以实现对等网络吗?

7.42 画出由3个网络节点组成的全双工RS-485网络连接示意图。

7.43 CAN总线的最大传输距离和数据传输率是多少?

7.44 CAN总线如何实现非破坏性的总线仲裁?

7.45 CAN总线实现了几种错误检测机制?

7.46 为什么CAN网络能够保证网络数据的一致性?

7.47 CAN规范规定了几种类型的帧?分别实现什么作用?

7.48 CAN的消息ID起什么作用?

7.49 CAN的数据帧中的ACK SLOT域起什么作用?

7.50 CAN总线中,什么情况下会检测到填充错误?

7.51 为什么最初的以太网被称为"粗缆"以太网?

7.52 粗缆以太网中网络设备通过什么接口接入网络?

7.53 细缆以太网的接口是什么?

7.54 粗缆以太网和细缆以太网在IEEE标准中的名称是什么?

7.55 简述以太网的拓扑结构。

7.56 哪种网络采用RJ-45接口?

7.57 采用RJ-45连接头时,什么情况下应该使用直通连接?

7.58 以太网的地址是多少位?为什么会被称为"硬件地址"?

7.59 以太网采用什么方法控制网络冲突?

第8章 单片机应用系统设计

单片机具有小巧灵活、低功耗、成本低、易于产品化等特点，其应用范围十分广泛，如智能家电、智能仪表、计算机外设、工业测控系统等。前面的章节介绍了单片机的基本原理、指令系统及程序设计、系统扩展和接口技术，但就设计单片机应用系统而言，这些内容仅仅涉及单片机所提供的软、硬件资源，以及怎样合理利用这些资源，是应用系统设计的基础。单片机应用系统设计还需要综合考虑各种资源的利用，各种接口和外围电路设计。因此，了解和掌握单片机应用系统设计的基本原则和方法有着十分重要的意义。

8.1 系统设计的基本原则和要求

总体来讲，一个单片机应用系统应该包括硬件系统和软件系统两部分。硬件系统是由单片机最小系统、存储器、数字 I/O、模拟 I/O、驱动电路、键盘、显示以及其他外围电路共同构成的硬件电路。软件系统则由系统软件和应用软件构成。

根据单片机系统扩展与系统配置情况来划分，硬件系统包括了两个部分：单片机最小系统和扩展电路，如图 8.1 所示。扩展部分是对单片机输入输出的扩展，主要分为人机对话、输入通道、输出通道、通用接口和存储器几种类型。人机对话部分包括键盘和显示器等。输入通道包括数字量检测、模拟量检测和脉冲量检测。输出通道包括驱动、数字量控制等。通用接口部分主要由标准外部接口构成，如 RS-232 通用串行接口、RS-485 接口、以太网接口、USB 接口、现场总线接口（如 CAN）等。对于没有标准外部接口的单片机，可以由软件控制接口时序，通过 I/O 口模拟实现。存储器扩展包括外部程序存储器和外部数据存储器。它主要是针对单片机没有片内存储器或片内存储器不够的系统。通过这样的扩展，单片机最小系统就可以利用这些外部资源，完成应用系统的各种任务。

对于一个单片机应用系统而言，并不一定包括以上提到的所有部分。以上各部分的内容，需要在进行系统开发之前根据系统任务要求进行增减。

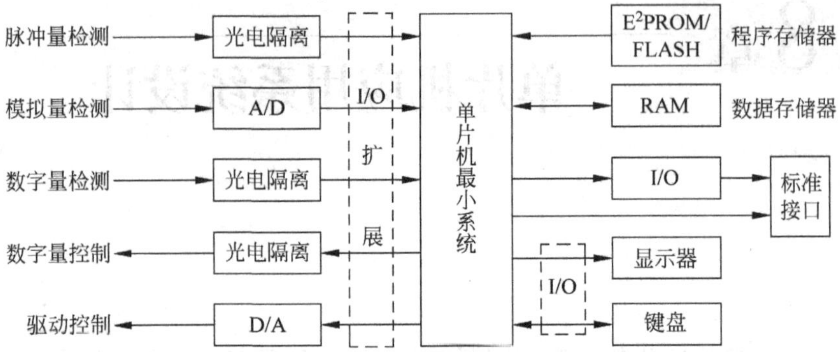

图 8.1 单片机典型应用系统

8.1.1 系统设计的原则

单片机应用系统的开发是一个复杂的过程,在设计时需要考虑到系统设计的各个方面。其设计过程应该遵循如下原则。

1. 硬件系统设计原则

如上所述,单片机应用系统的硬件设计包括单片机最小系统和扩展电路部分设计。单片机最小系统设计主要是根据单片机的数据手册设计相应的外围电路。当单片机内部的资源(如程序存储器、数据存储器、I/O 口、定时器、中断系统等模块)不能满足应用系统的要求时,必须进行片外扩展。系统的扩展应遵循以下原则:

① 尽可能选用典型电路,并符合常规用法。为硬件系统的标准化、模块化打下良好的基础。

② 系统的扩展应充分满足应用系统的功能要求,并预留部分资源,以便进行二次开发。

③ 硬件结构设计应综合考虑软件设计方案。硬件结构设计不是孤立的,它与软件方案是相互关联的。设计时应注意的是:尽可能由软件去完成系统所需的功能,以简化硬件结构,降低成本,但软件的执行会占用 CPU 的时间,影响系统的实时性,因此在设计过程中应根据具体情况综合考虑软硬件资源分配。

④ 系统中的器件选择要尽可能做到性能匹配。

⑤ 设计时需要考虑系统的可靠性及抗干扰能力。

⑥ 需要考虑不同芯片的供电以及不同工作电压芯片的接口兼容性问题。对于工作电压不同的器件,不但要考虑其电源工作范围,而且需要考虑多个器件接口的兼容性,保证系统中各个器件之间信号的有效传输。

⑦ 当单片机总线上外接电路较多时,必须考虑其驱动能力。如果驱动能力不足,系统工作将不可靠,甚至无法工作。实际中可通过增加总线驱动器、降低总线负载等方法来解决。

2. 应用软件设计原则

单片机应用系统中的软件系统是根据系统的硬件电路和功能要求设计的。硬件系统不同其对应的软件系统也各不相同。对于一个优秀的软件系统而言，除了能够可靠地实现系统的各种功能以外，还应该遵循以下原则：

① 软件结构清晰、简洁、流程合理。

② 为便于调试、移植、修改，各种功能程序应采用模块化设计。

③ 合理规划程序存储区、数据存储区以及各种运行状态标志，高效地利用存储空间。

④ 为了提高应用系统可靠性，应该进行软件抗干扰设计。

8.1.2 系统设计的基本要求

1. 可靠性要高

单片机应用系统在满足使用功能的前提下，应具有较高的可靠性。对于工业控制领域而言，单片机应用系统完成的任务是系统前端的信号采集和控制输出，一旦系统出现故障，必将造成整个生产过程的混乱和失控，带来严重的后果。因此，可靠性设计应贯穿于单片机应用系统设计的整个过程。

首先，在设计时对系统的应用环境要进行细致的了解，认真分析各种可能影响系统可靠性的因素，采取切实可行的措施排除故障隐患。

其次，在总体设计时应考虑系统的故障自动检测和处理功能。在系统正常运行时，定时地进行各个功能模块的自诊断，并对外界的异常情况做出快速处理。对于无法解决的问题，应及时切换到备用方案或告警。

2. 便于使用和维修

在总体设计时，应考虑系统的使用和维修方便，尽量降低对维修人员专业知识的要求，以便于系统的广泛使用。

系统的控制开关不能太多、太复杂，操作顺序应简单明了，参数的输入输出应采用十进制，功能符号要简明直观。

3. 性能价格比要高

为了使系统具有良好的市场竞争力，在提高系统性能指标的同时，还要优化系统设计，尽量降低系统成本。如可以采用硬件软化等技术提高系统的性能价格比。

8.2 系统设计的过程和方法

前面几章介绍了单片机的基本结构、工作原理、功能扩展和相应的接口电路，但对一个具体的应用对象，如何才能设计一个具体的应用系统，使其能够满足实际需要是每一位系统设计和产品开发者所关心的问题。本节将从应用角度出发,介绍单片机应用系统的设计过程和方法。

如图8.2所示,开发一个单片机产品需要经历以下几个阶段:功能确定——方案设计——软硬件设计——实验验证——结构设计——产品定型等。在设计过程中,根据应用系统性质不同,其设计也有所侧重。

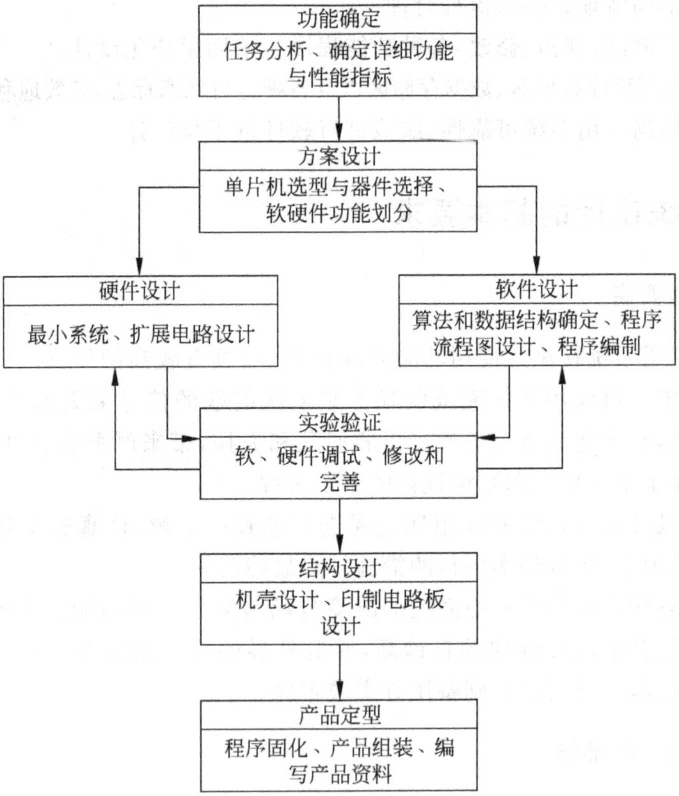

图8.2 单片机系统设计开发过程

1. 功能确定

设计一个性能优良的单片机应用系统,要注重对实际问题的调查。将单片机作为应用系统的核心时,它所控制的对象是多种多样的,所实现的控制功能也是千差万别的。在进行系统方案设计之前,需要对系统总体任务和要求进行分析,确定系统的详细功能和性能指标。例如,系统有哪些被测量和被控量,是否需要传感器,是否需要设计控制面板,选用LED显示还是LCD显示,是否需要按键,是否需要语音提示,所要求的控制精度或控制误差范围等。通过对系统功能的确定,设计者可以充分估计各种技术难点,便于后续的方案设计。

(1) 确定I/O类型和数量

明确系统的I/O通道数,对确定系统的规模和功能十分必要。它不仅涉及系统I/O通道数量,而且还涉及人机对话、通信模块等功能。I/O包括了数字量、模拟量和脉冲量的输入通道和输出通道。

① 数字量确定。数字量输入包括现场输入状态(如行程开关、继电器触点、保护开关等)和系统设置状态(如用于设备号设置的拨码开关状态)。数字量输出包括输出控制信号(如继电器控制、功率开关器件控制)和声音、显示控制信号(如语音提示、指示灯)。

② 模拟量确定。模拟量输入包括外部需要进行A/D变换的模拟信号(如电压、电流)。这些被测量代表了外部连续变化量,需要经过模拟输入通道转换为数字信号送给单片机进行处理。模拟量输出包括了需要进行D/A变换的模拟信号。这些输出量需要经过模拟输出通道转换为模拟信号,主要用于连续变化量的调节。

③ 脉冲量确定。脉冲量输入主要包括外部的频率信号和脉宽调制(PWM)信号的采集。某些传感器的输出是以频率或者脉冲占空比的大小来反映被测量大小。例如一些温度、声波、加速度传感器常采用脉冲量输出。脉冲量的输出主要包括频率信号和脉宽调制信号的输出。这类信号在电力电子系统和电机控制系统应用较多。例如有些电机需要脉宽调制信号进行速度控制。

(2) 系统结构确定

单片机应用系统通常是安装在机壳内部的。机壳除了具有包装系统电路和美观的作用以外,还起到了屏蔽外部电磁干扰和减少内部电磁干扰对外辐射的作用。系统结构尺寸决定了机壳的大小,同时也决定了内部电路和人机界面的大小。合理的系统结构可以为系统应用和维护带来方便。因此,在确定系统结构时,要根据实际应用需求进行选择。例如,机壳是选用金属的还是塑料的;内部电路板是单板的还是多板的等。

(3) 人机界面确定

人机界面的确定同样也是系统功能确定的一个重要的环节。人机界面主要涉及系统的显示(提示)和操作控制两个方面。目前比较常用的显示界面包括了LED、LCD、CRT等。除此之外,声音提示也是人机界面的一部分(如按键声音、告警声音等)。操作控制主要包括各种按键、开关以及一些特殊的输入功能模块(如指纹识别、虹膜识别、语音识别等)。设计者可根据不同的应用领域和产品不同档次进行选择。

2. 方案设计

系统功能确定后,便可进行总体方案设计,总体方案设计主要包括单片机型号的选择以及软硬件资源分配。

(1) 单片机选型

目前,市场上单片机的种类繁多,有8位、16位、32位的;有带A/D转换器、D/A转换器的;有带CAN、I^2C等标准总线的等各种配置。在确定单片机的类型时,需要根据任务所需要的I/O数量、存储空间大小、运算能力、系统响应速度、功耗、开发成本以及抗干扰能力等方面进行综合考虑。如应用于电力、汽车领域的系统对单片机的可靠性和抗干扰能力要求较高;应用于图像和声音信号处理的系统对单片机的运算能力要求较高;如果在片的存储器空间、I/O数量不够则需要考虑扩展等。目前,多数芯片制造商(如Intel、NXP、NEC、MAXIM、Atmel、ST、Motorola、TI等)在设计芯片时考虑了其芯片的应用领域。在选择单片机时,可以参考芯片制造商在相关应用领域的推荐芯片。除此之外,在进行单片机选型时还应该考虑以下几方面:

① 在满足系统功能要求的情况下,避免过多的功能闲置。

② 为了缩短开发周期,应该尽可能选择熟悉的单片机类型。

③ 为了批量化生产,减小系统维护成本,应该尽量选择货源稳定的单片机类型。

(2) 软硬件资源分配

在系统设计时,应充分利用单片机的软件资源以简化硬件电路,减少产品成本。一般情况下,用硬件实现速度比较快,可以节省CPU的运算时间,缺点是系统的硬件接线复杂、系统成本较高。用软件实现则较为经济,缺点是要占用更多的CPU运算时间。所以,在CPU运算时间不紧张的情况下,应尽量采用软件实现。例如,系统人机界面经常需要用到按键。在按键较多时(如在4个以上),如果一键对应一个数字量输入,将占用较多的I/O资源。在I/O资源紧张的情况下,为了节约硬件资源,可以采用第7章讲到的矩阵形式按键,利用键盘扫描程序来完成键值输入。

全面地衡量软、硬件的分配,是一个非常重要的问题。这部分工作取决于设计者的开发经验和对单片机技术及接口电路的熟悉程度。设计者需要从系统的整体出发,全面地均衡软、硬件功能,对系统要求、实现途径、开发周期、产品成本、系统可靠性等多方面进行综合考虑。这也是普通工程技术人员与系统级工程技术人员的一个重要区别。设计者可以从实际的经验中不断总结,全面掌握软、硬件方面的知识,提高系统的整体设计能力。

3. 硬件设计

硬件的设计是根据总体设计要求,在完成单片机机型选择的基础上,确定系统中所要使用的元件,设计并绘制系统的电路图。主要包括:单片机最小系统设计、扩展电路设计(包括输入输出通道、存储器和I/O接口扩展、人机对话功能设计等)和电路图绘制。其中,输入输出通道设计包括数字量、模拟量、脉冲量输入输出电路;存储器和I/O接口扩展包括需要扩展的I/O接口和存储器芯片;人机对话功能设计包括按键、开关、显示、告警等电路的设计。

(1) 单片机最小系统设计

单片机最小系统包括单片机、时钟电路、电源电路、复位电路。这些电路的设计主要是根据器件手册要求对工作电源、时钟、外部复位信号以及单片机功能的配置(某些单片机在片的某些功能是通过其引脚的电平来确定的,例如AT98C52通过EA这个引脚的电平来确定程序是在片内程序空间还是片外程序空间运行)进行设计。对于时钟电路而言，通常情况下，不同的芯片制造商会提供单片机时钟电路的连接图以及电路的参数表，设计者可参考对应单片机的器件手册。对于复位电路而言，复位信号可以采用 RC 电路产生，也可以采用专用的复位器件和具有“看门狗”功能的芯片（如 X25045）产生。这几种方式电路都比较简单。但采用 RC 电路与采用专用的复位器件和具有“看门狗”功能的芯片相比，稳定性较差。特别是对于可靠性要求非常高的系统，应该使用具有“看门狗”功能的芯片。在系统正常运行时，如果使用这种芯片，则需要在一定时间内用命令对“看门狗”复位，否则“看门狗”将认为系统出现死机，发出复位信号使系统复位。目前市场上复位电路的集成器件种类很多，使用方便、可靠。设计者可根据单片机的复位要求选择复位器件。

电源的质量直接影响着单片机系统的可靠性。因此，电源电路设计是一个非常重要的部分。由于现在不同的器件可能有不同的工作电压。因此，在设计电源电路时需要确定单片机应用系统需要的电源电压，如＋5V、＋3.3V、＋2.5V、＋1.8V 等。然后，需要根据应用系统中由同一组电源供电的所有芯片所需要提供的电流大小总和，来对所需的供电电流进行估算，并保留 20％～30％的余量。最后，根据需要的电压和电流来选择电源。

（2）扩展电路设计

① 输入通道设计。

输入通道是系统进行数据采集的通道。不同的传感器，其信号的表现形式也各不相同，根据物理量特征可分为模拟量、数字量和脉冲量三种，如图 8.3 所示。

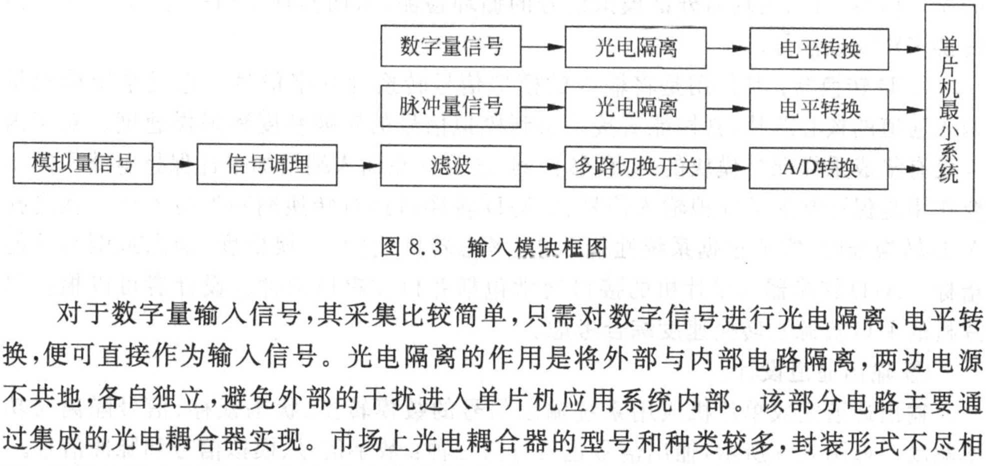

图 8.3　输入模块框图

对于数字量输入信号，其采集比较简单，只需对数字信号进行光电隔离、电平转换，便可直接作为输入信号。光电隔离的作用是将外部与内部电路隔离，两边电源不共地，各自独立，避免外部的干扰进入单片机应用系统内部。该部分电路主要通过集成的光电耦合器实现。市场上光电耦合器的型号和种类较多，封装形式不尽相同，有单个独立封装的，也有多个集成封装的，不同光电耦合器的输入输出特性也不尽相同。单个光电耦合器的基本结构如图 8.4 所示，输入端是一个发光二极管，输出端是光敏三极管或者复合光敏三极管，甚至于光敏功率开关等。光电耦合器驱动能力和速度不同，价格相差也较大。因此，需要根据被驱动器件或设备的输入特性选择光电耦合器。电平转换的作用是将外部电信号转换为与单片机兼容的电平信号，便于单片机的采集。通常采

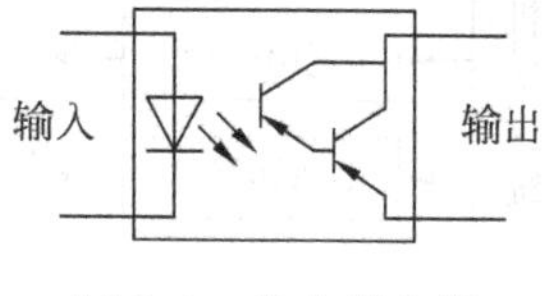

图 8.4　光电耦合器

用三极管和运算放大器搭建电平转换电路。

对于脉冲量输入信号,其电路的设计与数字量输入通道的不同点是在选择器件时需要考虑被采集信号的频率。如果输入信号频率较高则需要选择高速器件(如高速光电耦合器)。

模拟量输入通道相对比较复杂,一般包括信号调理、滤波、多路切换开关、A/D转换器及其接口电路等。

信号调理:一般情况下外部的被测模拟量信号是非标准电信号。其信号范围难以满足A/D转换器的输入范围。为了有效地利用A/D转换器,需要将输入信号范围映射到A/D转换器输入范围。信号调理电路则将非标准电信号变成标准电信号,以适应A/D转换器的输入范围。例如,外部输入信号范围为－10～＋10V,A/D转换器的输入信号范围为－5～＋5V,那么信号调理电路需要将－10～＋10V的信号映射到－5～＋5V信号。因此,信号调理电路需要确定了外部输入信号范围和A/D转换器输入电平范围后才能进行设计。

滤波:外部的被测信号可能存在大量的噪声干扰,为了提高系统的测量精度和可靠性,需要设计滤波电路将干扰滤掉。在设计滤波电路时,需要根据输入信号的频率范围确定滤波电路的参数。

多路切换开关:当系统中需要用单个A/D转换器对多路模拟信号进行转换时,需要使用多路切换开关。多路切换开关的通道选择由单片机控制。因此,可以由单片机选择哪一路模拟信号与A/D转换器输入端连接。通过单片机对多路开关通道的循环切换,可以实现对外部模拟信号的循环检测,从而实现了由一个A/D转换器转换多路模拟信号。

A/D转换器:其作用是将输入的模拟信号转换为数字信号。它是系统模拟量输入通道的核心芯片,其性能直接关系到模拟信号的转换精度和采样速度。对于内部没有集成采样保持模块的A/D转换器,还需要在输入端增加采样保持电路。其主要作用是保证被测的模拟输入信号在A/D转换器进行转换期间保持不变。在选择A/D转换器时,需要根据系统性能要求,考虑转换速度、转换精度、动态范围等性能指标。A/D转换器与单片机的接口通常包括并口和串口两种。设计者可以根据单片机的I/O资源和转换速度综合考虑。

② 输出通道设计。

输出通道完成单片机应用系统输出信号的数模转换、状态锁存、信号隔离与功率驱动。如图8.5所示,输出信号也可分为三种:数字信号、模拟信号和脉冲信号。

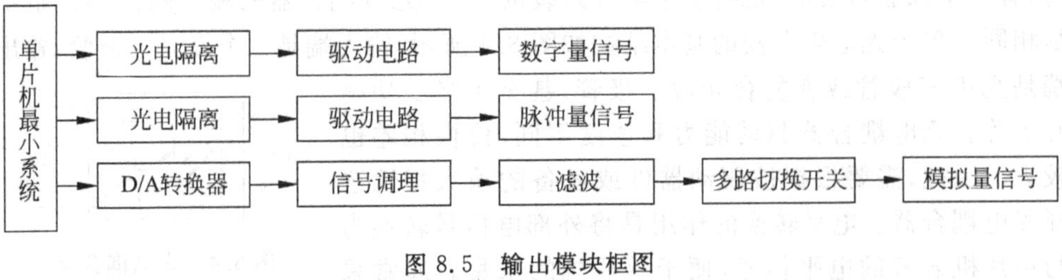

图8.5 输出模块框图

系统的输出通道基本结构与输入通道类似。对于数字量和脉冲量而言,由于一些外部执行机构的输入信号要求较高的电流。因此,在信号输出到执行机构之前,需要增加驱动电路,以提高系统的驱动能力。

常用的开关驱动器件有晶体管、复合晶体管、可控硅、继电器、MOSFET 和 IGBT 等。设计者可根据被驱动设备对输入信号的要求进行选择。例如开关电路的驱动常采用继电器。MOSFET、IGBT 等器件常用于电机和电力电子等设备。由于大功率驱动器件的价格也相对较高,因此在选择驱动器件时,需要综合考虑系统开发成本和实际要求。

③ 存储器和 I/O 接口扩展

在单片机内部的存储器、I/O 接口等资源不够时,需要对其进行扩展。在选择扩展芯片前,应该确定需要扩展哪些资源(如 I/O 接口、数据存储器、程序存储器等),以及扩展芯片与单片机的接口(并行总线或串行总线)。例如通过并行总线扩展 I/O 接口的芯片有 74LS245、74LS373、8255 等,扩展数据存储器的芯片有 6264、62256 等,扩展程序存储器的芯片有 28C64、28C256 等。8155 通过并行总线既可以扩展 I/O 接口,又可以扩展数据存储器。用于单片机扩展的串行总线包括 I^2C、SPI 等总线。通常,并行总线比串行总线传输速度快,而串行总线比并行总线的硬件连接更简单、更方便。

④ 人机对话功能

人机对话模块是单片机应用系统中人机之间信息交流的主要通道。用户可以通过人机对话功能对应用系统进行操作(如启/停、参数设置等),获得系统运行状态。人机对话功能应该界面美观,具有良好的可操作性。设计者需要综合考虑系统成本,设计人机对话功能。例如是选择显示器和键盘,还是选择触摸屏。

(3) 电路图绘制

电路图绘制包括原理图绘制和印制电路板(PCB)绘制,目的是一方面便于前期搭建实验电路,另一方面便于后期系统的改进和维护。目前,人们常常利用计算机作为辅助设计平台进行原理图设计。一台普通配置的 PC,安装上辅助设计软件,便构成了一套计算机辅助设计平台。常用计算机辅助设计软件有 Altium(原 Protel 升级版)、OrCAD、Cadence 等软件。目前,市场上有关这些计算机辅助设计软件的教材和资料非常多。这些计算机辅助设计软件通常集成了原理图设计工具、印制电路板(PCB)设计工具以及丰富的元件库和 PCB 封装,如 TTL 集成电路、CMOS 集成电路、存储器、电阻、电容、晶振以及多种接插件等,而且设计者可以定义自己的元件库和 PCB 封装。在绘制电路图时,应该要布局合理,清晰正规,有利于设计资料的整理和归档。

4. 软件设计

软件设计包括了系统软件和应用软件设计。对于系统资源较少的单片机应用系统(如由 51 单片机构成的系统)通常没有系统软件,而直接编写应用软件。应用软件包括了数据采集与处理、控制算法、人机接口以及数据管理等功能。对于系统资源较丰富的单片机应用系统可以在其平台上运行嵌入式操作系统,如 μC/OS-Ⅱ、Windows CE、VxWorks、μCLinux 等。这些系统软件已经包括了基本的输入输出和任务管理等程序。设计者需要针对不同单片机应用系统,根据系统资源对系统软件进行裁剪,以确保系统软件能够稳定运行。然后,根据功能要求编写相应的驱动程序和应用软件便可完成软件设计。设计者可以根据系统任务的复杂程度和硬件资源确定是否使用系统软件。

5. 实验验证

系统原理图设计完成之后,需要经过实验验证,证明方案的合理性。实验电路板通常采用面包板、通用实验板、印制电路实验板来搭建。面包板经济、灵活,适用于线路简单的单个元件功能验证。如果线路过于复杂,则有可能出现接触不良等情况,难以查找问题,反而影响了开发周期。通用实验板是根据常用元件的封装(如双列直插)制作的通用印制电路板。它基本上可以完成结构简单的单片机应用系统实验。由于通用实验板上的电路,大多还是要通过导线连接。因此,同样可能由于可靠性问题影响开发周期。印制电路实验板是根据绘制的 PCB 图加工的电路板。PCB 图是根据原理图绘制的。因此,当通过实验测试后,只需对这种实验板稍做修改便可以加工成应用系统的印制电路板。这种实验方法的信号连接相对可靠,而且可以较完整地反映系统设计方案,因此可以加快开发周期,但印制电路板制作费用相对较高。在设计印制电路实验板时,建议适当加入测试点和元件摆放的冗余位置,便于测试和增加元件。

在搭建好实验电路后,设计者就可以对硬件电路原理和设计的软件进行验证,进而对硬件电路和软件进行修改和完善。在系统设计过程中,这一步可能要反复若干次。设计者应该尽可能在这个阶段发现问题,并解决问题,提高系统的可靠性和稳定性。为了缩短开发周期,设计者可以借助开发工具提高开发效率。

6. 结构设计

在完成实验验证,并确定系统修改方案后,就可以进行系统的结构设计。结构设计包括机壳和印制电路板设计。

(1) 机壳设计

机壳不但可以保护系统,而且还是人机界面的组成部分。这部分设计需要考虑应用系统的外形尺寸、外壳材质等。在工作环境恶劣的应用领域(如工业、汽车等领域),则要求机壳有较强的机械性能和屏蔽性。对于家电产品,则要求外形美观、大方,功能齐全,经济实用。因此,不同的应用领域,其机壳设计通常是不一样的。

(2) 印制电路板设计

印制电路板的设计则需要根据机壳内的空间尺寸、系统所含元器件的数量、系统性能以及产品成本进行安排和布局。例如可以设计成单层板,也可以设计成多层板;可以采用一块电路板,也可以采用多块电路板等。如果系统采用多块电路板,还需要考虑板与板之间的接插件和安装等因素。除此之外,在设计时应该注意:相同功能的电路尽可能设计在同一块板上；板与板之间连接尽量简单；尽可能方便后期的安装、调试和维护。

7. 产品定型

在完成单片机应用系统的设计与调试后，就可以进行产品的生产和组装了。除此之外，设计者还应该编写产品的使用说明书、安装维护手册等资料，便于产品的使用和维护。

8.3　单片机应用系统的开发工具

为了缩短系统开发周期，单片机应用系统的硬件和软件调试是非常关键的。在系统设计过程中软、硬件的错误诊断、系统软件的下载，需要借助其他电路（在线编程/调试电路）或开发系统完成。下面将简单介绍几类常用的开发工具。

1. 通用仿真器

如图 8.6 所示，通用型开发系统是一类常用的开发系统。开发系统中的仿真器通过并口、串口或者 USB 接口与通用计算机相连，通过仿真头与用户应用系统相连，代替用户系统中的单片机。仿真器采用这种连接方式建立了 PC 与用户应用系统的联系。设计者可以通过配套的集成开发环境编写、编译用户程序，观察单片机内部资源的工作情况，对程序进行跟踪和调试。如南京伟福实业有限公司等生产的 V5、V8 等系列开发系统就属于这一类。

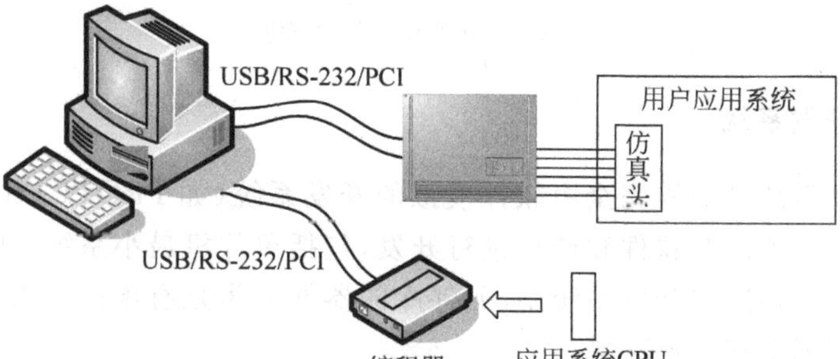

图 8.6　通用仿真器连接图

在系统软件调试完成后，通过集成开发环境，获得 HEX 或者 BIN 文件。利用专用编程器将程序烧写到应用系统的单片机上，如图 8.7 所示。编程器的功能是把调试好的目标代码写入单片机的片内（外）程序存储器里面。当程序写入后，单片机就可以在用户应用系统上脱机运行了。早期的 8031 单片机，需要扩展非易失性存储器（EPROM、E^2PROM、

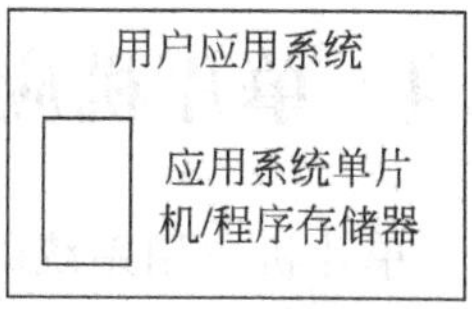

图 8.7　单片机应用系统脱机运行

FLASH 等)作为存放程序、数据的程序存储器。目前,大多数单片机内部都集成了 E^2PROM 或 FLASH。用户只需根据程序大小选择不同型号的单片机,而不需要扩展程序存储器。

2. 在线仿真开发系统

近年来,在线仿真器(in circuit emulator,ICE)在单片机应用系统开发中得到了广泛应用。在线仿真器通常由一个连接主机和应用系统之间的适配器组成。适配器通过并口、串口或者 USB 接口与通用计算机相连,通过电缆和接头连接到应用系统上的专用接口(如 JTAG、BDM)。设计者利用配套的集成开发环境编写、编译用户程序,通过专用接口将程序直接烧写到单片机内部 E^2PROM 或 FLASH 中。通过在线仿真器,集成开发环境可以连接到位于单片机片内的调试电路(on-chip debug)。设计者可以通过计算机在线地观察程序的运行状态和单片机内部资源的工作情况,并进行在线调试,如图 8.8 所示。在线仿真器本身仅仅是芯片调试的仿真电路,而不是真正去模拟单片机,所以其价格相对通用仿真器更便宜。对于支持在线仿真的芯片而言,通常在结构设计时保留调试用的专用接口,以便于日后系统维护和升级。

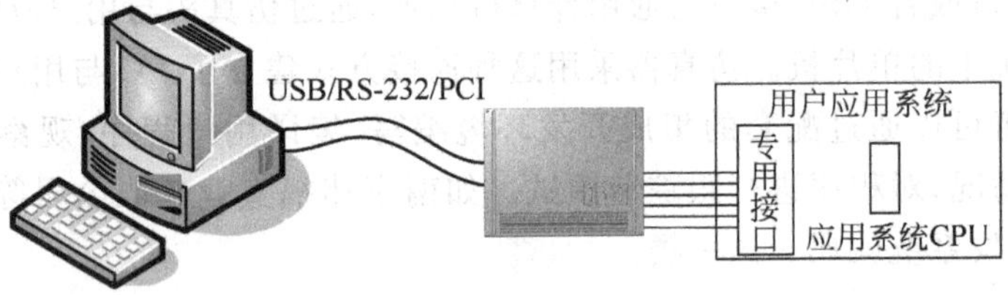

图 8.8 在线仿真器结构图

3. 模拟开发系统

模拟开发系统是一种完全由软件模拟的开发系统(如 PROTUES)。设计者使用通用计算机就可以对软件和硬件进行开发,包括单片机最小系统、外围电路设计和软件设计等。在这类开发系统中,元件库的器件种类是有限的。因此,这类开发系统的使用范围受到一定限制。

通常,这类开发系统有利于设计者快速地熟悉单片机指令系统,方便地进行程序功能的调试。但由于没有与实际硬件连接,通常难以反映硬件的实际问题。

8.4 单片机应用系统的可靠性设计

单片机应用系统的设计除了需要对系统功能和结构进行设计以外,还需要对系统的可靠性进行设计。特别是对于工业产品,其工作环境非常复杂,存在各种各样的电磁干扰。如果设计时,没有考虑单片机应用系统的可靠性,在开发阶段能够正常运行的系统在工业现场有可能无法正常运行。所以，可靠性设计在单片机应用系统设计中，起着至关重要的作用。如何提高可靠性一直以来是单片机应用系统设计的一个重要问题。

8.4.1　电路的可靠性设计

1. 单片机选型

目前市场上的各种单片机在设计阶段不断引入一些新的抗干扰技术，使其可靠性不断提高。例如，有些单片机将电源、地安排在两个相邻的引脚上，一方面降低了穿过整个硅片的电流，另一方面使电源、地的走线和外部去耦电容在印制电路板上的安排更容易，从而降低了系统噪声。

外部时钟是高频的噪声源，除了会干扰自身应用系统之外，还会向外界辐射干扰，使系统电磁兼容性变差。因此，在满足系统要求的前提下，尽量降低单片机外部时钟的频率或者选用频率低的单片机。例如，有些单片机采用了内部锁相环技术将外部的低频时钟倍频后用于系统总线。这样，既可以降低外部时钟，又不牺牲单片机性能。为了降低辐射干扰，目前有些单片机内部集成了晶振。

单片机指令系统设计上也有一些抗干扰的措施。在单片机选型时，可以考虑选择具有非法指令复位或非法指令中断功能的单片机。

2. 电源设计

工业现场的电源干扰非常严重，它对单片机应用系统运行的可靠性造成较大的危害。因此，提高单片机应用系统电源的可靠性非常重要。通常，单片机应用系统使用市电作为供电电源。在工业现场中，由于负荷变化、大功率设备的反复启停，往往会造成电源电压波动，产生高能尖峰脉冲。这些干扰可能使单片机应用系统的程序“跑飞”或造成系统“死机”。为了提高单片机应用系统的可靠性，通常采用如图 8.9 所示的电源综合配置方案。其中，交流稳压器，可以防止电源的过压和欠压，1∶1 隔离变压器能够防止干扰通过初次级间的电容效应进入单片机供电系统。经过滤波后的 220V 交流电通过电源变压器和整流滤波电路后，就可以得到一定幅值的直流电源。这个直流电源的电压通常高于单片机应用系统所需要的电压。因此，需要再经过电源管理芯片或 DC/DC 变换器，得到单片机应用系统需要的直流电源。

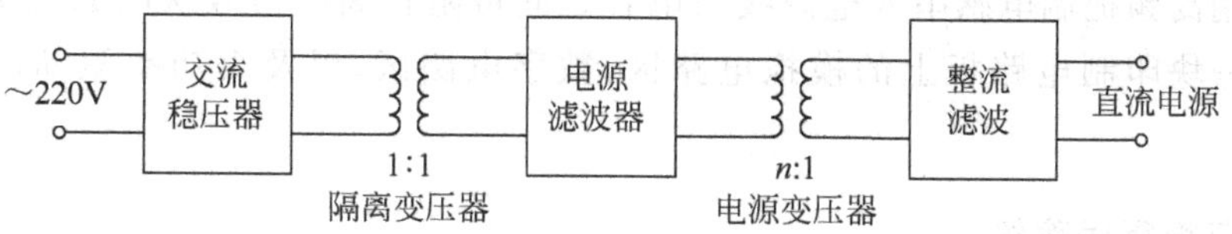

图 8.9　电源综合配置

由变压器和整流电路构成的电源体积较大,主要用于体积较大的应用系统。由于这种供电方式,使用了变压器隔离,其可靠性相对较高。除此之外,还可以使用专用的 AC/DC 变换器直接将 220V 交流电变换为应用系统需要的直流电源。专用变换器相对于前者体积较小,但如果内部没有隔离措施,其可靠性相对前者较差。

在这里值得提出的是,应用系统中可能包含了数字芯片(如单片机、译码器、锁存器等)和模拟器件(如运算放大器)。在设计时,应该将数字电源和模拟电源隔离,或者各自独立使用电源,避免相互干扰。

3. 接地设计

在单片机应用系统中,地线的连接是电子设备抑制干扰的重要手段。接地好坏将直接影响系统的可靠性。单片机系统的地线与大地可以是连通或浮空的关系。这个需要视实际情况而定。接地方式可以分为保护接地和工作接地。保护接地是保护设备和工作人员不受损害的接地方式,如防雷接地就是为了避免雷电袭击(直击、感应或线路引入)单片机应用系统而造成损害的接地方式。工作接地是为了保证单片机应用系统以及与之相连的仪表可靠运行的一种接地方式,如机器逻辑地(如主机电源地)、信号回路接地(如传感器、变送器的负端接地,开关量信号的负端接地)、屏蔽接地(如使用真正接地的金属盒罩将高灵敏度的弱信号放大电路屏蔽起来)、本安接地(如本安仪表或安全栅的接地)等。

4. 复位电路设计

为了提高系统的可靠性,许多芯片生产厂商推出了微处理器复位监控芯片(如 X25045)。这类芯片具有上电复位、电压监控、"看门狗"等功能。当系统出现电压不正常、死机等现象,复位监控芯片能够发出复位信号,使单片机复位。

5. 电容的使用

对于电源输入端,通常依次跨接大小不同的电容(如 100μF、47μF、0.1μF 等),可以有效地抑制电源纹波。去耦电容是印制电路板设计抗干扰的一种常用措施。原则上每个集成电路芯片都应布置一个 0.01pF 左右的陶瓷电容作为去耦电容。电容引线不能太长,尤其是高频旁路电容。

6. 电感的使用

使用高频扼制电感串入电源线与电容之间可阻止高频信号从电源线引入。它适用于一块印制电路板上的模拟电路区、数字电路区,以及大功率驱动区的供电隔离。

7. 自恢复保险丝

自恢复保险丝是一种新型高分子聚合材料器件,当电流低于其额定值时,它的直流电阻小于1Ω，而电流超过额定值时，它的阻值迅速增大，从而阻断大电流通过。当电流再次小于额定值时，能自动恢复正常。

8.4.2 印制电路板的可靠性设计

1. 元件布局

单片机应用系统的印制电路板应该合理分区，一般可以分为模拟电路区、数字电路区和功率驱动区三个区。如果可以设计多个电路板，应该将三个分区分别设计在三块印制板上。如果只能设计一块电路板，那么通常情况是把模拟区和功率驱动区放到印制板的外侧。由于功率驱动区易产生噪声，所以应该将单片机系统的输入信号远离功率驱动区。单片机的时钟振荡电路应尽量靠近单片机，以减小对其他器件的干扰。

2. 地线设计

(1) 数字地与模拟地分开

数字地包括CPU、TTL和CMOS芯片的接地端，以及A/D转换器、D/A转换器的数字接地端。模拟地是指放大器、三极管、采样保持器，以及A/D转换器、D/A转换器中模拟信号的接地端。在布线时，需要将数字地和模拟地分开连接，然后在一点处把两种地连接起来，以降低相互干扰。

(2) 接地线应尽量加粗

若接地线过细，则器件的接地电位会随电流的变化而变化，降低了系统抗噪性能。因此应尽可能地将地线加粗。

(3) 单点接地与多点接地

若线路板上既有模拟电路又有数字电路，应使它们尽量分开。对模拟电路而言，低频电路的地应尽量采用单点并联接地，以减少地线造成的地环路。实际布线有困难时可部分串联后再并联接地。高频电路宜采用多点串联接地，地线应短而粗，高频元件周围应尽量使用栅格状的大面积铜箔。

3. 电磁兼容性设计

随着电子技术的高速发展，各种电子、电气设备得到了广泛的应用，而电磁环境越来越恶劣。来自外部的电磁干扰，往往会使一些电子、电气设备不能正常工作。这种由电磁干扰源产生的电磁能，经过某些传播途径进入电子、电气设备。设备中有些敏感的电路对这些电磁能产生非正常的响应，从而导致设备失灵、性能下降，甚至损坏。电磁兼容性是设备或系统在其电磁环境中能正常工作且不对该环境中的任何事物构成不能承受的电磁干扰的能力。因此，电磁兼容性设计包括了两个方面，既要使本系统具有能够抑制各种外来干扰的能力，又要减少本系统对外部设备的电磁干扰。目前，电磁兼容性问题已经成为现代电子技术发展的巨大障碍。

根据干扰的传播路径划分,可以将电磁干扰分为传导干扰和辐射干扰。传导干扰是指电子设备产生的干扰通过导电介质或公共电源线传播到敏感器件的干扰。通常这类干扰的频带和有用信号的频带是不同的。抑制这类干扰的方法是在导线上增加滤波电路或使用光电耦合器。辐射干扰是指电子设备产生的干扰通过空间辐射传播到敏感器件的干扰。通常,减小这类干扰的方法是增加干扰源与敏感器件的距离或者用地将干扰源与敏感器件隔离屏蔽。

对于印制电路板的布线来讲,为抑制印制导线之间的串扰,应尽可能地拉开线与线之间的距离,避免长距离的平行走线。为了减小高频信号的发射,尽量使用45°转角,而不要使用90°转角。石英晶体振荡器外壳应该接地。瞬变电流将会由于导线上的分布电感产生冲击干扰。分布电感的大小与导线的长度成正比,宽度成反比。在布线时应该让导线短而粗,减小电感量,从而减少干扰的产生。一些关键的线要在两边加上保护地,例如时钟引线、总线驱动器及高频信号的导线等。

8.4.3 软件的可靠性设计

1. 输入抗干扰

对于开关量的输入,可以采用多次读取,以其中连续几次有效作为判断依据。有时,可以采用软件延时来消除干扰,如按键抖动通常采用软件延时的办法来消除。

2. 未使用程序空间的保护

在无复位监控电路时,可以将未使用的程序存储空间写入程序"跑飞"后希望系统进入的程序地址。例如,当系统非正常跳入未使用程序存储空间时,希望程序指针跳到0000H,则可以在未使用的程序存储空间中写入以下指令:

```
NOP
NOP
LJMP  0000H
```

3. 自检程序

在开机后或有自检中断请求时,系统通过自检测试程序,对整个系统或关键环节进行测试,如果存在问题则及时显示出来。这样就可以提高系统中信息存储、传输、运算的可靠性。

以上介绍了单片机应用系统设计过程和基本方法,常用的单片机开发系统以及单片机应用系统的可靠性设计。这些内容是有限的,对于初学者来讲,需要在实践中总结经验,循序渐进,逐步提高单片机应用系统设计能力。

第9章 单片机应用系统设计实例

第2～8章分别介绍了MCS-51系列单片机的工作原理、内部结构、编程方法、扩展及接口技术、应用系统设计方法等内容，本章通过几个应用系统设计实例的介绍，使读者掌握设计实际应用系统的基本方法。

9.1 标准状态气体流量测量系统

9.1.1 系统需求分析及总体设计

传统的气体流量计只能计量当地状态下的流量，而标准状态下的气体流量一般不能直接测得，要根据当地的温度、压力进行离线的人工换算，工作量大，精度低。

测量系统不仅要测得当地状态下的瞬时流量和累计流量，而且还需对这些流量进行温度、压力补偿，求得标准状态下的瞬时流量和累计流量。本系统是将传统的气体流量计和单片机结合起来的智能流量计，它充分利用单片机的测试、计算等能力，具有数据采集、自动补偿、自寻故障等功能，配合不同脉冲量输出的气体流量传感器，可实现各种状态下的流量计量。

图9.1是该系统的总体设计框图。由图9.1可知，检测气体流量的流量传感器将流量信号转换为脉冲信号，该脉冲信号经光电隔离并整形后送至单片机的计数输入端口，同时被测气体的温度和压力也分别由铂电阻温度传感器和固态压阻式压力传感器转换成对应的模拟电压信号，由传感器输出的模

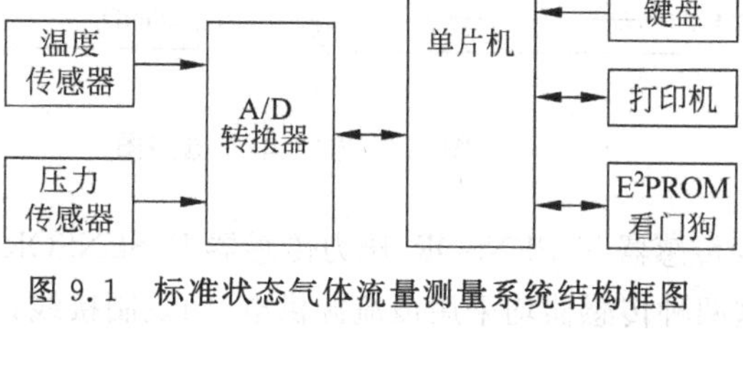

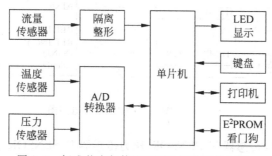

图9.1 标准状态气体流量测量系统结构框图

拟电压信号经 A/D 转换器转换为数字信号后送入到单片机。单片机将采集的流量信号、温度信号和压力信号进行线性化处理和补偿后，在 LED 上显示或由打印机打印。

9.1.2 系统硬件设计

根据系统需求，为便于系统分析，将系统划分为输入单元，CPU 单元，显示、键盘单元 3 个基本单元。

系统输入单元电路图如图 9.2 所示。流量传感器 F_SENSOR 采用标准流量计，其输出为脉冲信号，经光电隔离送入由 Q1、Q2 组成的施密特触发器整形，最后经 Q3 驱动放大送入到单片机的外部计数输入端 T0。流量信号经光电隔离和整形放大后使系统抗干扰能力增强、信噪比高、工作更可靠。

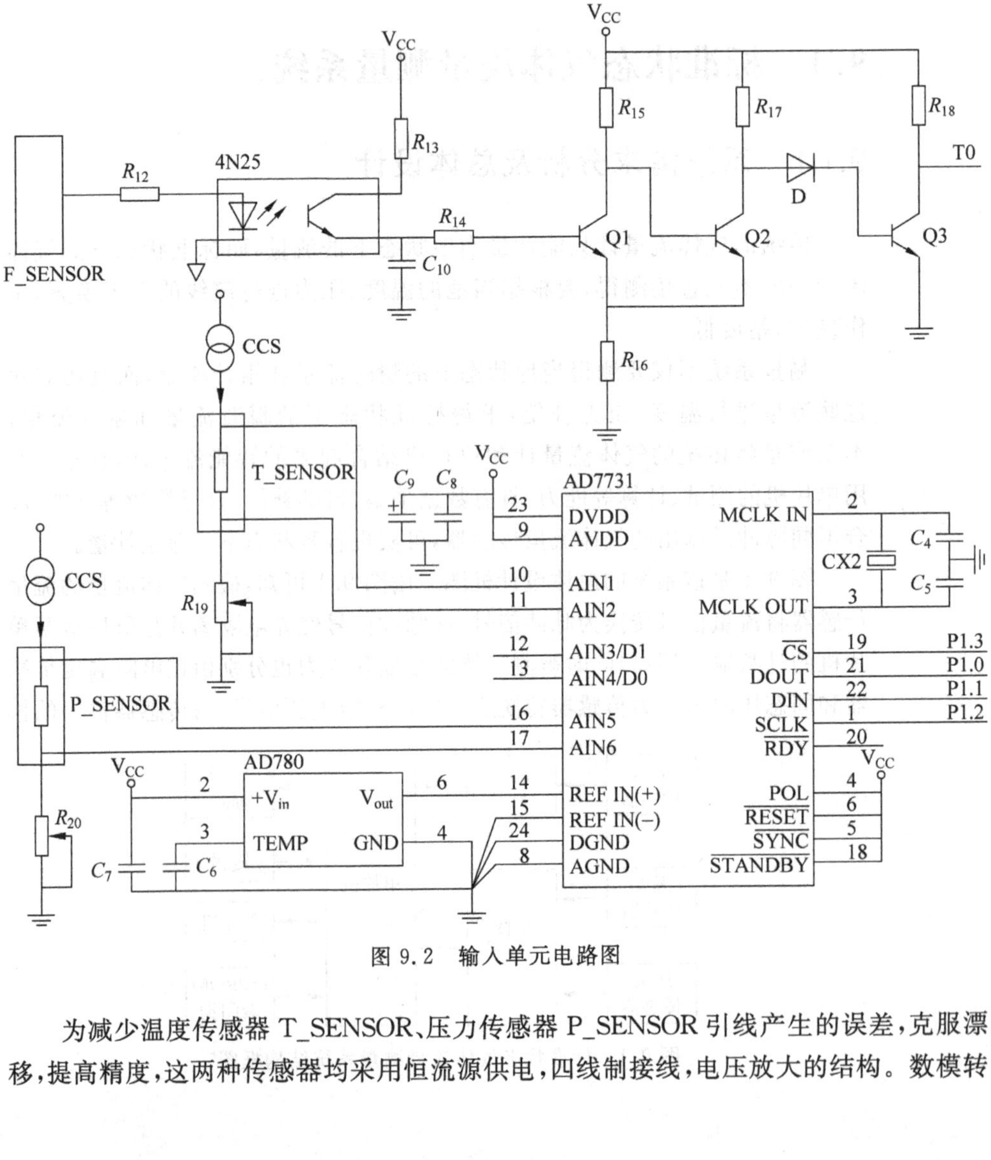

图 9.2 输入单元电路图

为减少温度传感器 T_SENSOR、压力传感器 P_SENSOR 引线产生的误差，克服漂移，提高精度，这两种传感器均采用恒流源供电，四线制接线，电压放大的结构。数模转换用 AD7731，采用差动输入方式，温度信号利用差动输入 4 通道，压力信号利用差动输入 6 通道。参考电压 2.5V，由 AD7731 推荐使用的高精度电源模块 AD780 提供。

AD7731 模数转换器是美国模拟器件公司（ADI）出品的具有低噪声、高分辨率、高可靠性及线性度好等优点，采用 Σ-Δ 技术的 24 位 A/D 转换芯片。该芯片由信号缓冲、可编程增益放大、Σ-Δ 调制器、数字滤波、三线串行接口等几部分组成，其灵活的串行接口使 AD7731 可以很方便地与微处理器直接相连，其内部的可变增益放大器使它可接收来自传感器的输入信号，适合于测量具有广泛动态范围的低频信号，可广泛应用于应变测量、温度测量、压力测量及工业过程控制等领域。

为提高抗干扰能力，使模拟部分和数字部分的耦合最小化，AD7731 的数字地、电源和模拟地、电源是彼此独立的，可根据系统需要进行连接，推荐工作电压 5V，工作频率 4.9152MHz。AD7731 有多种封装形式，这里介绍 24 引脚的双列直插封装的引脚功能，见表 9.1。

表 9.1　AD7731 引脚功能

引脚	名　称	功能说明
1	SCLK	串行时钟输入引脚，这个时钟信号可以是连续的或不连续的
2	MCLK IN	主时钟输入脚
3	MCLK OUT	主时钟输出脚，将石英晶体或谐振元件接在引脚 2 与 3 之间就可产生主时钟信号
4	POL	串行时钟极性的选择，POL＝1 时，在 SCLK 下降沿数据输出到 DOUT，反之亦然
5	$\overline{\text{SYNC}}$	同步控制输入，低电平有效
6	$\overline{\text{RESET}}$	复位输入引脚，低电平有效
7	NC	不连接
8	AGND	模拟地
9	AVDD	模拟电源，正常工作电压为＋5V
10	AIN1	模拟输入端，在单端输入方式时，通道 1 和通道 2 的信号输入端；在差动方式时，AIN3 为正输入端，AIN2 为负输入端
11	AIN2	
12	AIN3/D1	在单端输入方式时，道通 3 和通道 4 的信号输入端；在差动方式时，AIN3 为正输入端，AIN4 为负输入端，也可通过方式寄存器的 DEN 位设置为数字输出
13	AIN4/D0	
14	REF IN(＋)	基准电压输入端
15	REF IN(－)	基准电压输入端
16	AIN5	通道 5 信号输入端，在差动方式时，AIN5 为正输入端与 AIN6 构成差分输入
17	AIN6	在单端输入方式时为信号参考端，在差动方式时，与 AIN5 构成差分输入
18	$\overline{\text{STANDBY}}$	待机方式控制端，低电平有效
19	$\overline{\text{CS}}$	芯片选择端，低电平有效
20	$\overline{\text{RDY}}$	状态信号输出端，为低电平时，表示有一待读取的转换结果或者校准周期结束
21	DOUT	串行数据输出
22	DIN	串行数据输入
23	DVDD	数字电源，正常工作电压为＋3V 或者＋5V
24	DGND	数字地

AD7731 的数据读出和数据输出速率、数字滤波器转折频率、放大器增益等的设置均可通过串行接口对内部寄存器进行操作来实现，AD7731 共有 12 个内部寄存器，详情请见 AD7731 手册。

AD7731 与单片机的连接用了 4 根 I/O 线，如图 9.2 所示。AD7731 的引脚 $\overline{\text{RDY}}$未用，如果要判断数据寄存器的内容是否已经更新，采用软件编程的方法，监测状态寄存器的$\overline{\text{RDY}}$位的状态，为 0 时，表示有一待读取的转换结果或者校准周期结束。为兼顾后面介绍的 X5045 的扩展，把 AD7731 的 POL 输入引脚硬连接为逻辑高电平，使引脚 DOUT 在 SCLK 时钟下降沿输出数据，而将数据写入 DIN 是在 SCLK 的下降沿。此外需注意，AD7731 的数据字传输顺序是从高有效位到低有效位。

系统 CPU 单元电路图如图 9.3 所示。单片机采用美国 ATMEL 公司生产的 AT89C51，它采用 MCS-51 单片机的内核，指令系统和外部引脚和 MCS-51 单片机兼容，内部带有 4K 的 FLASH 存储器，可重复编程，具有两级程序加密。为方便记录测试结果，系统扩展了 GP16 微型智能打印机接口，可在线打印测试数据。为确保掉电后数据不丢失，系统扩展了 E^2PROM 存储器 X5045。

X5045 是美国 XICOR 公司生产的产品，本器件将 4 种功能合于一体：上电复位控制、看门狗定时器、降压管理以及具有块保护功能的串行 E^2PROM。它有助于简化应用系统的设计，减少印制板的占用面积，提高可靠性。该芯片内的串行 E^2PROM 是具有 Xicor 公司的块锁保护 CMOS 串行 E^2PROM，它被组织成 8 位的结构，由一个四线构成的 SPI 总线方式进行操作，其擦写次数至少有 1 000 000 次，并且写好的数据能够保存 100 年。

X5045 有多种封装形式，这里介绍 8 引脚的双列直插封装的引脚功能，见表 9.2。

表 9.2 X5045 引脚功能

引脚	名　称	功 能 说 明
1	$\overline{\text{CS}}$/WDI	芯片选择输入，低电平有效；“看门狗”复位输入，下降沿有效
2	SO	串行输出，在读数据时，数据在 SCK 脉冲的下降沿由这个引脚送出
3	$\overline{\text{WP}}$	写保护，低电平有效
4	VSS	地
5	SI	串行输入，在 SCK 的上升沿进行数据的输入，并且高位(MSB)在前
6	SCK	串行时钟
7	$\overline{\text{RESET}}$/RESET	复位输出：$\overline{\text{RESET}}$/RESET 是一个开漏型输出引脚，所以在使用时必须接上拉电阻。只要 V_{CC}下降到最小允许值，这个引脚就会输出高电平，一直到 V_{CC}上升超过最小允许值之后 200ms；只要“看门狗”处于激活状态，并且 WDI 引脚上电平保持为高或者为低超过了定时的时间，就会产生复位信号。$\overline{\text{CS}}$引脚上的一个下降沿将会复位“看门狗”定时器
8	VCC	正电源

X5045 与 AT89C51 的连接用了 4 根 I/O 线，如图 9.3 所示。为节约单片机的 I/O 口资源，X5045 的数据输出 SO、数据输入 SI、时钟 CLK 分别和 AD7731 的数据

输出 DOUT、数据输入 DIN、时钟 SCLK 共用 AT89C51 的 P10、P11、P12 引脚，由于 X5045 和 AD7731 的芯片片选信号分开不共用，因此不会造成 X5045 和 AD7731 的数据输入输出混乱。将 X5045 的复位输出端通过上拉电阻接在 AT89C51 的复位输入端，当测量系统上电、死机或欠压时，利用 X5045 的复位功能，使 AT89C51 可靠复位，保证了测量系统工作的可靠性。

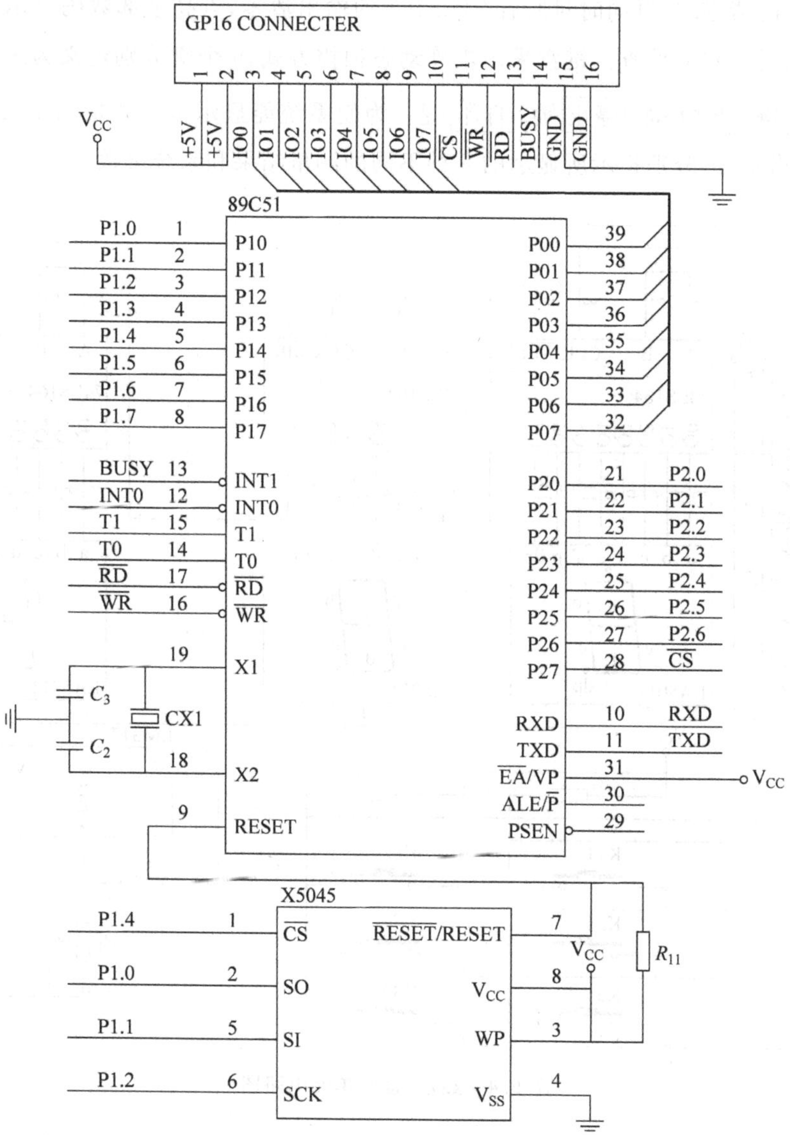

图 9.3　CPU 单元电路图

显示、键盘单元设计了 6 位 LED 八段数码显示器、6 个按键及 6 个 LED 指示灯，电路图如图 9.4 所示。为节约 AT89C51 的 I/O 口资源，6 位 LED 八段数码显示器采用静态显示方式。利用 AT89C51 的串行口的移位寄存器工作方式，通过

6片74LS164级联将串行数据变成6个8位的并行数据，用6片74LS164的并行输出的低电平直接驱动6个八段共阳极的数码显示器。由于直接驱动无限流电阻，因此必须调整数码显示器的阳极电源电压工作在2V左右，使数码显示器每段LED的工作电流在10mA左右，可调电源由电源模块LM317及电阻R_1、R_2，电容C_1构成，调节电阻R_1可调节数码显示器的阳极电源电压。AT89C51的INT0引脚接在所有74LS164的清零端，可同时对所有74LS164的输出清零，点亮全部数码显示器，也可用作数码显示器的检查。键盘采用矩阵动态扫描方式，6个键分别定义为[←]键、[↑]键、[选择]键、[开始]键、[停止]键、[打印]键。为使系统能显示多种测量结果，设计了6个LED指示灯，分别指示所显示的6种不同的测量结果和系统参数。

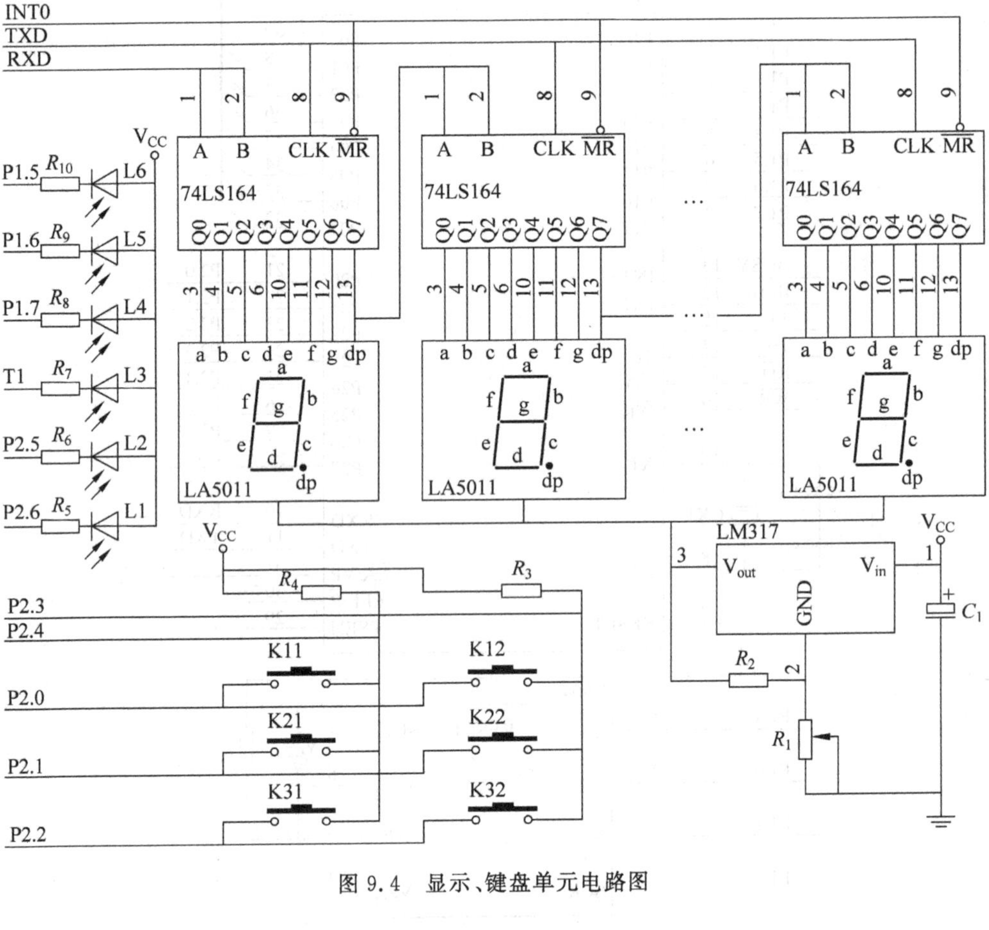

图9.4　显示、键盘单元电路图

由上述分析可以看出，测量系统通过输入单元采集当地的流量、温度、压力，然后对这些流量进行温度、压力补偿，求得标准状态下的瞬时流量和累计流量，并将结果在LED数码显示器显示。各种补偿参数可通过键盘设置修改，其测量结果及参数保存在E^2PROM中，掉电不会丢失，并可通过外接的GP16微型智能打印机打印记录下来。

9.1.3 系统软件设计

本系统的软件主要由主程序、温度和压力采样程序、中断程序、键扫描程序、键处理程序和显示程序等组成。

图 9.5 给出了主程序流程图。它主要由初始化程序和一个主循环程序组成。初始化程序包括对 CPU 的内存、堆栈、中断、I/O 口等的初始化，对 X5045 存储器、看门狗等的初始化，对 AD7731 复位、滤波、采样频率及内部校正等的初始化。主循环程序不停地采集温度、压力及流量，并进行补偿计算，根据键扫描的结果进行相应的显示、打印及参数编辑等工作，并在一个循环周期内对看门狗计数器清零复位，如果在程序某个部位出现死循环，不能在看门狗计数器的溢出周期内对其清零复位，则看门狗将会产生一个硬复位信号，对系统进行复位，从而提高了系统的可靠性。

温度、压力采样程序框图如图 9.6 所示。它由写 AD7731 的模式寄存器启动采样，通过对温度、压力及流量信息进行多次采样，求得采样的算术平均值，克服周期性干扰。

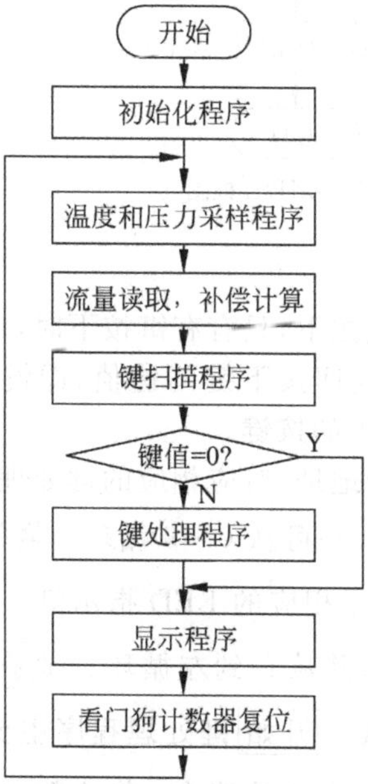

图 9.5 主程序框图

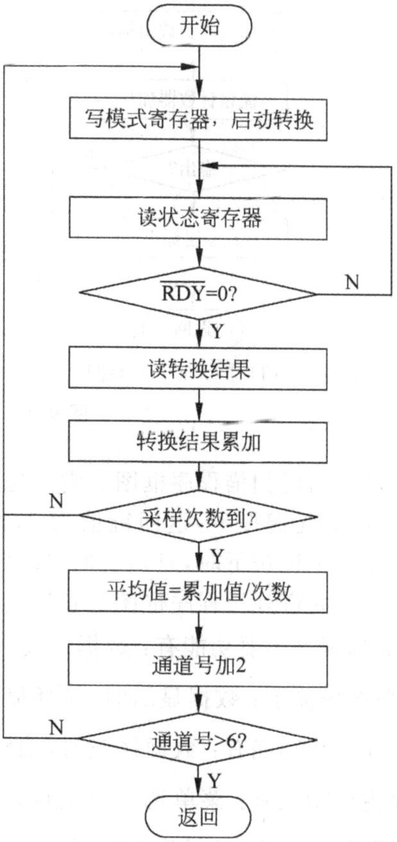

图 9.6 温度和压力采样程序框图

流量的采样实际是测试流量脉冲的频率。频率测试方法主要有测频法和测周法。测频法即测试1秒钟内脉冲变化的次数,其主要针对频率变化比较快的信号。测周法即测量频率信号的周期,其主要应用于频率变化比较缓慢的信号。为提高流量采样的实时性,本系统运用频率和周期的关系,测试流量脉冲的周期,从而达到测试流量的目的。其方法为:设T1为定时时基中断,为保证采样的精度,其定时周期至少应小于流量脉冲最小周期的1/4;设定一个流量计数器,对T1的定时中断进行计数;通过T0捕捉流量脉冲的下降沿,在2个下降沿即一个周期内的流量计数器计数值乘以T1定时时间即为流量脉冲的周期。

打印采用定时打印方式,由键盘来启动和停止,定时打印时间计数时基也利用T1的定时时基中断。设定一个打印定时计数器,计数值到设定值后自动打印相关数据。因此在每次T1中断后,流量计数器和打印定时计数器都要加1。T1时基中断程序框图如图9.7(a)所示。同时设定T0为外部计数中断,下降沿触发,在每次中断后读取流量计数器、溢出标志及可合成流量脉冲的周期值,然后转换为流量值,T0中断程序框图如图9.7(b)所示。

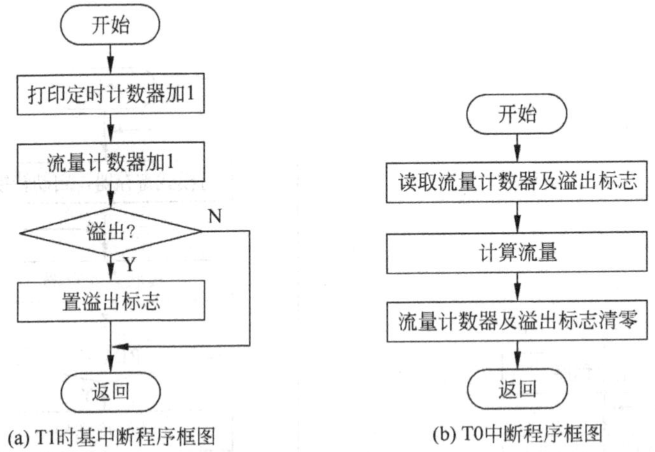

图9.7 中断程序框图

图9.8为键扫描程序框图。它首先判断是否有键按下,只有有键按下时,才进行逐行扫描,如无键按下,返回键值为0,如有键按下,返回按下键的键值,即键代码。当有两个以上键按下时,只识别低位线(行线或列线)上的按键。

图9.9为键处理程序框图。它通过键值生成散转地址,对应相应的键处理程序。[↑]键处理程序主要功能有:数据修改时,当前位加1,并可从0～9循环;菜单选择时,菜单循环显示;数据显示时,循环显示数据,并点亮相应的LED指示灯。[←]键处理程序主要功能有:数据修改时,编辑位左移1位,并从右到左循环。[选择]键处理程序主要功能有:菜单选择及确认;数据修改确认。[开始]键处理程序主要功能有:参数设置完成,开始数据显示。[停止]键处理程序主要功能有:停止数据显示,进入参数设置。[打印]键处理程序主要功能有:开始或停止定时打印数据。

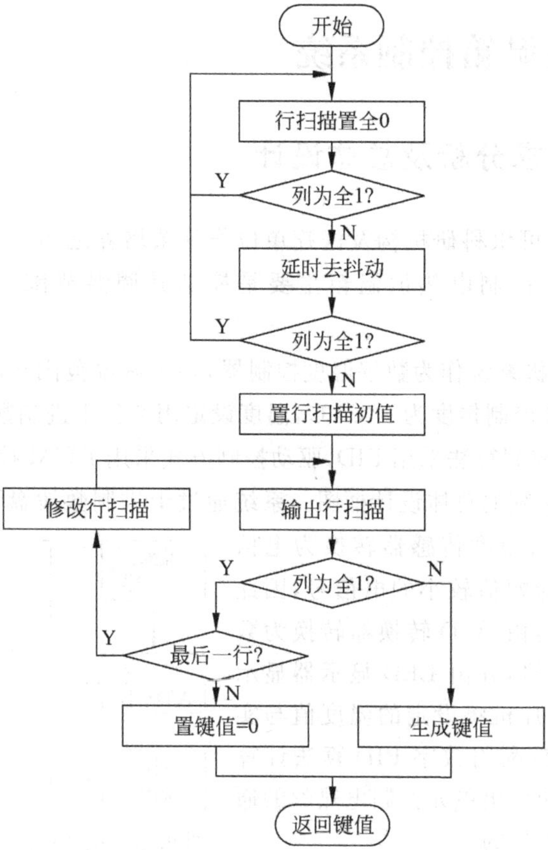

图 9.8　键扫描程序框图

图 9.10 为显示程序框图。它通过串行口逐位将显示缓存的数据发送到显示器上显示，并根据 LED 指示灯缓存的内容点亮相应的 LED 指示灯。

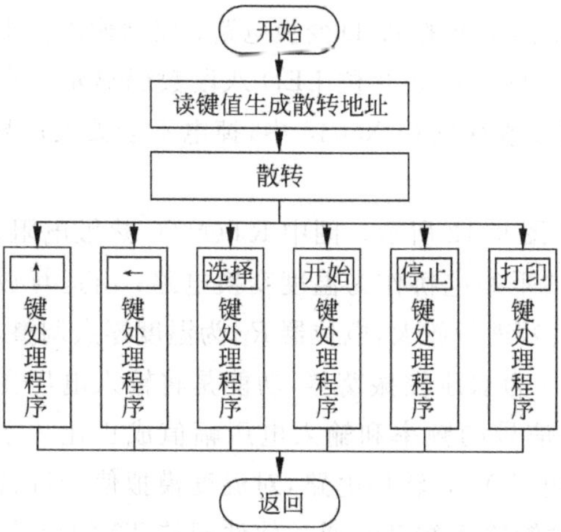

图 9.9　键处理程序框图

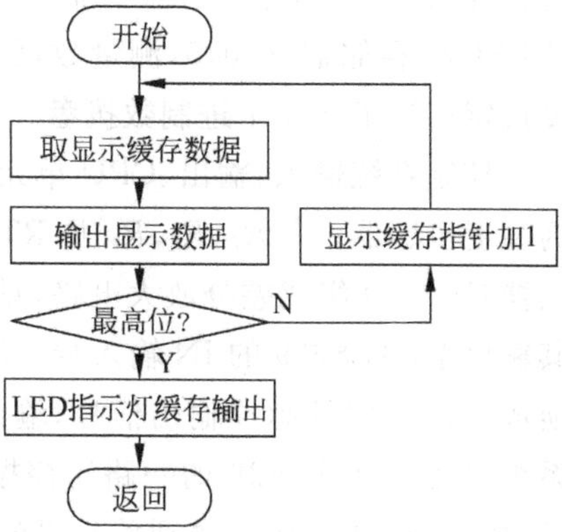

图 9.10　显示程序框图

9.2 电热恒温箱控制系统

9.2.1 系统需求分析及总体设计

电热恒温箱既可供科研机构及医疗单位作细菌培养之用，也可作育种、发酵及其他恒温试验用。控制电热恒温箱主要是控制其调温范围、升温速度、恒温精度等。

系统采用单片机系统作为数字温度控制器，要求调温范围+3～+60℃，升温速度0.5℃/min，温度控制精度为±0.5℃，温度设定用2位十进制数拨盘，温度显示为3位LED数码管，控制算法采用PID，驱动控制方式采用PWM控制。

图9.11为该系统的总体设计框图。系统通过十进制数拨盘设定需恒定的温度值，恒温箱的温度由温度传感器转换为电信号，通常该电信号为幅值较小的电信号，因此需经放大器放大后，由A/D转换器转换为数字信号输入到单片机，并由LED显示器显示该实测温度值。单片机将设定的温度值与实测温度值进行比较，利用数字PID算法计算出控制量，通过调功输出单元控制电热丝的通断，达到调整温度的目的。

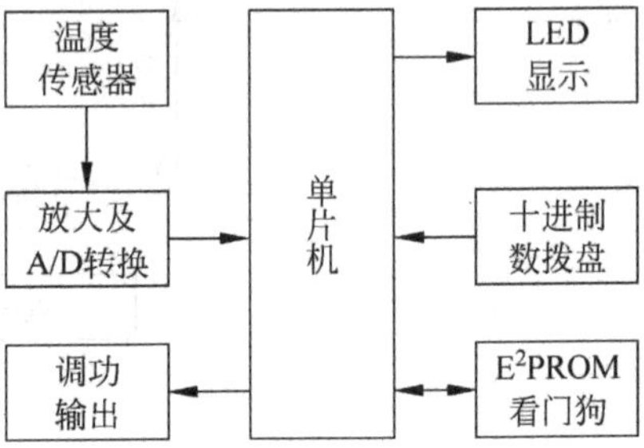

图9.11 电热恒温箱控制系统结构框图

9.2.2 系统硬件设计

根据系统需求，为降低成本，系统采用AT89C2051作控制器核心；由压控振荡器74LS629构成V/F变换器，作为低成本、高精度的A/D变换电路；控制输出为继电器开关量控制，并带有报警输出；采用串行口扩展3位LED八段数码显示器和E^2PROM存储器X5045，测量数据及控制参数存储在X5045中，掉电不会丢失；温度设定扩展了2位十进制数拨盘。

控制系统输入、输出、CPU单元电路如图9.12所示。图中RT(NTC热敏电阻)为温度传感器；由R_7、R_8、R_9及RT组成的平衡电桥作为温度变换电路；由运算放大器CA3140组成差分放大电路，对电桥信号进行放大，电位器R_{14}为温度零点调整，其输出至74LS629的IN输入端。74LS629为双压控振荡器，功能是将输入电压变换成一定频率的脉冲输出信号，输出脉冲信号的频率和输入电压幅值成正比。本系统只用了74LS629的一路压控振荡器组成V/F转换电路，对温度模拟信号进行模/数转换，转换输出送到单片机的外部时钟输入端T0，通过软件调整T0的计数

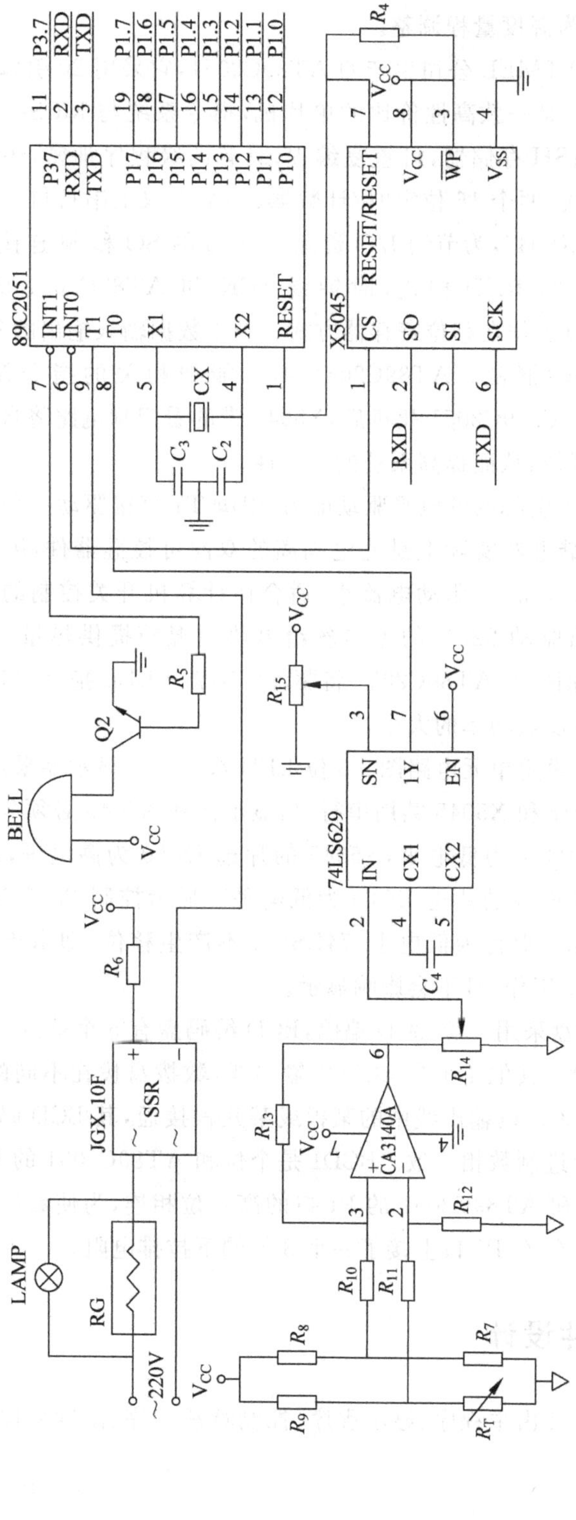

图 9.12　输入、输出、CPU 单元电路图

时间间隔,达到测温精度的要求。每个计数时间间隔内的计数脉冲数乘以系数就是温度值。电位器 R_{15} 为温度量程调整。

CPU 选用美国 ATMEL 公司生产的 AT89C2051,它采用 20 引脚的双列直插封装形式。AT89C2051 是一款高性价比的单片机,指令系统与 MCS-51 单片机兼容,内部带有 2K 的 FLASH 存储器,可重复编程,具有两级程序加密,还有 128 字节内部 RAM、15 条 I/O 线、两个 16 位定时/计数器、一个全双工串行口。该系统还扩展了 E^2PROM 存储器 X5045,为节约 I/O 资源,X5045 的 SO 和 SI 连接在一起作为数据线和 AT89C2051 的 RXD 相连,时钟线 SCK 和 AT89C2051 的 TXD 相连,AT89C2051 的串行口工作在移位寄存器方式。由于数据输入输出的分时性,这种复用不会造成数据传输混乱。AT89C2051 不仅能把相关的指令及信息存储在 E^2PROM 中,而且当 AT89C2051 死机后,X5045 带的看门狗电路将自动产生复位脉冲,使 AT89C2051 复位,从而提高系统的可靠性。

利用 AT89C2051 引脚的低电平驱动能力,引脚 T1 直接驱动一个 10A 的交流固态继电器,交流固态继电器实际上是光电隔离的双向可控硅器件,因此,它无触点,噪声小,开关速度快,寿命长,驱动电流小,适合作计算机开关控制的执行元件。交流固态继电器的输出驱动 220V 的电热丝给电热恒温箱提供热量,控制方式采用 PWM 方式,当温度超限时,AT89C2051 将驱动蜂鸣器 BELL 报警,与电热丝并联的指示灯亮度可以指示加热功率的大小。

图 9.13 为显示、设定单元电路图。3 位 LED 八段数码显示器采用串行口扩展,工作在静态方式。由于和 X5045 共用串行口,显示器和 X5045 必须分时工作。显示器工作时,显示控制 P3.7 为低电平,X5045 的片选 INT0 为高电平,即 X5045 不工作; X5045 工作时,X5045 的片选 INT0 为低电平。显示控制 P3.7 为高电平,使所有 74LS164 的时钟输入保持为低电平,74LS164 不产生移位,即由于隔离二极管 D 的作用,X5045 能正常工作,且不会影响显示。

2 位十进制数拨盘采用 4 位 BCD 编码,BCD 编码盘有 5 个接点,其中 A 是输入控制线,一般接高电平,其他 4 个是 BCD 码输出线,数拨盘拨在不同的位置,输入控制线 A 分别与 4 根 BCD 码输出线中的某根或某几根接通,其 BCD 码输出线的状态与数拨盘上指示的十进制数相一致。BCD1 是个位和 AT89C2051 的 P1 口的低 4 位相连,BCD10 是十位和 AT89C2051 的 P1 口的高 4 位相连,为使数拨盘在拨动过程中 P1 口有确定的电平,在 P1 口上接了一个 8 位的下拉排电阻。

9.2.3 系统软件设计

本系统的软件主要由主程序、显示程序、控制算法程序、温度采样及 PWM 输出中断程序等组成。

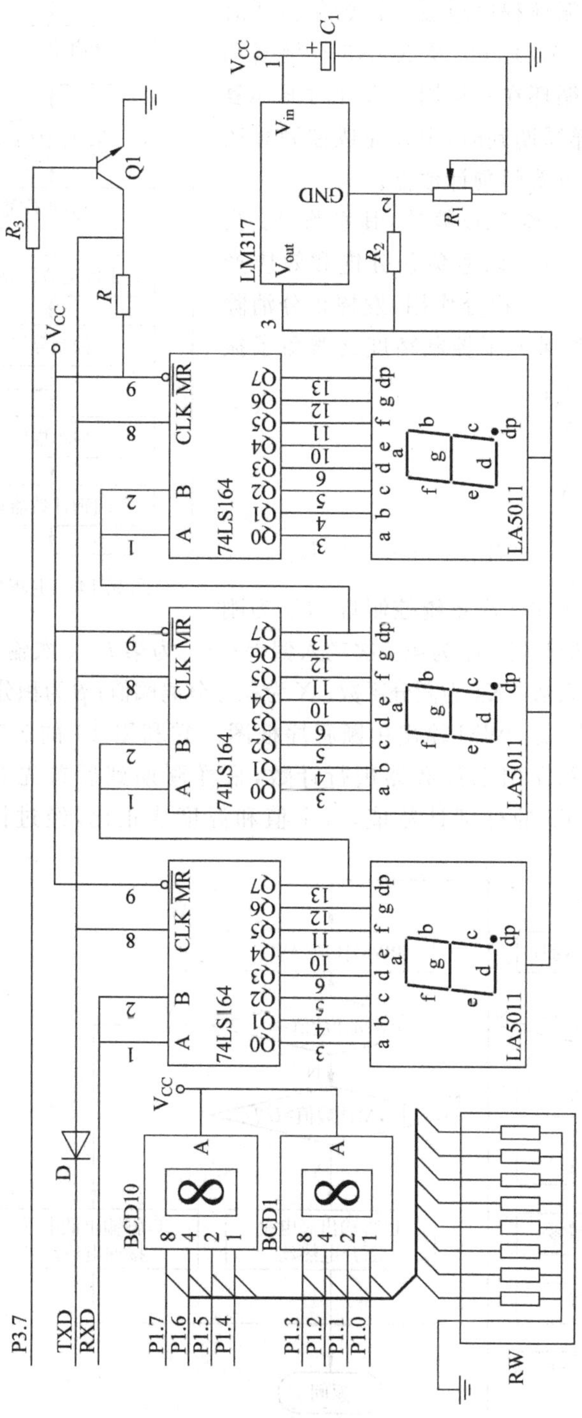

图 9.13 显示、设定单元电路图

系统软件的主程序框图如图 9.14 所示。它主要由初始化程序和一个主循环程序组成。初始化包括对 CPU 的内存、堆栈、中断、I/O 口以及 X5045 存储器和看门狗等的初始化。主循环在采样周期未到时循环复位看门狗计数器，在采样周期到时，则在完成控制算法计算后再刷新显示和复位看门狗计数器。

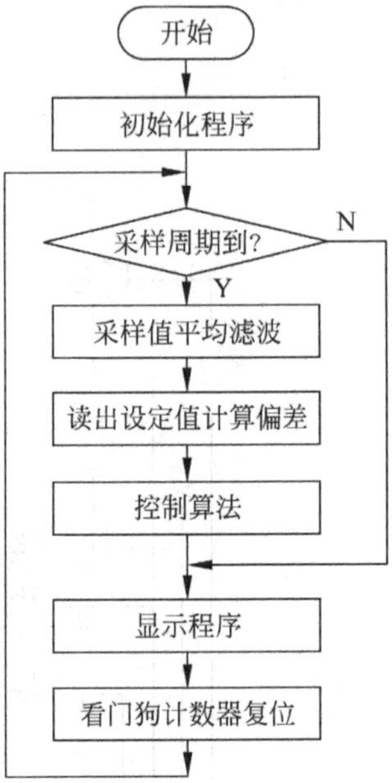

图 9.14　主程序框图

控制算法采用积分分离 PID 算法，其思路是：当偏差较大时，去掉积分作用，以避免积分饱和效应产生；当偏差较小时，重新引入积分作用，发挥积分消除静态误差的作用，从而既保证了控制精度又避免了振荡的产生。具体实现如下：

$$\beta=\begin{cases}1 & |e_i|\leqslant X\\0 & |e_i|>X\end{cases}$$

$$U_i=K_pe_i+K_I\sum_{j=0}^{k}e_j+K_D(e_i-e_{i-1})+U_0$$

式中，i 为采样序号；U_i 为第 i 次系统控制量；U_0 为刚开始计算 PID 时的控制量初值；e_i 为第 i 次输入偏差；e_{i-1} 为第 $i-1$ 次输入偏差；K_p 为比例系数；K_I 为积分系数；K_D 为微分系数；X 为积分分离阈值；β 为积分分离系数。

图 9.15 为温度采样及 PWM 输出中断程序框图。它利用 T1 的定时中断作为时基，在中断程序中对采样周期计数器进行计数，采样周期到后首先对采样周期计数器清零，然后读取 T0 的外部计数值，这个值和温度成正比，经过标度变换得

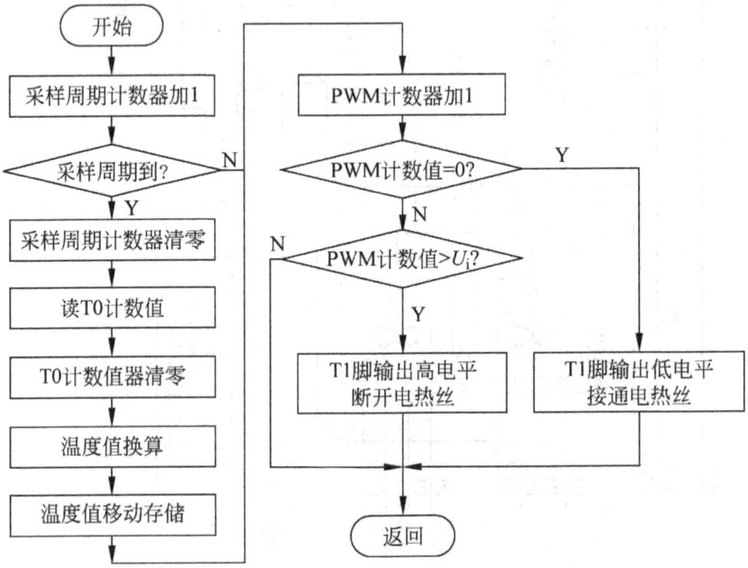

图 9.15　温度采样及 PWM 输出中断程序框图

到温度值，并利用移动存储方法将连续读取的温度值存储在内存的某个区域，在主程序中便可直接对该区域求平均值，以得到温度值的移动平均滤波值。移动平均滤波方法是：利用当前值和以前 N 个采样值求平均，具有算术平均滤波方法的优点，能克服周期性干扰，由于每次只需采集一次，还大大加快了数据处理速度。

在 T1 的每次中断，还将对 PWM 进行处理，输出控制 220V 的电热丝给电热恒温箱提供热量。因此，PWM 的最小分辨率是 T1 的定时时间，设定 PWM 计数器为 8 位，则 PWM 的周期为 T1 的定时时间的 255 倍，这就规定了 PWM 的控制量 U_i 的范围为 0～255。当 PWM 计数值＝0 说明 PWM 计数器溢出，是新的 PWM 周期开始，由 T1 引脚输出低电平接通电热丝，一直到 PWM 计数值＞U_i，T1 引脚输出高电平断开电热丝，完成一个 PWM 周期的控制。

9.3 小功率直流伺服系统

9.3.1 系统需求分析及总体设计

直流伺服系统有着广阔的应用领域，如航空航天、工业控制、工厂自动化、机器人、机床和精密加工等，而数字直流伺服系统由于可以实现高精度的位置控制、控制方式可随意改变等优点得到了广泛的应用。

本系统采用单片机和专用的运动控制单元及直流电动机驱动芯片构成小功率数字直流伺服系统，其电动机角度检测采用相对式光电脉冲编码器，控制算法采用 PID 控制算法，控制方式采用 PWM 控制。该系统具有结构紧凑、控制方便灵活等优点。其系统总体设计框图如图 9.16 所示。

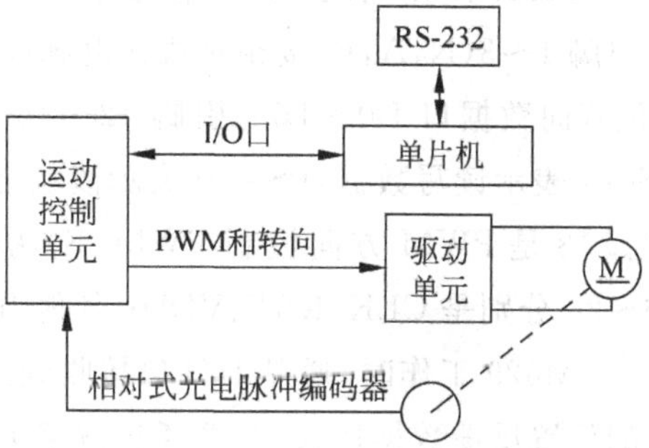

图 9.16　小功率数字直流伺服系统结构框图

9.3.2 系统硬件设计

运动控制单元采用美国国家半导体公司生产的专用芯片 LM629，它是全数字式控制的专用运动控制处理器。LM629 的内部结构框图如图 9.17 所示。LM629 内部有 8 位数据 I/O 接口接收指令和反馈状态信息；位置反馈采用相对式光电脉冲编码器，有 2 路相对编码信号输入和 1 路零位信号输入；输出控制采用 PWM 方式，控制信号包括 PWM 控制信号和 PWM 方向信号。

LM629 基本功能如下：

- 32 位位置、速度和加速度寄存器；

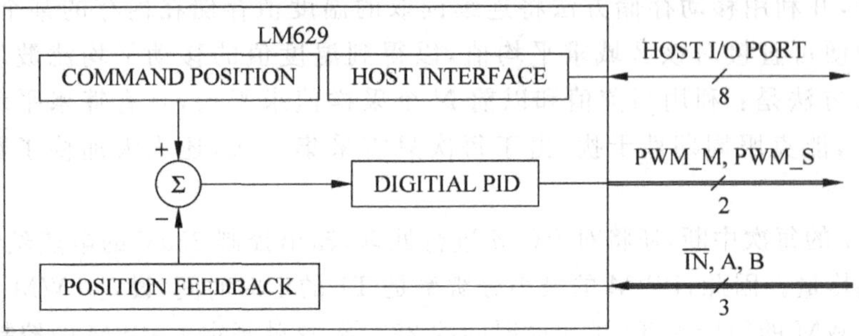

图 9.17 LM629 内部结构框图

- 16 位可编程数字增量式 PID 控制器；
- 可编程微分采样间隔；
- 8 位分辨率 PWM 输出；
- 内部梯形速度图发生器；
- 速度、位置及 PID 参数可动态改变；
- 位置和速度控制模式；
- 可编程实时中断；
- 可对编码输入进行 4 倍频处理。

LM629 工作电压 5V，工作频率 6MHz 或 8MHz，采用 28 脚双列直插式封装，其中引脚 1～3($\overline{N}$,A,B)接相对式光电脉冲编码器的输出信号 Z、A、B；引脚 4～11 是 8 位双向数据口 D0～D7；引脚 12～15 分别是$\overline{CS}$、$\overline{RD}$、GND、$\overline{WR}$；引脚 16 是$\overline{PS}$，$\overline{PS}$=1 表示读写数据，$\overline{PS}$= 0 表示读状态或写指令；引脚 17 是高电平中断请求 HI；引脚 18 是 PWM 方向控制 PWM_S；引脚 19 是 PWM 控制输出 PWM_M；引脚 26～28 分别是 CLK、$\overline{RST}$、VDD；其他引脚是空脚。

LM629 工作时，通过 I/O 口接收到的指令位置数据和来自相对式光电脉冲编码器的位置反馈数据比较，其差通过数字 PID 运算输出 PWM 控制信号。在位置控制方式时，通过 I/O 口送来的加速度、最高速度、最终位置数据，LM629 计算出运动轨迹如图 9.18(a)所示，在电动机运转时，这些数据允许在线修改，并按新的指令运转，如图 9.18(b)所示；在速度控制方式时，电动机用规定的加速度加速到规定的速度，并一直保持这一速度，直到新的速度指令执行，如果速度存在扰动，则 LM629 将保持其平均速度恒定不变。

LM629 有 5 类共 22 条指令，通过 8 位 I/O 接口进行指令及数据的传送和指令的执行，表 9.3 给出了 LM629 的指令集，这些指令大多数可在电动机运行过程中执行，详情请见 LM629 手册。

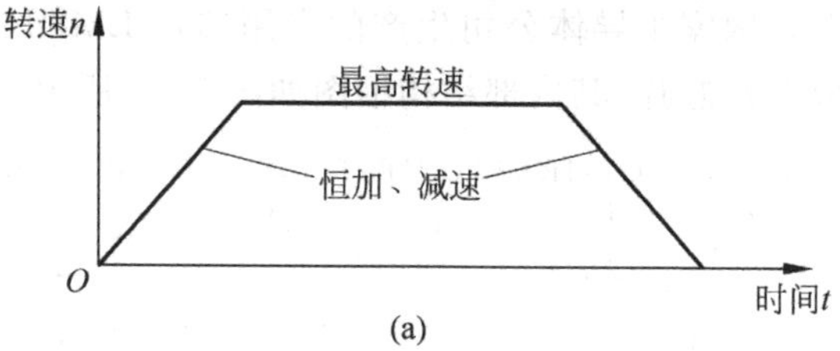

(a)

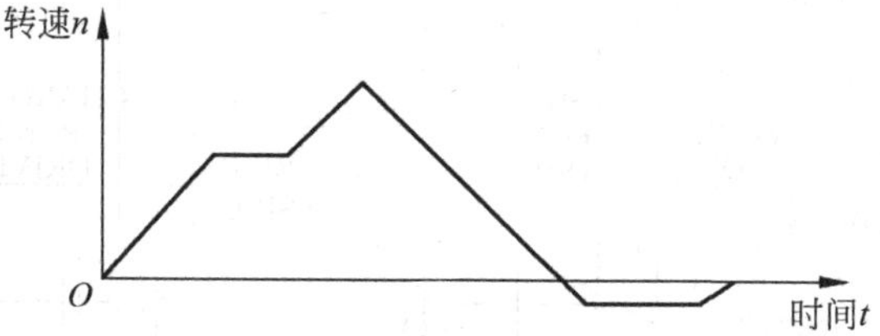

(b)

图 9.18　典型的速度轨迹

表 9.3　LM629 指令集

类型	指令	描　述	十六进制码	数据字节
复位	RESET	LM629 复位	00H	0
	PORT8	选择 8 位输出	05H	0
	DFH	定义原点	DFH	0
中断	SIP	设定索引位置中断	03H	0
	LPEI	位置误差超差中断	1BH	2
	LPES	位置误差超差停中断	1AH	2
	SBPA	绝对位置断点中断	20H	4
	SBPR	相对位置断点中断	21H	4
	MSKI	中断屏蔽	1CH	2
	RSTI	中断标志复位	1DH	2
PID	LFIL	装入 PID 参数	1EH	2～10
	UDF	PID 参数有效	04H	0
运动	LTRJ	装入运动参数	1FH	2～14
	STT	运动参数有效	01H	0
信息	RDSTAT	读状态信息	无	1
	RDSIGS	读信号寄存器	0CH	2
	RDIP	读索引位置	09H	4
	RDDP	读预定位置	08H	4
	RDRP	读实际位置	0AH	4
	RDDV	读预定速度	07H	4
	RDRV	读实际速度	0BH	2
	RDSUM	读积分和	0DH	2

驱动单元采用美国国家半导体公司生产的专用芯片 LMD18200，它是专用于直流电动机驱动的集成电路芯片，其内部结构框图如图 9.19 所示。

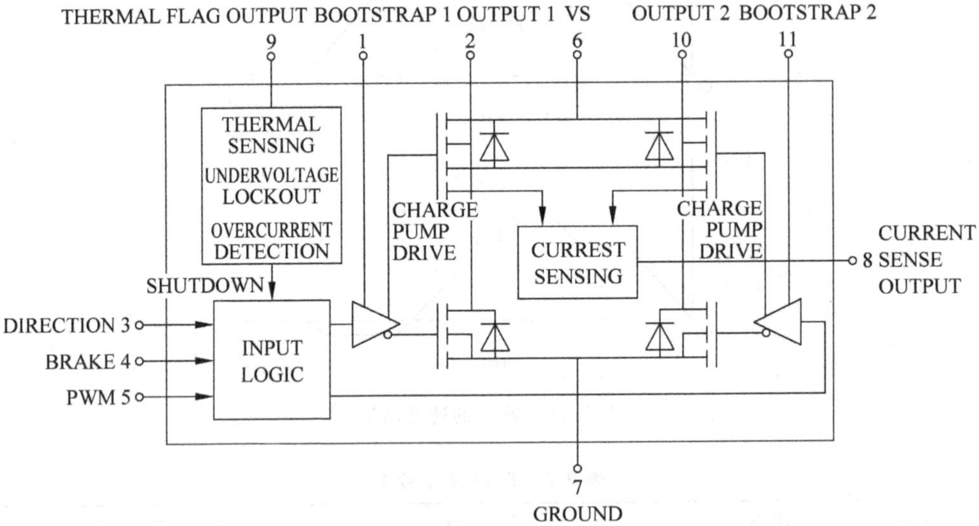

图 9.19 LMD18200 内部结构框图

LMD18200 内部集成了 4 个 DMOS 开关管，组成了一个标准的 H 型驱动桥，可提供直流电动机双极性驱动方式，上桥臂的 2 个开关管的栅极控制电压由充电泵升压电路驱动，在 300kHz 的振荡器控制下，充电泵电容可以被充至 14V 用于栅极控制，典型的上升时间是 20μs，适用于不大于 1kHz 的工作频率，要提高工作频率，可外接充电电容，形成第二个充电泵电路，提高向开关管栅极电容的充电速度，也就提高了开关管开关速度，提高了工作频率；它内部集成了电动机电流、过热检测电路及过流、过热、欠压保护电路，当电流超过 10A 时会自动封锁输出，并周期性地自动恢复输出，如果长时间过流或输出电压小于设定值(9～10V)，保护电路将关闭整个输出；它内部集成的输入逻辑不仅可控制转向、使能、PWM 输入，还能防止桥臂直通。

LMD18200 工作电压 55V，额定电流 3A，峰值电流 6A，额定输出电流 2A，输出电压 30V。它有 11 个引脚，采用 T-220 封装，其中引脚 1、11 是外接充电泵电容端 BOOTSTRAP1、BOOTSTRAP2，推荐在 1、2 端之间和 10、11 端之间接 10nF 的电容；引脚 2、10 是 H 桥输出端 OUTPUT1、OUTPUT2，接电动机电枢两端，正转时电动机电枢电流从 2 脚到 10 脚，反转时电动机电枢电流从 10 脚到 2 脚；引脚 3 是转向控制端 DIRECTION，DIRECTION =1 指示电动机正转，DIRECTION=0 指示电动机反转；引脚 4 是电动机制动控制端 BRAKE，BRAKE = 1 电动机制动，BRAKE=0 电动机受控；引脚 5～7 分别控制输入 PWM、电源 VS、地 GROUND；引脚 8 是电流检测输出端，它是电流输出，典型值是 377μA/A，可接一个对地电阻把电流转换成电压；引脚 9 是过热检测输出端 THERMAL FLAG，当结温达到 145℃

时输出低电平。

位置反馈采用相对式光电脉冲编码器，图 9.20 为相对式光电脉冲编码器原理图。它由光源发光，一片透镜收集光源光线并投射到与电机同轴安装的光电盘上，光电盘上刻有等距离的透光条纹，当它旋转时，三个光敏元件将各自接收到一个光电脉冲列，以上信号中 A、B 用于计算位移量，Z 用来做位置基准，位移脉冲信号电机每转一转时有多个，电机每转的脉冲数称为"线数"，基准信号电机每转则只有一个，A、B 信号间相差 90°，由 A、B 信号哪一个超前可以判断电机的转向，由此可见，这种器件可以在先算出每个脉冲的等效位移后，通过对脉冲计数来测量机械部件的实际位移量。目前数控设备的反馈器件大多数是这种编码器。

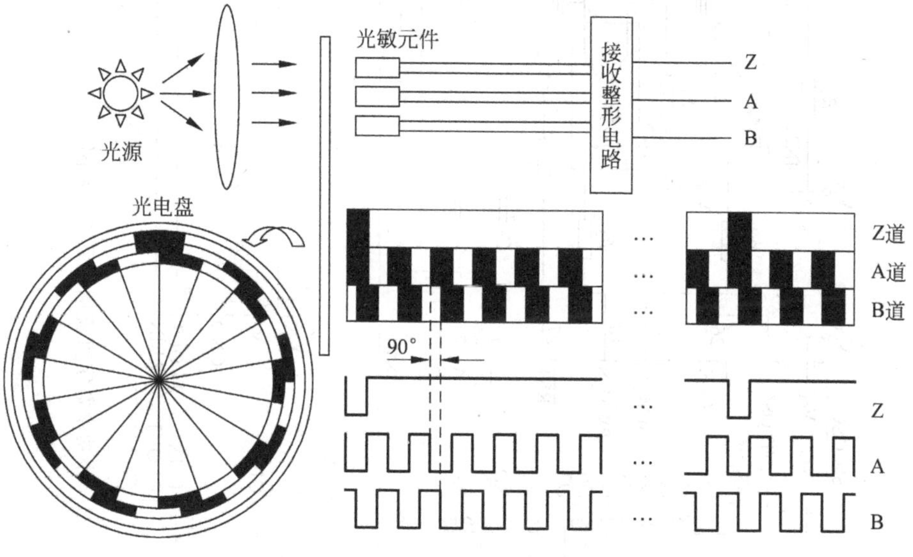

图 9.20　相对式光电脉冲编码器原理图

图 9.21 是小功率数字直流伺服系统电路图。控制单片机采用美国 ATMEL 公司生产的 AT89C51，其 P0 口和 LM629 的 I/O 口相连，用来传送数据和控制命令和查询电动机的状态和运动信息；AT89C51 的 P2.6、P2.7 分别和 LM629 的 $\overline{CS}$、$\overline{PS}$ 相连，作为选中 LM629 的地址线，$\overline{PS}=0$ 时，AT89C51 可以向 LM629 写指令或从 LM629 读状态，$\overline{PS}=1$ 时，AT89C51 可以向 LM629 写数据或从 LM629 读信息；LM629 的中断引脚 HI 经反向器与 AT89C51 的外部中断请求 INT1 相连，AT89C51 响应中断后，通过读取 LM629 的状态来判断 LM629 的 6 个中断源，并做出相应的处理；AT89C51 的引脚 T0 经驱动接了报警蜂鸣器。

LM629 的工作时钟由 6MHz 的有源晶振产生，它的 2 个输出 PWM_S 和 PWM_M 经光电隔离与 LMD18200 相连，驱动直流电动机运转。在直流电动机输出轴上安装的相对式光电脉冲编码器的输出直接连到 LM629 的 $\overline{IN}$、A、B 输入端，形成闭环反馈。LMD18200 的过热检测输出端和 AT89C51 的外部中断请求 INT0 相连，当发生过热时，AT89C51 响应中断并通过蜂鸣器报警。

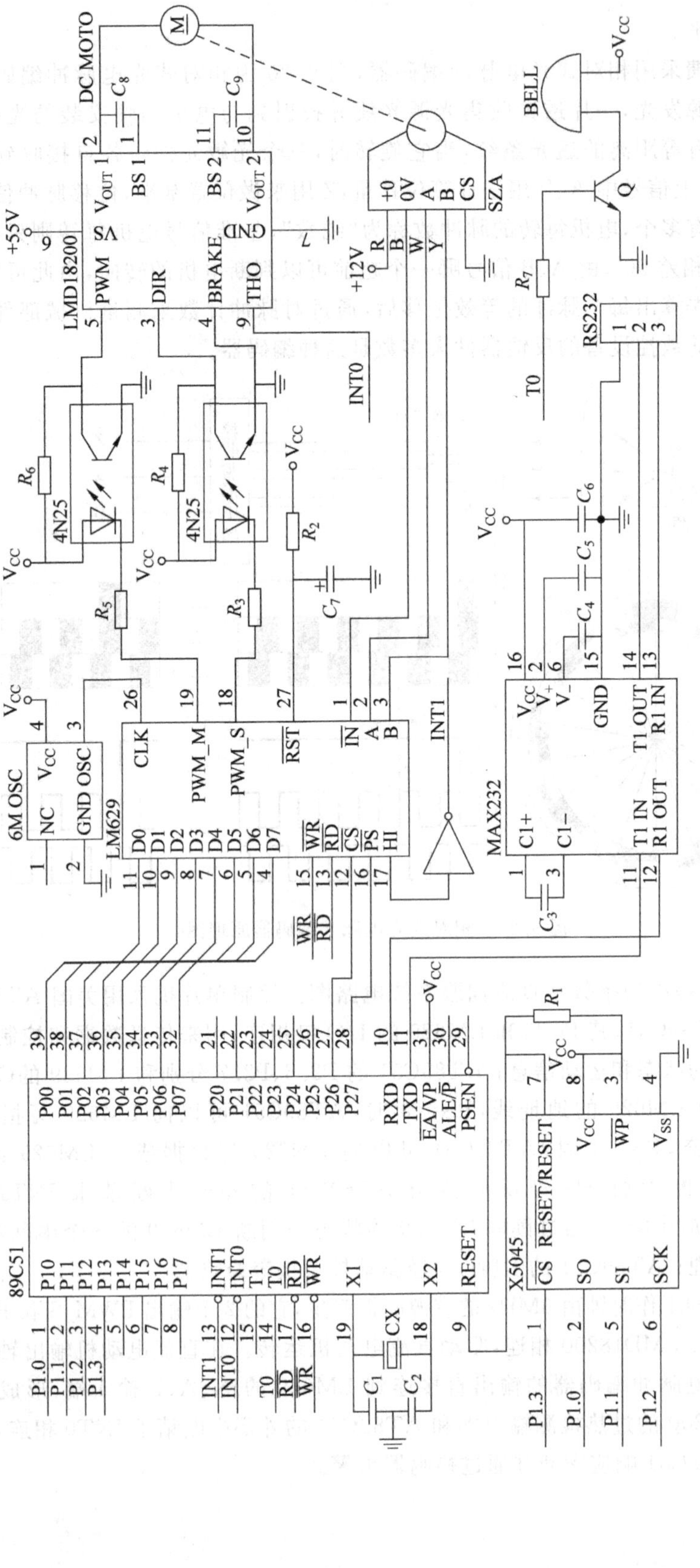

图 9.21 小功率数字直流伺服系统电路图

AT89C51 还扩展了 RS232 接口和 E^2PROM 存储器 X5045，可通过 RS232 上位机相连，接收上位机的控制指令并反馈电动机运动信息，并且还能把相关的指令及信息存储在 E^2PROM 中。当 AT89C51 死机后，X5045 带的看门狗电路将自动产生复位脉冲，使 AT89C51 复位，从而提高系统的可靠性。

由上述分析可以看出，AT89C51 的主要工作就是通过 RS232 接收上位机的控制指令，然后向 LM629 传送运动数据和 PID 控制参数，并通过 LM629 及 LMD18200 对电动机及主回路的运行进行监控，监控数据可随时被上位机查询。LM629 则根据 AT89C51 发来的数据生成速度图，进行位置跟踪、PID 控制和生成 PWM 信号输出。直流电动机由 LMD18200 驱动，工作在双极性驱动方式。

9.3.3　系统软件设计

由于系统采用了专用的运动控制处理器 LM629，因此，软件编制的工作量和复杂程度就相对较小。CPU 的主要工作就是接收指令、转送指令、状态查询反馈、故障诊断等。

图 9.22 为直流伺服系统程序框图。它主要由初始化程序和一个主循环程序组成。初始化包括对 CPU、X5045、LM629 等的初始化，CPU 的初始化包括对内存、堆栈、中断、I/O 口等的初始化，X5045 的初始化包括对存储器、看门狗等的初始化，LM629 的初始化包括复位、零点、中断、控制参数等的初始化。主循环主要实现通过 RS232 接收指令和控制参数，并将相关参数存储在 X5045 中，然后将这些指令和参数发送给 LM629，LM629 在这些指令和参数的控制下自动控制直流电动机的运转。CPU 发送完指令和数据后，就通过 LM629 和 LMD18200 查询系统的运行状态和故障，如有故障就通过蜂鸣器报警。如 CPU 通过 RS232 接收的指令中要求返回系统

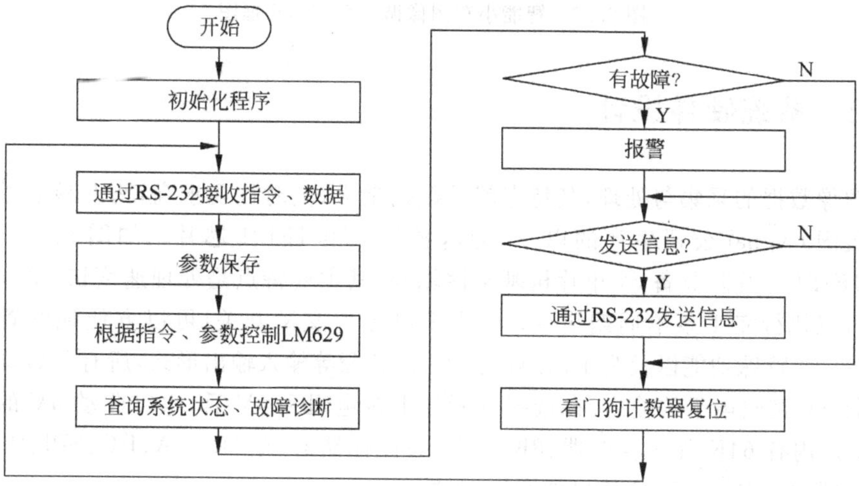

图 9.22　直流伺服系统程序框图

信息,则CPU又通过RS232返回系统信息。CPU在对看门狗计数器清零复位后又进入下次循环。

9.4 智能小车图像循迹系统

9.4.1 系统需求分析及总体设计

要求智能小车能在白底黑线的跑道上自主循迹,在弯道多、有上下坡的跑道上高速行驶。系统涉及图像获取、识别以及智能车方向、速度控制等相关内容。

整个系统应包括以下基本模块:核心控制器、图像传感器、电机模块、舵机模块,并辅以按键和显示模块。本系统用摄像头获取车模前方赛道图形,通过主控芯片C8051F121采集图像信号,获得图像数据。采用适当的图像处理算法分析图像数据,提取目标引导线。系统根据目标引导线的位置信息,对舵机和电机施以适当的控制。系统的总体框图如图9.23所示。

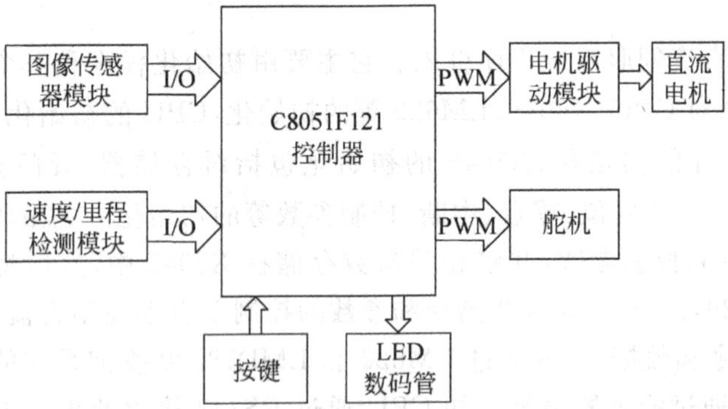

图9.23 智能小车图像循迹系统结构框图

9.4.2 系统硬件设计

图像数据的采集与处理,其特点就是数据量大,实时性要求高,为此核心处理器采用美国Cygnal公司生产的以51为内核的C8051F121芯片。如图9.24所示,C8051F121芯片除具备51单片机基本性能外,其主要特点是处理速度快,平均每个时钟可以执行完1条单周期指令;引入I/O端口交叉开关,可以方便地配置选择I/O端口的特殊功能以及为单向/双向、上拉、开漏等输入输出形式,所有I/O端口可以接收5V逻辑电平的输入,在选择开漏加上拉电阻到5V后,也可驱动5V的逻辑器件;片内有64K程序存储器、8K+256数据存储器、A/D、D/A、I^2C、SPI、PCA等丰富的模块;支持JTAG接口的在线调试。

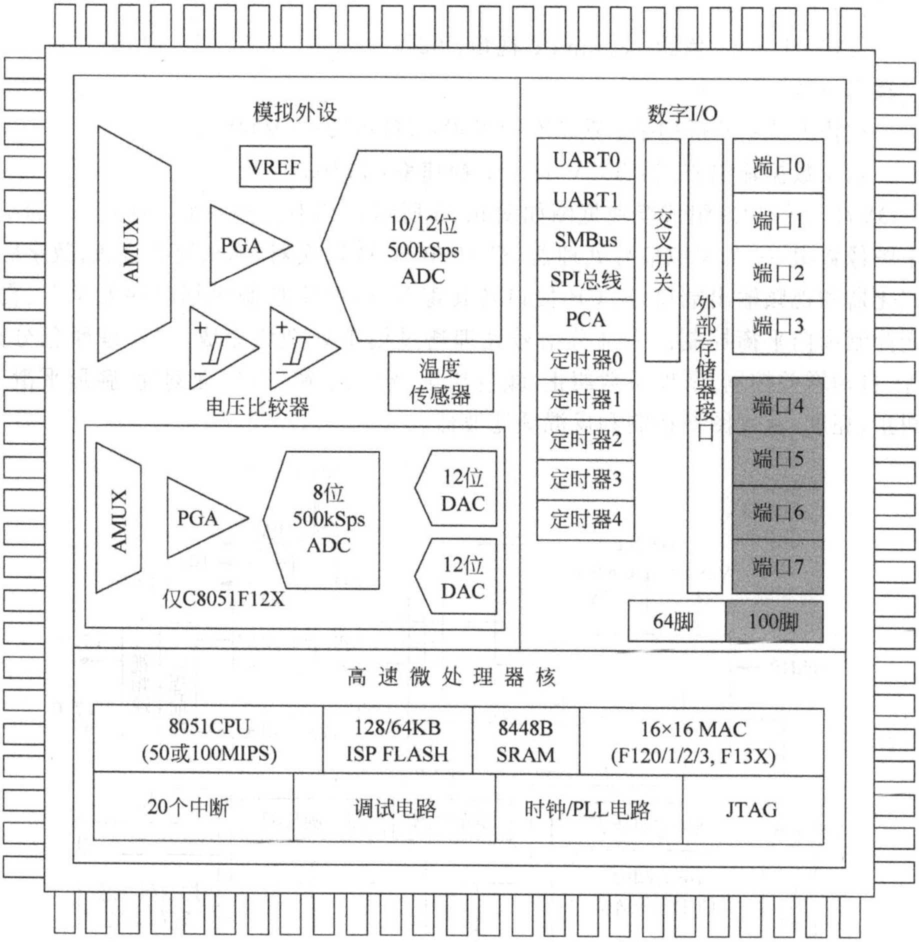

图 9.24　C8051F121 内部功能模块图

图像模块是整个系统的关键。本节主要介绍图像传感器选型、图像格式和原理、图像传感器和主控芯片的接口。其他模块参见以前章节。

为了降低电路功耗，简化电源设计，本系统采用数字摄像头 OV7620。

OV7620 是 1/3in 数字式 CMOS 彩色/黑白图像传感器。总有效像素单元为 664(水平方向)×492(垂直方向)，默认输出像素为 640×480；内置 10 位双通道 A/D 转换器，输出数据格式包括 YUV、YCrCb、RGB 三种；具有自动增益和自动白平衡控制，能进行亮度、对比度、饱和度等多种调节功能；其视频时序产生电路可产生行同步、场同步、混合视频同步等多种同步信号和像素时钟等多种时序信号；5V 电源供电，工作时功耗小于 120mW，待机功耗小于 10μW。

基本参数：

大小：33×27×24mm；电源：DC5V。

镜头：

规格：1/3in；焦距：3.6mm；视角：92°。

技术参数：

扫描方式：隔行扫描；默认有效像素：(H)640×(V)480；

默认数据输出格式：YUV 16bit；帧速率：30fps。

OV7620的功能组成模块框图如图9.25所示。其中包括一个664×492的高分辨率图像数组，一个模拟信号处理器，双10bit A/D转换器，模拟视频合成，数字数据格式化器和视频输出端口，SCCB接口及其寄存器，数字控制包括时序发生器、自动曝光控制和白平衡控制。大部分信号处理通过模拟处理块完成，它处理颜色分离、矩阵、自动增益控制、灰度系数纠正、颜色纠正、彩色平衡、黑标准刻度、膝形平滑、孔径纠正、亮度、色度图像控制和反混叠滤波器。

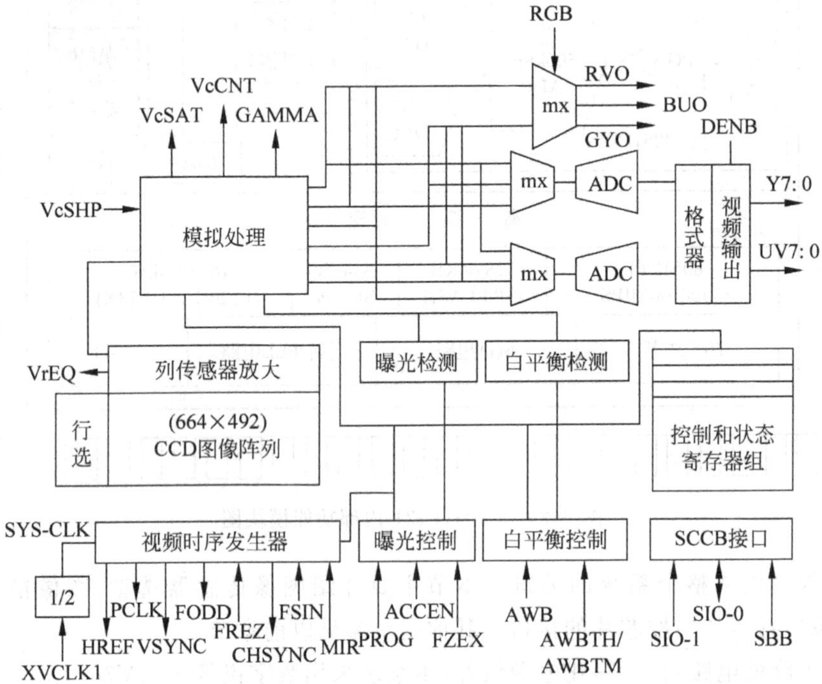

图9.25 OV7620功能组成模块框图

摄像头的主要工作原理是：按一定的分辨率，以隔行扫描的方式采样图像上的点，当扫描到某点时，通过图像传感芯片内部处理后，输出该点的亮度和色度值。具体而言，对于OV7620，按照每秒60场(先奇场，后偶场)的速度，按从上到下，从左到右的顺序输出一幅图像。该图像有240行，每行有640个像素，每个像素在像素时钟PCLK上升沿有效，行同步时钟HREF为高表示行有效，场同步时钟每场有持续200μs的高电平表示一场开始。同步时钟的时序图如图9.26和图9.27所示。

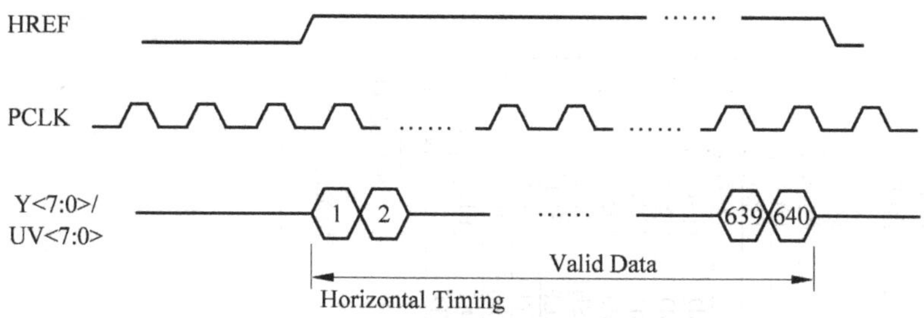

图 9.26 OV7620 水平同步、像素同步和数据的关系

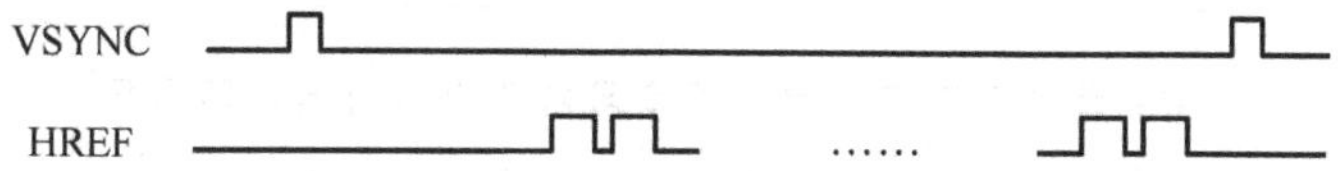

图 9.27 OV7620 垂直同步和水平同步的关系

OV7620 的电路图和应用连接图如图 9.28 所示。其输出电平符合 TTL 5V 标准,可以直接和 5V 单片机的 I/O 口连接。OV7620 的默认输出是 YUV 格式,其中 Y 表示亮度,UV 表示色度,它们共同表示一个彩色像素。由于本系统只需要识别白色底板和黑色引导线,故只需处理亮度信号 Y。为了保证系统采集图像信号的实时性,本系统把 VSYNC 和 HREF 分别接单片机的两个外部中断请求引脚,把 Y0 到 Y7 分别接到单片机的一组数据口 P0.0 到 P0.7。采集时先捕捉场中断,后捕捉行中断,在行中断中读取 P0 口即可完成图像数据采集。OV7620 提供了 SCCB 总线,用于修改摄像头参数,本系统也提供了接口。接口 JP1 的引脚定义见表 9.4。

表 9.4 OV7620 接口引脚功能

引 脚	名 称	功 能 说 明
1	CHSYNC	复合同步信号输出
2～9	Y0～Y7	Y 总线数字输出,在默认 16bit 模式下,每个像素时钟输出 1 字节的亮度数据
10	PCLK	像素时钟输出,上升沿时表示数据有效
11	GND	地
12	GND	地
13	V_{DD}	5V 供电
14	V_{DD}	5V 供电
15	RESET	复位输入,高电平有效
16～23	UV0～UV7	UV 总线数字输出,在默认 16bit 模式下,输出色度信号
24	HREF	水平同步信号,高电平表示信号有效
25	FODD	奇偶场标志,奇场为高,偶场为低
26	VSYNC	垂直同步信号,每场之前持续几个行周期高电平,表示一场开始
27	GND	地
28	VTO	模拟视频输出(NTSC 格式,可接监视器)
29	SIO-0	SCCB 串口数据输入
30	SIO-1	SCCB 串口时钟输入

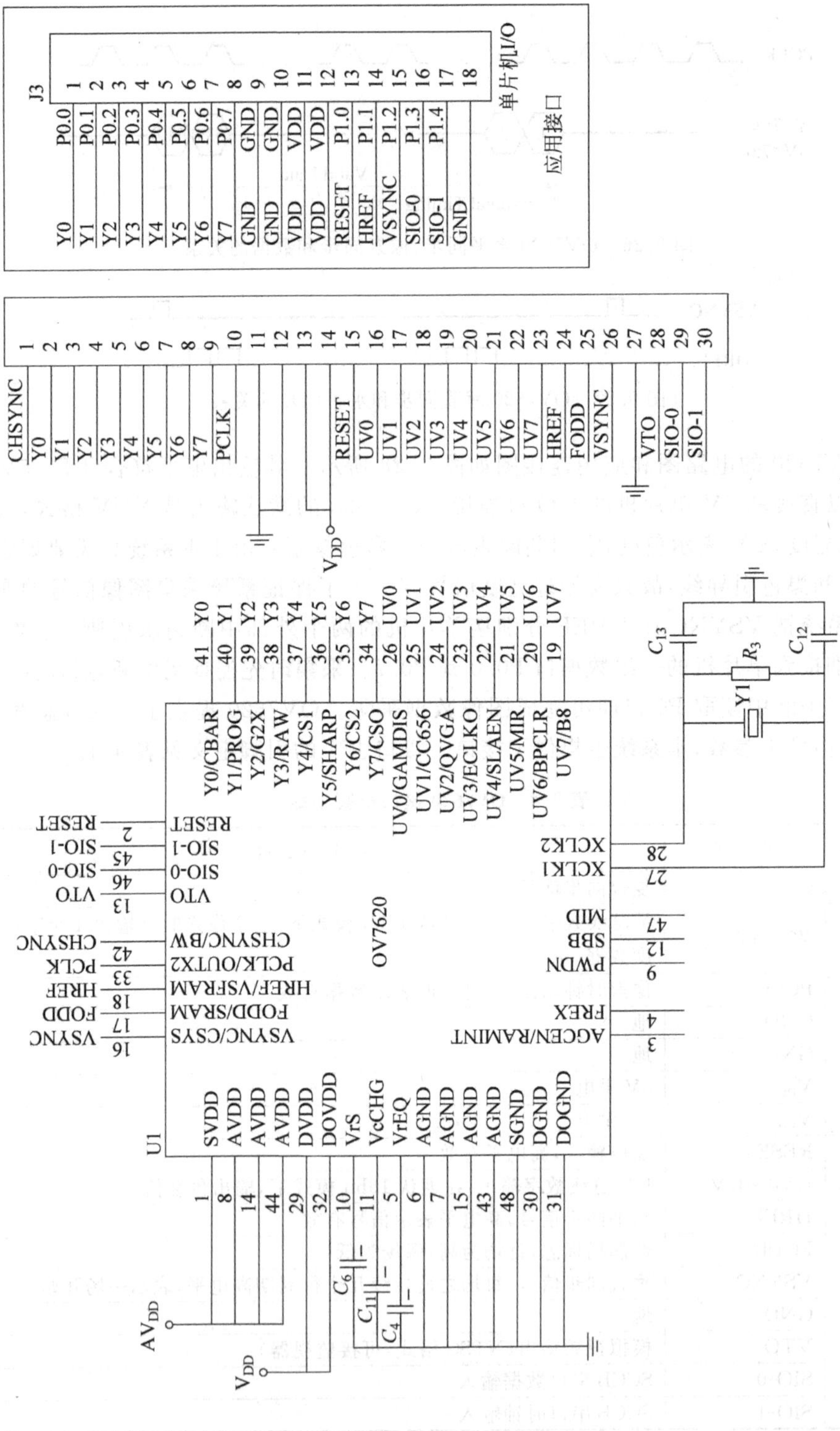

图 9.28 OV7620电路图及应用接口图

单片机的应用接口如图 9.28 所示，根据 OV7620 的需要，通过接口交叉开关设置 P0 口为输入口，接收图像数据；P1.0 为输出位，控制 OV7620 的复位；P1.1 和 P1.2 设置为外部中断 INT0 和 INT1，接收 OV7620 的行、场信号；P1.3 和 P1.4 设置为 SMBus，连接 OV7620 的 SCCB，对其进行设置或初始化。

摄像头的安装示意图如图 9.29 所示。摄像头的安装位置应谨慎选取。安装位置太低，会导致视域不够广阔，影响寻线的有效范围；安装位置太高，引导线会变得过窄而无法被检测到，而且赛车系统会因重心变高而稳定性变差。根据控制需要，摄像头高度在 20cm 左右为宜。

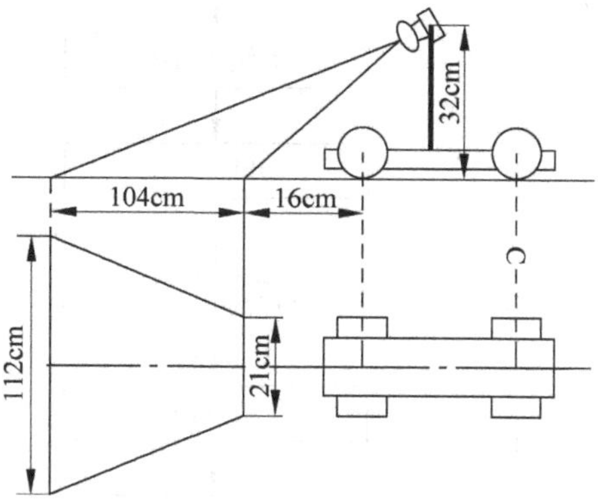

图 9.29　摄像头安装示意图

9.4.3　系统软件设计

智能小车的软件系统采用模块化的程序结构。系统的软件设计包括小车的状态信息检测、控制算法和执行控制三大部分。其中，状态信息检测部分包括道路信息检测、速度检测和路程检测。道路信息检测由 CCD 摄像头视频信号采集和处理两部分组成；控制系统分为方向控制系统与速度控制系统。方向控制系统能使智能车沿着导引黑线行驶而不至偏移。速度控制能使智能车在直道上加速行驶而在入弯时刹车减速以尽量提高行驶速度和避免因入弯速度过快而造成的冲出赛道。

图 9.30 为主程序、场中断、行中断程序框图。主程序主要由初始化程序和一个主循环程序组成。其思路是利用摄像头的场中断的周期 20ms 作为控制周期。每个控制周期完成图像采集、路径搜索/识别、路径规划、控制舵机转向、速度调节功能。场中断主要完成每场采集变量的重置，开启行中断。行中断中进行一行像素点的采集。图像数据存放在一个二维数组中，该数组的数据每场更新一次。

系统主要由图像处理和控制算法两部分组成。图像处理包括图像采集，黑线位置提取，去干扰和失真校正；控制算法包括赛道特征分析和速度、转向的控制。图像处理和算法研究是整个摄像头方案中最为困难和复杂的部分：在前面已经得到充分的赛道图像信息的基础上，将其转换成为一个二维数组。然后对白色底板、黑线引导线的赛道进行图像处理，得到黑色引导线的位置。在进行图像处理的同时，图像信息的更新正在同步进行。黑色引导线的准确、可靠提取是控制算法的基础，因为接下来的速度预判控制和舵机转向控制都是利用了黑线的位置作为最主要参数。其中速度预判控制主要是利用了多行的黑线中心信息，判断其前方是弯道还是直道，如果是弯道，则还可以通过其与中心平均位置的位移之和来大致判断其弯曲程度。然后根据该参数进行合理的速度控制。同时，舵机的转向也可以根据不同赛道情况选择性地合理利用视频信号来做到准确可靠的转向控制。

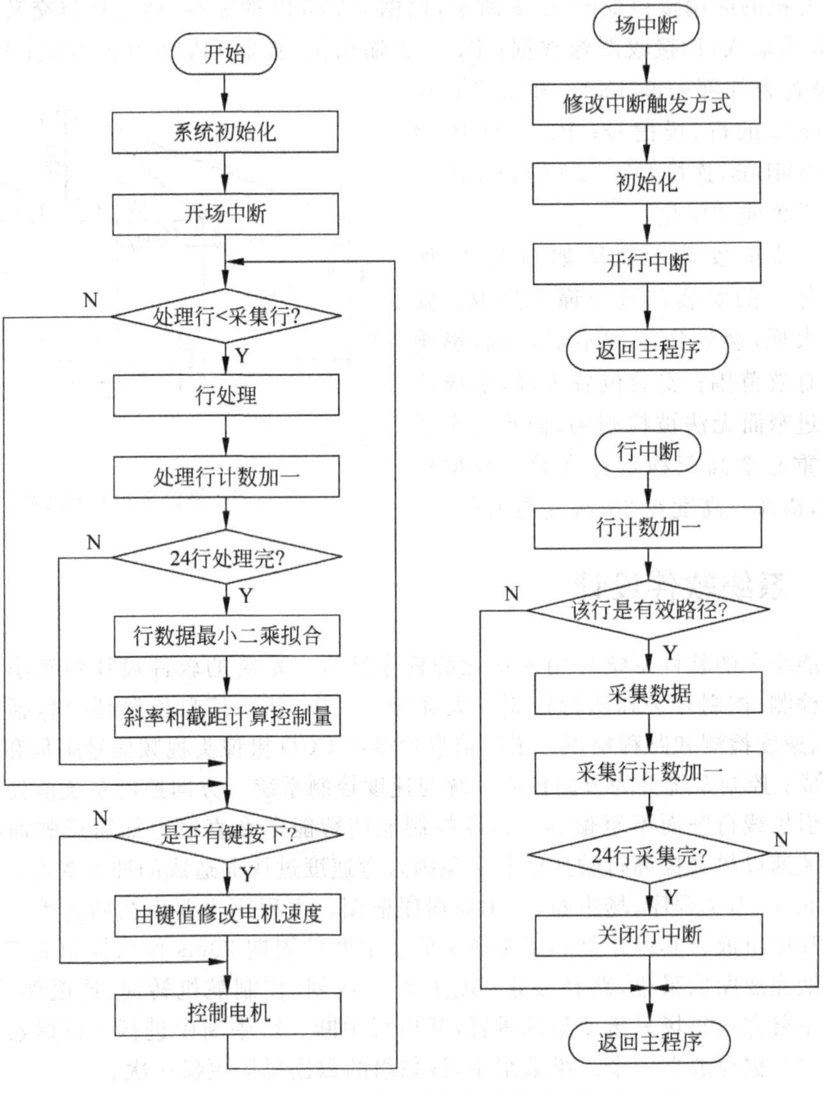

图 9.30 主程序、场中断、行中断程序框图

摄像头采用的是隔行扫描的方式，为方便设计，忽略奇场和偶场在扫描位置上的细微差别，认为奇、偶场的扫描位置相同。所用摄像头每场能输出 240 行，每行 640 个像素，这已远远超出了系统所需的精度要求。实际没必要对这 240 行中的每一行视频信号都进行采样，以免增大单片机存储和数据处理的负担，甚至会超出单片机的处理能力。实际中，小车的定位系统在纵向上只需 10～20 像素的分辨能力，因此，只需对这 240 行视频信号中的某些行进行采样即可。

同理，横向上也不需要 640 像素。在采集时不用像素同步信号 PCLK，是因为就单片机的中断处理系统而言，PCLK 的频率太高，系统无法及时响应。解决办法是捕捉行同步信号 HREF，在中断服务程序里采集所需的像素，可用延时控制采集像素之间的间隔，以做到在一行的时间里平均采集。

图像处理及去干扰是视频功能模块的重点。图像处理的主要工作是黑线位置的计算和梯形失真的校正。一场图像的持续时间为 20ms，为了达到实时图像处理的要求，必须把图像处理、去干扰和控制算法的执行时间控制在 20ms 以内，保证控制周期为 20ms。

习题

9.1　了解将模拟量转换为数字量的方法及特点，并上机验证。

9.2　了解采样周期对被采样信号及系统性能指标的影响，并上机验证。

9.3　了解单片机抗干扰的硬件措施和软件措施，并上机验证。

9.4　了解 PWM 控制的特点及 PWM 的频率对输出平均电压的影响，并上机验证。

9.5　了解 PID 基本控制算法及改进算法的特点以及 PID 各参数对系统性能指标的影响，并上机验证。

附录A MCS-51系列单片机指令表

助记符	操作数	指令功能	机器代码	字节数	机器周期数	对标志位的影响			
						CY	OV	AC	P
MOV	A，@Ri	(R*i*)→ A	E6H,E7H	1	1	×	×	×	√
MOV	A，Rn	R*n* → A	E8H～EFH	1	1	×	×	×	√
MOV	A，＃data	data → A	74H	2	1	×	×	×	√
MOV	A，direct	(direct)→ A	E5H	2	1	×	×	×	√
MOV	@Ri，A	A →(R*i*)	F6H,F7H	1	1	×	×	×	×
MOV	@Ri,direct	(direct) →(R*i*)	A6H,A7H	2	2	×	×	×	×
MOV	@Ri，＃data	data → (R*i*)	76H,77H	2	1	×	×	×	×
MOV	Rn，A	A → R*n*	F8H～FFH	1	1	×	×	×	×
MOV	Rn，direct	(direct)→ R*n*	A8H～AFH	2	2	×	×	×	×
MOV	Rn，＃data	data → R*n*	78H～7FH	2	1	×	×	×	×
MOV	direct，A	A →(direct)	F5H	2	1	×	×	×	×
MOV	direct，@Ri	(R*i*) →(direct)	86H,87H	2	2	×	×	×	×
MOV	direct，Rn	R*n* →(direct)	88H～8FH	2	2	×	×	×	×
MOV	direct1，direct2	(direct2)→(direct1)	85H	3	2	×	×	×	×
MOV	direct，＃data	data→(direct)	75H	3	2	×	×	×	×
MOV	DPTR，＃data16	data16 → DPTR	90H	3	2	×	×	×	×
MOVC	A,@A+DPTR	(A+DPTR) →A	93H	1	2	×	×	×	√
MOVC	A，@A+PC	PC+1→PC (A+PC) →A	83H	1	2	×	×	×	√
MOVX	A，@Ri	(R*i*)→ A	E2H,E3H	1	2	×	×	×	√
MOVX	A，@DPTR	(DPTR)→ A	E0H	1	2	×	×	×	√
MOVX	@Ri，A	A → (R*i*)	F2H,F3H	1	2	×	×	×	×
MOVX	@DPTR，A	A → (DPTR)	F0H	1	2	×	×	×	×
PUSH	direct	SP+1→SP (direct)→(SP)	C0H	2	2	×	×	×	×
POP	direct	(SP)→(direct),SP−1→ SP	D0H	2	2	×	×	×	×
XCH	A，@Ri	A↔(R*i*)	C6H,C7H	1	1	×	×	×	√
XCH	A，Rn	A↔R*n*	C8H～CFH	1	1	×	×	×	√
XCH	A，direct	A↔(direct)	C5H	2	1	×	×	×	√
XCHD	A，@Ri	A3～0↔(R*i*)3～0	D6H,D7H	1	1	×	×	×	√

续表

助记符	操作数	指令功能	机器代码	字节数	机器周期数	对标志位的影响			
						CY	OV	AC	P
SWAP	A	A7～4↔A3～0	C4H	1	1	×	×	×	×
ADD	A，@Ri	A+(Ri) → A	26H,27H	1	1	√	√	√	√
ADD	A，Rn	A+Rn → A	28H～2FH	1	1	√	√	√	√
ADD	A，direct	A+(direct) → A	25H	2	1	√	√	√	√
ADD	A，#data	A+data → A	24H	2	1	√	√	√	√
ADDC	A，@Ri	A+(Ri)+CY→ A	36H,37H	1	1	√	√	√	√
ADDC	A，Rn	A+Rn+CY → A	38H～3FH	1	1	√	√	√	√
ADDC	A，direct	A+(direct)+CY→A	35H	2	1	√	√	√	√
ADDC	A，#data	A+data+CY → A	34H	2	1	√	√	√	√
SUBB	A，@Ri	A−(Ri)−CY → A	96H,97H	1	1	√	√	√	√
SUBB	A，Rn	A−Rn−CY → A	98H～9FH	1	1	√	√	√	√
SUBB	A，direct	A−(direct)−CY→A	95H	2	1	√	√	√	√
SUBB	A，#data	A−data−CY → A	94H	2	1	√	√	√	√
INC	A	A+1→A	04H	1	1	×	×	×	√
INC	@Ri	(Ri)+1→(Ri)	06H,07H	1	1	×	×	×	×
INC	Rn	Rn+1→Rn	08H～0FH	1	1	×	×	×	×
INC	DPTR	DPTR+1→DPTR	A3H	1	1	×	×	×	×
INC	direct	(direct)+1→(direct)	05H	2	1	×	×	×	×
DEC	A	A−1→A	14H	1	1	×	×	×	√
DEC	@Ri	(Ri)−1→(Ri)	16H,17H	1	1	×	×	×	×
DEC	Rn	Rn−1→Rn	18H～1FH	1	1	×	×	×	×
DEC	direct	(direct)−1→(direct)	15H	2	1	×	×	×	×
MUL	AB	A×B→BA	A4H	1	4	0	×	√	√
DIV	AB	A/BA…B	84H	1	4	0	×	√	√
DA	A	对A进行十进制调整	D4H	1	1	√	√	√	√
ANL	A，@Ri	A∧(Ri) → A	56H,57H	1	1	×	×	×	√
ANL	A，Rn	A∧Rn → A	58H～5FH	1	1	×	×	×	√
ANL	A，direct	A ∧(direct)→ A	55H	2	1	×	×	×	√
ANL	A，#data	A∧data → A	54H	2	1	×	×	×	√
ANL	direct，A	(direct)∧A →(direct)	52H	2	1	×	×	×	×
ANL	direct，#data	(direct)∧data→(direct)	53H	3	2	×	×	×	×
ORL	A，@Ri	A∨(Ri) → A	46H,47H	1	1	×	×	×	√
ORL	A，Rn	A∨Rn → A	48H～4FH	1	1	×	×	×	√
ORL	A，direct	A ∨(direct)→ A	45H	2	1	×	×	×	√
ORL	A，#data	A∨data → A	44H	2	1	×	×	×	√
ORL	direct，A	(direct) ∨A →(direct)	42H	2	1	×	×	×	×
ORL	direct，#data	(direct) ∨data →(direct)	43H	3	2	×	×	×	×

续表

助记符	操作数	指令功能	机器代码	字节数	机器周期数	对标志位的影响			
						CY	OV	AC	P
XRL	A, @Ri	A ⊕(R*i*) → A	66H,67H	1	1	×	×	×	√
XRL	A, Rn	A ⊕ R*n* → A	68H～6FH	1	1	×	×	×	√
XRL	A, direct	A ⊕(direct)→ A	65H	2	1	×	×	×	√
XRL	A, #data	A ⊕ data → A	64H	2	1	×	×	×	√
XRL	direct, A	(direct) ⊕ A → (direct)	62H	2	1	×	×	×	×
XRL	direct, #data	(direct) ⊕ data → (direct)	63H	3	2	×	×	×	×
CLR	A	0 → A	E4H	1	1	×	×	×	√
CPL	A	$\overline{A}$ → A	F4H	1	1	×	×	×	×
RL	A	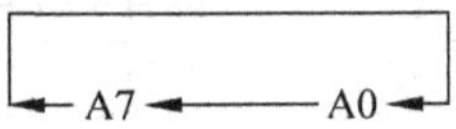 A7 A0	23H	1	1	×	×	×	×
RR	A	 A7 A0	03H	1	1	×	×	×	×
RLC	A	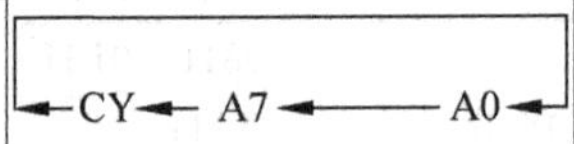 CY A7 A0	33H	1	1	√	×	×	√
RRC	A	 CY A7 A0	13H	1	1	√	×	×	√
NOP		PC+1→PC，空操作	00H	1	1	×	×	×	×
AJMP	addr11	addr11→PC0～PC10	*1	2	2	×	×	×	×
LJMP	addr16	addr16→PC	02H	3	2	×	×	×	×
SJMP	rel	PC+2+rel→PC	80H	2	2	×	×	×	×
JMP	@A+DPTR	A+DPTR→PC	73H	1	2	×	×	×	×
JZ	rel	A=0, PC+2+rel→PC; A≠0, PC+2→PC	60H	2	2	×	×	×	×
JNZ	rel	A≠0, PC+2+rel→PC; A=0, PC+2→PC	70H	2	2	×	×	×	×
CJNE	A, direct, rel	A=(direct), 0→CY, PC+3→PC; A>(direct), 0→CY, PC+3+rel→PC; A<(direct), 1→CY, PC+3+rel→PC	B5H	3	2	√	×	×	×
CJNE	A, #data, rel	A=data, 0→CY, PC+3→PC; A>data, 0→CY, PC+3+rel→PC; A<data, 1→CY, PC+3+rel→PC	B4H	3	2	√	×	×	×

续表

助记符	操作数	指令功能	机器代码	字节数	机器周期数	对标志位的影响			
						CY	OV	AC	P
CJNE	@Ri, # data, rel	(R*i*) = data, 0→CY, PC+3→PC; (R*i*)>data, 0→CY, PC+3+rel→PC; (R*i*)<data, 1→CY, PC+3+rel→PC	B6H, B7H	3	2	√	×	×	×
CJNE	Rn, # data, rel	R*n*= data, 0→CY, PC+3→PC; R*n*>data, 0→CY, PC+3+rel→PC; R*n*<data, 1→CY, PC+3+rel→PC	B8H～BFH	3	2	√	×	×	×
DJNZ	Rn, rel	R*n*−1→R*n*; R*n*≠0, PC+2+rel→PC; R*n*=0, PC+2→PC	D8H～DFH	2	2	×	×	×	×
DJNZ	direct, rel	(direct)−1→(direct); (direct)≠0, PC+2+rel→PC; (direct)=0, PC+2→PC	D5H	3	2	×	×	×	×
ACALL	addr11	PC+2→PC; SP+1→SP, PC7～PC0→(SP); SP+1→SP, PC15～PC8→(SP); addr11→PC10～PC0	* 2	2	2	×	×	×	×
LCALL	addr16	PC+3→PC; SP+1→SP, PC7～PC0→(SP); SP+1→SP, PC15～PC8→(SP); addr16→PC	12H	3	2	×	×	×	×
RET		(SP)→PC15～PC8, SP−1→SP; (SP)→PC7～PC0, SP−1→SP	22H	1	2	×	×	×	×
RETI		(SP)→PC15～PC8, SP−1→SP; (SP)→PC7～PC0, SP−1→SP; 清除对应的中断优先级状态位，恢复中断逻辑	32H	1	2	×	×	×	×
ANL	C, bit	C∧bit→C	82H	2	2	√	×	×	×
ANL	C, /bit	$C\wedge\overline{bit}\rightarrow C$	B0H	2	2	√	×	×	×
ORL	C, bit	C∨bit→C	72H	2	2	√	×	×	×
ORL	C, /bit	$C\vee\overline{bit}\rightarrow C$	A0H	2	2	√	×	×	×

续表

助记符	操 作 数	指 令 功 能	机 器 代 码	字节数	机器周期数	对标志位的影响			
						CY	OV	AC	P
CPL	C	$\overline{C}$→ C	B3H	1	1	√	×	×	×
CPL	bit	$\overline{bit}$→ bit	B2H	2	1	×	×	×	×
SETB	C	1 → C	D3H	1	1	1	×	×	×
SETB	bit	1 → bit	D2H	2	1	×	×	×	×
CLR	C	0 → C	C3H	1	1	0	×	×	×
CLR	bit	0 → bit	C2H	2	1	×	×	×	×
MOV	C，bit	bit → C	A2H	2	1	√	×	×	×
MOV	bit，C	C → bit	92H	2	2	×	×	×	×
JC	rel	C=1，PC+2+rel→ PC， C=0，PC+2 → PC	40H	2	2	×	×	×	×
JNC	rel	C=0，PC+2+rel→ PC， C=1，PC+2 → PC	50H	2	2	×	×	×	×
JB	bit，rel	bit=1，PC+3+rel→PC， bit=0，PC+3→ PC	20H	3	2	×	×	×	×
JNB	bit，rel	bit=0，PC+3+rel→PC， bit=1，PC+3→ PC	30H	3	2	×	×	×	×
JBC	bit，rel	bit=1，PC+3+rel→PC， 且 0 → bit bit=0，PC+3→ PC	10H	3	2	×	×	×	×

注：

* 1：$d_{10}d_9d_8 00001 d_7d_6d_5d_4d_3d_2d_1d_0$

* 2：$d_{10}d_9d_8 10001 d_7d_6d_5d_4d_3d_2d_1d_0$

其中 d_{10}～d_0 为 addr11 中的各位。

参考文献

[1] 宋宏远,杨天怡.单片微型计算机原理及应用[M].重庆：重庆大学出版社,1990.

[2] 蒋廷彪,等.单片机原理及应用(MCS-51)[M].重庆：重庆大学出版社,2003.

[3] 李全利,迟荣强.单片机原理及接口技术[M].北京：高等教育出版社,2004.

[4] 张毅刚,彭喜元.单片机原理与应用设计[M].北京：电子工业出版社,2008.

[5] 张迎新,等.单片机原理及应用[M].北京：电子工业出版社,2004.

[6] 姜志海,等.单片机原理及应用[M].北京：电子工业出版社,2005.

[7] 张齐,杜群贵.单片机应用系统设计技术——基于C语言编程[M].北京：电子工业出版社,2004.

[8] 赵德安.单片机原理与应用[M].2版.北京：机械工业出版社,2009.

[9] 陈光东,赵性初.单片微型计算机原理与接口技术[M].武汉：华中科技大学出版社,1999.

[10] 朱定华.单片机原理及接口技术实验[M].北京：清华大学出版社,北京交通大学出版社,2002.

[11] 余永权,汪明慧,黄英.单片机在控制系统中的应用[M].北京：电子工业出版社,2004.

[12] 何立民.单片机初级教程[M].北京：北京航空航天大学出版社,2000.

[13] 何立民.单片机应用技术选编1[M].北京：北京航空航天大学出版社,1993.

[14] 王晓明.电动机的单片机控制[M].北京：北京航空航天大学出版社,2002.

[15] 周航慈.单片机应用程序设计技术(修订版)[M].北京：北京航空航天大学出版社,2002.

[16] 黄勤.微型计算机控制技术[M].北京：机械工业出版社,2009.

[17] 徐君明,许铁军,黄年松.嵌入式硬件设计[M].北京：中国电力出版社,2004.

[18] Michael Barr,Anthony Massa.嵌入式系统编程.王映辉,王琼芳,李军怀,等译.北京：中国电力出版社,2009.

[19] 肖看,李群芳.单片机原理、接口及应用——嵌入式系统技术基础[M].2版.北京：清华大学出版社,2010.

[20] 杜鹏.12位并行模/数转换芯片AD1674及其应用[J].国外电子元器件.2001(8):33-35.

[21] 王玉永,曾云,金湘亮,等.模数转换技术及其发展趋势[J].半导体技术.2003(8):7-10.

[22] 阙大顺,高勇,王燕莉.Σ-Δ模数转换器工作原理及应用[J].武汉理工大学学报(交通科学与工程版).2003(6):864-867.

[23] AT89C51 数据手册 http://www.atmel.com/

[24] AT89C2051 数据手册 http://www.atmel.com/

[25] X5045 数据手册 http://www.intersil.com/

[26] AD7731 数据手册 http://www.analog.com/

[27] LM629 数据手册 http://www.national.com/

[28] LMD18200 数据手册 http://www.national.com/

[29] OV7620 数据手册 http://www.ovt.com/

[30] C8051F12X 数据手册 http://www.xhl.com.cn/

[31] 单片机学习网：http://www.mcustudy.com/

[32] 51单片机学习网：http://www.51c51.com/
[33] 浙江师范大学"单片机原理及应用"省级精品课程网站：http://course.zjnu.cn/dpjyl/default.aspx
[34] 广东工业大学"单片机原理与应用"精品课程网站：http://oa.gdut.edu.cn/danpian/mysite/dagang.html
[35] 武汉科技学院"单片机原理及应用"精品课程网站：http://211.67.48.5/dpjyl/

“全国高等学校自动化专业系列教材”丛书书目

教材类型	编　　号	教材名称	主编/主审	主编单位	备注
本科生教材					
控制理论与工程	Auto-2-(1+2)-V01	自动控制原理(研究型)	吴麒、王诗宓	清华大学	
	Auto-2-1-V01	自动控制原理(研究型)	王建辉、顾树生/杨自厚	东北大学	
	Auto-2-1-V02	自动控制原理(应用型)	张爱民/黄永宣	西安交通大学	
	Auto-2-2-V01	现代控制理论(研究型)	张嗣瀛、高立群	东北大学	
	Auto-2-2-V02	现代控制理论(应用型)	谢克明、李国勇/郑大钟	太原理工大学	
	Auto-2-3-V01	控制理论CAI教程	吴晓蓓、徐志良/施颂椒	南京理工大学	
	Auto-2-4-V01	控制系统计算机辅助设计	薛定宇/张晓华	东北大学	
	Auto-2-5-V01	工程控制基础	田作华、陈学中/施颂椒	上海交通大学	
	Auto-2-6-V01	控制系统设计	王广雄、何朕/陈新海	哈尔滨工业大学	
	Auto-2-8-V01	控制系统分析与设计	廖晓钟、刘向东/胡佑德	北京理工大学	
	Auto-2-9-V01	控制论导引	万百五、韩崇昭、蔡远利	西安交通大学	
	Auto-2-10-V01	控制数学问题的MATLAB求解	薛定宇、陈阳泉/张庆灵	东北大学	
控制系统与技术	Auto-3-1-V01	计算机控制系统(面向过程控制)	王锦标/徐用懋	清华大学	
	Auto-3-1-V02	计算机控制系统(面向自动控制)	高金源、夏洁/张宇河	北京航空航天大学	
	Auto-3-2-V01	电力电子技术基础	洪乃刚/陈坚	安徽工业大学	
	Auto-3-3-V01	电机与运动控制系统	杨耕、罗应立/陈伯时	清华大学、华北电力大学	
	Auto-3-4-V01	电机与拖动	刘锦波、张承慧/陈伯时	山东大学	
	Auto-3-5-V01	运动控制系统	阮毅、陈维钧/陈伯时	上海大学	
	Auto-3-6-V01	运动体控制系统	史震、姚绪梁/谈振藩	哈尔滨工程大学	
	Auto-3-7-V01	过程控制系统(研究型)	金以慧、王京春、黄德先	清华大学	
	Auto-3-7-V02	过程控制系统(应用型)	郑辑光、韩九强/韩崇昭	西安交通大学	
	Auto-3-8-V01	系统建模与仿真	吴重光、夏涛/吕崇德	北京化工大学	
	Auto-3-8-V01	系统建模与仿真	张晓华/薛定宇	哈尔滨工业大学	
	Auto-3-9-V01	传感器与检测技术	王俊杰/王家祯	清华大学	
	Auto-3-9-V02	传感器与检测技术	周杏鹏、孙永荣/韩九强	东南大学	
	Auto-3-10-V01	嵌入式控制系统	孙鹤旭、林涛/袁著祉	河北工业大学	
	Auto-3-13-V01	现代测控技术与系统	韩九强、张新曼/田作华	西安交通大学	
	Auto-3-14-V01	建筑智能化系统	章云、许锦标/胥布工	广东工业大学	
	Auto-3-15-V01	智能交通系统概论	张毅、姚丹亚/史其信	清华大学	
	Auto-3-16-V01	智能现代物流技术	柴跃廷、申金升/吴耀华	清华大学	

续表

教材类型	编号	教材名称	主编/主审	主编单位	备注
本科生教材					
信号处理与分析	Auto-5-1-V01	信号与系统	王文渊/阎平凡	清华大学	
	Auto-5-2-V01	信号分析与处理	徐科军/胡广书	合肥工业大学	
	Auto-5-3-V01	数字信号处理	郑南宁/马远良	西安交通大学	
计算机与网络	Auto-6-1-V01	单片机原理及应用	黄勤、李楠	重庆大学	
	Auto-6-2-V01	计算机网络	张曾科、阳宪惠/吴秋峰	清华大学	
	Auto-6-4-V01	嵌入式系统设计	慕春棣/汤志忠	清华大学	
	Auto-6-5-V01	数字多媒体基础与应用	戴琼海、丁贵广/林闯	清华大学	
软件基础与工程	Auto-7-1-V01	软件工程基础	金尊和/肖创柏	杭州电子科技大学	
	Auto-7-2-V01	应用软件系统分析与设计	周纯杰、何顶新/卢炎生	华中科技大学	
实验课程	Auto-8-1-V01	自动控制原理实验教程	程鹏、孙丹/王诗宓	北京航空航天大学	
	Auto-8-3-V01	运动控制实验教程	綦慧、杨玉珍/杨耕	北京工业大学	
	Auto-8-4-V01	过程控制实验教程	李国勇、何小刚/谢克明	太原理工大学	
	Auto-8-5-V01	检测技术实验教程	周杏鹏、仇国富/韩九强	东南大学	
研究生教材					
	Auto(*)-1-1-V01	系统与控制中的近代数学基础	程代展/冯德兴	中科院系统所	
	Auto(*)-2-1-V01	最优控制	钟宜生/秦化淑	清华大学	
	Auto(*)-2-2-V01	智能控制基础	韦巍、何衍/王耀南	浙江大学	
	Auto(*)-2-3-V01	线性系统理论	郑大钟	清华大学	
	Auto(*)-2-4-V01	非线性系统理论	方勇纯/袁著祉	南开大学	
	Auto(*)-2-6-V01	模式识别	张长水/边肇祺	清华大学	
	Auto(*)-2-7-V01	系统辨识理论及应用	萧德云/方崇智	清华大学	
	Auto(*)-2-8-V01	自适应控制理论及应用	柴天佑、岳恒/吴宏鑫	东北大学	
	Auto(*)-3-1-V01	多源信息融合理论与应用	潘泉、程咏梅/韩崇昭	西北工业大学	
	Auto(*)-4-1-V01	供应链协调及动态分析	李平、杨春节/桂卫华	浙江大学	